醉，是对现实世界最温柔的对抗。

千秋一醉

四大名著之酒文化

王红波 / 著

中国大百科全书出版社

图书在版编目（CIP）数据

千杯不醉：四大名著之酒文化 / 王红波著 .
北京：中国大百科全书出版社，2025.2. -- ISBN 978
-7-5202-1866-5

Ⅰ. TS971.22

中国国家版本馆 CIP 数据核字第 2025UA5798 号

出 版 人	刘祚臣
策 划 人	常晓迪
责任编辑	常晓迪
责任校对	关少华
责任印制	魏　婷
封面设计	李酉彬
版式设计	博越创想
出版发行	中国大百科全书出版社
地　　址	北京市西城区阜成门北大街 17 号
邮　　编	100037
电　　话	010-88390790
网　　址	http://www.ecph.com.cn
印　　刷	河北鑫玉鸿程印刷有限公司
开　　本	710 毫米 ×1000 毫米　1/16
印　　张	30
字　　数	444 千字
版　　次	2025 年 2 月第 1 版
印　　次	2025 年 2 月第 1 次印刷
书　　号	ISBN 978-7-5202-1866-5
定　　价	99.00 元

前言

1

2019年,《千年酒风:中国古代文人与酒》出版之后,出版社安排了几场线下讲座,讲座的PPT中有不少图片,有读者建议将那些图片放到书里,图文并茂。书中没有配图是特意为之,一是文字和图像必须是紧密关系,不能为了所谓的美观而配图;二是配图最宜彩印,势必抬高印刷成本。但读者的建议触发了我写一本新书的念头:把中国重要的博物馆都参观一遍,拍摄博物馆中所有与酒有关的文物,以图为主,文字为辅,结集成册,拟取名为《中国酒文物大观》。随即,正式启动了全国博物馆的参访之旅。未几,疫情来了,博物馆之行不得不暂时搁置,得以有更多的时间消磨在书房。

近些年转向酒文化研究后,眼睛如同戴了特殊滤镜一样,随便打开一页书,"酒"字便会自动跳出来(优先识别),后来得知很多人都有这样的感受,或许可称之为肉眼版的智能检索。一日闲翻《西游记》，顿觉酒字漫天飞舞，酒香四溢、酒花四溅，遂决定以酒为线索重读"五大名著"——当时把《金瓶梅》也纳入计划。这些书以前也读，总感觉没有逐字逐句地通读，也没有体验过以酒为线索的检索式阅读。本次阅读，手持两色笔，红色勾画涉酒的点点滴滴，蓝色注写眉批，边读边议，未曾想竟一发不可收，遂成眼前这本40余万字的《千杯不醉：四大名著之酒文化》。客观而言，这是一本计划外的产物——没有疫情就没有这本书。如此一来，计划中的第二本酒书《中国酒文物大观》只好顺位为第三本了。

当时拟定的阅读顺序是《西游记》《红楼梦》《水浒传》《三国演义》《金瓶梅》，然而疫情的结束与开始同样猝然，疫情结束时只完成了四本书的阅读，疫情结束后又忙于琐碎之事，《金瓶梅》与酒的故事只能再寻机缘。所幸疫情之后，在出差途中见缝插针重启了博物馆的行程，截至2024年底，已走访的博物馆有240余家，涵盖34个省级行政区，拍摄酒文物照片大几万张，这本书的"腿功"基本完成，剩下便是"坐功"，希望能顺利完成那本被《千杯不醉：四大名著之酒文化》插足的《中国酒文物大观》。

2

"四大名著"是一个比较晚近的概念，在更长的历史时间里被称为"四大奇书"，且所指几经更迭，此不赘述，有兴趣的读者可以参阅相关考证文章。如今四大名著的所指已经明确。在国内，四大名著有广泛的群众基础，加之电视剧的推波助澜，即便没有读过原著的人对四大名著中的故事也并不陌生，经典桥段更是耳熟能详。不同的人能读出不同的观点，同一个人不同的年龄、心境也会得出不同的感悟。本次阅读，我的阶段性结论是：《三国演义》是一部精英创业剧，《水浒传》是一部草根创业剧，《红楼梦》展现的是官宦家属生活图卷，《西游记》可看作国企改革的故事。

由于我的关注点是四大名著中的酒，而非四大名著，所以对诸如版本、创作背景、思想源流等问题仅做一般性了解。行文所宗的底本是团结出版社的一套书：《西游记》百回本；《水浒传》百二十回本；《红楼梦》百二十回本；《三国演义》百二十回本。用作参校的版本是人民文学出版社的：《西游记》百回本；《水浒传》百回本；《红楼梦》百二十回本；《三国演义》百二十回本。此外用以查证的资料有：曹炳建《〈西游记〉版本源流考》（人民出版社）；邓雷《〈水浒传〉版本知见录》（凤凰出版社）；陈守志、邱华栋《〈红楼梦〉版本图说》（北京大学出版社）；刘世德《〈三国志演义〉作者与版本考论》（中华书局）。另有中州古籍出版社的一套古典名著释读丛书：蔡铁鹰《吴承恩与〈西游记〉》；石麟《施耐庵与〈水浒传〉》；郑铁生《曹雪芹与〈红楼梦〉》；卫绍生《罗贯中与〈三国演义〉》。

这些闲书被"名著"之名加持，无形中强化了其"经典性"，造成诸多"仰视阅读"的后遗症，这正是我想摒弃的。此次重读，除了回答武松的十八碗到底是什么样的酒量、曹操的青梅煮酒存在怎样的误会、唐僧喝了什么酒、大观园里谁的下酒菜最特别等涉酒问题之外，还觅到几则不太引人注目的吉光片羽，特置于此，奇文共赏。

《红楼梦》第八十回，贾宝玉问道士王一贴有没有治疗女人妒忌的膏药，王一贴先给出了秋梨膏的方子打趣，在宝玉一再追问下，王一贴说道："实告诉你们说，连膏药也是假的。我有真药，我还吃了作神仙呢。有真的，跑到这里来混？"在一个人人说谎、人人信谎的环境里，王一贴的话不啻为人间清醒，可惜这样的清醒太过稀缺，否则"跟着股神去炒股""你图他利息，他图你本金"的游戏为何经久不衰？

《三国演义》第七十七回，关羽死后阴魂不散，为自己叫冤，在玉泉山碰到普净和尚，普净开导曰："今将军为吕蒙所害，大呼'还我头来'，然则颜良、文丑、五关六将等众人之头，又将向谁索耶？""玉泉山之问"是破除主角光环后对于恩怨的一种平等反思，难能可贵。

《西游记》第五十三回，唐僧饮了子母河水导致怀孕，悟空找如意真仙求解药，如意真仙是红孩儿的叔叔，誓要为红孩儿报仇，悟空认为如意真仙应该感谢自己，理由是："如今令侄得了好处，现随着观音菩萨，做了善财童子，我等尚且不如。"如意真仙反驳道："我舍侄是自在为王好，还是与人为奴好？""解阳山之问"事关人的生存状态，这一问值得每一个人扪心自问。

世人皆知鲁智深野猪林救林冲性命，而救林冲性命的第一人姓孙名定，是开封府办案的小吏。《水浒传》第八回，林冲被高衙内陷害入狱，孙定知林冲有冤，无奈开封府尹畏于高俅权势不敢开恩，孙定问府尹："这南衙开封府不是朝廷的，是高太尉家的？"这一问雷霆万钧，正是千千万万个孙定维持着基本的正义和世道人心，"孙孔目之问"的现实意义怎么拔高都不为过。

3

人类需要酒吗？不需要。人类需要的是适当的麻痹和兴奋，不然无法面对险象环生的丛林与浩瀚深邃的宇宙，酒只不过是易得、可控、对身体伤害较小的适用饮品，选择酒是两害并重取其轻的结果。饮酒健康吗？相比于蔬菜、水果它的确不健康，但人的健康不仅关乎肉体，还关乎精神，精神的问题蔬菜、水果解决不好，酒应运而生。酒不是人类生存的必需品，但不同族群在没有相互沟通的情况下，都酿造了属于自己的酒，并且都没有将酒视作一种普通的饮料，很多酒在最初都被称作"生命之水"。这说明酒不是物质必需品，而是精神寄托品，不为充饥解渴，直指精神世界。换言之，当人们需要感受生活的美好，倾诉生活的烦恼，叩问生命的意义的时候，酒就大约需要登场了。

然而，研究酒并不是要赞美酒，酒充满争议，核心是因为其难以驾驭。

俗话说，水可载舟亦可覆舟，酒能成事也能败事。大众都晓得小酌怡情养神，痛饮伤身败兴，西方诗人的表达更通俗，微醺是上天堂，烂醉是下地狱。这看上去是指个体对酒的驾驭能力，实则是体现了不同文化背景的执政者对酒的驾驭能力与态度——须当谨小慎微。涉酒问题一旦操作不当，它甚至会成为经济紊乱的导火索。在酒面前，不仅仅考验个人智慧，也考验政治智慧、集体智慧。

虽然各个族群都有自己的酒，若论酒文化之发达，尤其是在政治经济、文化艺术、社会生活等方方面面的渗透力，无出中国其右者。除了"生命之水"，在中国，酒还是礼仪之源，《礼记·礼运》"夫礼之初，始诸饮食"即是明证。今天使用频仍的"尊敬""主席""首席"等词语皆是酒礼古风之延续；"入席三杯酒"来自于古酒礼的"献""酢""酬"；今日祭祀，酒仍是不可或缺之物，与古人"裸之礼"的选择并无二致。酒还是养生之药，《汉书·食货志》云："酒，百药之长，嘉会之好。"以酒入药是古时常态，如《史记·扁鹊仓公列传》中所说："其（病）在肠胃，酒醪之所及也。"且在汉代已经形成了"饮为阳，食为阴"的饮食阴阳平衡观念。酒更是灵感之光，酒有诸多别称，"钓诗钩"即是其中之一，无怪乎唐诗三百首处处留酒痕。少了酒的催发，多少千古名篇将黯淡无光。

同时，中国人很早就对酒表示出足够的警惕，被誉为第一篇禁酒令的《酒诰》中周公不厌其烦地告诉康叔千万不要沉湎于酒，这和青铜重器大盂鼎的铭文内容互为印证。在这种情况下，殷商是否真的亡于酒祸已经不重要了，重要的是必须有一个反面典型作为禁酒的理论支撑。如同《战国策·魏策三》中借鲁恭公之口说："昔者帝女仪狄作酒而美，进之禹，禹饮而甘之，遂疏仪狄，绝旨酒，曰：'后世必有以酒亡其国者。'"这都是将酒放在罪魁祸首的位置上炙烤。这则故事的吊诡之处是，大禹治水最重要的心得就是宜疏不宜堵，但鲁恭公口中的大禹丝毫没有把治水的智慧运用到治酒上。如此种种都昭示着古代管理者对于酒的原始认知是片面的，假如没有将酒放在治理邦国的对立面上，或许中国的酒会更早进入良性发展的轨道。

时至今日，中国人对酒的认知仍然具有片面性。我曾在讲座中戏称，中国的酒教育最像中国的性教育，一方面明知"饮食男女，人之大欲存焉"，另一方面却没有相关课程，哪怕是课外选修。一方面生活中不可避免地接触酒、参与酒局，另一方面所有的知识与经验全靠自己摸索，形成许多支离破碎、断章取义的饮酒观念。既然不能避免，最好的办法就是正确面对，从这个角度而言，将酒的教育引入大学课程大有裨益。

酒到底是什么？酒是一种情绪饮料，其功能与绘画、音乐、舞蹈等艺术门类的功能相同，其价值都是将人与现实短暂地抽离和超越。如孙荪先生在《酒文化与艺术精神》的序言中所说："中西方的酒神精神都强调感性对理性的超越，精神对物质的超越，个体对集体的超越，虚幻对现实的超越。"从产品价值的角度看，酒是人类对自身感觉，尤其是嗅觉、味觉最极致的挑战，其功效与蹦极等极限运动相似。从情绪价值的角度看，很少有一种物质能低成本且快速地给人带来美好的感受。从文化价值的角度看，中国酒是中国文化独特性的重要载体之一，我们对酒的生产观念与饮用场景都与其他文化有显著不同。从商品价值的角度看，酒是国家经济的晴雨表与个体财富的度量衡。例如有宋一代，酒的收入是财政收入的重要来源，甚至说是支柱性收入也不为过。从社会价值的角度看，酒是人类社会的伸缩缝与润滑剂，绝非可以一禁了之，不然无法解释美国在 20 世纪初期全面禁酒十余年后，社会整体犯罪率不降反升。

4

酒文化的范畴很广泛，概括起来主要包含四个部分。

第一部分是酿酒文化，关键词是科学、技术、微生物，是食品发酵专业研究的领域。自古以来，酿酒都是个有技术门槛的工种，中国第一代酿酒科学家魏喦寿 1929 年在美国《科学》杂志上发表的论文就是关于从腐乳中分离的一个毛霉新种的，又在晚年出版了中国第一本近现代蒸馏酒专著《高粱酒》。酿酒文化是酒文化的基石，没有这个，一切都无从谈起。

第二部分是饮酒文化，也是大众最熟悉的一部分，关键词是文学、艺术、哲学、美学，融入了很多民俗学与社会学的因素。饮酒文化是酒文化最重要的篇章，否则酒很难脱离物质层面的束缚，成为精神、灵魂层面的代名词。饮酒文化几乎涵盖每一个社会阶层，广泛渗透到每一种文学艺术形式，这也是中国酒文化区别于其他民族的显著特征。

第三部分是藏酒文化，被收藏的这部分酒并没有被饮用，它们像古玩字画一样被悉心照顾着，即便在藏友之间流转也不是以饮用为第一目的。这是酒文化中很有特色的现象，既有经济交易的属性，也有文化收藏的属性。

第四部分是酒政文化，即不同国家、民族、政权对酒业的驾驭与管理，是政治经济学的研究对象，也是社会学的观察范畴。历史上时而禁酒、时而榷酒、时而税酒，正是管理者对其重视的体现。通俗地说，如何将酒酿好、如何将酒喝好、如何将酒管好就是酒文化的全部。

中国有悠久的酿酒历史，有品类繁多的酒种，谷物酒、水果酒、兽乳酒、药酒，可谓精彩纷呈，现仅以白酒为例来说明中国人的酿造观念。今天我们把白酒、威士忌、白兰地、伏特加、金酒、朗姆酒、龙舌兰酒称为世界七大蒸馏酒，但中国白酒从一开始就走了一条和其他蒸馏酒完全不同的道路。首先是原料不同，白酒以粮谷为原料，再具体一点如北方白酒原料以高粱为主，南方以稻米为主，小麦则是大曲的主要原料。西方蒸馏酒原料既有谷物，也有植物，植物的果实、根茎、汁液都有。其次是发酵和蒸馏方式不同，白酒是固态发酵、固态蒸馏，其他酒都是液态发酵、液态蒸馏。固态发酵是使用不溶性固体物来培养微生物的过程，液态发酵是使用液体物来培养微生物的过程。翻译成大白话，就是固态类似于蒸熟的米饭，液态接近熬成浆糊状的米粥。虽然固态发酵也有水，但没有流动的水，而液态发酵物本身就是溶液，没有块状颗粒物。发酵物的形态不一样了，发酵容器自然也就不一样了，固态发酵不怕水分渗漏，所以可以使用窖池这样的发酵容器，但液态发酵必须使用密封性更好的不锈钢罐、木桶等来防渗漏。再者是追求的不同。简单说，酿酒就是将淀粉先糖化再酒化的过程，固态发酵、液态发酵更为本质的不同在于，其他蒸馏酒的糖化和酒化都是分开进行的，所以叫单边发酵。中国白酒的糖化和酒化是同步完成的，称之为双边发酵。单边发酵的优势是快速、准确、可控、效率高，结果是酒体简单，从香味到口味都简单。双边发酵正好相反，发酵时间长、过程复杂、出酒率低，结果是酒体的复杂与丰富。西方烈酒追求纯，中国白酒追求单纯外表下的丰富，所谓无色无相、包罗万象，如同书法，白纸黑字，但一笔下去，一个字出来，这里边下了多少年的功夫，有多大的技术含量是一清二楚的。如果说其他蒸馏酒是硬笔书法，白酒就是毛笔书法，用简单的工具、简单的颜色去追求最复杂高妙的艺术审美。说这些不是为了证明中国白酒优于他人，而是要正确认识中国白酒，只有认知正确了，才会更客观，不妄自尊大，也不妄自菲薄。正如社会学家费孝通先生所说："我们应当对中华文化的全部历史有所自觉，有清醒的认识，有自知之明，有自信。"

5

作为一名酒文化的研究者和传播者，我给自己布置了五项作业：一、阅读两百本酒书；二、实地考察两百家博物馆的酒文物；三、实地考察两百家酒厂、酒庄；四、品尝两百种酒样，通过一级品酒师的考试；五、在酒行业交到两百个朋友。"两百"的数字并没有特殊的含义，只是个人认为完成这些基础工作有助于对酒建立轮廓性的认知。七八年下来，所幸这些作业已基本完成。读酒书是为了梳理酒的历史；看酒文物是为了辨别器物背后的观念；深入车间是深知纸上得来终觉浅，踩曲、出窖、摊晾、上甑……每一个环节都要自己做一做，避免从文本到文本的轻浮；考品酒师是为了建立自己的样本库与坐标系；交酒友是希望通过一个个鲜活的人去理解一个行业，酒友中有酒厂的总工，科研机构的研究者，一线的生产工人，流通渠道的销售人员，藏酒大家……这些朋友的不吝赐教让我对酒的认识更丰满、更立体。只有当一杯酒在鼻前、舌尖一过，能分辨出它的香型、优劣，并能大致梳理出它的前世今生、来龙去脉，才能更好地理解一杯酒的来之不易，重塑一杯酒的文化内涵。

我的本业是古代书画研究，机缘巧合兼做酒文化的研究，很长一段时间都不敢给我的研究生导师——故宫博物院的余辉先生汇报，总觉得有偏离主业的嫌疑。后来先生告诉我，研究什么不重要，重要的是要深、要透、要扎实、要认真，尽量做出点像样的成果。心里的石头方才落地。一次偶然的机会碰到了时任中央民族大学民族博物馆的张铭心馆长，他提醒我要多留意少数民族的酒风、酒俗，尤其是酒歌，这是汉民族所欠缺的东西，给我的酒文化研究拓宽了视野。彝族谚语有云："吃肉不祝诵，等于啃树皮；喝酒不唱歌，等于喝凉水。"蒙古族的祝酒歌里唱的是："装在瓶里的小绵羊，喝进肚里的大老虎。"多么朴实生动。

常有人问我对"年轻人不喝白酒"的看法，我一般会描述两个常见的影视场景，其间蕴含着大众对于中国酒的认知。其一，黄浦江畔，星级酒店，帅气男主凭栏远眺，这时桌上的酒必然是一杯洋酒。但凡剧中台词是"对不住，我来晚了，先干三杯啊"，不用看都知道是白酒。在技术上有绝对优势，在文化上有璀璨过往的中国酒，怎么就成了土气、粗陋的代名词了？确实值得反思。原因是复杂和多元的，我想特别指出的其中一点是，时代在变化，酒风、酒俗必然要与时代相适应，过度热情、强行劝酒的时代已经渐行渐远，今天的人们更注重健康饮酒、愉悦饮酒。任何文化，其底层逻辑必须是美与善，否则不可能有长久的生命力。年轻人或许并不是不喝酒，而是反感某些丑陋的酒桌文化。"美酒"一词叫了几千年，只有让更多的人体会到美酒的"美"，这个行业才有前途与未来。

贡华南先生在《味觉思想》中说道："相较于古希腊的视觉中心主义与古希伯来的听觉中心主义，中国思想具有明显的味觉中心主义特征。"饮食学研究中有一个说法，从一个人吃什么、怎么吃就可以判断一个人的来路。吃什么代表着食材的供应水平，比如唐代的洛阳人吃不到苹果、玉米已是常识。怎么吃则包含着饮食器具、烹饪技术、审美观念等一系列问题。这个说法用在饮酒上同样贴切，能喝到什么酒是酒的酿造供应水平，怎么喝一杯酒则反映着时代的风向，希望我们能最大程度地介入时代，最大程度地在自己身上克服时代的弊病。

一杯酒应有三种味道：滋味，酒之物理属性；品味，酒之社会属性；意味，酒之精神属性。本书虽是写酒，然醉翁之意不在酒，亦不在小说，着眼点是人，准确地说是人的生存状态。俗世神圣，红尘庄严，酒偶尔让人成为人，没有醒的痛苦，便不需要醉的解脱。拉拉杂杂几十万言，能说的都在书里，不能说的都在酒里，希望这些闲篇能成为你的下酒小菜。

王红波

2025 年 2 月

跟着《红楼梦》去喝酒

跟着《水浒传》去喝酒

跟着《三国演义》去喝酒

跟着《红楼梦》去喝酒

第一集

红楼梦的故事始于一场偶遇的酒局

　　《红楼梦》开篇，曹雪芹说自己写这部书是"满纸荒唐言，一把辛酸泪"。一本书，写尽一个家族的高楼巍峨与玉楼倾颓。生于繁华，终于落寂的曹雪芹对酒的理解深刻而全面。年少时锦衣玉食，对于酒礼、酒俗熟稔于心；青壮时家道中落，满腔悲愤都付诸酒中；中年之后落拓狂放，觅诗、挥毫、买醉、高歌，酒成了最好的灵魂伴侣，虽然"举家食粥酒常赊"（爱新觉罗·敦诚《赠曹芹圃》语），仍戒不掉好饮的习惯。爱新觉罗·裕瑞在《枣窗闲笔》中记录曹雪芹曾和朋友戏言："若有人欲快睹我书不难，惟日以南酒烧鸭享我，我即为之作书。"这情形与原捷克斯洛伐克小说家哈谢克创作《好兵帅克》时有几分相似，据说哈谢克写完一章便交于出版商换得美酒，待酒阑客散再提笔写下一章。

　　曹雪芹爱酒、懂酒、会喝酒，在《红楼梦》中有充分的展现。《红楼梦》中几乎章章有酒，上至达官贵胄，下至村野匹夫，人的生活与言行往往与酒悄悄地联系在一起。在小小的一杯酒中，既有千红一哭、万艳同悲，又有人生百态、世间万象。曹雪芹作《红楼梦》虽被后世称为名著经典，然作者在开篇即说："也有几首歪诗熟话，可以喷饭供酒。"在结尾亦言："乐得与二三同志，酒馀饭饱，雨夕灯窗之下，同消寂寞。"这当然是自谦之词，但也透露出作者的一点态度，翻译成时兴的语言就是：你一认真，就输了。

《红楼梦》的故事，开启得曲曲折折，全书说的是贾家宁荣二府的事情，故事偏偏从一个叫甄士隐的乡绅和一个叫贾雨村的穷秀才说起。这两位，一位是"每日只以观花修竹、酌酒吟诗为乐"，被称为"神仙·流人品"的甄士隐；另一位则是"生于末世，父母祖宗根基已尽，人口衰丧"，只得"暂寄庙中安身，每日卖字作文为生"的穷秀才贾雨村。贾雨村因为家贫，无立足之地，于是寄居在葫芦庙，恰好这间庙宇就在甄家隔壁，甄士隐怜其才，故而常常交往周济。此时贾雨村的心情与状态，与答应程伟元协助整理《红楼梦》后四十回时的高鹗不相上下，落第不中、郁郁寡欢的高鹗在《行酒》一诗中写道："偶尔谈天惟老衲，近来行酒半荒村。"

这个连上京赶考的盘缠都凑不齐的贾雨村，命运却在一个中秋节悄悄发生了转折。中秋佳节是中国传统佳节中举家团圆的日子，身为士绅的甄士隐因此摆下家宴，甄家虽然不算人丁兴旺，但至少夫妻和睦、兼有爱女，也十分温馨热闹。与家人宴饮之后，甄士隐想起了在破庙中无家可归的贾雨村，于是邀请他在这个佳节之时来家中饮两杯酒，略遣胸怀。

> 士隐笑道："今夜中秋，俗谓'团圆之节'，想尊兄旅寄僧房，不无寂寥之感，故特具小酌，邀兄到敝斋一饮，不知可纳芹意否？"雨村听了，并不推辞，便笑道："既蒙厚爱，何敢拂此盛情。"说着，便同士隐复过这边书院中来。
>
> 须臾茶毕，早已设下杯盘，那美酒佳肴自不必说。二人归坐，先是款斟漫饮，次渐谈至兴浓，不觉飞觥限斝起来。当时街坊上家家箫管，户户弦歌，当头一轮明月，飞彩凝辉，二人愈添豪兴，酒到杯干。雨村此时已有七八分酒意，狂兴不禁，乃对月寓怀，口号一绝云：
>
> 　　　时逢三五便团圆，满把晴光护玉栏。
>
> 　　　天上一轮才捧出，人间万姓仰头看。
>
> 士隐听了，大叫："妙哉！吾每谓兄必非久居人下者，今所吟之句，飞腾之兆已见，不日可接履于云霓之上矣。可贺，可贺！"乃亲斟一斗为贺。雨村因干过，叹道："非晚生酒后狂言，若论时尚之学，晚生也或可

去充数沽名，只是目今行囊路费一概无措，神京路远，非赖卖字撰文即能到者。"士隐不待说完……当下即命小童进去，速封五十两白银，并两套冬衣。……雨村收了银衣，不过略谢一语，并不介意，仍是吃酒谈笑。那天已交了三更，二人方散。

——第一回《甄士隐梦幻识通灵　贾雨村风尘怀闺秀》

借酒抒情、借酒言志，是古代文人最常见的情形，故有"应呼钓诗钩，亦号扫愁帚"一说。贾雨村与甄士隐的饮酒先是两人的"款斟漫饮"，此时大约甄士隐有几分闲情雅致，贾雨村则带着几分伤感悲慨。待两人谈到投机之处，饮酒便成了"飞觥限斝"，饮酒速度明显加快。加上中秋之夜月明生辉，家家户户张灯宴饮，热烈的气氛也不免感染了两人，酒宴便"愈添豪兴，酒到杯干"。七八分醉意之后，贾雨村说出了自己心中真实的抱负："天上一轮才捧出，人间万姓仰头看。"

他过够了葫芦庙里的清冷日子，急迫地想要成为"人上人"。对于他而言，想要飞黄腾达，唯有金榜题名这一条路。因此当甄士隐提出资助他进京的盘缠时，贾雨村赶紧收下，甚至不及面辞，也不等什么黄道吉日，立刻启程前往京城赶考。必须承认，后来做了林黛玉西席先生的贾雨村是颇有文才的，因此科考顺利，如愿以偿地中了进士、任了知府。但初入官场的贾雨村尚弄不清这个名利场中错综复杂的关系，一味地恃才傲物、自命不凡，结果迅速被参奏革职。

再次沦为白身的贾雨村来到江南游历，蛰伏待机。在这里，他过上了近似旧日甄士隐那样无事便闲饮几杯的平淡日子，而那位家中横遭不幸的老友甄士隐似乎已经被他遗忘在了脑后。有一日，贾雨村在散步之时遇见一个村野酒肆，便想进去喝两杯，没想到这一杯酒，便牵出《红楼梦》的正本故事来。

雨村不耐烦，便仍出来，意欲到那村肆中沽饮三杯，以助野趣，于是款步行来。将入肆门，只见座上吃酒之客有一人起身大笑，接了出来，口内说："奇遇，奇遇。"雨村忙看时，此人是都中在古董行中贸易的号冷子兴者，旧日在都相识。雨村最赞这冷子兴是个有作为大本领的人，这子兴又借雨村斯文之名，故二人说话投机，最相契合。

雨村忙笑问道："老兄何日到此？弟竟不知。今日偶遇，真奇缘也。"子兴道："去年岁底到家，今因还要入都，从此顺路找个敝友说一句话，承他之情，留我多住两日。我也无紧事，且盘桓两日，待月半时也就起身了。今日敝友有事，我因闲步至此，且歇歇脚，不期这样巧遇！"一面说，一面让雨村同席坐了，另整上酒肴来。二人闲谈漫饮，叙些别后之事。

——第二回《贾夫人仙逝扬州城　冷子兴演说荣国府》

贾雨村的这个朋友冷子兴，后来在书中闲笔里有所透露，是荣国府二老爷正妻王夫人的陪房周瑞家的女婿。这个七拐八绕和贾府沾带关系的冷子兴，同时也是一个做古董生意的人。在过去，做古董生意的人对于各官宦显贵人家的秘事最为了解：谁家购入了一件珍稀宝贝想要献入宫中，谁家买来的奇珍异物最后又落入了谁的手里，谁家又出现了亏空欲将宝贝典当出去。这些珍奇古董的流入流出，正是各大家族的兴衰生死、交往攀附的隐秘见证。恰好也在这间村野小店饮酒的冷子兴，又恰好看到了走进来饮酒的贾雨村，于是两人便坐下来，拿些京中的闲话下酒。这一番闲话，将贾家的情况和盘托出：自宁荣二府的创立，一直说到贾元春入宫、贾宝玉的顽劣，贾府上下的人物性格、家族脉络早已被这个精明的古董商人摸得一清二楚。

子兴道："邪也罢，正也罢，只顾算别人家的帐，你也吃一杯酒才好。"雨村道："正是，只顾说话，竟多吃了几杯。"子兴笑道："说着别人家的闲话，正好下酒，即多吃几杯何妨。"雨村向窗外看道："天也晚了，仔细关了城。我们慢慢的进城再谈，未为不可。"于是，二人起身，算还酒帐。

——第二回《贾夫人仙逝扬州城　冷子兴演说荣国府》

　　宁、荣二国公靠着从死人堆里爬出来的资历，凭军功立下富贵荣华的基业。到了下面几辈儿孙，有争气的，有早夭的，有出家的，有顽劣的，表面上仍然呈现着辉煌煊赫的景象，但总体上却透露出盛极将衰的气息。然而，不论是煊赫的家世，还是惊心动魄的战功，抑或是千奇百怪的故事，再重的分量也不过是别人口中的八卦，越是曲折离奇，越宜于闲谈下酒。曹雪芹自己也清楚地知道，《红楼梦》这样一个宏大的、悲凉的、曲折的故事，也许不过是他人日后用于下酒聊天时的一个谈资。时至今日，很多酒馆的门口常常写着一句招揽顾客的话："我有酒，你有故事吗？"可见八卦是公认的上佳下酒菜。

　　都云作者痴，谁解其中味。借着贾雨村与冷子兴的几杯酒，贾府的故事徐徐拉开了帷幕。接下来，贾雨村喜逢大赦复官，又随着林黛玉投奔荣国府而同去京都，这酒杯里翻涌的故事，随着酒杯轻轻一覆，顿时化作一场镜花水月的现实。

第二集

警幻仙子以万艳同杯酒点化贾宝玉

《红楼梦》的故事虽然从甄、贾二人说起，但主角还是荣国府和宁国府里的人物。冷子兴与贾雨村饮酒之时，聊到"当日宁国公与荣国公是一母同胞弟兄两个"，这对弟兄正是这金陵贾家荣宁二府的创始人。

《红楼梦》第五回《游幻境指迷十二钗　饮仙醪曲演红楼梦》，通常被认为是《红楼梦》的总纲。书至此回，《红楼梦》的大幕还未正式拉开，甚至在太虚幻境中贾宝玉观看的金陵十二钗名册中尚有部分女子未正式出场，但这一回却以梦幻的形式将《红楼梦》中女子的命运，甚至是背后透露出的家族命运用谜题的方式诉说殆尽。煌煌　部《红楼梦》，不过是这短短一回内容的深入铺陈与细细道来。然而如此重要的故事，其开端却是一场平常到"并无别样新文趣事可记"的酒会。

因东边宁府中花园内梅花盛开，贾珍之妻尤氏乃治酒，请贾母、邢夫人、王夫人等赏花。是日先携了贾蓉之妻，二人来面请。贾母等于早饭后过来，就在会芳园游顽，先茶后酒，不过皆是宁荣二府女眷家宴小集，并无别样新文趣事可记。

——第五回《游幻境指迷十二钗　饮仙醪曲演红楼梦》

花园中梅花盛开，于是要摆下赏花的酒宴，这样的情节在《红楼梦》中时常有之。这一回虽然没有明确说宝玉是否饮酒，但从后面情节中宝玉在薛姨妈处饮酒时，奶妈李嬷嬷阻拦的话："他性子又可恶，吃了酒更弄性。有一日老太太高兴了，又尽着他吃……"可以推测宝玉虽然年纪不大，但在家宴中也是饮酒的。或因饮酒，宝玉一时困倦起来，想要睡午觉。秦可卿先将宝玉引至上房内间，无奈墙上挂的画是提醒人刻苦读书的《燃藜图》，对联是讲处世哲学的"世事洞明皆学问，人情练达即文章"。而这两项恰是最不符合宝玉秉性的，因此宝玉不愿意在上房睡。

最后宝玉在秦可卿的卧房里醉入梦乡，秦可卿房内挂的画是唐伯虎的《海棠春睡图》，对联是秦观的"嫩寒锁梦因春冷，芳气笼人是酒香"。画和字的主题都是睡觉，催眠的又是"酒香"，这一觉必然要睡得非同凡响。顺便一说，这一回中出现的秦观对联与第四十回出现的颜真卿对联确与历史事实不符（唐宋时对联这种书法形式还未诞生）。对此，有人持钱锺书早年在《容安馆札记》中的态度：如古文作记，考信为宜，以免贻笑。有人持钱锺书晚年在《管锥编》中的态度：寓言、假设，读者未必吹求，作者无须拘泥。严谨还是宽松，拘泥还是超脱，全在观者自己了。

睡梦之中，宝玉见一位警幻仙姑前来接引。仙姑说"此离吾境不远，别无他物，仅有自采仙茗一盏，亲酿美酒一瓮，素练魔舞歌姬数人，新填《红楼梦》仙曲十二支"，邀请宝玉来到太虚幻境，以图通过让他"再历饮馔声色之幻，或冀将来一悟"，从而能够"改悟前情，留意于孔孟之间，委身于经济之道"。在这里，警幻仙姑提到了一茶一酒，茶名"千红一窟"，酒名"万艳同杯"，都是简单的谐音字谜。世俗中常将茶与酒做比较，仿佛不分出个高下便不尽兴，实是妄人执念，唐人《茶酒论》早已将茶与酒的异同优劣说得生动而诙谐。茶与酒不过是一枚硬币的两面，缺一不可，但若在此处语境中将茶与酒一比，其中酒的重要性似乎还更强些。

为什么这么说呢？《红楼梦》第五回的回目有四种版本：甲戌本中为《开生面梦演红楼　立新场情传幻境情》；己卯本、庚辰本、杨藏本第五回为《游幻境指迷十二钗　饮仙醪曲演红楼梦》，回目中重点点出了"仙醪"即仙酒，较为通行；梦觉本、程甲本第五回为《贾宝玉神游太虚境　警幻仙曲演红楼梦》，是从情节角度命名，相对而言比较通俗常见；蒙府本、舒序本的第五回《灵石迷性难解仙机　警幻多情秘垂淫训》，一般认为回目有较强的篡改痕迹。除了蒙府本、舒序本的回目外，其他版本回目的不同很可能是曹雪芹在创作过程中反复修改导致的，可见曹雪芹对"饮仙醪曲演红楼梦"这一情节是很重视的。在这个回目中，警幻仙姑的"仙酒"似乎是一个重要的"药引子"，没有这杯酒故事便不好展开，通过饮仙酒、观名册、听十二金钗曲的方式，警幻仙姑在尝试点化宝玉，试图令他寻回自己的慧根。

饮酒寻求开悟，这在中国文化传统中是有据可循的。从饮酒体验上来看，早期人们饮酒可能是因其迷狂的状态会令自己感觉能够与神灵沟通，从而获得一种神秘体验，就像张光直先生在《艺术、神话与祭祀》中猜测的："或许酒精和其他药料能使人昏迷，巫师便可在迷幻之中作想象的飞升？"尽管佛教和道教中比较严格的戒律都有"戒酒"的条例，但在禅宗与道家思想中并没有对酒严阵以待。《红楼梦》中多次出现"参禅"的情节，明显可见《红楼梦》受禅宗思想影响的痕迹。而酒在禅宗中正处于一种特殊的地位，高僧道济的"酒肉穿肠过，佛祖心中留"已成为禅宗大师纵情饮酒形象的代表，当然高僧也留下"世人若学我，如同进魔道"的警戒，只是人们更乐于记住前半句。在这里，饮酒不是世俗意义上的饮酒，而是一种回归天然、回归本性的坦荡。这种思想与庄子对酒的态度是近似的，《庄子·外篇·达生》认为"夫醉者之坠车，虽疾不死。骨节与人同，而犯害与人异，其神全也，乘亦不知也，坠亦不知也。死生惊惧不入乎其胸中，是故遻物而不慴"。酒醉的人由于最接近人的天然、自然、放松的状态，因此也就不受外物的侵害。当然，无论是禅宗的饮酒参悟，还是道家的"醉汉不死"，都不能胶柱鼓瑟地理解为"实指"，而是一种关于酒与悟道的寓言而已。

警幻仙子的太虚幻境处于"离恨天之上，灌愁海之中"，虽然渺茫无稽，但却又似乎与现实极为接近：房内瑶琴、宝鼎、古画、新诗，无所不有；更喜窗下亦有唾绒，奁间时渍粉污。与其说是太虚幻境，不如说是宝玉想象中女孩子的闺房。在这个太虚幻境中，"赏花"的酒宴似乎在以另一种特殊的方式继续着，只不过在太虚幻境中宝玉欣赏的不是宁国府开放的梅花，而是仙境中记载的、如花一般绚烂的十二位女子的生平纪事。

> 少刻，有小丫鬟来调桌安椅，设摆酒馔。真是：琼浆满泛玻璃盏，玉液浓斟琥珀杯。更不用再说那肴馔之盛。宝玉因闻得此酒清香甘冽，异乎寻常，又不禁相问。警幻道："此酒乃以百花之蕊，万木之汁，加以麟髓之醅、凤乳之麹酿成，因名为'万艳同杯'。"宝玉称赏不迭。
>
> 饮酒间，又有十二个舞女上来，请问演何调曲。警幻道："就将新制《红楼梦》十二支演上来。"
>
> ——第五回《游幻境指迷十二钗　饮仙醪曲演红楼梦》

即便是仙酒，即便作者已经挖空心思想出了与世俗之酒截然不同的酿造材料：花蕊、木汁、麟髓、凤乳，但酒的基本酿造之法并未改变，仍然是酒醅作为发酵物，辅以酒曲作为发酵剂，略感缺憾的是作者没有交代发酵时长与温度控制这些"技术要素"。而形容仙酒感官体验的词汇更与日常之酒别无二致：清香甘冽。或许作者将现实中对美酒的想象带到了这梦境仙酒之中，这也从另外一种角度充分证明了人不太可能创作出自身认知范围以外的事物。

在上古的治世理想中，有酒必有乐，目的是以乐的礼制来约束酒的泛滥，这样的例子在《诗经》中比比皆是。警幻仙子制曲的目的亦是要告诫宝玉"留意于孔孟之间，委身于经济之道"。警幻仙姑让宝玉欣赏新制的《红楼梦》曲十二支，然而宝玉尚未经历人间兴衰、离合悲欢，仅仅通过几支暗藏玄机的曲子，又怎么能真正获得人生的了悟呢？正如现代人常感叹"听过很多大道理，仍然过不好这一生"。是啊，间接经验终究无法替代直接经验，这或许是另一种"纸上得来终觉浅""事非经过不知难"。于是，"那宝玉忙止歌姬不必再唱，自觉朦胧恍惚，告醉求卧。"在现实中，宝玉赏花倦怠求卧，就在秦可卿的房中梦入太虚幻境；在太虚幻境中，宝玉听曲告醉求卧，又从迷津之中重返人间。《红楼梦》中诸多人物的宿命亦真亦幻、草蛇灰线，都藏在宝玉小小的一杯仙酒、一场醉梦之中。

第三集

焦大发酒疯揭开宁国府的暗昧之事

《红楼梦》故事的第一个冲突是由一个小人物引发的，借酒后醉话将表面森严、荣华的府邸掀开一角，露出金玉包裹下的丝丝败絮。作者借此人为跌宕的故事吹风预警，为复杂的人物关系留下蛛丝马迹，这个小人物就是焦大。

《红楼梦》故事的主场在荣宁二府，主角是宝、黛、钗等人，然而围绕着两府煊赫排场的周围，实际上活跃着无数的小人物：他们是像刘姥姥这样沾亲带故的穷亲戚；是焦大、林之孝这样在贾府办事当差的男男女女；亦是冷子兴、倪二这些原本与贾府没什么关系，但因身边人而与贾家产生某种交集的人。正是这些小人物的形象，令曹雪芹建构的故事，在缭绕着太虚幻境仙雾的同时，也洋溢着热热闹闹的烟火气息。

焦大是书中的边缘人物，却是一个极具特色的小人物。说他重要吧，他算不得宁荣二府里什么有头有脸的人物，遇到半夜赶车送人这样的"苦差事"，大总管赖二就派他去干，由此可见，焦大在宁国府的奴才们中并不算混得风生水起的那一类；但要说他不重要吧，就连宁国府的主人们都得承认他的劳苦功高。

媳妇们回说："外头派了焦大，谁知焦大醉了，又骂呢。"尤氏秦氏都说道："偏又派他作什么！放着这些小子们，那一个派不得？偏要惹他去。"

凤姐道："我成日家说你太软弱了，纵的家里人这样还了得了。"尤氏叹道：

"你难道不知这焦大的？连老爷都不理他的，你珍大哥哥也不理他。只因他从小儿跟着太爷们出过三四回兵，从死人堆里把太爷背了出来，得了命；自己挨着饿，却偷了东西给主子吃；两日没得水，得了半碗水给主子喝，他自己喝马溺。不过仗着这些功劳情分，有祖宗时都另眼相待，如今谁肯难为他去。他自己又老了，又不顾体面，一味吃酒，吃醉了，无人不骂。"

——第七回《送宫花贾琏戏熙凤　宴宁府宝玉会秦钟》

焦大醉后，先骂大总管赖二欺软怕硬、不公道。贾蓉见焦大闹得不像话，便对焦大呵斥了几句，让奴才们把他捆了并说："等明日酒醒了，问他还寻死不寻死了！"结果焦大一听更是怒火冲天，连着贾蓉甚至贾珍、贾敬都一并骂了起来："就是你爹、你爷爷，也不敢和焦大挺腰子！"几乎把宁国府的丑事儿抖搂了个干干净净。

焦大"发酒疯"，从表面上来看是他醉酒闹事，不成体统。尤氏和凤姐说起焦大的时候，提到焦大过去劳苦功高，宁国府的老主人都对他另眼相待，不过如今"他自己又老了，又不顾体面，一味吃酒，吃醉了，无人不骂"。那个过去能在死人堆里把主人背出来、忍渴挨饿救了主人的"义仆"焦大，为什么老了以后会变成一个一味贪酒、无人不骂的"老厌物"呢？

单从尤氏、凤姐等管理者的角度来看，焦大不过就是人老了，依仗过去年轻时的一点功劳妄自尊大，属于躺在旧日功劳簿上睡大觉，丧失了上进心、又不服从管理的棘手员工。倘若仅从这个角度来看，作者的巧妙构思就被削弱了，尽管贾蓉急忙让下人把焦大捆起来，手下的奴仆"只得上来几个，揪翻捆倒，拖往马圈里去……用土和马粪满满的填了他一嘴"。但曹雪芹仍然让被捆绑的焦大喊出了几句惊天动地的话。

"我要往祠堂里哭太爷去。那里承望到如今生下这些畜生来！每日家偷狗戏鸡，爬灰的爬灰，养小叔子的养小叔子，我什么不知道？咱们'胳膊折了往袖子里藏'！"

——第七回《送宫花贾琏戏熙凤　宴宁府宝玉会秦钟》

焦大的醉酒骂人，去祠堂里哭太爷，是一个老仆看到自己的忠言再也无人听进去，看到自己跟着主人在死人堆里挣下的家业落在一群不肖儿孙的手中后的悲凉。焦大到底只是个仆人，除了醉酒骂人，他没有任何办法来表达自己的忧心和愤怒，他的忠义和忧愤被那些泡在温柔富贵乡中的主人当成是"醉汉嘴里混唚"，而醉酒的老仆，最终不过是"不顾体面"的一条老狗。这是创一代和富二代、富三代们之间天然的矛盾，这一方感叹那一方堕落，不懂居安思危，那一方抱怨这一方腐朽，不知与时俱进。当然，焦大也可以选择更妥当的处理方式，只不过他以为只要我心可鉴就足矣，不知道表现忠心也要有与自身身份相称的合理形式，或许他根本不屑于那些形式，这也正是焦大的局限。

焦大醉言吐忠义，令人想到另一个有趣的小人物：醉金刚倪二。倪二本和贾府没有什么瓜葛，他是街上一个有名的泼皮，做些"专放重利债，在赌博场吃闲钱，专管打降吃酒"的勾当。这样的人放在《水浒传》中倒也寻常，但在《红楼梦》里似乎很难得到什么正面的评价。贾芸那日正想着如何在贾家建造大观园这样一个大项目中谋点油水，偏偏因为所托的门路、所找的关系都不合适而落空：他认宝玉为义父，殊不知宝玉是个不管经济仕途的闲散人；他去找贾琏，却忘了贾琏在用人这档子事上并不留心。因此两边都落了空。回过味儿来的贾芸想要去奉承凤姐，却因囊中羞涩拿不出像样的礼物。好不容易找到开香料铺的舅舅卜世仁，偏偏这个吝啬的舅舅不仅没有赊给他香料，甚至连留他吃碗面都阴阳怪气，闹得不欢而散。正是这样一个求亲无门、靠友无路的贾芸，走在路上一不留神撞上了醉醺醺的倪二。

且说贾芸赌气离了母舅家门，一径回归旧路，心下正自烦恼，一边想，一边低头只管走，不想一头就碰在一个醉汉身上，把贾芸唬了一跳。听那醉汉骂道："臊你娘的！瞎了眼睛，碰起我来了。"贾芸忙要躲身，早被那醉汉一把抓住，对面一看，不是别人，却是紧邻倪二。原来这倪二是个泼皮，专放重利债，在赌博场吃闲钱，专管打降吃酒。如今正从欠钱人家索了利钱，吃醉回来，不想被贾芸碰了一头，正没好气，抢拳就要打。

只听那人叫道："老二住手！是我冲撞了你。"倪二听见是熟人的语音，将醉眼睁开看时，见是贾芸，忙把手松了，趔趄着笑道："原来是贾二爷，我该死，我该死。这会子往那里去？"贾芸道："告诉不得你，平白的又讨了个没趣儿。"倪二道："不妨不妨，有什么不平的事，告诉我，替你出气。这三街六巷，凭他是谁，有人得罪了我醉金刚倪二的街坊，管叫他人离家散！"

——第二十四回《醉金刚轻财尚义侠　痴女儿遗帕惹相思》

这一段写醉汉状态，着实精彩。倪二嘴里"我该死，我该死""不妨不妨"的叠词完全符合醉酒人的语言特征。倪二的性格泼辣，是个随时要打架的泼皮，喝多了酒走在路上被人撞了一下，也不看对方是谁，先骂后打，这是倪二"莽"的一面；然而，一听到贾芸的声音，又听说贾芸在外面被人欺负了、讨了个没趣，立刻又要为贾芸打抱不平，这是倪二"侠"的一面；听说得罪贾芸的是其亲舅舅，倪二顿时也觉得这事儿挺尴尬，骂似乎也不好骂、打上门去更不合适，这又是倪二醉中还能守"礼"的一面；最后，专放高利贷的倪二直接拿出银子帮贾芸解决问题，并且特地叮嘱贾芸银子不要利息，不立借据，这又是倪二"义"的一面。从倪二的行为来看，他素日的侠义之名也不算是捕风捉影。倪二生性暴躁，又略怀侠义之气，或许这就是令他获得"醉金刚"这个略带赞誉的诨名的原因。

韦应物《简卢陟》诗云："可怜白雪曲，未遇知音人。……我有一瓢酒，可以慰风尘。"酒对于小人物而言，可以是没落凄凉时的慰藉，可以是任侠仗义时的豪情。可叹在后来，忠义的焦大看见贾府被抄，跌足长叹，倪二酒醉冲撞了贾雨村，被打了若干板子。《红楼梦》的读者们为主角伤春悲秋之时，是否会记得这两个醉醺醺的小人物干出的忠义之事？

第四集

酒要温着喝还是冰着喝？

《红楼梦》第一回中有副对联流传甚广，就是太虚幻境石牌坊两侧的"假作真时真亦假，无为有处有还无"，在世俗的流传中常被改为"假作真时真亦假，真作假时假亦真"。暂且抛开这两句话中的哲学思辨，将这两句话放在文学创作的语境中来看，正如作家木心所说："当袋子是假的，里面的东西都是真的；当袋子是真的，里面的东西都是假的。"不仅仅是红学研究者，即便是普通读者也爱在《红楼梦》中寻找其与现实相对应的蛛丝马迹，最令人津津乐道的莫过于猜测宁荣二府和"只应天上有"的大观园到底在南方还是北方。从《红楼梦》中人物的饮食习惯来看，研究者们大抵认为其酒食更具有南方特色，其中一个重要的依据就是《红楼梦》中经常出现的"糟味"。

有一日宝玉和黛玉恰好同一时间去宝钗房里探望，又恰逢下雪，于是几个人就不出门，在屋里玩耍，薛姨妈摆下了"几样细巧茶果来留他们吃茶"。茶食无非是些干果、甜品一类，可能宝玉对这些茶食兴趣不足，于是夸起"前日在那府里珍大嫂子的好鹅掌鸭信"，宝玉既然开了口，薛姨妈便赶忙拿了些自家做的糟货来。好鞍还需好马配，于是又从糟鹅掌鸭信牵扯出酒来。

薛姨妈听了，忙也把自己糟的取了些来与他尝。宝玉笑道："这个须得就酒才好。"薛姨妈便令人去灌了最上等的酒来。李嬷嬷便上来道:"姨太太,酒倒罢了。"宝玉央道:"妈妈,我只喝一钟。"李嬷嬷道:"不中用!当着老太太、太太,那怕你吃一坛呢。想那日我眼错不见一会,不知是那一个没调教的,只图讨你的好儿,不管别人死活,给了你一口酒吃,葬送的我挨了两日骂。姨太太不知道,他性子又可恶,吃了酒更弄性。有一日老太太高兴了,又尽着他吃,什么日子又不许他吃,何苦我白赔在里面。"

——第八回《比通灵金莺微露意 探宝钗黛玉半含酸》

在薛姨妈房里饮酒的这一段情节,在《红楼梦》大大小小的酒宴里可以算是一个极小的场面。这不是什么特地摆下的酒宴,既没有摆酒的由头,又不宴请亲友,只不过是宝玉想吃点零食,看到糟味零食又觉得需要配点酒喝才引出来的一场小酌,甚至还不如前面一笔带过的宁国府赏梅酒宴重要。但从故事情节的角度来看,这场酒却也称得上复杂,其中也透露出许多饮酒的文化信息来。

宝玉看见糟鹅掌鸭信,就想着需要"就酒才好",着实是富贵公子的吃法,和2021年底的热门网剧《风起洛阳》中的百里公子一样都称得上积年老饕。糟味本来就是用酿酒之后沉淀的酒糟制成糟卤腌制的,虽然腌制的食物没有明显的酒味,但却有一种近乎米酒和卤味之间的沉郁糟香,正适合配上香醇带甜的黄酒。中国人做糟味的历史很久,能追溯到北魏《齐民要术》中的"糟肉法";南宋《吴氏中馈录》《梦粱录》中记载的糟味酒食之多令人叹为观止。有被陆游、杨万里、苏轼等人写诗文盛赞过的"糟蟹",更有糟羊蹄、糟鹅、糟脆筋、糟猪头肉、糟藏大鱼鲊等若干糟味美食。明清时期的江南糟味更加丰盛精致,袁枚的《随园食单》中有"用苏州糟"秘制黄雀的做法,并说麻雀、鹌鹑等也可用同样的方法腌制,《红楼梦》第五十回中芦雪庵赏雪时贾母爱吃的糟鹌鹑,大约就与袁枚食谱中的做法类似。

宝玉想要用糟鹅掌鸭信配酒,奶母李嬷嬷却拦住不许他喝,理由是宝玉"吃了酒更弄性",真正的原因当然是不愿意自己连带挨骂。尽管李嬷嬷的阻拦没起到作用，反而受了薛姨妈和黛玉两顿抢白，但她对宝玉的了解确实没错：宝玉醉后，先是嫌弃给自己戴斗笠的小丫头笨手笨脚，训斥了她几句；回到怡红院后，又因为一碗枫露茶的事情大发脾气，摔杯砸碗地大闹，还撵走了丫头茜雪。平日里在丫头中厮混，对谁都喊姐姐妹妹的宝玉，喝醉了耍起少爷脾气闹得鸡飞狗跳，吵嚷得贾母都打发人来看是怎么回事，这正是李嬷嬷所担心的"酒后弄性"了。

> 薛姨妈笑道："老货，你只放心吃你的去。我也不许他吃多了。便是老太太问，有我呢。"一面令小丫鬟："来，让你奶奶们去，也吃一杯搪搪雪气。"那李嬷嬷听如此说，只得和众人去吃些酒水。
>
> 这里宝玉又说："不必温暖了，我只爱吃冷的。"薛姨妈忙道："这可使不得，吃了冷酒，写字手打飐儿。"宝钗笑道："宝兄弟，亏你每日家杂学旁收的，难道就不知道酒性最热，若热吃下去，发散的就快；若冷吃下去，便凝结在内，以五脏去暖他，岂不受害？从此还不快不要吃那冷的了。"宝玉听这话有情理，便放下冷酒，命人暖来方饮。
>
> ——第八回《比通灵金莺微露意 探宝钗黛玉半含酸》

薛姨妈为了不扫大家的兴，劝走了拦着宝玉不让喝酒的李嬷嬷，并让小丫鬟带着李嬷嬷去喝一杯酒"搪搪雪气"。古人从生活体验中认为酒能御寒，尤其是下雪天与饮酒格外相称，正所谓"晚来天欲雪，能饮一杯无"，饮一杯热酒，整个身子都感觉到了一股暖意。宝玉想喝冷酒，薛姨妈先劝他说"吃了冷酒，写字手打飐儿"，继而宝钗又说"酒性最热，若热吃下去，发散的就快；若冷吃下去，便凝结在内，以五脏去暖他，岂不受害？"都是说饮酒不宜饮冷酒。薛姨妈饮冷酒手打颤的说法，可能来自元代贾铭的《饮食须知》，文中有"凡饮酒宜温不宜热，宜少不宜多。饮冷酒成手战"的说法。明代陆容的《菽园杂记》中也记载了他听一位医生说过"酒不宜冷饮""不知冷酒之害尤甚也""冷酒于肺无伤，而胃性恶寒，多饮之，必致郁滞其气"，即冷酒损伤的是肠胃，因为冷酒容易停滞在肠胃中，这就和宝钗劝宝玉喝温酒的理由基本相符了。

黄酒温着喝，啤酒冰着喝，白酒常温喝，这是人们约定俗成的饮用方式。2024 年 5 月，中国科学院理化技术研究所的科学家们的一项研究（Ethanol-water clusters determine the critical concentration of alcoholic beverages），证明了这些日常饮用习惯的科学性：在不同的温度下，酒精饮料的口感差别非常明显，原因是乙醇－水混合物中存在"金字塔形团簇"和"链状团簇"两种团簇结构，它们会因温度的变化而相互转化。简而言之，温度高时白酒的酒味更浓郁，温度低时啤酒的酒味更突出。黄酒温着喝，还有一层考虑，便是有利于低沸点物质的挥发，使酒更顺口、更利于健康。

> 说话时，宝玉已是三杯过去。李嬷嬷又上来阻拦。宝玉正在心甜意洽之时，和宝黛妹妹说说笑笑的，那肯不吃。宝玉只得屈意央告："好妈妈，我再吃两钟就不吃了。"李嬷嬷道："你可仔细老爷今儿在家，隄防问你的书！"宝玉听了这话，便心中大不自在，慢慢的放下酒，垂了头。
>
> 薛姨妈一面又说："别怕，别怕，我的儿！来这里没好的你吃，别把这点子东西唬的存在心里，倒叫我不安。只管放心吃，都有我呢。越发吃了晚饭去，便醉了，就跟着我睡罢。"因命："再烫热酒来！姨妈陪你吃两杯，可就吃饭罢。"宝玉听了，方又鼓起兴来。
>
> ——第八回《比通灵金莺微露意 探宝钗黛玉半含酸》

生活经验告诉我们，凡是说只此一次的往往都会有下一次，宝玉也不例外。一开始李嬷嬷劝阻宝玉饮酒时，宝玉说的是"只喝一钟"；等薛姨妈支走了李嬷嬷，转眼间宝玉已经"三杯过去"；当李嬷嬷再次劝阻时，宝玉又变成了"再吃两钟就不吃了"。这真是吃酒人的嘴，骗人的鬼，实不可信。这情形令人想起一则戒酒的笑话：一人发誓打死也不喝了，后来又喝，理由是："这不是没打死嘛！"酒鬼形象活灵活现。

薛姨妈虽然不想让李嬷嬷败坏了大家吃酒的兴致，但她到底是长辈，对宝玉的性格也多少有几分了解，因此哄着宝玉喝了几杯之后就马上结束这场小酌，赶紧做了"酸笋鸡皮汤"，又让宝玉酽酽地喝了几碗茶。酸汤解酒是民间经验，时至今日，酒席最后往往是以一例酸汤作为结束的标志。而浓茶解酒则不太科学。《红楼梦》中宝玉醉酒和湘云醉酒时，都有"酽茶"的身影，这样看来曹雪芹大约是认同浓茶可以解酒的。然而现代医学研究表明，浓茶解酒会增加对心脏的刺激，还会把未完全分解的乙醇提前引入肾脏，加重肾脏负担，这和李时珍《本草纲目》中"酒后饮茶伤肾"的说法不谋而合。

第五集

酒礼是为了建立和谐的社会秩序

饮酒的目的各不相同，民众大抵以追求热闹为主。一人独酌，两人对饮，三人以上，就可以算是酒宴了。酒宴规模可大可小，小酒宴不过三五挚友相聚，不刻意规矩，不讲究座次，形式随意，这类酒宴往往以"酒"为主。大酒宴则注重长幼尊卑，又往往有一由头，譬如因赏花物、因循节例、因贺生日等，以"宴"为主，而酒则是宴席上不可或缺的点睛之笔。人们创造节日、生日、纪念日无非是让平淡的生活更具节奏，为普通的日子增添一些意思，甚至追寻一些意义。因此大的酒宴更求热闹，请戏班唱戏，行酒令取乐通常是最为雅俗共赏的法子。

《红楼梦》中的酒宴极多，或为赏花，或为赏雪，其中最重要的莫过于生辰寿宴和节日家宴。第十一回就写到了贾敬的寿辰，这是一个特殊的生日酒宴，特殊之处就在于贾敬是一个出家人，贾珍摸不准父亲是否会在生日这天回到家中接受小辈的拜贺，又不敢直接询问，因此做了两手准备：先是准备了一场没有戏班子的酒宴，如果贾敬回府过生日，就办这场比较清静的酒宴；如果贾敬不回府只在道观中清静打坐，那么宁国府中还是要给这位缺席的寿星摆下酒宴，只不过既然主角不在场，贾珍等人也就没有了拘束，酒宴自然可以热闹一些，请戏班子也就提上了日程。

先是贾琏、贾蔷到来，先看了各处的座位，并问："有什么顽意儿没有？"家人答道："我们爷原算计请太爷今日来家来，所以并未敢预备顽意儿。前日听见太爷又不来了，现叫奴才们找了一班小戏儿并一档子打十番的，都在园子里戏台上预备着呢。"

——第十一回《庆寿辰宁府排家宴　见熙凤贾瑞起淫心》

小戏儿和打十番的，是两种传统的民间乐团。小戏儿就是戏班子，但可能不是那种人马众多、特别知名的大戏班，而是比较小型的剧团，或者像1993年上映的电影《霸王别姬》中那样，从一个戏班子里挑几个角儿来唱几出。打十番可谓是一种民间的"交响乐团"，所谓"铙儿钹儿一并响"，听起来虽然相当吵闹，但很适合烘托热闹的气氛。至于贾敬缺席的生辰酒宴上到底唱了什么戏，书中并没有细说，但是既然请了打十番的乐队，估计唱的是一些热闹戏。贾珍对热闹的戏是有偏爱的，在第十九回，贾妃回宫之后，他又立刻安排唱上了。

谁想贾珍这边唱的是《丁郎认父》《黄伯央大摆阴魂阵》，更有《孙行者大闹天宫》《姜子牙斩将封神》等类的戏文，倏尔神鬼乱出，忽又妖魔毕露，甚至于扬幡过会，号佛行香，锣鼓喊叫之声远闻巷外。满街之人个个都赞："好热闹戏，别人家断不能有的。"宝玉见那繁华热闹到如此不堪的田地，只略坐了一坐，便走开各处闲耍。

——第十九回《情切切良宵花解语　意绵绵静日玉生香》

贾珍这次请的戏班子，唱的都是各种斩将封神、大闹天宫的剧目，这类戏一般都是武打故事，往往会夹杂一些吞剑吐火的特技，音乐多用唢呐铙钹，适合人员众多的酒宴，尤其适合过年这样的节庆场合，足以将场子暖热。当然，这类戏班子所唱之戏通常不追求高雅的格调，只图热闹好玩而已，因此连宝玉都嫌这些戏每次都闹腾到不堪的地步。尽管如此，热闹戏在生辰或年节的酒宴上又的确是不可或缺的存在，名副其实的气氛担当。

第二十二回，薛宝钗要过生日，贾母提出要替她张罗生日宴，自然又少不了请戏班。连挽留史湘云的理由都是"等过了你宝姐姐的生日，看了戏再回去"。虽说是为宝钗办生日宴，但哄老太太开心依旧是贾府上下的工作核心，所以当贾母问宝钗"爱听何戏，爱吃何物"时，冰雪聪明的宝钗"深知贾母年老人，喜热闹戏文，爱吃甜烂之食，便总依贾母往日素喜者说了出来"。贾母从小听戏，对戏很有鉴赏力，但人上了岁数总是喜欢热闹些来增添人气，况且在生辰酒宴上，与清雅的曲目相比，热闹有趣的戏曲显然更受欢迎。只是凤姐打趣说贾母的二十两银子既不够酒，也不够戏。

> 至二十一日，就贾母内院中搭了家常小巧戏台，定了一班新出小戏，昆弋两腔皆有。就在贾母上房排了几席家宴酒席，并无一个外客，只有薛姨妈、史湘云、宝钗是客，馀者皆是自己人。
>
> 点戏时，贾母一定先叫宝钗点。宝钗推让一遍，无法，只得点了一折《西游记》。贾母自是欢喜，然后便命凤姐点。凤姐亦知贾母喜热闹，更喜谑笑科诨，便点了一出《刘二当衣》。贾母果真更又喜欢，然后便命黛玉点。
>
> 至上酒席时，贾母又命宝钗点。宝钗点了一出《鲁智深醉闹五台山》。宝玉道："只好点这些戏。"宝钗道："你白听了这几年的戏，那里知道这出戏的好处，排场又好，词藻更妙。"宝玉道："我从来怕这些热闹戏。"宝钗笑道："要说这一出热闹，你还算不知戏呢。你过来，我告诉你，这一出戏热闹不热闹。"
>
> ——第二十二回《听曲文宝玉悟禅机　制灯谜贾政悲谶语》

虽然这一回叙述的重点是宝玉从戏文中悟到禅机，但这禅机戏文却藏在一出看似热闹的戏目里。宝钗点的《西游记》，凤姐点的《刘二当衣》，都是典型的热闹戏。书上说贾母请的戏班是"昆弋两腔皆有"，昆曲相对而言比较古雅柔和，而弋阳腔则擅长《水浒传》《三国传》《封神传》等曲目，通常比较热闹。宝钗的生日宴是"家宴酒席"，大家先吃饭，吃饭的时候便已经安排上了热闹的戏曲，后来才上了酒席，这里的酒席与我们现在常说的有酒有菜的席面不同，是撤去饭菜后，只有酒和下酒果品小菜的席面。有时却是先酒、后饭、再茶，如同第十一回中"点的戏都唱完了，方才撤下酒席，摆上饭来。吃毕，大家才出园子来，到上房坐下，吃了茶"。

当然，也并不是所有的酒宴都请戏班。一般来说，根据《红楼梦》里的描述，生日宴是会请小戏儿的，为的是庆贺生辰、图个吉庆。但是正月里从大年三十到正月十五，天天有席、顿顿摆酒，如果每次都安排上戏曲，恐怕会不堪其扰，因此正月里的家宴并不一定要请戏班。宝钗生日酒宴后，贾母受元妃赏灯谜兴致的启发，自己也做了一些灯谜，"然后预备下香茶细果以及各色玩物"，专门安排了晚间的家宴。这场家宴虽然是贾母临时起意、随意一摆，但由于有贾母、贾政两位长辈在场，且贾政又是礼教拘束之人，因此书上特地写了酒宴的座次排席："上面贾母、贾政、宝玉一席，下面王夫人、宝钗、黛玉、湘云又一席，迎、探、惜三个又一席。地下婆娘丫鬟站满。李宫裁、王熙凤二人在里间又一席。"中国人注重礼仪，尤其是饮食礼仪，从先秦至今几无变化。餐饮礼仪的核心是座次，座次的目的是通过长幼尊卑的形式教化人知礼、懂礼、守礼，从而建立和谐的社会秩序。如《礼记·乡饮酒义》所言："民知尊长养老，而后乃能入孝弟；民入孝弟，出尊长养老，而后成教；成教而后国可安也。"尊长养老是结果，达成这一结果的形式并非一成不变，比如乡饮酒礼中主位在西北方；鸿门宴中主位坐西朝东；再后来坐南朝北成为主位；直到如今简化为对户门或倚背景墙为主位。

酒席最重要的是气氛，国宴相对严肃，家宴相对松弛。这次贾母张罗的家宴，没有请戏班子，加上贾政在席，原本应该活络的酒席变成了谨慎拘束。以至于平时高谈阔论的贾宝玉变得蔫头巴脑，唯唯诺诺；喜欢开玩笑的湘云也三缄其口。话不投机，徒增尴尬，于是贾母"酒过三巡，便撵贾政去歇息"。贾政走后，宝玉马上恢复本色，变成"开了锁的猴子"，上蹿下蹦活跃气氛。

酒席上没了戏班点缀，大家枯坐无趣，就需要想别的法子助兴。酒宴的助兴除了酒戏，最能调动气氛和参与感的莫过于酒令了。即便现在，人们也认同有酒的宴席比单纯吃饭的宴席时长能翻一倍，而行酒令的酒局又比普通的酒局时长再翻一倍。正如不同的人看不同的戏一样，不同的人自然也会玩不同的酒令，酒宴的气氛和风格也就随之大不相同了。《红楼梦》中最有趣、最好笑的两个酒宴，莫过于呆霸王薛蟠和打秋风的刘姥姥参与的两场酒宴。

第六集

不应让酒令与酒桌渐行渐远

《红楼梦》中饮酒，常有酒令。酒令，顾名思义，是依托于酒、为增添饮酒乐趣而产生的一种游戏，通常在酒席上设定规则、借以助兴。试想一群人坐着饮酒，倘若没有舞乐戏曲相伴，既无趣，又缺乏劝酒的由头，则情何以堪？这个时候若施以酒令，通过一种游戏的形式，或俗或雅、或文或武，可令席间平添妙趣。薛蟠与刘姥姥的人物个性，就是在酒宴之上、众人行酒令的时候表现出来的。薛蟠行酒令，是大俗、鄙俗乃至于恶俗；而刘姥姥行酒令，却是俗而有趣，甚至透露出几分智慧与可爱，令人忍俊不禁。

酒令与一般的游戏似乎又有些不同：无论是酒令的"令"，还是酒令的古名"觞政"，抑或是《诗经·小雅·宾之初筵》中"凡此饮酒，或醉或否。既立之监，或佐之史"，这些"令""政""监""史"等用词不仅听上去不像是游戏，甚至有些严肃的意味。事实上，创设酒令的本意就是为了维持饮酒时的仪礼，令饮酒及酒桌上的言行举止符合礼仪规范。清代《酒令丛钞》的序言中说："以上使下为之令，若举觞促坐，迭为盟长，听其约束，有举必行，有禁必止。"贾母摆酒宴时请鸳鸯做令官，尽管鸳鸯只是一个丫鬟，但她身为令官的时候，就可以说："酒令大如军令，不论尊卑，惟我是主。违了我的话，是要受罚的。"

五月三日是薛蟠的生日，程日兴送他新奇的鲜藕、西瓜、暹罗猪、鲟鱼给他作生日礼物，这几样东西虽然不算是特别贵重，但既有趣又新奇，正对了薛蟠的胃口。薛蟠还想让宝玉将春宫画当作生日礼物送他，误把"唐寅"看作"庚黄"，引得宝玉取笑。薛蟠虽然不学无术，抖机灵却不在话下，为了让宝玉赴宴，竟让茗烟骗宝玉说贾政寻他，把宝玉吓得够呛，赶紧出门，殊不知是叫宝玉出来饮酒作乐。薛蟠这招瞒天过海，不仅骗过了宝玉，也骗过了其他人，当家里人都担心宝玉被贾政训话时，宝玉却已醉醺醺地回家了。酒宴进行中，冯紫英前来贺寿，但因有事不能入席，于是"薛蟠执壶，宝玉把盏，斟了两大海。那冯紫英站着，一气而尽"。约定几日后冯紫英再做东摆酒。

到了冯紫英摆酒宴那天，宝玉如约到了冯紫英家的时候，"只见薛蟠早已在那里久候"，一句话把这个呆霸王等着酒宴热闹的猴急劲头拿捏得入木三分。冯紫英的酒宴安排了"许多唱曲儿的小厮并唱小旦的蒋玉菡、锦香院的妓女云儿"。通常来说，伶人歌姬既可以在酒席上负责唱曲唱戏助兴，又可以负责行酒令。在这场酒宴中，唱曲的小厮们似乎是不入席的，而蒋玉菡虽然身份不高，但被宝玉、薛蟠等视为朋友，不作伶人歌姬一般对待，因此唱曲和行酒令的任务就落在了云儿身上。

依次坐定，冯紫英先命唱曲儿的小厮过来让酒，然后命云儿也来敬。

那薛蟠三杯下肚，不觉忘了情，拉着云儿的手笑道："你把那梯己新样儿的曲子唱个我听，我吃一坛如何？"云儿听说，只得拿起琵琶来……

唱毕笑道："你喝一坛子罢了。"薛蟠听说，笑道："不值一坛，再唱好的来。"

宝玉笑道："听我说来：如此滥饮，易醉而无味。我先喝一大海，发一新令，有不遵者，连罚十大海，逐出席外与人斟酒。"冯紫英蒋玉菡等都道："有理，有理。"宝玉拿起海来一气饮干，说道："如今要说悲、愁、喜、乐四字，却要说出女儿来，还要注明这四字原故。说完了，饮门杯。酒面要唱一个新鲜时样曲子；酒底要席上生风一样东西，或古诗、旧对、《四书》《五经》成语。"薛蟠未等说完，先站起来拦道："我不来，别算我。

这竟是捉弄我呢！"云儿也站起来，推他坐下，笑道："怕什么？这还亏你天天吃酒呢，难道你连我也不如！我回来还说呢。说是了，罢；不是了，不过罚上几杯，那里就醉死了。你如今一乱令，倒喝十大海，下去斟酒不成？"众人都拍手道妙。薛蟠听说无法，只得坐了。

——第二十八回《蒋玉菡情赠茜香罗　薛宝钗羞笼红麝串》

酒令设计的初衷，实际上就是为了避免像薛蟠这样的"冲动型饮酒"。酒宴上虽有劝酒，但不宜灌酒；有敬酒，但不宜斗酒。宝玉发起的酒令对于薛蟠和今天的我们而言，有些过于"雅"了，但在《红楼梦》中，这种酒令还不算是太雅，只能算是雅俗共赏。因为"酒底"可以是诗词、成语或对联，范围还是非常宽泛的，因此连锦香院的云儿、武将世家的冯紫英、唱戏的伶人蒋玉菡这几个"文化水平不高"的朋友也能够很好地完成这个酒令。当然，不学无术到薛蟠这个程度的话，宝玉发起的酒令还是有点难度的。因此在薛蟠阻止不成的情况下，他只好编出了一堆"绣房蹿出个大马猴""嫁了个男人是乌龟"等粗鄙之语，难怪酒席上其他人都让他快快结了这令，免得耽误了下家。

发起酒令的人一般要先喝一杯，称之为"令酒"，这就是宝玉"先喝一大海"的原因。不过宝玉规定如有不遵守新酒令者"连罚十大海"有些不讲理。一般情况下若想改酒令也喝一杯令酒就可以了，最多是原令酒的倍数，比如喝两杯定新酒令，再改酒令则饮四杯，以此类推。有时酒桌上为了推荐自己的酒令，竞相喝令酒的情况也很常见。文中提到的"门杯"是饮酒者自己面前的酒杯，区别于罚酒用的"公杯"，与如今宴席上自己所用筷子与公筷的关系类似。

薛蟠的酒令被人嘲笑，而目不识丁的农村老太太刘姥姥，却在酒令上展现出一种生活的趣味与智慧。

刘姥姥因看不惯没出息的姑爷在家置气喝闷酒，想起自己拐着弯还能攀上贾府的亲戚，于是带上外孙子板儿来城里打点秋风。恰好遇上旧相识周瑞家的媳妇，这个媳妇又有心向刘姥姥炫耀一下自己如今的体面，便将刘姥姥引入贾府，见到了凤姐，一来二去，竟得了一些赏钱。得到赏钱的刘姥姥知恩图报，第二回带着一些田里的新鲜瓜果蔬菜来贾府拜谢凤姐，这事儿传到贾母耳朵里，贾母每日在家中枯坐无趣，正想有一个同龄的老人家一起说说话，于是便很有兴致地留刘姥姥住几日，带着她逛了大观园，还特地摆酒宴取乐。

既然摆了酒宴，就需要行起酒令来。贾母说："咱们先吃两杯，今日也行一令才有意思。"贾母行酒令需要丫鬟鸳鸯辅助，因此贾母与鸳鸯各饮了一杯令酒。鸳鸯虽然跟了贾母许多年，也聪明伶俐，但诗词歌赋水平终究有限。不过在座的如贾母、王夫人、薛姨妈、李纨、凤姐等的诗文水平都十分有限，因此鸳鸯设的酒令比起宝玉的更加通俗易懂——"说骨牌副儿"，既可以是雅的"诗词歌赋"，也可以是俗的"成语俗话"，只要押韵就好。正因如此，才给了大字不识的刘姥姥参与这个酒令的机会。

> 刘姥姥道："我们庄家人闲了，也常会几个人弄这个，但不如说的这么好听。少不得我也试一试。"众人都笑道："容易说的。你只管说，不相干。"鸳鸯笑道："左边'四四'是个人。"刘姥姥听了，想了半日，说道："是个庄家人罢。"众人哄堂笑了。贾母笑道："说的好，就是这样说。"刘姥姥也笑道："我们庄家人，不过是现成的本色，众位别笑。"鸳鸯道："中间'三四'绿配红。"刘姥姥道："大火烧了毛毛虫。"众人笑道："这是有的，还说你的本色。"鸳鸯道："右边'么四'真好看。"刘姥姥道："一个萝葡一头蒜。"众人又笑了。鸳鸯笑道："凑成便是一枝花。"刘姥姥两只手比着，说道："花儿落了结个大倭瓜。"众人大笑起来。
>
> ——第四十回《史太君两宴大观园　金鸳鸯三宣牙牌令》

相比于《红楼梦》中常见的诗词歌赋酒令，刘姥姥的酒令俗得有趣，俗得有生命力。据刘姥姥所说，乡下人农闲的时候，也会饮酒作乐；既饮酒，也会行酒令，说几句押韵的俏皮话打发时光取乐。刘姥姥进大观园，见识了自己从未看过的光怪陆离的"生活"，而她口中的"一个萝卜一头蒜""花儿落了结个大倭瓜"这样的俗语，也是大观园里的少爷小姐们从未听过的光怪陆离的生活景象。

一个小小的酒令里，藏着来自远古礼乐制度的规范，折射出一个人的品格修养，还能够展现出生活的乐趣与幽默。饮酒时行酒令还有一个妙处，即能延缓喝酒的速度，速度放缓了，醉酒的状况就会减轻，酒闹、发酒疯的概率也会随之降低，从而实现"一献之礼，宾主百拜，终日饮酒而不得醉焉。"（《礼记·乐记》）从这个角度而言，酒令亦是上古酒礼的通俗化演绎。古时的酒令是喝酒的由头，也是喝酒的乐趣所在。而今"应酬酒"越来越多，轻松的"趣味酒"越来越少，酒令也渐行渐远，不能不说是一种莫大的遗憾。

第七集

王熙凤醉酒生日宴闹出大乱子

按《易经》，泰卦与否卦可相互转化，泰极生否。《道德经》中也说"祸兮福之所倚，福兮祸之所伏"。这些说的都是在极盛之处，可能隐藏着转向倾颓的征兆。《红楼梦》的故事便是这样，在极尽繁盛的时候总隐藏着悲哀的影子，在所有人都沉浸在烈火烹油的欢宴中时，总有一两个不悦耳的声音，深深地潜藏在这些看似欢乐的酒宴背后。

第四十三回，贾母给凤姐过生日，正是贾家如日中天的时辰。彼时刘姥姥刚陪着众人重游大观园，来自乡野的生命活力与大观园中葬花扑蝶的世外洞天糅合在一起，正是贾府上上下下最欢乐、最无忧无虑的好日子，就连在大观园中逛了一整天、偶感风寒的贾母也很快就休养调理好了。于是玩兴甚高的贾母趁着王夫人、凤姐前来请安，便说起自己想要给凤姐过生日摆酒的计划："今年人又齐全，料着又没事，咱们大家好生乐一日。"

人齐全、又没事，简单的六个字，写的恰恰是贾府彼时的现世安稳。为了取乐，贾母安排众人学着无力承办大宴席的小户人家"凑份子"，每个人都为凤姐的生日出点钱凑热闹。贾母自己领头出了二十两私房钱，众人按辈分次第减少，最后贾府上上下下，竟由众人的私房钱中凑出了一百五十多两银子做酒席的份子钱。一百五十两是多少钱呢？刘姥姥曾经说过二十两银子已经够庄稼人一家子过上一年了，这顿酒钱够庄稼人七八年的生活费了。凑份子喝酒由来已久，古代汉语中有个"醵"字，便是凑钱饮酒的意思，可谓是 AA 制的雏形。安徽亳州出土的曹操宗族墓的墓砖，有一块刻有"沽酒各半各"的字迹，记录的正是两人兑钱买酒的事。凑钱买酒，一来可知酒在古时价高不易得，另外则透露出聚饮才是酒的主旨。五代《北梦琐言》里记载过一个下属凑份子为前蜀宁江节度使王宗黯献生日贺礼的故事，悲剧的收场与王熙凤的生日宴有几分肖似。

凤姐的酒宴还没办起来，就已经闹得人尽皆知了。贾府众人都知道贾母要给自己宠爱的孙媳妇过生日，不得不掏出自己的私房钱，但掏钱的心态各不相同：有人愿意巴结凤姐、给得痛快，有人愿意取悦贾母、给得爽利，但也有人心不甘情不愿，只是不敢拒绝。贾母吩咐尤氏帮忙办理酒宴，不让凤姐操劳，凤姐与尤氏妯娌之间斗嘴开玩笑时，尤氏便说：

"你瞧他兴的这样儿！我劝你收着些儿好。太满了就泼出来了。"

——第四十三回《闲取乐偶攒金庆寿　不了情暂撮土为香》

或许尤氏只是随口一句玩笑，但当这一句玩笑话在酒宴上再次出现的时候，就多了几分谶语的意味。当时众人都在向凤姐敬酒、劝酒，贾母让尤氏给凤姐敬酒，于是尤氏"命人拿了台盏斟了酒"，拉着凤姐坐下。

（尤氏）笑道："一年到头难为你孝顺老太太、太太和我。我今儿没什么疼你的，亲自斟杯酒，乖乖儿的在我手里喝一口。"凤姐儿笑道："你要安心孝敬我，跪下我就喝。"尤氏笑道："说的你不知是谁！我告诉你说，好容易今儿这一遭，过了后儿，知道还得像今儿这样不得了？趁着尽力灌丧两钟罢。"凤姐儿见推不过，只得喝了两钟。

——第四十四回《变生不测凤姐泼醋　喜出望外平儿理妆》

凤姐和尤氏打嘴官司，说让她跪下敬酒，是年轻的凤姐恃宠而骄的表现，不过平辈之间争个口舌之利，倒也没有得寸进尺故意欺负尤氏的意思。但平时略显软弱、笨嘴拙舌的尤氏此时却没有因为凤姐过生日而多说几句吉利话，反而来了一句"过了后儿，知道还得像今儿这样不得了"，按理说，这样"不吉利"的话是不应当出现在生日酒宴上的，但尤氏本来就是一个"不伶俐"的人，元宵夜讲笑话也是没鼻子没眼的，又是凤姐妯娌，说出这样古怪的话来，众人倒也不觉得特别违和。

让酒宴的主角多喝一些，是自古以来的传统，仿佛不如此便不能表达组织者的心意。这也是厌恶酒桌陋习的人最不能接受的行为——强迫他人饮酒。这一点，古时与今日还是有些许不同：古时酒不易得、不常喝，有限的酒让主角多喝一些是慷慨的表现，如今再强行劝酒则真有些不友好的意思了。贾府当然不缺酒，但平时事务烦琐、秩序尊卑严谨，事事左右拿捏、谨小慎微，能在酒宴上名正言顺地喝醉一回，也是超越世俗的片刻安宁与放松。为了让凤姐喝酒，贾母一开始就定好了调子：

> 贾母笑着，命尤氏："快拉他出去，按在椅子上，你们都轮流敬他。他再不吃，我当真的就亲自去了。"
>
> ——第四十四回《变生不测凤姐泼醋 喜出望外平儿理妆》

在酒宴上饮酒，若真从头至尾一杯不喝倒也无事，至少做到了一视同仁。一旦开喝，绝不能厚此薄彼，这也是醉酒的根源：每个人敬的不多，架不住敬的人多，量变导致质变，不醉几乎不可能。凤姐推托不了长辈的赐酒，拗不过同辈的敬酒，以赖大妈为首的嬷嬷们的酒，凤姐也得一杯杯都接下。刚想在鸳鸯这里讨个人情偷个懒，无奈终究逃不过鸳鸯的一张利嘴。

> 鸳鸯等也来敬，凤姐儿真不能了，忙央告道："好姐姐们，饶了我罢，我明儿再喝罢。"鸳鸯笑道："真个的，我们是没脸的了？就是我们在太太跟前，太太还赏个脸儿呢。往常倒有些体面，今儿当着这些人，倒拿起主子的款儿来了。我原不该来，不喝，我们就走。"说着真个回去了。凤姐儿赶忙上拉住，笑道："好姐姐，我喝就是了。"说着拿过酒来，满满的斟了

一杯喝干。

——第四十四回《变生不测凤姐泼醋　喜出望外平儿理妆》

这场酒宴，对于八面玲珑的凤姐而言，既是展现自己风光无限的舞台，又是暗藏无限危机的序曲。变故发生在酒宴上凤姐喝多之后："凤姐儿自觉酒沉了，心里突突的似往上撞，要往家去歇歇。"饮酒中，一番急酒过后，人在完全醉倒之前，有一个模糊的阶段，意识里知道自己将要醉了，一般会赶紧找个借口回避一下：到卫生间吐一吐，洗洗脸清醒一下；或者干脆溜之大吉，避免当众出丑。于是凤姐扶着平儿出来，准备走回自己的屋子里。

事情发展到这个时候，倒也还算是风平浪静。但在热闹平静的表面之下，生活的暗流已经被酒宴缓缓地推动了。而当凤姐喝多了走出宴席、准备走回家里稍作休息，并且看到一个见了她就往回跑的小丫头的时候，事情已经走向不可逆转的境况：当凤姐热热闹闹、风风光光地饮酒时，另一件事在暗地里进行着，贾琏知道今天凤姐过生日，他并不想为妻子的生日庆祝一下，只想着凤姐会被繁缛的酒宴绊住脚，趁无人管束逍遥自在一番，便拿了一些私房钱喊小丫头去找情人来家里私会。偷情倒在其次，令凤姐怒不可遏的是两个人背后诅咒凤姐早死。这确实突破了常人的底线，何况是女强人凤姐。

凤姐听了，气的浑身乱战，又听他俩都赞平儿，便疑平儿素日背地里自然也有愤怒语了，那酒越发涌了上来，也并不忖度，回身把平儿先打了两下，一脚踢开门进去，也不容分说，抓着鲍二家的撕打一顿。又怕贾琏走出去，便堵着门站着骂道："好淫妇！你偷主子汉子，还要治死主子老婆！平儿过来！你们淫妇忘八一条藤儿，多嫌着我，外面儿你哄我！"说着又把平儿打几下。打的平儿有冤无处诉，只气得干哭，骂道："你们做这些没脸的事，好好的又拉上我做什么！"说着也把鲍二家的撕打起来。

贾琏也因吃多了酒，进来高兴，未曾作的机密，一见凤姐来了，已没了主意，又见平儿也闹起来，把酒也气上来了。凤姐儿打鲍二家的，他已又气又愧，只不好说的，今见平儿也打，便上来踢骂道："好娼妇！你也动手打人！"平儿气怯，忙住了手，哭道："你们背地里说话，为什么拉我呢？"凤姐见平儿怕贾琏，越发气了，又赶上来打着平儿，偏叫打鲍二家的。平儿急了，便跑出来找刀子要寻死。外面众婆子丫头忙拦住解劝。这里凤姐见平儿寻死去，便一头撞在贾琏怀里，叫道："你们一条藤儿害我，被我听见了，倒都唬起我来。你也勒死我！"贾琏气的墙上拔出剑来，说道："不用寻死，我也急了，一齐杀了，我偿了命，大家干净。"

——第四十四回《变生不测凤姐泼醋 喜出望外平儿理妆》

这是《红楼梦》家庭闹剧里最激烈的一次冲突。凤姐平日最好面子，如果没有"酒越发涌了上来，也并不忖度"的酒劲，恐怕不会先打平儿，再撕打贾琏的情人，又大骂贾琏。平静的凤姐会像处理贾琏包养尤二姐一事那样，冷静、狠辣、一击致命，而不是撕破脸皮、哭闹着大打出手。而贾琏倘若不是喝多了酒太过得意，也不至于敢明目张胆地将情人带入自己和凤姐的卧室，甚至提着剑要杀凤姐，一直追打到贾母和邢夫人、王夫人面前。没有酒的催化，贾琏恐怕也会和幽会多姑娘一样，偷偷地说着凤姐的坏话，偷偷地藏起一缕情人的头发。连曹雪芹也说贾琏"倚酒三分醉"，正是酒，在已经怒火冲天的凤姐和欲火焚身的贾琏身上，各自添了一把干柴。

如果没有这场酒宴，凤姐和贾琏之间的遮羞布，还会严严实实地遮挡着，就像贾母说的那样："什么要紧的事！小孩子们年轻，馋嘴猫儿似的，那里保得住不这么着。从小儿世人都打这么过的。都是我的不是，叫你多吃了两口酒，又吃起醋来。"最终，贾母将责任揽在自己身上。贾母说是因"多吃了两口酒"；宝钗也劝平儿说"素日凤丫头何等待你，今儿不过他多吃一口酒"；第二天贾琏跑到贾母面前认错，说的也是"昨儿原是吃了酒，惊了老太太的驾了"；凤姐给平儿道歉，理由也是"我昨儿灌丧了酒了"。一场闹剧需要大事化小、小事化了，挡箭牌必须是酒，替罪羊只能是酒。然而酒是诚实的，它不过忠诚地放大了凤姐心中难以压抑的愤怒，放大了贾琏心中克制已久的欲望，放大了大观园繁华背后千疮百孔的秘辛。

第八集

薛蟠醉后调戏柳湘莲被暴揍

酒兴，是一个有趣却很难说清楚的词汇，可以机械地理解为饮酒的兴致。通常饮酒者认为，酒宴上喝酒扭扭捏捏、磨磨叽叽，这种不爽利的行为大约是败兴的，因为酒本身就应当与潇洒、豪爽的氛围共存。爽快的豪饮往往能增添酒兴，甚至将酒宴的氛围推上一个小高潮，故而"饮如长鲸吸百川"是千百年来饮者中的美谈。

但另一方面，滥饮狂欢以致丑态百出，不仅败人酒兴，甚至还会闹出乱子，这也是不争的事实。同样是豪饮，同样是纵情，其结果却有时风雅，有时拙劣；助长推风雅者情操的是酒，扰乱滥饮者心性的也是酒。究竟酒有何罪？酒又何辜？其实所谓风雅也好，乱性也罢，酒在其中起到的也许是催化剂的作用，也许是放大镜的作用，但它并不能涂抹和修改饮者本身的底色。正如《说文解字》所云："酒，就也，所以就人性之善恶也。"

在《红楼梦》中，薛蟠以一个不学无术的富二代丑角形象出现。薛蟠的母亲薛姨妈是王夫人的亲姐妹，薛蟠的亲姐姐宝钗美得动人心魄，薛蟠的表哥贾宝玉也是翩翩公子。如果没有什么特殊的基因突变，薛蟠的长相恐怕很难和丑陋鄙俗挂上钩。因此薛蟠的"丑角"形象，大概与他的长相是不相关的，他的丑，丑在行为。

薛蟠不学无术，专爱吃喝玩乐。他既不需要继承家业，或者说没有能力继承家业，也无需准备科举。由于薛姨妈过度溺爱从不管束，因此白日的酒宴、晚上的赌场，就成了薛蟠流连忘返的地方。如果说薛蟠在自己的生日宴席上唱些"哼哼韵、嗡嗡曲"，只是闹了些无伤大雅的笑话，那么在赖尚荣家的酒席上因调戏柳湘莲而被暴打一顿，可谓是薛蟠糗事中的一个小高潮了。

> 因其中有柳湘莲，薛蟠自上次会过一次，已念念不忘。又打听他最喜串戏，且串的都是生旦风月戏文，不免错会了意，误认他作了风月子弟，正要与他相交，恨没有个引进，这日可巧遇见，乐得无可不可。且贾珍等也慕他的名，酒盖住了脸，就求他串了两出戏。下来，移席和他一处坐着，问长问短，说此说彼。
>
> 那柳湘莲原是世家子弟，读书不成，父母早丧，素性爽侠，不拘细事，酷好耍枪舞剑，赌博吃酒，以至眠花卧柳，吹笛弹筝，无所不为。因他年纪又轻，生得又美，不知他身分的人，却误认作优伶一类。那赖大之子赖尚荣与他素习交好，故他今日请来作陪。不想酒后别人犹可，独薛蟠又犯了旧病。
>
> ——第四十七回《呆霸王调情遭苦打　冷郎君惧祸走他乡》

世家子弟，没有父母的管束，读书也没有成就，喜欢赌博吃酒、眠花卧柳，甚至被别人当成社会地位低下的戏子。乍一看，柳湘莲和薛蟠的区别，似乎就只在于是会唱戏还是会看戏。事实上两人却有着骨子里的根本区别，柳湘莲属于茶壶里煮饺子——心中有数，他具有的分寸感是薛蟠所不具备的。虽然是好朋友赖尚荣加官晋爵的喜宴，柳湘莲却无意久留。当薛蟠在酒席上几露丑态时，为了避免纠纷，柳湘莲首先想到的是三十六计走为上计，而不是闹事。在《红楼梦》中，柳湘莲又被称为"冷郎君"，尤三姐死后魂魄归来，说柳湘莲"冷心冷面"，大抵指的就是他既不爱凑热闹，又不愿意直接表达自己情感的性格。

柳湘莲冷面是真，心却并不冷。他没有离席，一则是为了照顾朋友赖尚荣的面子，二则是想和宝玉再说几句话，聊聊两个人共同的已故的朋友秦钟。

秦钟的父亲、姐姐都已去世，身无后嗣，贾珍、贾蓉早已把这个羸弱早夭的孩子忘在脑后了。会担心秦钟的坟茔是否被暴雨冲垮的，只有宝玉、湘莲这几个朋友。宝玉困在家中，任何行动都有人叮咛劝阻，想要祭祀一下金钏儿，都需要偷偷摸摸骑马、没命地跑上半天，回来还要编一个瞎话。柳湘莲虽然身无长物，但他在"纵有几个钱来，又随手就光"之余，竟然还能细心到预留下给秦钟上坟的花销，着实是个念旧的人。但对于这些牵念、这些细心、这些不可断绝、不能忘却的情感，柳湘莲说起来仍旧是冷冷的几个字："这个事不过各尽其道。"做九分说一分的柳湘莲与做一分说九分的薛蟠形成了鲜明的对比。

　　刚至大门前，早遇见薛蟠在那里乱嚷乱叫说："谁放了小柳儿走了！"柳湘莲听了，火星乱迸，恨不得一拳打死，复思酒后挥拳，又碍着赖尚荣的脸面，只得忍了又忍。薛蟠忽见他走出来，如得了珍宝，忙趱赶着上来一把拉住，笑道："我的兄弟，你往那里去了？"湘莲道："走走就来。"薛蟠笑道："好兄弟，你一去都没兴了，好歹坐一坐，你就疼我了。凭你有什么要紧的事，交给哥，你只别忙，有你这个哥，你要做官发财都容易。"

　　湘莲见他如此不堪，心中又恨又愧，早生一计，便拉他到避人之处，笑道："你真心和我好，假心和我好呢？"薛蟠听这话，喜的心痒难挠，乜斜着眼忙笑道："好兄弟，你怎么问起我这话来？我要是假心，立刻死在眼前！"湘莲道："既如此，这里不便。等坐一坐，我先走，你随后出来，跟到我下处，咱们替另喝一夜酒。我那里还有两个绝好的孩子，从没出门。你可连一个跟的人也不用带，到了那里，服侍的人都是现成的。"薛蟠听如此说，喜得酒醒了一半，说："果然如此？"……湘莲道："既如此，我在北门外头桥上等你。咱们席上且吃酒去。你看我走了之后你再走，他们就不留心了。"薛蟠听了，连忙答应。于是二人复又入席，饮了一回。那薛蟠难熬，只拿眼看湘莲，心内越想越乐，左一壶右一壶，并不用人让，自己便吃了又吃，不觉酒已八九分了。

　　——第四十七回《呆霸王调情遭苦打　冷郎君惧祸走他乡》

薛蟠在酒席上见柳湘莲人物风流，又起了调戏之心。说实话，香菱也好，柳湘莲也罢，薛蟠的审美眼光似乎还是不错的。然而糟糕的是，薛蟠从未想过应该如何与这些美丽的女孩子、男孩子相处，更不会考虑对方的想法与感受，他想要的只是抓住和抢过来。薛蟠的情有泛滥之嫌，但他的心倒有几分"真"。当柳湘莲问话设套让他往里钻的时候，薛蟠的回答是"我要是假心，立刻死在眼前"这样的毒誓，凡人都会留有余地，只有薛蟠斩钉截铁，既显示了他的鲁莽，也透露出他的心无城府。

"酒后别人犹可，独薛蟠又犯了旧病"，从这句话推测，薛蟠平日倒尝试过收敛自己的行为，但酒一上头，本来就薄如蝉翼的自律便顿时烟消云散了，"旧病"二字正说明薛蟠是个惯犯。和薛蟠酒后放纵相对应的是，被薛蟠弄得极为扫兴的柳湘莲却"复思酒后挥拳，又碍着赖尚荣的脸面，只得忍了又忍"。一个放纵肆意、任性妄为，心里只有"我"；一个内敛隐忍、礼节有度，要维持基本的人情世故。

柳湘莲实在气不过，便盘算将薛蟠骗到城郊去，在无人阻拦、不会破坏朋友酒宴兴致的地方去"解决一下问题"。柳湘莲的哄骗令薛大傻子当了真，这不免令人想起带了几分酒意、逃席出来调戏凤姐的贾瑞——一个人的愚昧和不自知可以离谱到这个程度，以至于让读者都跟着起急。很多事都是如此，事后回顾并非危险没有预兆，而是欲望蒙蔽了识别危险的能力。最有趣的是，此时曹雪芹并没有让薛蟠立刻起身离开酒宴，也许半醉的薛蟠被冷风一吹，还有机会反应过来自己被涮了；事实上，薛蟠早已沉迷于柳湘莲已经到手的虚幻快乐之中："心内越想越乐，左一壶右一壶，并不用人让，自己便吃了又吃，不觉酒已八九分了。"

论起醉酒，大多数人着眼于被动的醉——如同王熙凤在生日宴上被轮番敬酒致醉；事实上，现实生活中很多时候是主动醉酒——如同薛蟠并不用人让，自己便吃了又吃，酒不醉人人自醉。醉了，语言的尺度、行为的尺度都会为自己放宽几分，很多话、很多事，说起来、做起来就没有那么多障碍，即便都知道这终究是掩耳盗铃，却也具有人类最普遍的心理共性。一场酒宴，有人重情，有人滥情，有人乘兴，有人败兴，酒只不过是一面忠实的镜子，平静的酒杯上倒映出什么样的面孔，不过是饮酒人内心深处真实的映照罢了。

第九集

湘云、凤姐、黛玉三个人三种酒味

　　每个人都是行为艺术家，饮酒时便是这种艺术行为的最佳呈现时刻，尽管并不是每个人都能玩出石延年那样的艺术水准：不是戴着枷锁游街喝，就是躲在谷堆里探头喝；不是躲在树上偷着喝，就是黑灯瞎火玩鬼饮……字如其人、酒如其人的说法，虽不完全科学、公正，却也不能算是捕风捉影的无稽之谈。即便只是普通人在日常生活中的一杯酒，也能从其饮酒的方式和态度，管窥不同的性格与心境。在《红楼梦》的大观园中，往往单看大家饮酒的风格，基本就能猜到饮酒的人物是谁。

　　湘云一面吃，一面说道："我吃这个方爱吃酒，吃了酒才有诗。若不是这鹿肉，今儿断不能作诗。"

　　　　　　　　　——第四十九回《琉璃世界白雪红梅　脂粉香娃割腥啖膻》

　　爱吃烤肉、爱饮酒、爱写诗，这就是活泼开朗，拥有"英豪阔大宽宏量"的湘云。史湘云生性爱好玩笑，教香菱学诗的时候，两个人叽叽喳喳，把宝钗吵得不行。作为一个既具男孩子气又有诗才的女孩儿，湘云饮酒也是不拘多少，只以尽兴为要。在芦雪庵赏雪联诗的时候，湘云一面在雪地里拢炭炉子用铁丝网烤鹿肉吃，一面豪饮挥洒、即兴联诗。最后众人联诗的内容被誉录出来，算下来湘云作的诗句最多，大家都说是"那块鹿肉的功劳"，或者说是鹿肉加美酒的功劳。今人对鹿肉稍显陌生，但在人类食肉史上，鹿肉是先于猪肉的存在。鹿浑身是宝，鹿皮、鹿肉皆可利用，更不必说鹿茸这样的名贵中药材了。根据王利华先生《中古华北饮食文化的变迁》的研究，大约在新石器时代晚期，猪肉取代了鹿肉成为主要肉食，后来羊肉又取代了猪肉（唐宋时期都是以羊肉为主），直到明代猪肉才又一次取代羊肉成为肉食之王，直至今天。

湘云饮酒的豪爽正是她生活态度的体现，甚至是她的生活哲学。黛玉戏言湘云在雪地里烤鹿肉饮酒太过"粗野"，湘云却毫不介意地回应："'是真名士自风流'，你们都是假清高，最可厌的。我们这会子腥膻大吃大嚼，回来却是锦心绣口。"豪饮不是滥饮，而是对生活中一切美好事物的热烈拥抱——无论是美食、美酒还是美景，湘云都热烈地拥抱着。她虽然失去了父母，却并没有因此自怨自艾，在大观园这个女孩儿们的桃花源与乌托邦中，湘云的美自然而奔放。

在《红楼梦》的诸多事件中，"醉卧芍药"是一个可以与"黛玉葬花"等量齐观的经典片段，被后来的绘画和影视作品再三复现的绝美瞬间：

> 正说着，只见一个小丫头笑嘻嘻的走来："姑娘们快瞧云姑娘去，吃醉了图凉快，在山子后头一块青板石凳上睡着了。"众人听说，都笑道："快别吵嚷。"说着，都走来看时，果见湘云卧于山石僻处一个石凳子上，业经香梦沉酣，四面芍药花飞了一身，满头脸衣襟上皆是红香散乱，手中的扇子在地下，也半被落花埋了，一群蜂蝶闹穰穰的围着他，又用鲛帕包了一包芍药花瓣枕着。众人看了，又是爱，又是笑，忙上来推唤挽扶。湘云口内犹作睡语说酒令，唧唧嘟嘟说：
>
> 泉香而酒冽，玉碗盛来琥珀光，直饮到梅梢月上，醉扶归，却为宜会亲友。
>
> 众人笑推他，说道："快醒醒儿吃饭去，这潮凳上还睡出病来呢。"湘云慢启秋波，见了众人，低头看了一看自己，方知是醉了。原是来纳凉避

静的，不觉的因多罚了两杯酒，娇嫩不胜，便睡着了，心中反觉自愧。连忙起身扎挣着同人来至红香圃中，用过水，又吃了两盏酽茶。探春忙命将醒酒石拿来给他衔在口内，一时又命他喝了一些酸汤，方才觉得好些。

——第六十二回《憨湘云醉眠芍药裀　呆香菱情解石榴裙》

　　欢乐的女孩无拘无束地醉倒在芍药花中，飞花与蝴蝶在她身边环绕；而睡梦中的湘云还在说着酒令，这个古怪的"比人唠叨"却又有意思的酒令是湘云独创的，她在酒令中所说的典故也都是与酒相关的："泉香而酒洌"，是《醉翁亭记》里欧阳修与百姓欢宴的典故；"玉碗盛来琥珀光"，是李白《客中行》里的千古名句；"梅梢月上"是骨牌名，也是欢饮达旦的时间；"醉扶归"是元曲曲牌名，又是《社日》中乡宴后"家家扶得醉人归"的欢宴余音。酒对于湘云而言，是热烈的、自由的、美好的生活象征，是从古至今所有诗词歌赋中豪放而快乐的生活的总和。

　　少量的酒精刺激会让人兴奋，但过量以后，反而会抑制神经，造成短时间内脑供血不足，导致犯困瞌睡。众人担心潮气侵袭使湘云生病，于是叫起了她，并实施了一系列醒酒措施。先是喝水，这是正确的方法，饮酒后喝水是所有解酒方法中最健康也最便宜的法子，水能稀释酒液，也可以加速代谢排出体外。"吃了两盏酽茶"可就不那么科学了，酽茶即浓茶，酒后饮浓茶是人忌，既不能解酒，又加剧肾脏负担。"醒酒石"有大块如床的说法，卧上去即可解酒；也有体格较小含在口内的说法，探春让湘云使用的就是后一种。醒酒石有大理石、松石、紫水晶等多种说法，至于功效，仅从含在口内可知效果不会太明显，此时酒精早已进入肠胃、血液，含在口中或许可以减淡酒气，但要等产生津液吞咽入腹怕是很难有奇效。继而又喝些酸汤倒是又回归解酒的正路上来。水、茶、醒酒石、酸汤，多管齐下、多策并施，湘云的酒也被解得七七八八。

　　从古至今，人们追寻具有醒酒功效的异物与追求长生不老药一样执着，可惜追寻的结果不尽如人意。《开元天宝遗事》中记载有醒酒草、醒酒花；《洛阳名园记》中记载有醒酒池；加上湘云所用的醒酒石，都如金阙仙宫可望而不可及。《水浒传》第二十一回，宋江在卖汤药的老王头那里喝了一盏"二陈汤"，倒是一碗正经的解酒饮品。二陈汤记录在宋代的《太平惠民和剂局方》中，主要功能是调和脾胃。宋代张择端的《清明上河图》卷尾处有一家药店，专卖肠胃药，广告牌上写着"治酒所伤真方集香丸"，不知疗效如何，但可以从此细节窥见当年开封酒风之盛。如今，人们已经知道枳椇子、葛根等药食同源的中草药有一定的解酒功能。我倒愿意相信，大自然中一定存在某种特别能解酒的物质，只是当我们找到了它，饮酒的乐趣是增加了还是削弱了呢？

凤姐的饮酒风格，与湘云似而不同。相似者，是凤姐饮酒同样干脆爽利，绝不拖泥带水，在酒宴上称得上豪饮：

> 凤姐笑道："鸳鸯小蹄子越发坏了，我替你当差，倒不领情，还抱怨我。还不快斟一钟酒来我喝呢。"鸳鸯笑着忙斟了一杯酒，送至凤姐唇边，凤姐一扬脖子吃了。琥珀彩霞二人也斟上一杯，送至凤姐唇边，那凤姐也吃了。
>
> ——第三十八回《林潇湘魁夺菊花诗　薛蘅芜讽和螃蟹咏》

在湘云和宝钗摆的螃蟹宴中，凤姐吃蟹、饮酒，来往于老祖宗、妯娌姐妹和宝玉之间，游刃有余、满面春风。在贾府的家宴中，贾母让宝玉给凤姐敬酒，凤姐直接接过贾母的半杯酒一饮而尽：

> （贾母）吃着酒，又命宝玉："也敬你姐姐一杯。"凤姐儿笑道："不用他敬，我讨老祖宗的寿罍。"说着，便将贾母的杯拿起来，将半杯剩酒吃了，将杯递与丫鬟，另将温水浸的杯换了一个上来。于是各席上的杯都撤去，另将温水浸着待换的杯斟了新酒上来，然后归坐。
>
> ——第五十四回《史太君破陈腐旧套　王熙凤效戏彩斑衣》

凤姐饮酒痛快、爽利，她讲的笑话常把大家逗得前仰后合，家里上上下下无不对她处事的干脆利落佩服得五体投地。无论是在宁国府还是荣国府，在正式的节庆家宴还是大观园中兴之所至的筵席，凤姐永远是席上最为靓丽的风景。凤姐"一扬脖子"的痛饮，难免令人联想到她"丹唇未启笑先闻"的性格——这个被贾母疼爱，戏称为"凤辣子"的年轻孙辈媳妇，在荣宁二府的确风光无限。

然而，在凤姐爽利的背后，森严的规矩、烦累的琐事不绝如缕。湘云可以"香梦沉酣"，是因为她还是未出阁的小姐，是尊贵的"娇客"；而凤姐却不是，尽管她来自"龙王来请金陵王"的赫赫大族，荣国府的王夫人是她的姑妈，但凤姐的身份仍然是和李纨、尤氏一辈的孙媳妇。因此在家宴上，凤姐永远是没有机会好好坐在自己席位上的：宝钗、湘云在大观园的藕香榭摆下螃蟹宴请贾母赏桂花，贾母、宝玉、黛玉、宝钗、薛姨妈坐在上席，旁边一桌王夫人带着湘云、迎春、惜春、探春姐妹坐着，而李纨和凤姐作为孙媳妇，仅仅在"西边靠门一小桌，虚设坐位"，即使这样一个小座位，凤姐也是不能随便大剌剌落座的——"二人皆不敢坐，只在贾母王夫人两桌上伺候"。在螃蟹宴上，凤姐先剥蟹肉给贾母，再照顾宝玉，又要吩咐小丫头们去取菊花叶儿、桂花蕊熏的绿豆面子来预备洗手，至于凤姐自己只能"胡乱应个景儿"，待整个酒宴完毕后再让平儿来厨房取几个螃蟹，回到自己的屋里尝尝鲜。在宴席上将美酒一饮而尽、笑得恍若神仙妃子的凤姐，事实上满心盘算着如何安排酒宴后桌椅家伙的收拾，如何打点贾母、王夫人的晚饭，如何照顾大观园中姑娘们和宝玉的情绪和起居。因此凤姐的豪饮从不敢略有放纵，更不敢无端醉饮。酒宴对于凤姐而言既是光辉亮丽的展示舞台，又是一场又一场严格的考验。

与湘云的洒脱、凤姐的干练不同，黛玉饮酒属于婉约派的。宴席上黛玉往往不饮酒，即使轮到她饮酒，她不是"将酒杯递到宝玉唇边"，就是假装和宝玉说话，将酒"折在漱盂里"。黛玉身子骨虚弱，贾母对她极为宠爱，因此她饮与不饮，皆任其意，既没有那么多礼数的考量，也没有谁向她强行劝酒、灌酒。与湘云的热烈相反，黛玉的生命哲学是冷峻的，底色是孤独的，因此她对酒宴本就有一种疏离的态度。在黛玉看来，酒宴不过是一种短暂的欢愉，而在欢愉之后必然留下感伤，因此相比于热闹的宴饮，黛玉更喜欢独处，更倾向于独酌。在螃蟹宴上，众人都在饮酒、敬酒甚至是闹酒，而"黛玉因不大吃酒，又不吃螃蟹"，便自己坐在栏杆旁钓起鱼来。然而，闲来垂钓的黛玉，不一会儿却又想喝一杯酒：

> 黛玉放下钓竿，走至座间，拿起那乌银梅花自斟壶来，拣了一个小小的海棠冻石蕉叶杯。丫鬟看见，知她要饮酒，忙着走上来斟。黛玉道："你们只管吃去，让我自斟，这才有趣儿。"说着便斟了半盏，看时却是黄酒，因说道："我吃了一点子螃蟹，觉得心口微微的疼，须得热热的喝口烧酒。"宝玉忙道："有烧酒。"便令将那合欢花浸的酒烫一壶来。黛玉也只吃了一口便放下了。
>
> ——第三十八回《林潇湘魁夺菊花诗　薛蘅芜讽和螃蟹咏》

黛玉若要饮酒，必然不是被人劝酒、敬酒，甚至不让丫鬟斟酒，而是自斟自饮；她所选的酒具亦不是金银器皿，或常见的瓷器，而是"乌银梅花自斟壶"和"小小的海棠冻石蕉叶杯"。酒量小而好饮的东坡曾自嘲说"吾少时望见酒盏而醉，今亦能三蕉叶也"，蕉叶杯薄而小，当注重器皿大于酒本身时，便是另一种"醉翁之意不在酒"了。以花入酒，又将酒倒在花叶似的杯中，想必黛玉与梅妻鹤子的林逋有着更多的精神共鸣。

中国酒历史悠久，现代考古在浙江上山文化中发现了距今九千年的低温发酵残留物，中国酿酒已知的历史由此而大大提前了。中国酒基本经历了浊酒、清酒、黄酒、烧酒的历程，其显著标志就是度数由低到高。至宋代，现代意义上的黄酒基本形成；烧酒，也就是蒸馏酒，虽各有其说，基本共识至元代成熟。到了曹雪芹生活的时代，酒的发展已经大成，各种酒应有尽有。黛玉因吃了螃蟹心口不适，所以放弃了度数低、含糖高的黄酒，转而选择了合欢花浸的烧酒。古人有"酒为百药之长"的观念，有些药物需借酒力方能发挥疗效。

烧鹿肉而痛饮，醉倒则沉睡芍药花间，这是湘云对生活的热情；如穿花蝴蝶一般游走于酒宴之间，将杯酒一饮而尽，这是凤姐在复杂的大家族中展现出的精明强干；多愁善感，用小小的蕉叶杯慢慢饮一口合欢花酒，是黛玉的优雅与孤独。喝酒，看上去是非常简单的一件事：端起杯，送入口，咽下去。但倘若喝酒真的只是如此简单的行为，那么饮酒便不会被文人墨客赋予如此丰富的文化内涵。一千个人有一千种饮酒风格，一百张嘴能品出一百种滋味。酒，正是超越了其物质属性，与人的品性相结合，而走向与其他饮品截然不同的精神世界。

李纨的酒里藏着淡淡的苦味

存在与存在感是两个概念，白龙马在《西游记》中确实是真实存在的，时间够长、地域够广，但若论存在感，其实不高。《红楼梦》十二金钗中，存在感最低的要数李纨。在绝大多数场合，李纨的名字前后都会缀有一个顿号——也就是说，她总是和一群人并列出现，有时候是媳妇们，如尤氏、李纨、凤姐；有时候是姐妹们，如李纨、探春、迎春、惜春。独属于李纨的戏份，实在是少得可怜。

李纨的命运，也不像十二金钗中其他女子那样被人津津乐道。曹雪芹虽然在《金陵十二金钗正册》中为李纨写了判词、曲子，但除此之外，前八十回中关于李纨的结局描述得非常模糊；后四十回给出的结局是以贾兰加官晋爵结束，李纨究竟是安享荣华富贵，还是不幸早逝，也没有正式的交代。在第四回，第一次介绍李纨的时候，文辞也颇为刻板：既没有前世今生的传奇故事，又没有钟灵毓秀的才华心性，竟然用了"槁木死灰"四个字：

> 原来这李氏即贾珠之妻。珠虽天亡，幸存一子，取名贾兰，今方五岁，已入学攻书。这李氏亦系金陵名宦之女，父名李守中，曾为国子监祭酒，族中男女无有不诵诗读书者。至李守中承继以来，便说"女子无才便有德"，故生了李氏时，便不十分令其读书，只不过将些《女四书》《列女

传》《贤媛集》等三四种书，使他认得几个字，记得前朝这几个贤女便罢了，却只以纺绩并臼为要，因取名为李纨，字宫裁。因此这李纨虽青春丧偶，居家处膏粱锦绣之中，竟如槁木死灰一般，一概无见无闻，惟知侍亲养子，外则陪侍小姑等针黹诵读而已。

——第四回《薄命女偏逢薄命郎　葫芦僧乱判葫芦案》

与热情的湘云、泼辣的凤姐、灵秀的黛玉相比，这样的李纨就是一个板着脸看孩子读书的年轻寡妇形象。在书中，李纨出现的场景似乎也常常契合这种形象：周瑞家的送宫花时穿门度户，凤姐和贾琏白日嬉戏，惜春在和小尼姑下棋参禅，而李纨"在炕上歪着睡觉"；后来凤姐因为身体缘故退居二线，王夫人将家中一些琐事交给李纨协理，而"李纨是个尚德不尚才的，未免逞纵了下人"，根本管不住下人。甚至导致荣国府中那些刁滑的下人"听见李纨独办，各各心中暗喜，以为李纨素日原是个厚道多恩无罚的，自然比凤姐儿好搪塞"。家中小厮说起李纨，就说她是个"大菩萨""大善人"，夸奖之中，不免有几分轻慢。

这样看来，李纨似乎与"诗酒放诞"四个字注定无缘。诗酒放诞者，需有才思，需得潇洒，这两者与李纨的人物形象好像都是背道而驰的。这种刻板的印象往往令读者忘了在"槁木死灰"背后，那个偶尔灵光乍现、春意盎然的李宫裁。李纨第一次谈起作诗，是在和众姐妹一起奉旨搬入大观园后。大观园是少男少女们的桃花源，在这里，即使是过去默默无闻的李纨，也似乎枯木逢春，张扬起自己的魅力来。探春邀请众人到秋爽斋，想要起一个诗社，对此最为积极的既不是无事可做的宝玉，也不是诗才灵秀的黛玉，甚至不是探春自己，而是李纨。

一语未了，李纨也来了，进门笑道："雅的紧！要起诗社，我自荐我掌坛。前儿春天我原有这个意思的。我想了一想，我又不会作诗，瞎乱些什么，因而也忘了，就没有说得。既是三妹妹高兴，我就帮你作兴起来。"

——第三十七回《秋爽斋偶结海棠社　蘅芜苑夜拟菊花题》

李纨不是来凑热闹的，她一来便自荐做掌坛，并且说自己春天的时候就曾起意做个诗社，将姐妹们聚在一起作诗。李纨戏称自己"不会作诗，瞎乱些什么"，这句话与"些许识得几个字"一样，只不过是一种自谦——青春守寡的李纨太清楚在贾家这个家风不正的高门大户中做寡妇的艰难，她不得不自谦再自谦，低到让别人都看不到她、不关注她，以获得一个清净的名节，既是为了自己，也是为了自己年幼的孩子。

事实上，李纨在诗社中不仅会作诗，还会安排事务、分配工作；既能应制创作，也能即兴联句，更能分辨诗作谁第一、谁第二，评判得极为公道、分析得有条有理。李纨的诗才从未被正面描述过，却隐藏在一些微妙的地方：譬如宝玉过生日的时候大家行酒令，拈阄时抓出了"酒令的祖宗"——射覆，这个早已失传的酒令。这个酒令复杂到什么程度呢？它需要两个行酒令的人，其中一人说出一个字后，另一个人立刻在诗书中联想到有这个字的那句话，并且给出这句话中的另一个字，才算"射中了"。这个酒令既需要广博的学识，又需要急才，连宝钗都评价"比一切的令都难""有一半是不会的"，但李纨却玩得很好：

> 大家轮流乱划了一阵，这上面湘云又和宝琴对了手，李纨和岫烟对了点子。李纨便覆了一个"瓢"字，岫烟便射了一个"绿"字，二人会意，各饮一口。
>
> ——第六十二回《憨湘云醉眠芍药裀 呆香菱情解石榴裙》

李纨做诗社的掌坛，做得名副其实：在规则上，李纨很清楚这些少男少女们一时兴之所至一时又躲懒贪玩的性格，于是一开始就将诗社的章程规范约定下来：

> 李纨道："从此后，我定于每月初二、十六这两日开社，出题限韵都要依我。这其间你有高兴的，你们只管另择日子补开，那怕一个月每天都开社，我只不管。只是到了初二、十六这两日，是必往我那里去。"
>
> ——第三十七回《秋爽斋偶结海棠社 蘅芜苑夜拟菊花题》

起了诗社后，大家只顾着玩笑，而李纨首先为诗社开办活动筹集资金。主持诗社到底需要花多少钱呢？凤姐说要"一二百两银子"，其实不过是个最低标准。宝钗帮湘云办螃蟹宴，光螃蟹就花费二十两有余，且不算酒和果品菜肴，以及给帮忙搬桌子的老嬷嬷、厨房厨娘的小费。这样的聚会，按李纨说的一个月有一次，十二个月算下来，花费不会少的。银钱之事，女孩子们不懂得想、不会想，也不屑于想，但李纨却心知肚明。自己的体己贴进去是不可行的，作为别无进项的寡妇，她还有个未成年的孩子需要管照；倘若问账房上要，自然又要被管家的人嫌弃她多揽这些闲事。

李纨很聪明地转了个弯，去邀请凤姐做诗社"监社"，实际上是为了让凤姐从大观园的金库中挪出银子来作为诗社的经费。凤姐虽然是个连丫头们的月例银子都要放出去收利息的聪明人，但李纨却一点也不比凤姐糊涂，她一面嘲笑凤姐酒醉欺负平儿的事情，一面催着凤姐"开了楼房找东西去"。平时是个大菩萨、大善人的李纨，为了给大观园中的姐妹们撑起一个诗社，竟也"厉害"起来，和凤姐斗起嘴来毫不相让。要来银钱、置办果酒、选择开社地方的人，是李纨；在纷纷扬扬的大雪后约定去芦雪庵踏雪赏梅、温酒作诗的人，也是李纨。

　　湘云道："快商议作诗！我听听是谁的东家？"李纨道："我的主意。想来昨儿的正日已过了，再等正日又太远，可巧又下雪，不如大家凑个社，又替他们接风，又可以作诗。你们意思怎么样？"宝玉先道："这话很是。只是今日晚了，若到明儿，晴了又无趣。"众人都道："这雪未必晴，纵晴了，这一夜下的也够赏了。"李纨道："我这里虽好，又不如芦雪广好。我已经打发人笼地炕去了，咱们大家拥炉作诗。"

　　——第四十九回《琉璃世界白雪红梅　脂粉香娃割腥啖膻》

这一回中，李纨的寡婶正带着两个女儿李纹和李绮上京，在大观园中暂住。这一段时间大约是李纨最幸福的时候：无拘无束的大观园、方兴未艾的诗社，还有旧日的亲友相伴。然而在大观园无忧无虑的日子中，李纨又常常感到自己与姐妹们身份的不同。这种感知常常将她从幻梦中惊醒，拉回冰冷的现实。在《红楼梦》的酒宴中，无论是占花名还是做灯谜，往往都有谶语的味道，在宝玉生日宴会上，李纨抽出的花名即是老梅。

李氏摇了一摇，掣出一根来一看，笑道："好极。你们瞧瞧，这劳什子竟有些意思。"众人瞧那签上，画着一枝老梅，是写着"霜晓寒姿"四字，那一面旧诗是：

竹篱茅舍自甘心。

注云："自饮一杯，下家掷骰。"李纨笑道："真有趣，你们掷去罢。我自吃一杯，不问你们的废与兴。"说着，便吃酒，将骰过于黛玉。

——第六十三回《寿怡红群芳开夜宴　死金丹独艳理亲丧》

"不问你们的废与兴"，乍一看，这话说得有几分无情。然而在这句话中，却藏着李纨真实的辛酸，甚至有几分悲凉与无奈。别人的花签都是热热闹闹，这个陪酒、那个唱曲，唯独自己的花签是无人问津的老梅，酒令也是平淡无味的"自饮一杯，下家掷骰"。在《红楼梦》中，无论是家宴还是诗社的饮酒，李纨不是伺候贾母、王夫人，就是照顾众姐妹、给宝玉温酒沏茶……独有一次，是李纨拉着平儿饮酒，也只有这一次，李纨酒后吐真情。

李纨拉着他（平儿）笑道："偏要你坐。"拉着他身旁坐下，端了一杯酒送到他嘴边。平儿忙喝了一口就要走。李纨道："偏不许你去。显见得只有凤丫头，就不听我的话了。"说着又命："嬷嬷们先送了盒子去，就说我留下平儿了。"

李纨揽着他笑道："可惜这么个好体面模样儿，命却平常，只落得屋里使唤。不知道的人，谁不拿你当作奶奶太太看。"……平儿笑道："奶奶吃了酒，又拿了我来打趣着取笑儿了。"

李纨道："你倒是有造化的。凤丫头也是有造化的。想当初你珠大爷在日，何曾也没两个人。你们看我还是那容不下人的？天天只见他两个不自在。所以你珠大爷一没了，趁年轻我都打发了。若有一个守得住，我倒有个膀臂。"说着滴下泪来。众人都道："又何必伤心，不如散了倒好。"

——第三十九回《村姥姥是信口开河　情哥哥偏寻根究底》

李纨那一日多喝了几杯，想到自己丈夫年轻亡故，就连一个愿意留下来同她一起度过漫漫长日的旧人都不曾留住，这偌大的大观园，自己却茕茕孑立，不免黯然神伤。于是拉着自己疼爱的平儿坐下，硬劝她喝酒，一面叹息着平儿的命运，一面诉说着自己的悲哀，不自觉间泪眼婆娑。然而比悲哀更悲哀的是，她的悲哀对于这些尚在青春欢乐中的孩子们来说，无论多么钟灵毓秀、多么心思敏感，实际上都不可能感同身受，也不会有人真正理解。最终的结果只能是举杯消愁愁更愁。

第十一集

贾府中的那些稀世酒器

《红楼梦》中酒事频繁，但对酒具的描述并不十分详细，大多数情况下只说"金银器皿"，或直称"金银家伙""酒饭器皿"等，饮酒便是"举杯"，斟酒便是"提壶"，并不过分渲染。尽管如此，个别章节对酒器的描述也颇有几笔精彩之处，有抽象概括的，也有工笔细描的。所谓抽象者，即是以诗文中常见的酒器一笔带过，譬如写甄士隐与贾雨村饮酒一节：

> 须臾茶毕，早已设下杯盘，那美酒佳肴自不必说。二人归坐，先是款斟漫饮，次渐谈至兴浓，不觉飞觥限斝起来。
>
> ——第一回《甄士隐梦幻识通灵　贾雨村风尘怀闺秀》

"款斟漫饮"是说甄士隐与贾雨村两人对坐饮酒，开始还有些宾主仪礼，聊到兴之所至便"飞觥限斝"，这也符合饮酒的一般节奏，人的状态会随着下肚酒量的不断增加从细斟慢饮到觥筹交错。

觥和斝都是古老的酒器。

觥从"角"，说明酒器最早是用动物的角制成的，到了青铜时期，酒器就已经演变为以动物造型为主的容器了。《诗经》中觥出现的频次很高，如《豳风·七月》里的"称彼兕觥，万寿无疆"。如《周南·卷耳》里的"我姑酌彼兕觥，维以不永伤"。兕觥是指牛角状的饮酒器，与成熟期的盛酒器——青铜觥不同。朱凤瀚先生《古代中国青铜器》一书就对青铜觥的造型做了描述：椭圆形腹，圈足或四足，前有短流后有半环状鋬，皆有盖，盖作有角兽首形。相比于其他青铜酒器，觥的流传周期与分布地域都是比较有限的，根据《中国古代青铜器整理与研究·青铜觥卷》的研究，觥出现于商代晚期，终止于西周中期，最早发现于安阳殷墟妇好墓中；出土地主要集中在豫、陕、晋、鲁等地，目前可知存世一百件左右。

青铜器中的斝一般是圆口长颈、三足鼓腹，有柱有鋬，兼具了鬲和爵的某些特征。《说文解字》中将斝解释为："玉爵也。夏曰琖，殷曰斝，周曰爵。"实际上这三者并非严格意义上的同一种酒器，乃是对酒器的统称。《诗经·大雅·行苇》中有"或献或酢，洗爵奠斝"。根据张懋镕先生的研究，青铜斝自夏代晚期出现，西周早期后消失，商代晚期早段（殷墟一期二期）是其高峰时段（《中国古代青铜酒器器类演变的差异性研究》）。所谓"贵者献以爵，贱者献以散（斝）"，古人认为在爵、觚、觯、角等酒器中，斝的容量是最大的，在祭祀中的级别却是较低的。

与觥、斝一样久远的酒器，在《红楼梦》中还有提及，不过不是作为酒器出现，而是作为厅堂的摆件。到了清代，这些上古的器物早已脱离了原本的使用功能，仅仅是取其形制、徒有虚名而已，都已变为陈设装饰器，以增添房间的雅致气象。所以原本的青铜器也被扩延成金、银、木、瓷、玻璃等各式材料。譬如林黛玉初进贾府，拜见了贾母及众人之后，又往王夫人处拜见舅母，堂屋中陈设着各种各样的摆件，其中有几件酒器：

> 大紫檀雕螭案上，设着三尺来高青绿古铜鼎，悬着待漏随朝墨龙大画，一边是金蜼彝，一边是玻璃盒。……两边设一对梅花式洋漆小几，左边几上文王鼎匙箸香盒；右边几上汝窑美人觚——觚内插着时鲜花卉，并茗碗痰盒等物。
>
> ——第三回《贾雨村夤缘复旧职　林黛玉抛父进京都》

这里的"金蜼彝"和"玻璃盉"都是酒器。

彝有两个内涵。一是广义的彝即青铜祭器的总称。如《尔雅·释器》："彝、卣、罍，器也。郭璞注：皆盛酒尊，彝其总名。"二是狭义的彝，即始用于安阳殷墟二期，流行至西周中期的青铜方彝酒器。《周礼·春官·小宗伯》中则说彝有"六彝"之分，包括鸡彝、鸟彝、斝彝、黄彝、虎彝、蜼彝，从字面上来看，六者的区别应当是形状各不相同，贾府正堂上所陈列的便是"六彝"中的"蜼彝"。蜼（音 wèi），即长尾猿。相比而言，"盉"（音 hǎi）字更生僻一些，在《红楼梦》中只出现了这一次。此后书中再提及这种酒器时，都用的是"海"字。

觚也是青铜酒器的一种，不过觚的问题很复杂。众所周知，如今沿用的青铜器名称基本来源于宋代学者的研究，遵循"自铭优先、无铭从古"的原则，有些器物名称只是沿袭旧说，并不准确。根据现代考古学者的研究，觚的名称就是错的，正确的名字应该叫"同"。如今博物馆见到的觚，基本造型是两头大、中间细，颇似今日广州地标建筑"小蛮腰"。但一些考古信息告诉我们，觚是有配件的——一个插在觚中的棍状物，名曰瓒。此外，出土的觚也有带"盖儿"的，不过不普遍。因觚的造型雅致秀丽，后世将其改装成花器，从而有了"花觚"一说，正与王夫人屋内插着鲜花的汝窑美人觚相合。《论语·雍也》中有一句非常有名的话是关于它的，孔子说："觚不觚，觚哉！觚哉！"这是孔子的牢骚话，是对于乱了礼制的批评。对于这句话大致有三种解释：其一，认为觚是木简，北宋姚宽持此说，不过罕有附和者。其二，是破坏了觚的形制，孔子认为觚应该是圆口方足（寓意天圆地方），到孔子时都是圆口圆足；其三，孔子以前的觚是容量较小的器物，到孔子时越做越大。然其二、其三的共同点是都认可觚是酒器而非木简。遍观各博物馆存世各个历史时期的觚，未见有圆口方足者，大小悬殊确实甚为明显。以目前出土器物为依据，"随意更改觚的容量"比"改了觚的形制"更接近于孔子发怒的本意。

宝玉笑道："听我说来：如此滥饮，易醉而无味。我先喝一大海，发一新令，有不遵者，连罚十大海，逐出席外与人斟酒。"冯紫英蒋玉菡等都道："有理，有理。"宝玉拿起海来一气饮干……

——第二十八回《蒋玉菡情赠茜香罗　薛宝钗羞笼红麝串》

薛蟠对唱曲的姑娘说唱首好的，自己就吃一坛酒。宝玉说这样饮酒无趣，饮酒需要有酒令才能有趣，因此自己当令官，先喝"一大海"，乱酒令者，则"连罚十大海，逐出席外与人斟酒"。上文的"盇"实际上就是"海"，意思是比较大的酒器，如白居易《就花枝》诗："就花枝，移酒海，今朝不醉明朝悔。"现在也常常有类似的用法，例如用"海碗"来指代大碗，用"海量"来形容量大。目前存世最大的酒海是位于北京北海公园承光殿前的渎山大玉海，由忽必烈于 1265 年下令制作，酒海周长近 5 米，重约 1200 公斤，可谓天下第一大酒器。酒海还有另外的意思，指由藤条、木质混合特殊工艺制成的大型储酒器，陕西、甘肃的一些酒企至今仍在使用酒海储酒。

如果说觥、斝、彝、盇这些酒器都稍显冷僻的话，宝玉梦游太虚幻境时警幻仙子酒宴中所用的酒器则似乎更常见一些：

少刻，有小丫鬟来调桌安椅，设摆酒馔。真是：琼浆满泛玻璃盏，玉液浓斟琥珀杯。

——第五回《游幻境指迷十二钗　饮仙醪曲演红楼梦》

玻璃盏、琥珀杯，也都是对精美酒器的虚指，未必需要拘泥其形制如何、大小如何。《红楼梦》中太虚幻境本来就是一场幻梦，太虚幻境中的酒杯自然也要仙气飘飘、不能太厚重瓷实了，因此青铜也好、黄金也好、竹木也好，似乎都不适合，玻璃与琥珀都是透明或半透明的材质，在古代又贵又难得，置于仙境中更协调。苏轼在《妒佳月》诗中有"浩瀚玻璃盏，和光入胸臆"一句，在《皇太后阁六首》其二中又有"万岁菖蒲酒，千金琥珀杯"之句。或许正是因其半透明的材质令酒在其中呈现出格外迷离的幻梦之感，才成为曹雪芹将幻境中的酒器定为玻璃盏、琥珀杯的灵感源头。

《红楼梦》中也有极为写实的酒具。譬如说刘姥姥二进大观园的时候，恰好遇上贾母心情好，想找一个年龄相仿的老人家说话解闷，就带着刘姥姥逛大观园摆酒宴取乐。刘姥姥喝了几杯酒，便向凤姐说："我的手脚子粗笨，又喝了酒，仔细失手打了这瓷杯。有木头的杯取个子来，我便失了手，掉了地下也无碍。"刘姥姥本是打趣玩笑的，凤姐当然不会放过这个捉弄刘姥姥的好机会，于是立刻让丰儿去拿木头杯。刘姥姥因没见过木头杯，又自恃酒量还过得去，于是顺水推舟答应了凤姐的战书：定要吃遍一套方使得。

> 凤姐乃命丰儿："到前面里间屋，书架子上有十个竹根套杯取来。"
>
> 丰儿听了，答应才然要去，鸳鸯笑道："我知道你这十个杯还小。况且你才说是木头的，这会子又拿了竹根子的来，倒不好看。不如把我们那里的黄杨根整抠的十个大套杯拿来，灌他十下子。"凤姐儿笑道："更好了。"鸳鸯果命人取来。刘姥姥一看，又惊又喜：惊的是一连十个，挨次大小分下来，那大的足似个小盆子，第十个极小的还有手里的杯子两个大；喜的是雕镂奇绝，一色山水树木人物，并有草字以及图印。
>
> ——第四十一回《栊翠庵茶品梅花雪 怡红院劫遇母蝗虫》

凤姐和鸳鸯所说的"竹根套杯"和"黄杨根整抠的十个大套杯"，大小和材质略有不同，但形式都是一样的：这是一组俄罗斯套娃一样的杯子，从小到大一个套住一个，因此越来越大，鸳鸯让小丫头取来的黄杨木套杯中最小的酒杯是两个瓷酒杯大小，最大的"足似个小盆子"。黄杨木质地细腻，软硬适中，是木雕的理想材料，但生长缓慢，大的木头难得一见，雕成之后还有小盆子大，可想原木的直径，这富炫得低调而含蓄。套杯一般被认为是行酒令时用的道具。清代顾张思《土风录》中提到"酒杯大小十枚一副白套杯"，与《红楼梦》中提到的竹、木套杯形状是类似的。如今一些博物馆中也有套杯的实物，如山东潍坊博物馆藏有"清道光矾红彩福寿缠枝花纹套杯"，一套九件，最小的高 2.5 厘米，口径 4.4 厘米，最大的高 6 厘米，口径 10 厘米。

酒宴上少不了需要准备下酒的食物，装这些酒菜、果子、点心的盒子虽然不是酒器，但往往也和酒器成套出现。贾母准备在大观园摆酒宴请刘姥姥的时候，鸳鸯先向婆子们安排酒宴的各项用具：

> 鸳鸯又问婆子们："回来吃酒的攒盒可装上了？"
>
> ——第四十回《史太君两宴大观园　金鸳鸯三宣牙牌令》

攒盒是一种分好几格放东西的盒子，在明清时期非常盛行，也常常出现在戏曲和小说中。一般来说，攒盒中每格大小有限，一般用于盛放干果、果脯、小菜、点心一类的下酒小物，所以每逢小酌饮酒，攒盒便屡屡出现。当然，攒盒放酒菜也意味着酒宴不是特别正式的宴席。这次大观园宴请之所以用上了攒盒，也是宝玉的主意。

> 宝玉因说道："我有个主意。既没有外客，吃的东西也别定了样数，谁素日爱吃的拣样儿做几样。也不要按桌席，每人跟前摆一张高几，各人爱吃的东西一两样，再一个什锦攒心盒子，自斟壶，岂不别致。"
>
> 一个上面放着炉瓶，一分攒盒……李纨凤姐二人之几设于三层槛内，二层纱厨之外。攒盒式样，亦随几之式样。每人一把乌银洋錾自斟壶，一个十锦珐琅杯。
>
> ——第四十回《史太君两宴大观园　金鸳鸯三宣牙牌令》

因为吃的东西不按定数摆放，而是每个人平时喜欢什么就放一两样，再加上一些零食干果等下酒小物，所以不需要大盘大碗。此外还有"每人一把乌银洋錾自斟壶，一个十锦珐琅杯"。自斟壶正如其名，是一种饮者自己斟酒的小酒壶，这里的"乌银洋錾自斟壶"在《红楼梦》中还出现过一次，前文已述，即第三十八回诗社众姐妹在大观园中吃螃蟹、写菊花诗时，黛玉"拿起那乌银梅花自斟壶来，拣了一个小小的海棠冻石蕉叶杯"，她让丫鬟不必帮忙斟酒，说"让我自斟，这才有趣儿"。自斟壶为单人饮酒设计，容量不大，便利轻巧，饮时多少随心，规避了酒席中劝酒的繁文缛节，更能得饮酒的乐趣。

　　与"乌银洋錾自斟壶"配套出现的是"十锦珐琅杯"。珐琅一词是外来语音译，珐琅彩来自域外，属于釉上彩的一种，可以绘制在金属、瓷、玻璃等器皿上。北京特色工艺品"景泰蓝"亦是珐琅彩的一种。珐琅彩的引入对康熙以后粉彩的发展有很大影响。书中的珐琅杯没说材质，估计瓷胎的可能性较大。珐琅彩瓷器创始于康熙年间，这是清代康、雍、乾三朝极为名贵的宫廷御器。据清代造办处档案记载，雍正七年八月至十三年十月，珐琅彩的碗、盘、碟各只有几十件，稀有程度可见一斑。珐琅彩的珍稀还与当时的成品率低有关系，如造办处珐琅作造字 3290 号档案记载：雍正二年二月初四日怡亲王交填白托胎磁酒杯五件，奉旨要烧珐琅彩，结果五件烧坏两件，次品率高达 40%，仅做成三件珐琅酒杯。因此刘姥姥拿着这杯子一面仔细赏玩，一面又怕自己笨手笨脚打坏了。仅供宫廷赏玩使用的珍贵器物，贾府却能够在一个简单的酒宴上每人一个，其奢华靡费于这小小的酒杯中可见一斑。

　　酒器一旦讲究起来便没有尽头。金庸小说《笑傲江湖》中祖千秋对酒器最为重视，告诫令狐冲说："你对酒具如此马虎，于饮酒之道，显是未明其中三味。饮酒须得讲究酒具，喝甚么酒，便用甚么酒杯。"于是引经据典将令狐冲教育了一番。大观园中人对酒器如此用心，显然是深契祖千秋之心的。

　　酒器是酒局的一部分，粗细皆可，本没有一定之规，豪爽粗放者可以用碗、用缸，一如今天的"对瓶吹"；精致文雅者表面上用的是金、是玉，实际用的是心思。只是当花在酒具上的心思愈来愈多，酒的味道是更浓了还是更淡了，唯有饮者自己心里最清楚。

第十二集

宝玉的生日私宴与占花名

在《红楼梦》的酒宴中，宝玉生日酒宴可以说是一个独特的小高潮，尽管不是贾府酒宴中规格最高的，但这场生日酒宴却是大观园酒事中最典型、最欢乐的体现。这场酒宴有"官方"和"私人"两个版本。由于宝玉、宝琴、平儿、岫烟四个人的生日凑在一起，所以比平时热闹了许多，无论宝玉多么不喜欢场面上的繁文缛节，必要的礼数还是不能少的。一边要收张道士、王子腾、薛姨娘、凤姐的礼物；一边要上香行礼，拜贾母、贾政等长辈；一边还要招呼贾环、贾兰、薛蝌这些人。如此，生日也就成了人际关系的权衡与礼数上的迎来送往，放松和自由反成了奢侈品。

宝玉生日酒的"官方版"是在白天。宝玉酒量一般，对酒的兴趣其实并不大，他真正喜欢的是酒宴带来的那股热闹劲儿，于是一众人在宝玉的倡议下，玩起了"射覆"的酒令游戏，这场酒的高潮部分就是湘云醉卧芍药裀，前文已叙，不再赘述。无论白天多么热闹，总归拘泥，于是宝玉计划晚上再组织一场小范围的聚会。由于这场生日酒宴不是"官方"的，动用的经费也不是贾府日常办酒的开支，为宝玉张罗办酒席的也不是贾母、王夫人、凤姐这样管家理事的人，而是素日里同宝玉耳鬓厮磨的小伙伴们。

话说宝玉回至房中洗手，因与袭人商议："晚间吃酒，大家取乐，不可拘泥。如今吃什么，好早说给他们备办去。"袭人笑道："你放心，我和晴雯、麝月、秋纹四个人，每人五钱银子，共是二两。芳官、碧痕、小燕、四儿四个人，每人三钱银子，他们有假的不算，共是三两二钱银子，早已交给了柳嫂子，预备四十碟果子。我和平儿说了，已经抬了一坛好绍兴酒藏在那边了。我们八个人单替你过生日。"

——第六十三回《寿怡红群芳开夜宴　死金丹独艳理亲丧》

酒菜是袭人带着晴雯、麝月、秋纹四个大丫头，并芳官等四个小丫头，一总当天值班的八个大小丫头一起凑份子给宝玉置办的，而晚上大家偷偷喝的那一坛酒，又是平儿偷偷帮他们藏起来的。由于大观园里晚上有管家奶奶们上夜值班巡查——到了夜里要关灯锁门，因此怡红院的这场酒宴，最开始的"与会人员"实际上只有宝玉和怡红院里的小姑娘们。换言之，宝玉这场生日酒宴，是大观园里这些半大孩子们在背着大人们偷偷取乐，是个典型的"地下派对"。

说是生日酒，生日其实只是借机玩乐的由头。宝玉既不喜欢长幼尊卑的安排座次，也不喜欢程式化的、无聊的祝寿词，他只想和怡红院的姐妹们好好玩儿一个晚上。当上夜的管家奶奶们终于唠叨完了离开后，宝玉急忙关上院门，在他的小天地里开始摆起了酒宴、玩起了酒令。

既然是背着大人们偷偷取乐，酒令自然不宜大呼小叫；但这场酒宴又与宝玉以前在诗社里或在外面同蒋玉菡、冯紫英等人聚饮的酒宴不同，酒宴的参与者除了宝玉以外都是怡红院的丫头，她们不识字、不会诗书文辞，因此过于风雅的酒令对她们而言难度太大，答不上来反而失了趣味。好在中国的酒令文化源远流长且五花八门，能适应不同的人群、不同的场合，于是排除了大呼小叫的，否决了过分文雅的，宝玉定了占花名的游戏。

宝玉因说："咱们也该行个令才好。"袭人道："斯文些的才好，别大呼小叫，惹人听见。二则我们不识字，可不要那些文的。"麝月笑道："拿骰子咱们抢红罢。"宝玉道："没趣，不好。咱们占花名儿好。"晴雯笑道：

"正是早已想弄这个顽意儿。"袭人道："这个顽意虽好，人少了没趣。"小燕笑道："依我说，咱们竟悄悄的把宝姑娘林姑娘请了来顽一回子，到二更天再睡不迟。"

——第六十三回《寿怡红群芳开夜宴　死金丹独艳理亲丧》

麝月原先想了个"抢红"的主意，大概意思是掷骰子看红点数。这个酒桌游戏虽然迅猛直接，但并不符合宝玉总想玩些格调的诉求，而且玩久了也乏味，因此被宝玉否决。宝玉想出来的"占花名"，实际上就是酒令中的"筹令"，在酒令中非常有名。形容酒宴热闹，文雅一点的说法叫"觥筹交错"，其中觥是酒器，筹就是筹令了。所谓筹令，就是与竹片、木片等削成的"筹"相关的酒令，因此广义上的筹令还包含了"投壶"这类投掷竹筹的酒令；但狭义上的筹令主要是将酒筹作为抽签的工具来使用。饮酒的方式一般铭刻在酒筹上，酒筹插在一个竹筒或者瓷筒里，抽签者晃动签筒，掉出来的酒筹就是自己抽到的签，与抽签占卜相类似。或者如《红楼梦》中所写，参与游戏者自己从签筒中抽一根酒筹，抽签者根据酒筹上的规定来饮酒。占花名这种筹令需要参与宴会的人多一些才更好玩儿，这样大家抽出不同的酒筹来，能将各种令词都尝试一遍，因此袭人听宝玉说要玩占花名，就说这个酒令需要人多才能玩得起来，打算把宝钗、黛玉、宝琴都邀请过来。

这个"占花名"的筹令，在酒令中属于雅俗共赏的那一类。雅者，在于"占花名"的酒筹本身设计的精巧：从外形上来看，这是一个"竹雕的签筒，里面装着象牙花名签子"，酒筹是用象牙制作的，酒令精致地雕刻在象牙酒筹上，其精巧细致自不必多说；"占花名"顾名思义，是通过抽签来玩一种类似占卜的游戏，因此除了酒令本身以外，酒筹上还有花名、雕刻或绘制的花朵、花的美称和一句与这朵花相关的诗词。俗者，在于"占花名"本身并不需要玩这个酒令的人具有多高的文化水平，即使连字都不认识，只要有人读一下酒令的内容，就可以根据酒筹上安排的饮酒方式玩起来，譬如麝月虽然看不懂自己所抽的酒筹上"开到荼蘼花事了"的意思，但众人还是可以按照酒令中所说的"在席各饮三杯送春"执行。

在怡红夜宴中，曹雪芹所编纂的"占花名"酒令的游戏，虽然是为《红楼梦》中的女孩子的身世命运、人物形象特别打造的，但也符合筹令游戏的基本特征，顺着文中看下去，便能看懂这种筹令的游戏方法了。

书中第一个抽花签的是宝钗，抽出的酒筹也是非常符合酒宴开端的一个酒令：

> 在席共贺一杯，此为群芳之冠，随意命人，不拘诗词雅谑，道一则以侑酒。
>
> ——第六十三回《寿怡红群芳开夜宴 死金丹独艳理亲丧》

毕竟是生日酒宴，在席上的众人先同饮一杯祝贺寿星，确实是生日酒宴之惯常仪礼。然后酒令规定掣签者可以随意任命一位在座的人以"诗词雅谑"来"侑酒"——也就是劝酒，其实就是指命一个人表演一个节目助助兴，将酒宴的气氛调节起来。

继而由探春抽签，令词写的是"得此签者，必得贵婿，大家恭贺一杯，共同饮一杯"。这个酒令除了安排饮酒的方式这个功能之外，还起到了"占卜"的乐趣，在女孩子游戏的时候，抽到"必得贵婿"这样的吉祥话，既是对"占花名"姑娘的祝福和期许，同时也能迅速令酒宴变得欢快戏谑起来。

酒筹上的令词也不能光有热闹，得各有不同才能出人意料。李纨抽的花签是"霜晓寒姿"的老梅，"自饮一杯，下家掷骰"也是整组酒筹中比较冷清的令词，几乎是对李纨性格人生的注脚。相反史湘云抽的花签是"香梦沉酣"的海棠，既符合湘云热忱天真的个性，又出人意料地给出了"掣此签者不便饮酒，只令上下二家各饮一杯"的酒令，虽然不算最热闹，但也新奇有趣：掣签的人不用饮酒，反倒是坐在两旁的人各饮一杯。

在这一组酒令中，下酒最快也最能体现"占花名"乐趣的，实际上是袭人的酒筹：同庚者、同辰者和同姓者，凡是符合条件的都来一起饮酒。酒宴上人越多，这个令词波及的人就越多，趣味性就越大，酒宴的气氛也就越热闹。

杏花陪一盏，坐中同庚者陪一盏，同辰者陪一盏，同姓者陪一盏。

——第六十三回《寿怡红群芳开夜宴　死金丹独艳理亲丧》

在宝玉的这场生日宴中，不能忽略了芳官的酒性，细究起来颇为精彩。芳官在白天的生日宴上已经开始生闷气了，原因是"你们吃酒不理我"，因为没有吃到酒而生气，直爽而单纯。当宝玉告诉她晚上还有一场酒宴时，芳官的诉求简单直接："若是晚上吃酒，不许教人管着我，我要尽力吃够了才罢。"这是做好了敞开喝的心理准备，并告诉宝玉自己以前可以喝二三斤惠泉酒。惠泉酒产自无锡，酿造历史可追溯至吴越时期，明代时名声最盛，清代曾经作为贡酒。相传曹雪芹的父亲曾运大量惠泉酒进京，若真如此，曹氏对惠泉酒是不陌生的。明清时黄酒酿造技术已经完善，酒度并不低，芳官能喝二三斤足见其酒量不容小觑。

黛玉素不善饮，宝玉是气氛组的，轮到他俩喝酒时各有奇招：黛玉趁人不注意将酒倒在漱盂内；宝玉则将酒递给芳官。文中所写芳官喝酒的动作是"端起来便一扬脖"，豪爽气跃然纸上。宝玉与芳官，一个负责玩，一个负责喝，各得其所。当袭人抽签后，大家只找出同庚、同辰的，芳官自告奋勇说自己是同姓者，酒席上常见躲酒的，像芳官这样主动往枪口上撞的还是少数。就这么来者不拒地喝，不一会便吃得"两腮胭脂一般"，并伴有心跳加速的症状，不消说，芳官醉了。和宝玉同榻和衣睡了一宿，第二天问起来竟然什么也不知道，醉得着实深沉。

世界上其他文明在饮酒时也有一些游戏活动，但上升到酒令高度的怕是中华文化所独有。酒令可雅可俗，雅的连白居易这样的大诗人都感叹"闲征雅令穷经史"（《与梦得沽酒闲饮且约后期》），俗的即使目不识丁照样可以游刃有余。酒令可严可宽，严时如汉代刘章借酒令杀人，宽时像刘姥姥的"一个萝卜一头蒜"也能蒙混过关。酒令道具可贵可贱，华贵者如镇江出土的"唐代龟负论语玉烛酒筹鎏金银筒"，简陋者如一个骰子、一副扑克足以撑满全场。酒令以调节酒席上气氛为主要职能，它能够以相对公平的方式促进饮酒进程，赢的有胜利的愉悦，输的自认技不如人，不会有被人灌酒的愤懑。

往大了说，酒令可以体现古人"饮食合欢""酒以成礼"的思想。

酒令缘何而起？明代祁骏佳《遯翁随笔》云："凡与亲朋相与，必以顺适其意为敬，惟劝酒必欲拂其意，逆其情，多方以强之，百计以苦之，则何也？而爱之者虽觉其苦，亦不以为怪，而且以为主人之深爱，又何也？"人是社会动物，聚合取乐是本性，但有人好酒有人不好，如何让不同的人都能享受到酒席上的欢愉：好酒者将酒令做酒引，不好酒者将酒令做游戏，这或许就是酒令产生的基础。民间有"量大气死枚高，枚高气死量大"一说，量指酒量，枚指划拳的技能。输了酒令的人觉得自己赢了酒，赢了酒令的人觉得自己赢了智力和运气，皆大欢喜。酒令虽小，实则包含了古人的若干生活乐趣与处世智慧。

第十三集

贾珍以雅酒之名行恶赌之实

从古至今，雅的内涵并无太大改变，一是合乎规范，二是高尚。俗的含义则被扩展了，俗原本指世俗的、大众的，并无太大贬义；但如今，俗的内涵增添了明显的贬义成分，常指突破了大众的基本底线。雅与俗看似相互对立，实际常常相互转换，完成这种转换的是时间所带来的观念转变。"雅俗共赏"是一种梦想，"大俗即大雅"则充满了哲学诡辩的意味。《红楼梦》里不乏琴棋书画、诗词歌赋，被认作雅的代表；但若想写尽世情，俗是必不可少的。且看书中那些俗不可耐的酒宴，却也生猛活泼，令人如临其境。

古代酒宴上，男女不同席。除了贾宝玉是个"姐妹堆里玩惯了"的小孩子，又加上贾母疼爱，因此男宾女客两桌酒席到处乱跑，其余的男宾一般坐在外面陪客，家里的女宾内眷则自有酒席。宝玉因为更乐意和女孩子们玩笑，所以也常常参加姐妹们的"雅宴"；但在一些边角处，也参与一些贾家男人们的"俗宴"。

《红楼梦》中的酒宴常有请戏班助兴的，这是元明以来的习俗。戏曲的起源兼容并蓄，两汉以来的杂耍，晚唐至宋代的能谱曲吟唱的曲子词，还有辽金的戏剧等，都可视为后来戏曲的滥觞。酒宴往往出于节庆或仪礼的目的，气氛需要热烈一些以避免乏味。戏曲有情节故事，又杂糅了不少杂耍把戏，本身比较热闹；加上戏曲在发展中经诸多文人墨客的创作修改，词曲上越来越雅俗共赏。明清时期，小说里常常写到因摆酒宴先请戏班子唱戏的情景，酒宴与戏曲之间的关系也愈加紧密了起来。

　　贾府女宾的酒宴以贾母为尊，点戏自然也以贾母的喜好为主。在家宴里，无论是给小辈儿们如宝钗、凤姐过生日，还是元宵、中秋的节庆酒宴，或是老太太高兴随意摆酒，通常都会请戏班子来唱戏。元春省亲之后，由于为了预备省亲的酒宴而特地去苏州买来小戏班子，成了贾府专门豢养的戏班，听戏也就更加方便了。苏州买来的女孩子唱的戏，是预备着元妃省亲时用的，主要以文雅有趣味的曲目为主，自然不会有适合男人们打闹取乐的那些粗俗曲目。

　　宁国府老太爷贾敬过生日的时候，因为贾敬已经出家，贾珍不确定贾敬是否会回府庆生，因此不敢预备热闹的戏曲。后来听说贾敬不回来了，贾珍立刻安排"奴才们找了一班小戏儿并一档子打十番的"，安排下酒戏宴请宾客。小戏儿是唱给在里面的女宾们听的，而打十番则是给在外面的男客们吃酒取乐的。

　　　凤姐儿立起身来望楼下一看，说："爷们都往那里去了？"旁边一个婆子道："爷们才到凝曦轩，带了打十番的那里吃酒去了。"凤姐儿说道："在这里不便宜，背地里又不知干什么去了！"尤氏笑道："那里都像你这么正经人呢。"

　　　　　　　　　　　——第十一回《庆寿辰宁府排家宴　见熙凤贾瑞起淫心》

　　打十番无疑是热闹的，不过贾珍、贾琏兄弟带着打十番的出去吃酒，倒并不是专门为了听戏，而是另有勾当。凤姐心里也明白，故而嘲讽他们"背地里又不知干什么去了"。那么贾珍、贾琏他们带着打十番的去别处吃酒，到底是去做什么了呢？贾敬生日当天的故事，曹雪芹没有明言，一路草蛇灰线，蜿蜒至七十五回的时候，又写到贾珍摆酒玩乐的事情时，才给出了答案。

　　此时贾敬因为服食丹药去世，贾珍作为儿子应当守孝三年，按礼法不得宴饮听戏，因此"每不得游顽旷朗，又不得观优闻乐作遣，无聊之极"。贾珍是个离不了玩乐的人，不能摆酒听戏，对他而言简直是无法想象的，于是贾珍想了个偷梁换柱的方法。按照儒家礼法，"礼乐射御书数"这"六艺"是学习之正道，因此贾珍假装邀请众人来练习骑射，"在天香楼下箭道内立了鹄子，皆约定每日早饭后来射鹄子"。

射鹄子就是射箭。从先秦起，射箭之礼就与酒宴有着不解之缘。春秋战国时期，宴请宾客的礼仪之一就是射箭，《周礼·春官·大宗伯》中说古代射礼是"以宾射之礼，亲故旧朋友"。也就是说，主人宴请客人，客人需要完成射箭的礼仪，这样宾主之间就可以尽欢。上古的射礼非常复杂，唐代以后，射礼渐渐地简化为游戏性质更加明显的"投壶"。既然射礼与酒宴关系密切，因习射而摆酒就变得光明正大，竟也瞒过了贾赦、贾政。可惜贾珍所交往的那一帮狐朋狗友们，大多都是花天酒地的纨绔子弟，"天天宰猪割羊，屠鹅戮鸭，好似临潼斗宝一般，都要卖弄自己家的好厨役好烹炮"。于是习射这个幌子越来越不重要。

贾珍志不在此，再过一二日便渐次以歇臂养力为由，晚间或抹抹骨牌，赌个酒东而已，至后渐次至钱。如今三四月的光景，竟一日一日赌胜于射了，公然斗叶掷骰，放头开局，夜赌起来。家下人借此各有些进益，巴不得的如此，所以竟成了势了。外人皆不知一字。

近日邢夫人之胞弟邢德全也酷好如此，故也在其中。又有薛蟠，头一个惯喜送钱与人的，见此岂不快乐。这邢德全虽系邢夫人之胞弟，却居心行事大不相同。这个邢德全只知吃酒赌钱、眠花宿柳为乐，手中滥漫使钱，待人无二心，好酒者喜之，不饮者则不去亲近，无论上下主仆皆出自一意，并无贵贱之分，因此都唤他"傻大舅"。薛蟠是早已出名的呆大爷。今日二人皆凑在一处，都爱"抢新快"爽利，便又会了两家，在外间炕上"抢新快"。

别的又有几家在当地下大桌上打公番。里间又一起斯文些的，抹骨牌打天九。此间服侍的小厮都是十五岁以下的孩子，若成丁的男子到不了这里，故尤氏方潜至窗外偷看。其中有两个十六七岁娈童以备奉酒的，都打扮的粉妆玉琢。

——第七十五回《开夜宴异兆发悲音　赏中秋新词得佳谶》

　　且看贾珍、邢大舅、薛蟠他们玩的酒戏：首先是抹骨牌赌酒东，因为每日都要摆酒，这些前来玩乐的公子哥儿都要夸耀自己家的厨艺，于是通过玩牌的方式来赌谁作酒宴的东道。虽然这种游戏也有几分赌博的意思，倒也并不过分。《红楼梦》中女眷们闲来无聊，也常常抹骨牌赌酒东，凤姐和尤氏赌牌、尤氏输了东道，凤姐和贾母斗牌、凤姐输了东道，这都是常有的事。但贾珍很显然不满足于这种小儿科的游戏，很快赌酒东变成赌钱，甚至"公然斗叶掷骰，放头开局，夜赌起来"。不要忘了，贾珍此时正在居丧之中，按理说就连摆酒宴赌酒的东道都是违背孝道礼制的，他却直接公然带头赌起钱来！

　　然而这些"抹骨牌打天九"，在酒戏中还属于斯文的；更简单直接的便是"抢新快""打公番"这些。抢新快是一种简单的游戏，就是三颗骰子掷点数，自己掷出的三颗骰子点数相同则赢，两人皆掷出相同的，则点大为胜。至于打幺番，周汝昌先生考证说就是"掷老羊"。据说游戏规则是"法以骰六枚投盆盎，其三枚点数既相符，乃得据而分胜负"，与抢新快十分类似，只是胜负评价方法不完全相同。这些酒戏完全不需要动脑筋，也没什么审美价值，纯属赌博道具，凭运气，短平快又高潮迭起。

　　至于奉酒的"娈童"，也是中国古代男性贵族酒宴的一种特殊产物。娈童很显然不符合儒家礼仪中的夫妻伦理纲常，但古代贵族对于男风、断袖、娈童显然是不以为然的。晋代男风特别兴盛，以至于《晋书·五行志》中公然记载，西晋"自咸宁、太康之后，男宠大兴，甚于女色，士大夫莫不尚之"。明清时代社会经济比较发达，男风，尤其是娈童之风在贵族的酒宴中也愈发兴盛起来。前文薛蟠追求柳湘莲时，柳湘莲为了把他骗到郊外殴打，就说郊外有个喝酒的场所，有两个"绝好的孩子，从没出门"，实际上就是娈童的讳称；而贾珍的酒宴上则有两个"十六七岁娈童以备奉酒的，都打扮的粉妆玉琢"，这酒宴之风如何藏污纳垢大约也就不需要细说了。这也是为什么曹雪芹在判词中会说"漫言不肖皆荣出，造衅开端实在宁"——宁国府的荒唐，实胜荣国府数倍。

第十四集

如何区分酒是主角还是菜是主角？

夏金桂是《红楼梦》中一个很特殊的人物。她出场很晚，在第七十九回，也就是八十回本《红楼梦》的末尾。她的出场评价也十分令人玩味：说她生得"颇有姿色，亦颇识得几个字"，论手腕也十分了得，甚至还给出了"若论心中的邱壑经纬，颇步熙凤之后尘"的较高评价。在宝玉的眼中，夏金桂"举止形容也不怪厉，一般是鲜花嫩柳，与众姊妹不差上下的人"。姿色能和宝钗、黛玉一流人物不相上下，能力又和凤姐类似，如此说来"外具花柳之姿，内秉风雷之性"的评价是贴切的。

夏金桂的毛病也很明显：极端骄纵任性、善妒小量、缺乏教养，依据后四十回的情节，夏金桂甚至展现出几分淫贱和歹毒。薛蟠干过不少荒唐事，曹氏对于薛蟠的六字评价也算入木三分：有酒胆无饭力。蛮横且富有心机的夏金桂，碰上软弱无定见的薛蟠，这日子注定是个悲剧。在过了一个月因新鲜带来的平安日子后，夏金桂便开始作妖了。两人的第一次冲突就发生在薛蟠酒后。

> 一日薛蟠酒后，不知要行何事，先与金桂商议，金桂执意不从。薛蟠忍不住便发了几句话，赌气自行了，这金桂便气的哭如醉人一般，茶汤不进，装起病来。

——第七十九回《薛文龙悔娶河东狮　贾迎春误嫁中山狼》

夏金桂、薛蟠第一番较量之后，薛蟠败下阵来，"自此便加一倍小心，不免气概又矮了半截下来"。落败而无脑的薛蟠只好学起了"鸵鸟策略"——时至今日这仍然是遇到夫妻矛盾、婆媳矛盾的男人们常用的策略。但装作不存在不代表矛盾真的不存在，于是薛蟠只能每天把自己弄得醉醺醺的。

> 这日薛蟠晚间微醺……薛蟠听了，仗着酒盖脸……至晚饭后，已吃得醺醺然……薛蟠虽曾仗着酒胆挺撞过两三次，持棍欲打，那金桂便递与他身子随意叫打；这里持刀欲杀时，便伸与他脖项……薛蟠此时一身难以两顾，惟徘徊观望于二者之间，十分闹的无法，便出门躲在外厢。
>
> ——第八十回《美香菱屈受贪夫棒 王道士胡诌妒妇方》

忍无可忍又无计可施的薛蟠终于选择了惹不起就躲，夏金桂不作妖时便打牌、扔骰子，仅从这两项爱好来看，与薛蟠倒也算是"志同道合"。这二人喜欢的娱乐项目都不太高雅，不像大观园里的姑娘们闲时画画、下棋、抚琴、联诗那般。夏金桂的饮酒习惯与众不同，准确地说是其下酒菜与众不同，这一细节也折射出夏金桂的刁钻古怪。

> 金桂不发作性气，有时欢喜，便纠聚人来斗纸牌、掷骰子作乐。又生平最喜啃骨头，每日务要杀鸡鸭，将肉赏人吃，只单以油炸焦骨头下酒。吃的不奈烦或动了气，便肆行海骂，说："有别的忘八粉头乐的，我为什么不乐！"薛家母女总不去理他。薛蟠亦无别法，惟日夜悔恨不该娶这搅家星罢了，都是一时没了主意。
>
> ——第八十回《美香菱屈受贪夫棒 王道士胡诌妒妇方》

其实每天杀鸡杀鸭，按贾府的份例菜品来说也不算过分奢侈。管厨房的柳嫂子有一次提起贾府几个姑娘的份例是"两只鸡，两只鸭子，十来斤肉，一吊钱的菜蔬"。如果夏金桂每日只要鸡鸭，倒也不算夸张；真正有特色的是"油炸焦骨头"这几个字，剑走偏锋的性格一下就凸显出来。撇开夏金桂的人品性情不提，"油炸鸡鸭骨头"拿来下酒，倒是一项不错的选择，与宝玉喜欢"鹅掌鸭信"如出一辙。穷人家下酒必是"大鱼大肉"，充饥是主要的诉求；对富贵人家而言，解馋才是饮食的要义：下酒菜须得耐嚼、有滋味，因此往往是些鸡脚鸭架、筋头巴脑的部位，肥鸡大鸭便显得不那么精巧。

酒与菜的关系是个有趣的话题，通常情况下酒菜不分家：有酒必有菜，有菜必有酒。但细究起来，酒与菜的主辅关系，美食家与酒客的意见就不怎么统一。比如美食家袁枚就说过："往往见拇战之徒，啖佳菜如啖木屑，心不存焉。所谓惟酒是务，焉知其余，而治味之道扫地矣。万不得已，先于正席尝菜之味，后于撤席逞酒之能，庶乎其两可也。"在袁枚看来，菜是主角，饮酒有损于品尝菜的滋味。倘若一定要喝酒，应当正席上先好好品尝菜品，等到这些菜都撤下去了，再闹酒也不迟。酒精对味觉有麻痹的作用，对于品尝新鲜的菜肴有影响倒也是科学、中肯的态度。

扬菜抑酒是袁枚的主张，但普通人不太可能将饮酒和菜品分得那么清楚：饮酒的时候往往是需要下酒菜陪伴的，而吃饭的时候饮酒也是常情，倘若是宴会，则更是"无酒不成席"了。如果说以酒为主、以菜为宾，则此处的菜便是"下酒菜"；反过来，如果以菜为主，以酒为宾，此时的酒便成了佐餐酒。通常一日三餐的酒，会认为酒是提升生活品位的辅料；不在一日三餐之列的，例如下午赏花、夜间赏月，饮酒时来些下酒菜，酒自然是第一位的。倘若是生日、节日、特殊宴请的酒席中，则桌上的菜哪些是"正菜"，哪些是"下酒菜"，其界限便相对模糊了。

《红楼梦》里提到酒与菜的时候，对酒菜的主辅关系也有细致的划分。如果以酒为主，则通常不会详细描写这些菜品，无论是什么样的菜蔬，大部分都以"果子"或"肴馔"一类的统称代指。譬如宝玉梦游太虚幻境的时候，警幻仙姑命小丫鬟来"调桌安椅，设摆酒馔"，又说"肴馔之盛"，但并不详细说这些下酒菜是什么。譬如夏金桂借宝蟾请薛蝌饮酒一节也是类似：宝蟾对薛蝌说"这是四碟果子，一小壶儿酒，大奶奶叫给二爷送来的"，至于这四碟是果脯豆干还是松子糕饼，都不重要了。

如果以餐为主，酒也是本着非必要不出现的原则。《红楼梦》正餐中如果出现酒，一般来说都有一些特殊的原因。第十六回写贾琏送黛玉回姑苏老家给林如海送殡，回到荣国府后恰逢元春入选凤藻宫，家中有这样值得庆贺的大喜事，又兼给刚刚回家的贾琏接风洗尘，因此"凤姐便命摆上酒馔来，夫妻对坐"。即使正餐有酒，凤姐也不敢多喝，文中说"凤姐虽善饮，却不敢任兴，只陪侍着贾琏"，后来贾琏的奶妈赵嬷嬷来看，凤姐招呼小丫头们给奶妈拿炖得很烂的火腿炖肘子，赵嬷嬷还劝凤姐"奶奶也喝一钟，怕什么？只不要过多了就是了"，可见寻常正餐饮酒不是常事。这顿饭之所以吃酒，除了接风洗尘之意，恐怕也有尝鲜之意：吃的是贾琏带回的惠泉酒。

清末民初徐珂在《清稗类钞》中介绍，清代酒店分为三种，有出售江南一带名酒的南酒店；出售北方酒的京酒店；出售配制酒的药酒店。南酒店和京酒店都是提供下酒小菜的，而药酒店却无下酒菜供应，仅供外卖。凤姐招呼贾琏的奶妈赵嬷嬷喝的惠泉酒便是南酒的代表之一。凤姐对付这些嬷嬷们是有一套的，道具也少不了酒。这边刚给赵嬷嬷倒上惠泉酒，那厢又用酒化解了正在气头上的李嬷嬷——第二十回，袭人病了躺在床上，没看见宝玉奶妈李嬷嬷进来，李嬷嬷就肆意辱骂起来，凤姐不想事情闹大，于是拉着李嬷嬷说："我家里烧的滚热的野鸡，快来跟我吃酒去。"李嬷嬷果然跟了去了，避免了一场更大的风波。

《红楼梦》后四十回酒事并不稠密，夏金桂以酒为饵发起对薛蝌的进攻可算作其中的小高潮。薛蟠下狱之后，寂寞难耐的夏金桂将薛蝌当成猎物。客观地说夏氏这次的眼光确实不错，只可惜打错了如意算盘，薛蝌是整个家族中难得一见的品性健全的好男儿，注定这是一场单相思。但愈是如此，薛蝌对夏金桂的吸引力就越大，于是和宝蟾一起展开了一系列"用心良苦"的策划和疯狂进攻。

　　宝蟾道："依我想，奶奶且别性急，时常在他身上不周不备的去张罗张罗。他是个小叔子，又没娶媳妇儿，奶奶就多尽点心儿和他贴个好儿，别人也说不出什么来。过几天他感奶奶的情，他自然要谢候奶奶。那时奶奶再备点东西儿在咱们屋里，我帮着奶奶灌醉了他，怕跑了他？他要不应，咱们索性闹起来，就说他调戏奶奶。他害怕，他自然得顺着咱们的手儿。"

——第九十一回《纵淫心宝蟾工设计　布疑阵宝玉妄谈禅》

主仆二人一番精密筹备后，夏金桂对薛蝌玩起了欲擒故纵的把戏，还真起了点小作用：差点让薛蝌以为自己误解了这两位。计策是好计策，无奈夏金桂不是个有耐心的好猎手，也不是个沉得住气的好演员。因为心急，弄得司马昭之心路人皆知：只要薛蝌在家，她便涂脂抹粉地在薛蝌门前走马灯似的过来过去，时不时地咳嗽几声。如果刚好碰见了便嘘寒问暖，用时下的话说，这就是"生扑"，薛蝌只能退避三舍。由于薛蝌先前以不会喝酒为由拒绝了金桂、宝蟾送的酒，一日薛蝌在外面喝了点酒，可被这主仆二人抓到了把柄。

只听宝蟾外面说道："二爷今日高兴呵，哪里喝了酒来了？"金桂听了，明知是叫他出来的意思，连忙掀起帘子出来。只见薛蝌和宝蟾说道："今日是张大爷的好日子，所以被他们强不过吃了半钟，到这时候脸还发烧呢。"一句话没说完，金桂早接口道："自然人家外人的酒比咱们自己家里的酒是有趣儿的。"

薛蝌见这话越发邪僻了，打算着要走。金桂也看出来了，那里容得，早已走过来一把拉住。薛蝌急了道："嫂子放尊重些。"说着浑身乱颤。金桂索性老着脸道："你只管进来，我和你说一句要紧的话。"

——第一百回《破好事香菱结深恨　悲远嫁宝玉感离情》

耐不住性子，直接上手的夏金桂将要把好事做成时，香菱碰巧路过，化解了薛蝌的尴尬，也让夏金桂对香菱恨入骨髓。

且说回酒菜。

除了夏金桂口味独特的"油炸焦骨头"之外，《红楼梦》中也出现了一些今天稍显陌生的下酒菜，比如鹿肉。鹿肉作为下酒菜，在书中提过两次，一次是宝玉、湘云在芦雪庵雪地露天烧烤鹿肉，另一次则是诗社刚刚成立的时候，众人都在给自己起笔名，探春自称"蕉下客"，黛玉便拿她的笔名开玩笑："你们快牵了他去，炖了脯子吃酒。"因为古人有"蕉叶覆鹿"的说法，蕉下客岂不就是鹿？而鹿脯则是下酒菜中的妙品——三国时"赵颜求寿"的传说里，管辂指点注定早夭的赵颜向南斗北斗求寿，管辂交代赵颜准备的见面礼就是"备净酒一瓶，鹿脯一块"。

除了鹿肉，以蟹下酒也是大观园里的特色。螃蟹与酒可谓是绝配，无论是老饕还是酒客，对这一组合基本上都是挑不出半点毛病的。《世说新语》中毕卓说自己平生的志向就是"一手持蟹螯，一手持酒杯，拍浮酒池中"，后来"把酒持螯"成了一个成语。李白、苏轼、陆游均是酒螯组合的忠实拥趸。要说中国历史上蟹宴酒会鼎盛的巅峰，恐怕莫过于张岱的《蟹会》。他在《陶庵梦忆》中记载自己每年举办蟹会的场景："一到十月，余与友人兄弟辈立蟹会，期于午后至，煮蟹食之，人六只，恐冷腥，迭番煮之。"倘若刘姥姥看了，恐怕又要站起来惊呼：够俺们庄稼人吃好几年的了！

第十五集

红楼世界众生饮酒相

　　荣宁二府的兴衰是《红楼梦》的主旨，故事的推进则依赖形形色色的人物。据红学家徐恭时统计，书中有名有姓者达七百余人。宝、黛、凤、钗吸引着绝大多数人的眼球，贾母、刘姥姥等亦能令人过目不忘。然而聚光灯外，小人物们的进进出出亦不乏精彩之处，他们身上更鲜活地体现着世态炎凉、人情冷暖，还有生存智慧。

　　全书一百二十回，洋洋洒洒几十万言，最通透的话来自天齐庙的王道士，江湖诨号"王一贴"。当宝玉向王道士寻求治疗女人妒忌的方子时，王道士笑道："实告诉你们说，连膏药也是假的。我有真药，我还吃了作神仙呢。有真的，跑到这里来混？"真是整部书里为数不多的"人间清醒"。

　　有人头脑清醒，便有人浑浑噩噩。与贾府大开筵宴不同，小人物饮酒常常是闲来独饮纾愁解闷的，譬如说刘姥姥的女婿狗儿，快到过年的时候，家里没有一点余粮，因此狗儿心中烦恼，坐在家里吃闷酒。

　　因这年秋尽冬初，天气冷将上来，家中冬事未办，狗儿未免心中烦虑，吃了几杯闷酒，在家闲寻气恼，刘氏也不敢顶撞。

　　　　　　　　　　——第六回《贾宝玉初试云雨情　刘姥姥一进荣国府》

　　狗儿"吃了几杯闷酒，在家闲寻气恼"。贫贱夫妻百事哀，这往往是普通人家道艰难时，男人在家吃闷酒的常见画面。刘姥姥的女儿刘氏面对丈夫酒醉闹气"也不敢顶撞"，几句闲言，说尽了小人物日常生活的辛酸与挣扎。然而，头脑活络又积极乐观的刘姥姥是看不上这样的"爷们儿"的，在刘姥姥看来，天子脚下遍地是钱，有没有志向和本事去拿是关键。可怜之人必有可恨之处，好吃懒做、拿自己女人撒气正是"狗儿们"的可恨之处。

　　喝酒寻事，这并不是狗儿一人的脾气坏。有个做古董生意的冷子兴，按家境来算大约应该是"中产阶级"，就是他与贾雨村在村郭野店吃酒时，说出了贾家的家族故事。这个冷子兴是王夫人陪房周瑞家的女婿，那天周瑞家的正帮刘姥姥引见凤姐，又被薛姨妈、王夫人差遣四处给姑娘们送宫花，却在府里遇见自己的女儿来找她，说冷子兴因为闲来吃酒和别人闹口角，被人举报了说"来历不明"，要"递解还乡"，因此求周瑞家的找贾府讨人情。

　　　他女儿笑道："你老人家倒会猜。实对你老人家说，你女婿前儿因多吃了两杯酒，和人分争，不知怎的被人放了一把邪火，说他来历不明，告到衙门里，要递解还乡。所以我来和你老人家商议商议，这个情分，求那一个可了事呢？"周瑞家的听了道："我就知道呢。这有什么大不了的事！"

　　　　　　　　　　　——第七回《送宫花贾琏戏熙凤　宴宁府宝玉会秦钟》

　　冷子兴是个商人，未必是本地人氏，在古代户籍制度非常严格的农耕社会中，"来历不明"四个字就足以疑似有罪了。冷子兴这样一个外乡客商，因为酒后和别人发生了口角，若不是岳丈家里与贾府有些说得上话的关系，差点就要被官府发配"递解还乡"了。佛家禁酒，并不是认为酒本身有什么可怕之处，而是一旦贪杯必然会引起其他祸端，与人口舌纷争大概是发生频率最高的酒后行为了。其实"吃酒分争"是周瑞女儿故意大事化小的托词，冷子兴的真实情况是因为卖古董惹上了官司，不过似乎并不严重，至少在见过风浪的周瑞家的看来都是小事一桩。

冷子兴这一次或许并未饮酒，但因饮酒闹出事来的人却比比皆是，而且还不是口角小事。周瑞的干儿子何三也好喝酒，有一次他在家喝酒，听说了周瑞和同是贾府奴仆的鲍二有些口角，便准备路见不平一声吼。这个喝了酒的何三就忽地兴起，跑去贾府门口和鲍二打架，闹得天翻地覆，以致他自己、鲍二和干爹周瑞都被贾府捆了膀子、打了板子，典型的成事不足败事有余。

> 贾珍正在厢房里歇着，听见门上闹的翻江搅海。叫人去查问，回来说道："鲍二和周瑞的干儿子打架。"贾珍道："周瑞的干儿子是谁？"门上的回道："他叫何三，本来是个没味儿的，天天在家里喝酒闹事，常来门上坐着。听见鲍二与周瑞拌嘴，他就插在里头。"
>
> ——第八十八回《博庭欢宝玉赞孤儿　正家法贾珍鞭悍仆》

挨了打对贾家怀恨在心的何三又因缺乏赌资，在酒桌上与江洋大盗策划实施夜袭贾府盗劫财物，可惜有命抢、没命花，死在护院包勇的棍棒之下。

吃酒容易闹事，是因为饮酒能令人情绪兴奋、自制力降低。因此，喝了酒，胆小的变作胆大的，平时不敢做的、不敢说的，酒后却敢做、敢说。关于"酒壮怂人胆"，《黄帝内经·灵枢·论勇》很早就给出了理论上的解释："黄帝曰：怯士之得酒，怒不避勇士者，何脏使然？少俞曰：酒者，水谷之精，熟谷之液也，其气慓悍，其入于胃中，则胃胀，气上逆，满于胸中，肝浮胆横，当是之时，固比于勇气，气衰则悔。"并给这种因饮酒而性情改变的行为命名为"酒悖"。

微醺之时，借酒助兴，比平日更添灵机文采，这是用上了酒的好处；倘若借酒盖脸，做出些无耻无礼之事来，这并非酒的不是，只是这酒催发了喝酒之人的心头之恶。在《红楼梦》中有几个好酒的小人物，比如一味吃酒烂醉、不知羞耻的榜首当是多姑娘的丈夫"多浑虫"。这个人没有半点本事，他的妻子"多姑娘儿"生性轻浮、拈花惹草，他也根本不在乎，"只是有酒有肉有钱，便诸事不管了"，一副烂泥扶不上墙的模样。另一个是周瑞家的儿子，那天赖嬷嬷来请凤姐赏光赴宴，凤姐正在打发人去处理周瑞家的儿子。

> 凤姐儿道："前日我生日，里头还没吃酒，他小子先醉了。老娘那边送了礼来，他不说在外头张罗，他倒坐着骂人，礼也不送进来。两个女人进来了，他才带着小幺们往里抬。小幺们倒好，他拿的一盒子倒失了手，撒了一院子馒头。人去了，打发彩明去说他，他倒骂了彩明一顿。这样无法无天的忘八羔子，不撵了作什么！"
>
> 凤姐儿听说，便向赖大家的说道："既这样，打他四十棍，以后不许他吃酒。"
>
> ——第四十五回《金兰契互剖金兰语　风雨夕闷制风雨词》

凤姐管家虽然严格，却常常是"丈八的灯台——照见人家，照不见自家"。凤姐有个心腹小厮叫旺儿，他有一次向凤姐求彩霞做自己的儿媳妇，凤姐答应了，让贾琏去说这事。贾琏出来的时候正好碰见管家林之孝，说及此事，林之孝"听了，只得应着"，但想了想觉得不妥，便告诉贾琏旺儿的儿子好吃酒赌钱，实在不像样。

> 林之孝听了，只得应着，半晌笑道："依我说，二爷竟别管这件事。旺儿的那小儿子虽然年轻，在外头吃酒赌钱，无所不至。虽说都是奴才们，到底是一辈子的事。彩霞那孩子这几年我虽没见，听得越发出挑的好了，何苦来白糟踏一个人。"
>
> 贾琏道："他小儿子原会吃酒，不成人？"林之孝冷笑道："岂只吃酒赌钱，在外头无所不为。我们看他是奶奶的人，也只见一半不见一半罢了。"贾琏道："我竟不知道这些事。既这样，那里还给他老婆，且给他一顿棍，锁起来，再问他老子娘。"
>
> ——第七十二回《王熙凤恃强羞说病　来旺妇倚势霸成亲》

贾府里的下人吃酒赌钱，其实远远不止周瑞家儿子、旺儿家儿子这几个小厮。探春理家那一回，提到贾府里的管家老婆子、上夜打更看家看园子的家人，大多有吃酒赌博的。当时宝钗正帮着探春理家，虽然深知贾府中管理下人不严、老婆子们常常吃酒赌钱的事情，终究碍于自己客人的身份，只能再三委婉提醒、点到为止：

> 宝钗笑道："妈妈们也别推辞了，这原是分内应当的。你们只要日夜辛苦些，别躲懒纵放人吃酒赌钱就是了……倘或我只顾了小分沽名钓誉，那时酒醉赌博生出事来，我怎么见姨娘？你们那时后悔也迟了，就连你们素日的老脸也都丢了……你们反纵放别人任意吃酒赌博，姨娘听见了，教训一场犹可，倘若被那几个管家娘子听见了，他们也不用回姨娘，竟教导你们一番。"
>
> ——第五十六回《敏探春兴利除宿弊　时宝钗小惠全大体》

宝钗的管理才能在这一回得到印证，在向老婆子们说规矩的时候，连提了两遍不要"吃酒赌钱"、切不可"酒醉赌博"，可见贾府中这一弊病其实已经相当严重了。当然，这里面不乏上梁不正下梁歪的缘故。譬如贾珍、贾琏自己本身就爱吃酒赌博，下人们自然更加放肆起来：这边贾珍、贾琏和尤二姐、尤三姐鬼混喝酒，贾珍的仆人喜儿、寿儿和贾琏的小厮隆儿也都喝得酩酊大醉，言语粗俗：

> 这里喜儿喝了几杯，已是楞子眼了。隆儿寿儿关了门，回头见喜儿直挺挺的仰卧炕上，二人便推他说："好兄弟，起来好生睡，只顾你一个人，我们就苦了。"那喜儿便说道："咱们今儿可要公公道道的贴一炉子烧饼，要有一个充正经的人，我痛把你妈一齐。"隆儿寿儿见他醉了，也不便多说，只得吹了灯，将就睡下。
>
> ——第六十五回《贾二舍偷娶尤二姨　尤三姐思嫁柳二郎》

赌博、喝酒看似只是私德有亏，但从管理体系的角度来看却是非常要紧的，贾母深知其中利害。探春理家时还没有认识到问题的严重性，她向贾母解释说自己也知道晚间负责上夜的嬷嬷们有时候会"大家偷着一时半刻，或夜里坐更时，三四个人聚在一处，或掷骰或斗牌，小小的顽意，不过为熬困"。当初宝钗也三番五次提醒过婆子们不要吃酒赌钱，但规矩是规矩，实际情况是实际情况。凤姐病后，上夜的老嬷嬷们没了严格的管束，在吃酒赌钱上就愈发放肆了。敏锐的贾母听说了此事，顿时警觉起来，命令严查上夜值班人员吃酒赌钱的事。

> 贾母忙道："你姑娘家，如何知道这里头的利害。你自为要钱常事，不过怕起争端。殊不知夜间既要钱，就保不住不吃酒；既吃酒，就免不得门户任意开锁。或买东西，寻张觅李，其中夜静人稀，趁便藏贼引奸引盗，何等事作不出来。况且园内的姊妹们起居所伴者皆系丫头媳妇们，贤愚混杂，贼盗事小，再有别事，倘略沾带些，关系不小。这事岂可轻恕。"
>
> ——第七十三回《痴丫头误拾绣春囊　懦小姐不问累金凤》

贾母一生见惯了风浪，作为一大家子的核心领袖，深知要防微杜渐：大观园看似是一片桃花源似的净土，但在这片净土之中，早有许多因为吃酒赌钱闹出的事故，其中迎春的奶娘就是在吃酒赌钱的时候赌输了，甚至偷走了小姐头上戴的"攒珠累丝金凤"去典当。由此可见贾母的担忧并非空穴来风。当然贾母最担心的还是败坏门楣这样的事情，所以强调说"贼盗事小，再有别事，倘略沾带些，关系不小"。

酒是放大镜，人性中的幽暗与光辉都会在酒后扩张，平时道貌岸然的酒后有可能为非作歹，平时泼皮耍赖的酒后有可能慷慨解囊，譬如倪二，譬如包勇。有一日醉金刚倪二喝了酒，路上碰到贾芸诉说舅舅不肯帮忙、反而折辱自己的苦楚，这位平日放高利债的泼皮竟也仗义助人，偏偏要借给贾芸二十两银子，且不收利息。后来在贾府抄家败落时，甄家正巧举荐了一个家仆包勇前来投奔，这包勇虽然不是贾府的老仆，但秉性中正、偏好打抱不平。一日包勇去喝酒，听到两个人聊天时说起贾雨村做官发迹时多蒙贾府出力，在贾府抄家时却为了撇清关系倒打一耙。包勇便义愤地将贾雨村大骂一顿。

> 那包勇正在酒后胡思乱想，忽听那边喝道而来。包勇远远站着。只见那两人轻轻的说道："这来的就是那个贾大人了。"包勇听了，心里怀恨，趁了酒兴，便大声的道："没良心的男女！怎么忘了我们贾家的恩了。"雨村在轿内，听得一个"贾"字，便留神观看，见是一个醉汉，便不理会过去了。那包勇醉着不知好歹，便得意洋洋回到府中，问起同伴，知是方才见的那位大人是这府里提拔起来的。"他不念旧恩，反来踢弄咱们家里，见了他骂他几句，他竟不敢答言。"
>
> ——第一百七回《散馀资贾母明大义　复世职政老沐天恩》

这些小人物碗里的酒并没有太大的差别，顶多这一缸略浓一点，那一坛略淡一些。最终是喝成寻花问柳、败家破业，还是喝成忠心耿耿、仗义疏财，这其中确实有几分"酒"的助力，但核心却是饮者的性格底色。岂止这些小人物，古往今来，酒的五彩斑斓正是基于人的千姿百态。酒的魅力并不在于文人墨客的那些溢美之词，而是在于它的难以驾驭、难以征服、难以定性。换句话说，酒是人性最好的试金石与照妖镜。一场大酒过后，是人是妖，原形毕露；是佛是魔，立竿见影。

跟着《水浒传》去喝酒

第一集

义气深重　载酒江湖——九纹龙史进的酒

《水浒传》一百单八将中第一个出场的是史进，史进出场的引子是其师父——曾任八十万禁军教头的王进，与后来雪夜上梁山的林冲是同一"职称"。王进与高俅的过节，在于高俅未发迹时曾被王进的父亲一棒打翻。高俅这种小肚鸡肠的人如今见了王进，自然不会轻易放过他，且高俅又是王进的顶头上司，故而王进只得带着老母弃家逃走。王进枪棒精熟，又因为得罪高俅而亡命江湖，他的经历大约是梁山好汉们的宿命写照。

只可惜，王进的故事很短，他并不是镌刻在石碣上一百单八将天罡地煞中的一员，他只是引出九纹龙史进的一个由头。但若论判断力、行动力、待人接物的综合能力，王进却是《水浒传》中名列前茅者。王进能体认自身危险于其萌芽之时，当机立断与老母"走为上策"，不禁让人想起同为八十万禁军教头的林冲，在自己的优柔寡断之中将事态拖到不可收拾的地步。

话说王进与母亲一路逃难，一日错过了客栈，借宿在一个庄院人家。史进之父史老太公乐善好施，热情留宿王进母子二人，王进与史进的师徒情缘，就从史老太公的招待酒中开始了。

没多时，就厅上放开条桌子。庄客托出一桶盘，四样菜蔬，一盘牛肉，铺放桌子上，先烫酒来筛下。太公道："村落中无甚相待，休得见怪。"

王进起身谢道: "小人子母无故相扰, 得蒙厚意, 此恩难报。" 太公道: "休这般说, 且请吃酒。" 一面劝了五七杯酒, 搬出饭来, 二人吃了, 收拾碗碟。太公起身, 引王进子母到客房中安歇。

——第二回《王教头私走延安府　九纹龙大闹史家村》

《水浒传》中的人物都有好酒量, 除了小说笔法塑造人物性格这个因素外, 也有基本的事实依据。彼时的酒度数偏低, 家酿村醪则更低一些。王进借宿的普通一顿饭, 也喝了五七杯酒, 既点明了史老太公的良善好客, 也透露了低度酒的事实。至此, 《水浒传》里那个浩浩汤汤的庞大江湖, 尚未露出冰山一角, 因此史进的父亲史太公请王进母子吃饭饮酒, 也并没有什么"江湖酒"的味道, 倒是有几分平淡的家常味道: 普通菜蔬、已经做好的熟肉, 以及配菜的几杯酒——这里的酒不过是日常餐饮的点缀, 用以饭食间解渴而已。在这场管待行路人的简餐中, 饭菜是主角, 酒是陪衬。

用小说家的话说, 王进、史进二人合当有缘, 原本借宿一晚便走的王进, 因王母心痛病发, 不得不滞留史家庄, 二人也就有了见面的缘分。

王进无意间看见赤膊练武的史进, 指出史进的破绽, 史进不服, 要与王进过招, 结果史进输得毫无悬念。菜鸟史进一输便服, 登时拜了此时还在隐瞒着教头身份的王进为师。拜师是喜事, 也是大事, 拜师酒宴必不可少。到这一时, 王进的身份不再是"因为母亲生病偶尔耽搁在史家庄的过路客人", 而是"小庄主的师父", 因此这场宴席中, 酒就荣升成了主角。

太公大喜, 叫那后生穿了衣裳, 一同来后堂坐下。叫庄客杀一个羊, 安排了酒食果品之类, 就请王进的母亲一同赴席。四个人坐定, 一面把盏, 太公起身劝了一杯酒, 说道: "师父如此高强, 必是个教头。小儿有眼不识泰山。" 王进笑道: "奸不厮欺, 俏不厮瞒。小人不姓张, 俺是东京八十万禁军教头王进的便是……" 自当日为始, 吃了酒食, 留住王教头子母二人在庄上。史进每日求王教头点拨, 十八般武艺, 一一从头指教。

——第二回《王教头私走延安府　九纹龙大闹史家村》

此处虽然只有小小几笔，却被点评《水浒传》的金圣叹锐眼看出，特地批注道："与前不同。"这一次，王进从逃难躲避的小人物成为了史家庄的座上宾，款待他的不再是简单的便饭，而是盛大的酒宴。史太公让庄客杀羊、安排酒食果品，还亲自把盏，这都是对待 VIP（贵宾）的高标准酒宴。

半年多的时间，史进的武艺突飞猛进，王进辞行往延安府。史老太公驾鹤西去，不愿务农的史进每日与棍棒为友。一日，史进撞见了到史家庄找朋友喝酒的李吉，李吉以前是给史进送野味的，但近期断供了，史进因而质问李吉。李吉告诉史进，自己不敢上山打猎是因为山里来了强盗。渔夫恋江河，英雄盼疆场，无所事事的史进看到了自己即将发光的用武之地。于是，纠集全村人马开动员大会，杀鸡宰牛、大摆酒宴，自卫队队长的职位毫无争议地落在史进头上。这场酒宴与史太公在时已然不同——那个平静的世界即将被惊涛骇浪的江湖席卷而来。

> 便叫庄客拣两头肥水牛来杀了，庄内自有造下的好酒，先烧了一陌顺溜纸，便叫庄客去请这当村里三四百史家庄户，都到家中草堂上，序齿坐下。教庄客一面把盏劝酒。……众人道："我等村农，只靠大郎做主。梆子响时，谁敢不来。"当晚众人谢酒，各自分付，回家准备器械。
>
> ——第二回《王教头私走延安府　九纹龙大闹史家村》

金圣叹批注说："一路写史进英雄，写史进雁快，写史进阔绰，写史进殷实。"他的性格和彬彬有礼的史太公大不相同，一旦宴请庄户，便是"三四百史家庄户"齐来，酒肉款待，不计成本。尽管此时史进还是史家庄的庄主，是准备带领着村民同"强盗"们对抗的"白道"，但史进爽快却不谙治家的性格已经显露出来。

少华山上，跳涧虎陈达不听朱武、杨春的劝谏，径直下山与史进交手，被史进捉了去。史进旗开得胜，众人喝起了第一顿庆功酒。庄户齐赞："不枉了史大郎如此豪杰。"朱武为救陈达，使出苦肉计，跪请史进捉了他们报官，意外获得史进的敬重，于是乎敌我矛盾变成了惺惺相惜，剑拔弩张变成了推杯换盏。

> 史进道："你们既然如此义气深重，我若送了你们，不是好汉。我放陈达还你如何？"朱武道："休得连累了英雄，不当稳便。宁可把我们解官请赏。"史进道："如何使得。你肯吃我酒食么？"朱武道："一死尚然不惧，何况酒肉乎！"当时史进大喜，解放陈达，就后厅上座置酒设席，管待三人。朱武、杨春、陈达拜谢大恩。酒至数杯，少添春色。酒罢，三人谢了史进，回山去了。史进送出庄门，自回庄上。
>
> ——第二回《王教头私走延安府　九纹龙大闹史家村》

"你肯吃我酒食么？"史进这一句问话至关重要。先是示好，给对方一个台阶，窥探对方的态度，毕竟此时彼此还是设防的。其次是试探对方的胆气、义气，如果朱武认为酒里有文章自然是要推辞的，那样也就小看了史进，同时亦证明朱武等人非光明磊落之辈。再者，在江湖英雄看来，同饮一杯酒意味着化干戈为玉帛，就成了自家人，这是在要一个明确的立场。朱武不愧为神机军师，回答是教科书级的"一死尚然不惧，何况酒肉乎"，干脆利落。史进得到了明确的反馈信号，大喜过望，立刻为陈达松绑。江湖之酒，无非"快哉"二字，正如金圣叹所说："忽为俘虏，忽为上客。快哉史进，千载无此筵席。"

在江湖中，自有义气相许、肝胆相照、生死相依的酒，也有招灾引祸、横生风波的酒。史进看朱武、杨春和陈达是义薄云天的英雄好汉，但在普通人的眼里，这三位就是少华山上落草的土匪、杀人越货的强盗。换句话说，他们是官府张贴的令人眼馋的巨额赏银。陈达等人给史进送黄金，史进让手下王四去山中送锦袄、肥羊酒礼。一来二去，王四成了山中与庄上往来的特使，每次办完事免不了吃几碗赏酒。

常在河边走，哪能不湿鞋。这一次，王四送帖邀请朱武等人八月十五到史家庄赏月饮酒，事成之后照例吃了十几碗赏酒，揣了回书复命。半道碰上山中喽啰，又被拉到村边酒店吃了十数碗，在回庄的途中醉倒在地，恰巧被猎户李吉撞见。本想在王四身上偷些银子的李吉，却发现了价值三千贯的彩票——强盗的回书，遂拿去告官。王四回到庄上，向史进撒谎说没有回书。喝酒本就容易误事，更何况是喝了过量的酒，必定误事。如同王四，十来碗的量，硬是喝了双倍的酒，怎能不误事？

正当史进等人把盏赏月，沉浸在中秋的欢乐气氛中时，危险正在一步步逼近。李吉的举报有了回音，华阴县县尉带队三四百士兵，将史家庄院包围了。史进伙同强盗，杀了王四、李吉及两位都头，只好暂居山寨之内。此时的史进并无落草之心，恳辞了朱武等人搭伙创业的挽留，去寻师父王进。来到渭州（今甘肃省平凉市），与鲁达结识后，于酒肆一聚便自投客店去了。

待到史进与鲁达偶然再遇时，此时的鲁达已经成了"鲁智深"。鲁智深醉酒大闹五台山被逐出，又在桃花山与李忠、周通鬼混几日，卷了些金银酒器跑了。后因投斋又与崔道成、丘小乙恶战，逃到赤松林，又遇强盗，这个强盗便是九纹龙史进。史进自渭州与鲁达分开，寻师父王进未果，钱也花完了，便在赤松林打劫度日，没承想打劫到鲁智深的头上。这次偶然重逢，两人联手杀了崔道成与丘小乙，放火烧了瓦罐寺，星夜兼程，天亮时寻见一村中酒店，喝了一顿分别酒，各奔前程。

> 智深、史进来到村中酒店内，一面吃酒，一面叫酒保买些肉来，借些米来，打火做饭。两个吃酒，诉说路上许多事务。吃了酒饭，智深便向史进道："你今投那里去？"史进道："我如今只得再回少华山，去投奔朱武等三人入了伙，且过几时，却再理会。"智深见说了，道："兄弟，也是。"便打开包裹，取些金银，与了史进。二人拴了包裹，拿了器械，还了酒钱。……史进拜辞了智深，各自分了路，史进去了。
>
> ——第六回《九纹龙剪径赤松林　鲁智深火烧瓦罐寺》

《水浒传》的作者生活于元明之际，但小说的时代背景却在北宋。有宋一代，是中国生活方式的变革期。高桌、高椅的普及，改变了以往跪坐、盘坐的坐姿。宋代城与市开始融合，有了如今天的"底商"一般的商业模式，还有了方便食客的"外卖"。与酒而言，以瓶作为计量单位是自宋代开始，黄酒的定型也在宋代完善。宋代酒楼，吃喝俱备，而有些村中小店，往往只卖酒，不卖饭，需要客官自己打火（生火做饭的意思），正如虞云国《水浒寻宋》中提到的小说戏曲史家许政扬的论断："宋元间制度，逆旅或不为具饮食，投宿者必须自己办膳。"所以鲁智深和史进，一边吃酒，一边让酒保代买些肉和米就不足为奇了。

各路人马同归梁山后，鲁智深向宋江举荐了史进，史进正式入伙水泊梁山。史进为立功，代表梁山第一次出征，是去打樊瑞，却吃了败仗。宋江打完曾头市，假装让位于卢俊义，吴用暗示众人百般阻拦，宋江又与卢俊义约定以攻打东平、东昌二府的结果作为排座次的依据。史进划归到宋江东平府一路。

史进献计进城借宿旧相好李瑞兰家，与宋江里应外合。可惜史进的识人能力有限，被李瑞兰以酒肉招待的假象迷惑，被其报官捉拿。不过史进的骨头还是硬的，任由拷打，终是一言不发。顾大嫂扮乞丐到狱中探望，史进只记得一鳞半爪的密语，错记攻城日期，导致提前行动。

> 原来那个三月却是大尽。到二十九，史进在牢中与两个节级说话，问道："今朝是几时？"那个小节级却错记了，回说道："今朝是月尽夜，晚些买贴孤魂纸来烧。"史进得了这话，巴不得晚。一个小节级吃的半醉，带史进到水火坑边。史进哄小节级道："背后的是谁？"赚得他回头，挣脱了枷，只一枷梢，把那小节级面上正着一下，打倒在地。就拾砖头敲开木枢，睁着鹊眼，抢到亭心里。几个公人都酒醉了，被史进迎头打着，死的死了，走的走了。
>
> ——第六十九回《东平府误陷九纹龙　宋公明义释双枪将》

半醉的小节级，烂醉的公人，无形中为史进越狱帮了忙。宋代酒风盛行，一方面朝廷要从酒业中获得巨额税收，另一方面官吏的狂喝滥饮又严重影响了社会运转。常被看作盛世欢歌的《清明上河图》，故宫博物院余辉先生却从种种细节里看出了盛世危机，其中一项便是东京汴梁"泛滥的酒患"。《清明上河图》卷尾药铺有两个广告牌颇具深意：一块写"治酒所伤真方集香丸"，另一块写"大理中丸医肠胃药"。酒风如此之盛，想必这家医馆的生意不会太差，其中来抓方寻药的或许就有看守史进的那些醉醺醺的公人。

史进的战功不算显赫，酒事也不算离奇。第一百十八回，史进等六人前哨出战，被庞万春一箭结束了性命，谥为忠武郎。

小人物王四的一场酒醉，成为史进一系列事件发酵的蝴蝶的翅膀。从那时起，史进被命运逼到了角落：一条路是将朱武等三人送交官府以保全自身性命；另一条路则是杀出门去，从此血染衣襟在逍遥又凶险的江湖中漂泊，当史进毅然决然选择了第二条路时，其命运便已经注定要跌宕起伏。

第二集

酒肉穿肠　无碍正果——花和尚鲁智深的酒

有道是好汉识好汉、英雄惜英雄。然而好汉如何在茫茫人海中识别出好汉？英雄又如何在浩浩江湖中检索出英雄？诀窍就在细节，所谓窥一斑而知全豹是也。史进捉了跳涧虎陈达时原将他当成普通的强盗对待，然而朱武、杨春表现出生死相依的义气令史进改变了念头，迅速站在了"草寇"的阵营，甚至不惜烧毁庄园、与官兵拔刀相向。

而鲁智深的识人标准看似简单，却非阅人无数而不能得其要领：先观其形——"见了史进长大魁伟，像条好汉"这才前来施礼；进而通过互报家门锁定眼前人的身份——已有耳闻的史进；进一步确认与史进相关的王进是"恶了高太尉的王进"——信息背书。以往说鲁智深粗中有细，主要体现在醉打镇关西一节，殊不知鲁智深甫一出场便有端倪：敏锐观察，简短几句话却直奔要害，电光石火间完成身份确认，这就是鲁智深的高明之处。一旦好汉被好汉识别，英雄被英雄锁定，最要紧的当然是喝两杯。

"……你既是史大郎时，多闻你的好名字，你且和我上街去吃杯酒。"
鲁提辖挽了史进的手，便出茶坊来。

——第三回《史大郎夜走华阴县　鲁提辖拳打镇关西》

是否能够一起坐下来痛快饮酒，对于江湖豪杰而言是一张最基础的投名状。有趣的是，《水浒传》为了凸显鲁智深的爽利，偏偏要在这两章中安插一个不够爽利的"英雄"——打虎将李忠。李忠是"教史进开手的师父"，也就是最早教习史进枪棒的老师。王进第一次看到史进耍枪棒的时候就指出他的枪棒是中看不中用，此时等于揭开了谜底——史进的第一个师父李忠实际上只是"江湖上使枪棒卖药的"。这也折射出李忠的功夫是稀松平常的，只不过为了在卖膏药时吸引客户，就必须得会几招看上去唬人的花拳绣腿而已。此时史进见到李忠，且不论其功夫如何，毕竟是启蒙师父，不免打个招呼，而鲁智深一听说此人是史进的师父，便立刻邀请他一起去喝酒。

> 鲁提辖道："既是史大郎的师父，同和俺去吃三杯。"李忠道："待小子卖了膏药，讨了回钱，一同和提辖去。"鲁达道："谁奈烦等你，去便同去。"李忠道："小人的衣饭，无计奈何。提辖先行，小人便寻将来。贤弟，你和提辖先行一步。"鲁达焦躁，把那看的人一推一跤，便骂道："这厮们挟着屁眼撒开，不去的洒家便打。"众人见是鲁提辖，一哄都走了。李忠见鲁达凶猛，敢怒而不敢言，只得陪笑道："好急性的人。"
>
> ——第三回《史大郎夜走华阴县　鲁提辖拳打镇关西》

秀才遇到兵，有理说不清。李忠不出现并不影响故事的推进，然而作者的妙思就是要通过与李忠的对比，让鲁智深的性格更加鲜明：请客的人性急豪爽，被请客的人却老实本分——准备"卖了膏药，讨了回钱"再去饮酒。若论常理来说，请客没有强求的，何况李忠本是江湖卖药的人，好容易耍了套花枪聚拢人气准备做点生意，收了摊子再去饮酒才是正常逻辑。偏偏李忠遇见的是急性子的鲁智深，于是这种碌碌庸常的生活在鲁智深的面前便显得黏糊、磨叽、无聊，普通人与好汉的区别也就泾渭分明了。鲁智深赶走了看热闹的人们，带着史进、提着李忠便到了潘家酒楼。这里的潘家酒楼十分有趣，从其内外看来，仿佛就是《东京梦华录》或《清明上河图》里摘出来的一座酒肆。

三个人转湾抹角，来到州桥之下一个潘家有名的酒店。门前挑出望竿，挂着酒帘，漾在空中飘荡。怎见得好座酒肆？正是：李白点头便饮，渊明招手回来。

三人上到潘家酒楼上，拣个济楚阁儿里坐下。鲁提辖坐了主位，李忠对席，史进下首坐了。酒保唱了喏，认得是鲁提辖，便道："提辖官人，打多少酒？"鲁达道："先打四角酒来。"一面铺下菜蔬果品案酒，又问道："官人，吃甚下饭？"鲁达道："问甚么！但有，只顾卖来，一发算钱还你。这厮只顾来聒噪！"酒保下去，随即烫酒上来，但是下口肉食，只顾将来，摆一桌子。

——第三回《史大郎夜走华阴县　鲁提辖拳打镇关西》

酒帘就是酒旗，帘通常比较长，上面能写好几个字。简洁的酒帘也许只会大书一个"酒"字，一目了然；想彰显文化属性的店家会写一句古诗或者一副对联，充当广告语的作用；想突出酒店身份的店家会写上诸如"正店"的字样，以示自身的官方等级，比如《清明上河图》里的"孙羊正店"。这座"挑出望竿，挂着酒帘"的潘家酒楼与《东京梦华录》中描写的酒楼装扮相似："彩楼相对，绣帘相招。"不过此处的潘家酒楼当然比不上《东京梦华录》里出售"琼液"的潘楼。宋代繁华的市井之中酒楼林立，全都挂着这样长长的酒帘，以致"掩翳天日"，十分壮观。今日走在酒吧街上，琳琅满目的侧招就是酒旗的遗风——正式的店招多悬于门头，只在目光与店面成垂直角度时才能传递信息，然而店铺的设置都是与道路平行，酒旗的出现就是为了照顾当视线与店面平行时能够快速看到店家的信息，其产生的本质是招揽生意的需要。宋代的酒旗、酒帘具有典型的时代特征：青白布条相间组成的方形或长方形旗帜，在宋代绘画《清明上河图》《千里江山图》《盘车图》等作品中均可见到。若做类比，近似于阿根廷或尤文图斯足球队的队服。

阁儿，也叫阁子，就是今天的包间。招待重要的宾客，说些体己的话儿，都会选择包间，这一点古今别无二致。

至于酒楼饮酒吃饭的习惯，则类似于点菜与套餐结合的形式：酒保先问鲁智深打多少酒，然后又问要什么菜，这便是请客人点菜了；也有很多像鲁提辖这样既不在乎银子也不耐烦点菜的，便可以吩咐酒保不必问，随便上菜，酒保就将店里的熟食下酒菜一一摆上，类似日本流行的"Omakase"——上什么由厨师决定。物质匮乏时代，选择余地不大，是有什么吃什么；物质丰富之后，选择权在客人手里，想吃什么就点什么；当物质极大丰富，客人有时反而不知道想吃什么，再把选择权还回店家，期待着能有一些小小的意外之喜。这心理如同电视时代初期，全国就那么三两个频道可选，心里盼望着能多点节目，可真到了几百个频道可以选择的智能时代，遥控器在手里按来按去，却不知道看点什么好。

《水浒传》中经常出现的一个量词是"角"。宋代常用角作为酒的计量单位，如《东京梦华录》卷二"宣德楼前省府宫宇"条下记载，当时开封最好的酒店酒价是"银瓶酒七十二文一角，羊羔酒八十一文一角"。在北宋末期，100文可以买一斗米（程民生《宋代物价研究》），换算一下，一角上好的羊羔酒能换0.8斗米。这座位于渭州的潘家酒楼的酒价显然不会高过当时的首都（开封）最好的酒，故推测潘家酒价30～40文一角。论角卖，即是散售的意思，整卖则论瓶、论瓮。

一角酒大约有多少呢？角并不是古代官方容量单位，其源头应是先秦时期青铜器的"角"，至宋代作为青铜器的角早已退出历史舞台，宋时一角约等于我们今天说的一瓶、一扎，是个约定俗成的概念。李华瑞先生在《宋代酒的生产和征榷》中推算，一角相当于宋1.33升；吴慧先生在《新编简明中国度量衡通史》中考证，宋一升约等于660毫升，也有学者考证为702毫升，据此测算宋代一角约为877～933毫升。可以佐证的是东汉郑玄注《礼记·礼器》云"一升曰爵，二升曰觚，三升曰觯，四升曰角"，汉代一升约等于今日200毫升，一角四升即800毫升，与前面估算的结果误差不大。如此说来，宋代一角酒约等于今天一扎啤酒的量。史进等三人坐下后，店小二问打多少酒，鲁智深说先打四角，用餐结束前，又打了两角，这一餐三人共喝酒六角，人均两角，亦合乎常理。

三杯酒下肚，谈兴正浓时，鲁智深听见有人哭哭啼啼，心里十分不爽。

酒保解释说哭的不是店里的员工，而是"绰酒座儿唱的父子两人"。这个叫金翠莲的姑娘和她的父亲是专在酒馆巡回卖唱的，又叫"赶座子"。《东京梦华录》中亦有记载这一职业，言其"不呼自来筵前歌唱，临时以些小钱物赠之而去，谓之'劄客'，亦谓之'打酒坐'"，是酒楼十分兴盛之后产生的一种伴生职业。如今在市场经济比较活跃的地区，夜市大排档有流动歌手穿梭其间提供点歌服务，大概是翠莲这种职业的一丝遗存。

鲁智深遇见金翠莲，便是三拳打死镇关西一事的起始。与其他英雄的家恨私仇不同，鲁智深与金翠莲既不沾亲也不带故，而鲁智深对金翠莲的美色也毫不动心，他放走金翠莲、打死镇关西，仅仅是因为极为纯粹的"天理公道"。因此相比于其他英雄好汉而言，鲁智深浪迹江湖的原因更加"纯粹"，也更加具有暴力美学的诗意浪漫，这或许正是其师父认为他日后能"正果非凡"的根本原因吧。

打死镇关西之后，鲁智深逃到了代州的雁门县（今山西省代县），在这里，他又一次遇见了金翠莲父女二人。不同往昔的是，旧日的鲁提辖成了逃犯，过去的卖唱歌女却嫁得良人赵员外，丰衣足食。在金翠莲家里，金老汉与翠莲为鲁智深置酒谢恩。说来有趣，这场谢恩酒由于赵员外的误会，一顿酒喝成了两顿。

> 老儿和这小厮上街来，买了些鲜鱼、嫩鸡、酿鹅、肥鲊、时新果子之类归来。一面开酒，收拾菜蔬，都早摆了，搬上楼来。春台上放下三个盏子，三双箸，铺下菜蔬果子下饭等物。丫嬛将银酒壶烫上酒来，子父二人轮番把盏。金老倒地便拜……
>
> 鲁达便问那金老道："这官人是谁？素不相识，缘何便拜洒家？"老儿道："这个便是我儿的官人赵员外。却才只道老汉引甚么郎君子弟在楼上吃酒，因此引庄客来厮打。老汉说知，方才喝散了。"鲁达道："原来如此，怪员外不得。"赵员外再请鲁提辖上楼坐定，金老重整杯盘，再备酒食相待。
>
> ——第四回《赵员外重修文殊院　鲁智深大闹五台山》

　　鲁智深不能在赵员外家里久留，赵员外想办法为这位恩人安排了好去处：到五台山做和尚。这一去，旧日快意恩仇的鲁提辖变成了中国文学史上最著名的和尚形象之一：花和尚鲁智深。

　　提到和尚，往往会令人联想到青灯古佛、清规戒律。然而佛教流传到中国后，与中国思想文化结合后形成了颇具创造性的宗派——禅宗。禅宗源于佛教，但它又不仅仅是佛教。禅宗因主张修习禅定而得名，但更主张通过一种特殊的领悟方式——通过参究而彻底洞见心性之本源为主旨，即主张顿悟而非苦修。由此，佛教视为重要戒律的酒戒，在禅宗的范畴内就有了松动的可能：清规戒律的存在是否也只不过是一种外物的束缚，与真正的智慧相去甚远呢？相反，酒与醉紧密相连，而醉的朦胧状态又与灵感不分彼此地紧密交织，因此诞生了看似荒诞、充满悖论却又具有特殊哲学、美学意义的醉僧、醉禅。

　　李白笔下"吾师醉后倚绳床，须臾扫尽数千张"的怀素和尚是"文醉僧"，而打坏金刚像、打破五台山山门的鲁智深则是"武醉僧"。鲁智深刚上五台山的时候，长老说他有佛性，日后成就会比那些每日诵经苦修的和尚还要高，和尚们自然是不相信的。为了"功德"或者"成佛"去苦修，这种太强的功利色彩本身就与佛教的智慧背道而驰；相反，完全不在乎清规戒律、纵情饮酒的鲁智深虽然在短时间内看来是破坏了寺庙的规矩，却以他的赤子之心获得了真正的大智慧。

　　剃度时，长老告诉鲁智深要遵循"三归五戒"，五戒便是不杀生、不偷盗、不邪淫、不贪酒、不妄语。纵观鲁智深一生，只做到了不邪淫，其他则是"四毒俱全"。到五台山老实了四五个月之后，鲁智深便开始搞事情了，第一桩就是破酒戒，更过分的还是伤人抢酒。

　　智深道："酒家也不杀你，只要问你买酒吃。"那汉子见不是头，挑了担桶便走。智深赶下亭子来，双手拿住扁担，只一脚，交裆踢着，那汉子双手掩着做一堆，蹲在地下，半日起不得。智深把那两桶酒，都提在亭子上，地下拾起旋子，开了桶盖，只顾舀冷酒吃。无移时，两桶酒吃了一桶。

　　智深道："汉子，明日来寺里讨钱。"

　　只说鲁智深在亭子上坐了半日，酒却上来；下得亭子，松树根边又坐了半歇，酒越涌上来。智深把皂直裰褪膊下来，把两只袖子缠在腰里，露出脊背上花绣来，扇着两个膀子上山来。

——第四回《赵员外重修文殊院　鲁智深大闹五台山》

　　鲁智深的诨号是"花和尚"。"花"字用在男人身上，多有好色之意，鲁智深什么戒都犯，唯独不犯色戒，此花还真不是"花心"的意思。上文中说"把两只袖子缠在腰里，露出脊背上花绣来"才是这个花字的真实来历，与史进、燕青的文身相似。在第十七回鲁智深亲口向杨志说："人见酒家背上有花绣，都叫俺做花和尚鲁智深。"当事人的自陈还是比较可信的。

　　常喝酒的人都有经验，在没离开酒桌时尚还清醒，一起身，片刻就醉了，这是因酒的后劲儿所致，尤其是在像鲁智深这般一顿猛喝的时候。所以喝完一桶酒又坐了半日的鲁智深，一起身酒劲儿就上来了：头重脚轻、前仰后合、踉踉跄跄、摇摇摆摆。书中写鲁智深醉酒，具有惊心动魄的力量："指定天宫，叫骂天蓬元帅；踏开地府，要拿催命判官。"鲁智深本就是天不怕地不怕的英雄，喝醉了更是捆仙绳也困不住的汉子。他弄不懂什么奇怪的清规戒律，渴了便饮酒、醉了便睡觉，这才是鲁智深的"禅"。

　　但凡饮酒，不可尽欢。常言酒能成事，酒能败事，便是小胆的吃了，也胡乱做了大胆，何况性高的人。

——第四回《赵员外重修文殊院　鲁智深大闹五台山》

　　人们常说"酒壮怂人胆"，其理论依据是什么呢？前文提到过，《黄帝内经》中记载黄帝曾问："怯懦的人喝完酒之后，为什么就像勇士一样胆大了呢？"少俞的答案是："酒是粮食的精气，能使胃部胀满，进而充斥胸中，从而肝胆之气陡长。"还给这种行为取了一个专有的名字——"酒悖"。胆小之人尚且如此，本性火爆的鲁智深醉酒之后破坏力更是呈几何级倍增。鲁智深醉打僧人，坏了规矩，也受了长老的批评责罚，吓得他三四个月不敢出寺。好了伤疤忘了疼是人的本性，老实一段时间的鲁智深终归抵挡不住酒虫的勾引，又兀自下山了。

金圣叹说鲁智深是个粗鲁的人，但他的粗鲁与李逵的粗鲁又有所不同，他粗中有细，甚至是有几分狡黠掺杂在粗鲁之中。五台山的长老禁止周围的酒家卖酒给五台山上的和尚，鲁智深也不能总是打人抢酒喝，于是在几次买酒碰壁之后，鲁智深学乖了，知道"若不生个道理，如何能勾酒吃"，于是假装自己是远方来的云游和尚，成功骗得酒家卖酒给他。

> 鲁智深揭起帘子，走入村店里来，倚着小窗坐下，便叫道："主人家，过往僧人买碗酒吃！"庄家看了一看道："和尚，你那里来？"智深道："俺是行脚僧人，游方到此经过，要买碗酒吃。"庄家道："和尚若是五台山寺里的师父，我却不敢卖与你吃。"智深道："洒家不是。你快将酒卖来。"庄家看见鲁智深这般模样，声音各别，便道："你要打多少酒？"智深道："休问多少，大碗只顾筛来。"约莫也吃了十来碗酒，智深问道："有甚肉，把一盘来吃。"
>
> 智深大喜，用手扯那狗肉，蘸着蒜泥吃，一连又吃了十来碗酒。吃得口滑，只顾要吃，那里肯住。庄家倒都呆了，叫道："和尚只恁地罢！"智深睁起眼道："洒家又不白吃你的！管俺怎地！"庄家道："再要多少？"智深道："再打一桶来。"庄家只得又舀一桶来。智深无移时又吃了这桶酒，剩下一脚狗腿，把来揣在怀里。
>
> ——第四回《赵员外重修文殊院　鲁智深大闹五台山》

骗到酒吃的鲁智深比上一次抢酒吃时更加从容，也醉得更加荒唐。唯独比前几次有进步的地方在于这一次是付了酒账的。要知道在茶坊遇见史进时给店家留下的话是"茶钱洒家自还你"；在潘家酒楼吃酒之后留下的话是"酒钱洒家明日送来还你"；五台山抢酒后说的是"明日来寺里讨钱"。这次骗酒吃完后说的却是"多的银子，明日又来吃"。

当鲁智深比上次喝得更多、醉得更深时，破坏力也更加凶猛。先打折了亭子柱，惊动了看门人。门子害怕和上次一样挨打，提前关了山门躲起来。鲁智深走到山门，看见两个泥塑的金刚，便误认为是嘲笑他喝醉的和尚，三拳两脚把山门下的金刚都打坏了。此时五台山上的和尚都去找长老问怎么办，而长老的回答倒有几分黑色幽默的意味。

> 自古天子尚且避醉汉，何况老僧乎？……休说坏了金刚，便是打坏了殿上三世佛，也没奈何，只可回避他。
>
> ——第四回《赵员外重修文殊院　鲁智深大闹五台山》

鲁智深渴了便饮酒，醉了便去睡觉，长老见醉汉来了便避开，这便是天底下最朴素的道理，亦是道家所说的"天然"，禅宗所说的"智慧"。人们在尘世中待久了，往往习惯循规蹈矩，常常忘记这些最简单的道理。鲁智深这个懵懵懂懂的醉汉，却没有失掉这种质朴简单的智慧，而得道的长老更是深谙其中三昧的，况且还有兜底的方案：打坏了金刚，请他的施主赵员外来塑新的；倒了亭子，也要他修盖。冤有头、债有主，与鲁智深纠缠是没有意义的，对这样一个"孩子"，自然要找他的"监护人"，这是现实的解决之道，也是老和尚的智慧所在。

醉打了山门的鲁智深离开五台山，被遣去大相国寺。出家人在外借宿寺庙本是顺理成章的事，鲁智深却不住寺庙住客店，当然是为了方便吃肉喝酒。吃着吃着就吃到了刘老汉的庄上。对恶人鲁智深从来都是金刚怒目，遇到可怜人也常怀菩萨心肠。在刘老汉好吃好喝的伺候之下，鲁智深答应替刘家摆平周通的抢亲。当刘老汉担心鲁智深喝酒过多会误事时，鲁智深道出了酒与神力之间的关系：一分酒只有一分本事，十分酒便有十分气力。

抢亲闹剧过后，任性的鲁智深又因看不惯李忠、周通的小家子气，打了人家的喽啰，偷了人家的东西，从后山滚了下去。在瓦罐寺与偶遇的史进喝了一顿酒后，奔着东京大相国寺而去。

大相国寺的长老安排他管理寺庙的菜园。菜园里原先有一伙闹事的泼皮，但小小的泼皮无赖在鲁智深的眼中不过就像大柳树上聒噪的老鸦一样，跐跐脚就随手制服。被制服的泼皮们请鲁智深饮酒，饮到开怀之处，泼皮们听见柳树上有老鸦叫，说"老鸦叫，怕有口舌"，就要去树上拆了鸟巢。而此时酒兴正盛的鲁智深却走了出来，上演了《水浒传》中与武松打虎等量齐观的名场面——倒拔垂杨柳。

> 智深相了一相，走到树前，把直裰脱了，用右手向下，把身倒缴着，却把左手拔住上截，把腰只一趁，将那株绿杨树带根拔起。
>
> ——第七回《花和尚倒拔垂杨柳　豹子头误入白虎堂》

乘着酒兴倒拔垂杨柳，鲁智深在泼皮们的心目中成了"真罗汉"。又因为给泼皮们展示拳脚而结识了林冲。当得知林冲妻子被高衙内调戏，鲁智深火冒三丈道："洒家怕他甚鸟！俺若撞见那撮鸟时，且教他吃洒家三百禅杖了去。"可惜这样快意恩仇的话被"不怕官，只怕管"的林冲当作了"醉话"。

《水浒传》一百单八将，写活了的不过十余人，这些人中施耐庵显然更偏爱鲁智深。林冲和鲁智深是一枚硬币的两面，如果说林冲是大多数人现实中的"我"——人在屋檐下，不得不低头，鲁智深就是大家心里希望成为的那个"我"——禅杖打开危险路，戒刀杀尽不平人。我行我素、嫉恶如仇、雷厉风行、心向光明，他是真正快意的，也是真正自由的。当得知圆寂就是死时，竟是笑着说："既然死乃唤做圆寂，洒家今已必当圆寂。"并留下颂曰："平生不修善果，只爱杀人放火。忽地顿开金枷，这里扯断玉锁。咦！钱塘江上潮信来，今日方知我是我。"何其干净！何其潇洒！何其本真！何其超脱！世间多的是"酒肉穿肠过"，但很难再有第二个"赤条条来去无牵挂"的澄澈灵魂。

第三集

祸从天降　酒入愁肠——豹子头林冲的酒

鲁智深在大相国寺里为一众泼皮演示武艺，赢得了八十万禁军教头林冲的喝彩与夸奖，两人互诉身世、结为兄弟，鲁智深随即邀请林冲一起喝酒。在《水浒传》的江湖中，两位英雄的交流往往自刀枪棍棒的武艺起始——不管是不打不相识、还是闻名不如见面，总归艺高人胆大是英雄们相互结交的前提，结交的方法便是一同饮酒。

> 智深道："酒家初到这里，正没相识，得这几个大哥每日相伴，如今又得教头不弃，结为弟兄，十分好了。"便叫道人再添酒来相待。
>
> ——第七回《花和尚倒拔垂杨柳　豹子头误入白虎堂》

然而林冲的酒兴不似鲁智深那般甘醇潇洒，他的酒运也不如鲁智深那样顺遂畅达，甚至一开始就是苦涩的。两人屁股还没坐热，一场本是惺惺相惜的酒局就被意外搅黄了。

> 恰才饮得三杯，只见女使锦儿慌慌急急，红了脸，在墙缺边叫道："官人，休要坐地！娘子在庙中和人合口！"
>
> ——第七回《花和尚倒拔垂杨柳　豹子头误入白虎堂》

林娘子与高衙内的冲突，恰应了倒拔垂杨柳前众人口中所说的"老鸦叫，怕有口舌"。此时的林冲尚不知道，一场无妄之灾正在隐秘地埋下祸根。使女锦儿慌慌张张地赶来，打断了林冲与鲁智深的酒局，也彻底颠覆了林冲锦衣玉食的前半生。将"江湖之远"的悠闲拉回到了"庙堂之高"的龌龊。高俅的螟蛉义子高衙内"倚势豪强，专一爱淫垢人家妻女。京师人惧怕他权势，谁敢与他争口"，而他今天调戏的女子正是林冲的发妻。当林冲怒气冲冲地赶到现场，却发现是花花太岁高衙内，顿时"先自手软了"。最后在众人调和之下，虽是怒不可遏，但也只能是"一双眼睁着瞅那高衙内"上马去了。

许多人看《水浒传》，觉得林冲太过"窝囊"，做事瞻前顾后、没有一点英雄气概，自己妻子被高衙内欺侮，却连拳头都打不下去，还反过来劝住后面赶来的鲁智深不要鲁莽行事；金圣叹看到林冲的"手软"，也免不了要评点说："英雄在人廊庑下，欲说不得说，光景可怜。"是啊，人在屋檐下不得不低头。遇到这种情况，一般人都会宽慰自己这是一场误会——因对方并不知道是我的妻子。

林冲的"可怜"并不仅仅因为软弱，更不是因为无能。实际上林冲的性格是中国儒家传统知识分子最为称道的：忠厚、善良、隐忍。也正因如此，林冲的身上便少了几分"侠以武犯禁"的快意，甚至他被人陷害携刀进入白虎堂也没想过如唐雎般"士必怒，伏尸二人，流血五步"。在林冲心里，这世界一定会有讲理法的地方，这便是一切错误的原点。

但这并不是说林冲的性格没有问题。他的问题，从他的几次饮酒中便能看出端倪。高衙内因为对林冲的妻子无法下手郁郁不乐，作为一个横行霸道、不可一世的花花公子，这世界上居然有他得不到的女人，这种"挫折感"令他茶饭不思、如坐针毡。此时富安提出了一个恶毒的计划，提醒高衙内可以利用其心腹也即林冲的好友陆谦。这足以显示林冲无识人之能的短板，将一个蛇鼠两端的人当作可以交心的好朋友。由此除了能看出陆谦的坏，更显出了林冲的蠢。这正是他自尝苦酒的最重要的原因之一。

富安道："门下知心腹的陆虞候陆谦，他和林冲最好。明日衙内躲在陆虞候楼上深阁，摆下些酒食，却叫陆谦去请林冲出来吃酒。教他直去樊楼上深阁里吃酒，小闲便去他家对林冲娘子说道：'你丈夫教头和陆谦吃酒，一时重气，闷倒在楼上，叫娘子快去看哩。'赚得他来到楼上。妇人家水性，见了衙内这般风流人物，再着些甜话儿调和他，不由他不肯。小闲这一计如何？"高衙内喝采道："好条计！"

——第七回《花和尚倒拔垂杨柳　豹子头误入白虎堂》

陆谦把林冲骗到樊楼之上饮酒。

这樊楼是东京第一酒楼，先后叫过白矾楼、丰乐楼，坐落于宫城东华门外，地理位置优越，装修布置极尽奢华之能事。两处细节即可窥知樊楼在首都东京的龙头地位：一是当时的酒楼基本都是两层，只有樊楼是三层，也因为其高（朝西能看见皇宫禁苑）而不让客人登临西楼。另一则是樊楼新老板经营亏损时曾得皇上亲自过问，下诏书进行政策倾斜。周密《齐东野语》说樊楼"京师酒肆之甲，饮徒常千余人"。樊楼的酒有眉寿、和旨等品牌，皆是自酿好酒。在如此庞大的一家酒楼上请林冲饮酒，陆谦是算准了林冲的家里人一时半会儿找不到他，给高衙内留出充足的作案时间。

好在机灵的使女锦儿再一次打听到林冲的下落，林冲及时赶到，高衙内逾墙而走。妻子第二次被调戏，而且这一次还是受"朋友"的蒙骗、设计，林冲的怒火无处发泄，只能把陆谦家的家具砸得粉碎来出气，又拿一把解腕尖刀去樊楼寻找陆谦。陆谦早已逃之夭夭，林冲当晚在他家门前埋伏，此人却十分刁滑，让林冲等了个空。此时的林冲是有杀人的愤怒，但他的愤怒仍然是有边界的：怒火最多波及陆谦家的桌椅板凳，却不至于波及陆谦的家人。倘若此事落在其他英雄好汉的头上，血溅鸳鸯楼、砍到钢刀卷刃怕是在所难免。

这种誓要杀人的怒火在林冲的心中燃烧了不过三天，火苗就逐渐熄灭了。很快，一时冲动的愤怒逐渐冷静，社会的秩序、法度和妻子温柔的劝说令林冲放下了尖刀，等到四天后鲁智深来拜访林冲的时候，问他这几日怎么不来饮酒，林冲已经大事化小、小事化了地说这几天家里有些繁忙的事务，三言两语岔开话题。这危机意识、决断能力都与同为禁军教头的王进有着天壤之别。

> 第四日饭时候，鲁智深径寻到林冲家相探，问道："教头如何连日不见面？"林冲答道："小弟少冗，不曾探得师兄。既蒙到我寒舍，本当草酌三杯，争奈一时不能周备，且和师兄一同上街闲玩一遭，市沽两盏，如何？"智深道："最好。"两个同上街来，吃了一日酒，又约明日相会。自此，每日与智深上街吃酒，把这件事都放慢了。
>
> 再说林冲每日和智深吃酒，把这件事不记心了。
>
> ——第七回《花和尚倒拔垂杨柳　豹子头误入白虎堂》

和真正的好朋友喝上酒，日常生活中的愤怒和悲伤很快就被抛到了脑后，这是林冲性格直爽的一面，也是其被动性的一面。和其他"有怨报怨、有仇报仇"，或是秉持"君子报仇、十年不晚"的绿林好汉不同，林冲秉承的是"忍一时风平浪静，退一步海阔天空"。高衙内两次调戏娘子、陆谦阴谋陷害，但只要最终没有造成太大的恶果，林冲就可以借酒消愁，不去想、不理会，装作没发生。或许他也无数次计较过眼前的荣、辱、得、失，尽力说服自己过去了、过去了，他始终少了一份果敢与决绝，也不曾明白斩草不除根，便会春风吹又生。

然而君子坦荡荡，却敌不过小人长戚戚。匹夫无罪，怀璧其罪，尽管林冲不去寻高衙内、陆谦之辈的晦气，这些人却并不会因此就放过他。于是从街上有人叫卖宝刀起，到被两个面生的"公人"骗进白虎堂，再到吃了官司，直到脸刺金印、发配沧州都是恶人背后算计的结果。反观林冲并没有破罐破摔的心态，他一面写休书给妻子，想的是自己前途尽毁，不愿耽误爱妻的一生；一面在途中卑躬屈膝、小心打点，希望以旧日的人情世故换来路途的平安。林冲休妻之举，并不能体现出他的仁义，只能暴露他的愚蠢，他不想想，自己在时尚不能保妻子平安，把她孤身一人推出去，与将孤羊投入狼群有何区别？除非林娘子能像《三国演义》中孙翊妻子徐氏那样集智慧和胆识于一身。

林冲也把包来解了，不等公人开口，去包里取些碎银两，央店小二买些酒肉，籴些米来，安排盘馔，请两个防送公人坐了吃。董超、薛霸又添酒来，把林冲灌的醉了，和枷倒在一边。

——第八回《林教头刺配沧州道　鲁智深大闹野猪林》

金圣叹评林冲说："生平如金似玉。"林冲武功出众，年纪轻轻就成了八十万禁军教头，娶得恩爱娇妻，前半生十分顺遂，对于江湖上的人心险恶、暗算构陷一无所知。即使到了被陆谦、高太尉陷害，被发配沧州的境况，林冲仍然对自己身处的险境茫然无知。但凡有一点反骨与手段也应将公人灌醉，退一万步讲也不能任由两个公人把自己灌醉，往好了说这是从无害人之心的宽厚，严苛一点说这都不能称之为不知世事艰险，简直就是智障。在野猪林，当鲁智深要对董超、薛霸下手，林冲却说："你若打杀他两个，也是冤屈。"有的悲剧能让人荡气回肠，有的悲剧只感到愤懑憋屈，林冲属于后者。

也许是林冲前面的故事太过憋屈，也许是不想让读者误以为林冲是没有本事的软骨头，也许是塑造人物需要先抑后扬。《水浒传》写到鲁智深从天而降救了林冲之后，林冲一行来到柴进的庄上。祖上显赫的柴进如今也只能令他成为富甲一方的"大官人"，庙堂已然无望，兴趣只能转向江湖，因此他对犯事的英雄、目无法纪的好汉格外优待。林冲到了柴家庄的时候，打猎归来的柴进早听说过八十万禁军教头的名号，连忙引进庄内，以上等客人的礼遇优待。

柴进便唤庄客，叫将酒来。不移时，只见数个庄客托出一盘肉，一盘饼，温一壶酒；又一个盘子，托出一斗白米，米上放着十贯钱，都一发将出来。柴进见了道："村夫不知高下，教头到此，如何恁地轻意！快将进去。先把果盒酒来，随即杀羊，然后相待。快去整治！"林冲起身谢道："大官人不必多赐，只此十分勾了，感谢不当。"柴进道："休如此说。难得教头到此，岂可轻慢。"庄客不敢违命，先捧出果盒酒来。柴进起身，一面手执三杯。林冲谢了柴进，饮酒罢，两个公人一同饮了。柴进说："教头请里面少坐。"柴进随即解了弓袋、箭壶，就请两个公人一同饮酒。柴进当下坐了主席，林冲坐了客席，两个公人在林冲肩下，叙说些闲话，江湖上的勾当。

——第九回《柴进门招天下客　林冲棒打洪教头》

柴进招揽门客的方式，犹如古之孟尝君。《战国策》中写冯谖在孟尝君门下寄食，这人没有展现任何才能的时候，就被视为最低等的门客；后来冯谖一再要求"涨工资、提待遇"，才逐渐获得了比较丰厚的礼遇。柴进庄上的门客极多、鱼龙混杂，庄客一开始看到林冲，就按照"普通等级"来对待：提供"一盘肉，一盘饼，温一壶酒"，然后再给"一斗白米，米上放着十贯钱"当盘缠，就表示尽到了宾主之仪了。柴进很清楚林冲的真才实学，他立刻怒斥庄客，并要求庄客"先把果盒酒来，随即杀羊，然后相待"。这种待遇的反差，与王进在史家庄时类似，如果作为普通门客，不过是简单的酒食餐饭相待；如果作为上宾，则是酒宴款待，主人亲自奉酒。类比现在，大概就是排档小摊上烧烤啤酒与商务酒店内筵席茅台的区别——自古至今，酒的优劣与酒礼的厚薄，都体现着微妙的主客关系。

林冲在柴进庄上受到了礼遇，又开了枷锁，比武间轻松赢了洪教头，这几乎是林冲出场以来一直走霉运的短暂喘息。之后，林冲带着柴进的书信来到沧州，按照规矩给管营、差拨这些牢头小卒递送了红包，岁月仿佛又重新归于有限的平静。尽管身份两异，旧日的八十万禁军教头成了今日的阶下囚，但林冲仍然期待着好好改造的未来。无奈小人的世界里根本没有"见好就收"这四个字，陆谦既是为了讨好高衙内、更是为了自己的安危，必须将林冲除之而后快。

李小二正在门前安排菜蔬下饭，只见一个人闪将进来，酒店里坐下，随后又一人入来。看时，前面那个人是军官打扮，后面这个走卒模样，跟着也来坐下。李小二入来问道："要吃酒？"只见那个人将出一两银子与小二道："且收放柜上，取三四瓶好酒来。客到时，果品酒馔只顾将来，不必要问。"李小二道："官人请甚客？"那人道："烦你与我去营里请管营、差拨两个来说话。问时，你只说有个官人请说话，商议些事务。专等，专等。"李小二应承了，来到牢城里，先请了差拨，同到管营家里，请了管营，都到酒店里。只见那个官人和管营、差拨两个讲了礼。管营道："素不相识，动问官人高姓大名？"那人道："有书在此，少刻便知。且取酒来。"李小二连忙开了酒，一面铺下菜蔬果品酒馔。那人叫讨副劝盘来，把了盏，相让坐了。小二独自一个，撺梭也似伏侍不暇。那跟来的人讨了汤桶，自行烫酒。约计吃过十数杯，再讨了按酒，铺放桌上。只见那人说道："我自有伴当烫酒，不叫你休来。我等自要说话。"

——第十回《林教头风雪山神庙　陆虞候火烧草料场》

林冲命不该绝。富安和陆谦吃酒的酒店小二曾被林冲搭救，也知道林冲受高太尉冤案、吃官司被流配的事情。过去酒店里，客人饮酒时，店小二要负责上酒上菜、烫酒和收拾碗碟，前后服侍、寸步不离。这种酒家小二的规范，从司马相如穿着犊鼻裈上酒和收拾碗碟起，到梁实秋笔下跑堂的殷勤伺候，古往今来都是类似的。富安与陆谦要和管营、差拨商量如何害死林冲，这样的机密事务必须将店小二支走；而店小二显然比林冲更有江湖经验，他不过听了几句东鳞西爪的话，便立刻起了疑心，安排自己的妻子——可靠且不可能被陆谦等人怀疑的女子去阁子背后偷听他们的谈话。

林冲得知陆谦等人在酒店的阴谋后，再次气得怒发冲冠，手持尖刀满街寻找这个旧日朋友、今日仇人。直到现在，林冲还没有明白"明枪易躲、暗箭难防"的江湖道理，他仍然天真地认为谋财害命是一对一真刀真枪的比试。也正因如此，当他突然被调去草料场的时候，竟然没有过多怀疑其中的蹊跷。林冲确实够蠢，但细想下来，哪一个寻常之人不会在屡遭厄运的时候诞生一点鸵鸟心态——是不是自己倒霉够了，接下来就不会发生什么更坏的事情了呢？

林冲走入大军草料场，在富安、陆谦、管营、差拨看来，便是一步步走入了火坑，只待瓮中捉鳖。然而草料场老军的一个酒葫芦和一场大雪，却在这个寒夜救了林冲一命。

老军指壁上挂一个大葫芦，说道："你若买酒吃时，只出草场，投东大路去三二里，便有市井。"

（林冲）寻思："却才老军所说五里路外有那市井，何不去沽些酒来吃？"便去包里取些碎银子，把花枪挑了酒葫芦，将火炭盖了，取毡笠子戴上，拿了钥匙，出来把草厅门拽上。出到大门首，把两扇草场门反拽上锁了，带了钥匙，信步投东。雪地里踏着碎琼乱玉，迤逦背着北风而行。那雪正下得紧。

——第十回《林教头风雪山神庙　陆虞候火烧草料场》

草料场周围的市井不过是小小村落，酒店也只是"篱笆中挑着一个草帚儿在露天里"，这时再想起旧日大相国寺与鲁智深饮酒、被陆谦骗到樊楼饮酒，过去的岁月如同渺渺云烟，都飘散在漫天的暴雪与凄厉的北风中。走回草料场时，风雪早已压塌暂居的草舍，林冲不得不扯了一条棉被到山神庙中凑合一晚，"却把葫芦冷酒提来便吃，就将怀中牛肉下酒"。在这里，林冲意外听到几个小人烧毁草料场的奸计，怒不可遏，愤怒之下的复仇行为也终将林冲逼上了最后的绝路。

林冲杀死富安、陆谦、差拨的时候，写得极为简单，除了怒骂了陆谦、差拨几句以外，几乎没有什么血腥的场面。这与其他英雄的杀人现场相比，简练得近乎草率，恰恰展现了一个穷途末路的林冲，一个被迫去杀人的林冲，他仍然不会在杀人中感到快意，他只有无可奈何的愤怒，和走投无路的绝望。

后世绘画中，林冲的经典形象大多是这样：一顶毡笠，一杆花枪，枪尖挑着酒葫芦，在风雪中艰难前行。这样的形象设置，除了审美因素的考量，或许还有其他的因素——这是林冲前后性格裂变的代表时刻，让人看到一个一忍再忍、忍无可忍、无须再忍而彻底爆发的林冲，读者终于可以将憋在胸中的郁闷之气宣泄出来，不得不称赞一句：施耐庵好手段。

杀死三个公人，彻底成为逃犯的林冲走入一个村庄，做了平生第一件肆意而为的事情：他先向庄客讨些酒，表示自己愿意付钱。在遭到拒绝后，那个曾经忍辱负重、忍气吞声的林冲突然绷断了最后一根理智的弦：直接抢酒。

不过即使在杀人之后的那个特殊时刻，讨酒时也是先礼后兵，这便是林冲的底色。倘若换了李逵、鲁智深，根本是话不多说一句便杀他个干干净净。

> 林冲烘着身上湿衣服，略有些干，只见火炭边煨着一个瓮儿，里面透出酒香。林冲便道："小人身边有些碎银子，望烦回些酒吃。"老庄客道："我们每夜轮流看米囤，如今四更，天气正冷，我们这几个吃尚且不勾，那得回与你。休要指望。"林冲又道："胡乱只回三五碗，与小人荡寒。"老庄家道："你那人休缠，休缠！"林冲闻得酒香，越要吃，说道："没奈何，回些罢。"众庄客道："好意着你烘衣裳向火，便来要酒吃。去便去，不去时将来吊在这里。"林冲怒道："这厮们好无道理。"把手中枪看着块焰焰着的火柴头，望老庄家脸上只一挑将起来，又把枪去火炉里只一搅，那老庄家的髭须焰焰的烧着。众庄客都跳将起来，林冲把枪杆乱打。老庄家先走了。庄家们都动掸不得，被林冲赶打一顿，都走了。林冲道："都走了，老爷快活吃酒。"土炕上却有两个椰瓢，取一个下来，倾那瓮酒来吃了一会，剩了一半，提了枪出门便走。一步高，一步低，跟跟跄跄捉脚不住，走不过一里路，被朔风一掉，随着那山涧边倒了，那里挣得起来。凡醉人一倒，便起不得。醉倒在雪地上。
>
> ——第十回《林教头风雪山神庙　陆虞候火烧草料场》

一个一生没做过坏事的人头一遭做强盗，做得相当不成功。不得不说，在一百零八好汉中，林冲是最没有"强盗天赋"的那一个，命运偏偏安排他去做绿林好汉，因此林冲一路走得委屈且极为坎坷。他嘴里说着"老爷快活吃酒"，然而他的酒里哪有半分快活？借酒浇愁愁更愁，大凡酒客都知道，吃闷酒醉得快，林冲一顿闷酒，直吃得醉倒在雪地，被庄客捆绑到柴进庄上，一顿受辱。好在柴进让林冲享受到了第二缕阳光——"叫庄客取一笼衣裳出来，叫林冲彻里至外都换了，请去暖阁里坐地，安排酒食杯盘管待"。并将林冲偷渡出城，又写了推荐信送他上梁山入伙。老实的林冲甚至不懂得如何上梁山入伙，在绿林强盗的地盘，竟然也准备按规矩花钱向酒保雇船。

只见一个酒保来问道："客官打多少酒？"林冲道："先取两角酒来。"酒保将个桶儿，打两角酒，将来放在桌上。林冲又问道："有甚么下酒？"酒保道："有生熟牛肉、肥鹅、嫩鸡。"林冲道："先切二斤熟牛肉来。"酒保去不多时，将来铺下一大盘牛肉，数般菜蔬，放个大碗，一面筛酒。林冲吃了三四碗酒，只见店里一个人背叉着手，走出来门前看雪。那人问酒保道："甚么人吃酒？"

林冲叫酒保只顾筛酒。林冲说道："酒保，你也来吃碗酒。"酒保吃了一碗。林冲问道："此间去梁山泊还有多少路？"酒保答道："此间要去梁山泊，虽只数里，却是水路，全无旱路。若要去时，须用船去，方才渡得到那里。"林冲道："你可与我觅只船儿。"酒保道："这般大雪，天色又晚了，那里去寻船只？"林冲道："我与你些钱，央你觅只船来，渡我过去。"酒保道："却是没讨处。"林冲寻思道："这般怎的好？"又吃了几碗酒，闷上心来，蓦然间想起："以先在京师做教头，禁军中每日六街三市游玩吃酒，谁想今日被高俅这贼坑陷了我这一场，文了面，直断送到这里，闪得我有家难奔，有国难投，受此寂寞。"因感伤怀抱，问酒保借笔砚来，乘着一时酒兴，向那白粉壁上写下八句五言诗。

——第十一回《朱贵水亭施号箭　林冲雪夜上梁山》

林冲的酒与别的好汉都不同，他曾经是"每日六街三市游玩吃酒"，他的灾祸几乎可以说是从天而降的、是毫无道理的，是一个诚朴忠厚还颇有能力的人莫名其妙遭到的飞来横祸，因此林冲的酒总是闷酒、苦酒。什么是真正的愁苦？是无力感、孤独感、绝望感、宿命感。都说酒能消愁解闷，然而真正的愁苦却不是几杯酒能够消除的。愁苦的人之所以常常依赖于酒，并非是认为酒能为他解决这些愁烦，而是在无望与无可奈何之中，能够暂避醉乡一时，获得短暂而弥足珍贵的喘息机会。"酒后高歌且放狂，门前闲事莫思量。"醉酒是一种妥协，也是一种超越，超越平凡、超越世情、超越痛苦、超越生死。

林冲命运的多舛并没有因为他到达梁山泊而结束——尽管朱贵引他上了

梁山，白衣秀士王伦又因为嫉贤妒能，再三为难于他，非得逼他三日内杀一人、纳投名状，否则就要将他撵走。林冲到了落草为寇的这一步，亦缺乏"此处不留爷、自有留爷处"的率性，认为自己如果"符合了要求"，便能够获得一片暂时的净土。故而林冲的故事绝不会令人快意舒爽，反倒如他的苦酒一样难以入喉。不在沉默中死亡，就在沉默中爆发，且看林冲最爽利也最具政治建设意义的一顿酒。

> 当下王伦与四个头领杜迁、宋万、林冲、朱贵坐在左边主位上，晁盖与六个好汉吴用、公孙胜、刘唐、三阮坐在右边客席。阶下小喽啰轮番把盏。酒至数巡，食供两次，晁盖和王伦盘话，但提起聚义一事，王伦便把闲话支吾开去。吴用把眼光来看林冲时，只见林冲侧坐交椅上，把眼瞅王伦身上。
>
> ——第十九回《林冲水寨大并火　晁盖梁山小夺泊》

林冲杀王伦有泄私愤的原因，明证就是他说："你前番我上山来时，也推道粮少房稀。今日晁兄与众豪杰到此山寨，你又发出这等言语来。是何道理？"也有出于江湖道义的考虑，认为王伦嫉贤妒能、德不配位，这体现在林冲拿住王伦骂道："这梁山泊便是你的？你这嫉贤妒能的贼，不杀了要你何用！你也无大量之才，也做不得山寨之主！"而最重要的原因则是林冲要实现他的最高理想——为自己报仇雪恨，这在他拒绝坐头把交椅时表露无遗："据着我胸襟胆气，焉敢拒敌官军，剪除君侧元凶首恶？"林冲不抢功，不贪位子，为的是找到一个带头大哥带着自己，杀到朝廷，清君侧、除奸人，帮助自己实现愿望。

由此不得不旁及一句颇具意味的题外话。《水浒传》中林冲的长相是"豹头环眼，燕颔虎须，八尺长短身材"，这长相大致与《三国演义》中的张飞相同，粗莽豪壮之气扑面而来。但各种版本的影视剧中，林冲都是略带抑郁的英俊面孔，甚至有些儒雅之气。林冲艺术形象的由"丑"变"美"是对《水浒传》原著的背离，却离观众心中的"真实"更近。因为，没人能够想象一个类似猛张飞相貌的人如何忍辱负重，如何一再退让而终至忍无可忍。丑化与美化，虚假与真实，在这里都被赋予了另一层含义。

譬如种种昨日死，譬如种种今日生。告别了前半生六街三市的闲适酒局，林冲后半程的酒局确实有些苦闷，但林冲这个角色之所以能打动人，全在于他就是芸芸众生中的一员，比那些神化了的英雄更接近普通人——即使将刀送到手上，文明人也会永远相信制度、法律与道德的规训，相信世间总有一个能讲理的地方，一个能安身的去处。林冲的苦酒，是庙堂腌臜的缩影；林冲的悲哀，是大厦将倾的预兆；林冲的末路，是封建官场文化的塌方。

第四集

一碗药酒　两样人生——青面兽杨志的酒

　　林冲被逼上梁山，不被王伦所容，须完成入职考核方能落脚山寨。这KPI便是三日内"下山去杀得一个人，将头献纳"。第一日无人经过扑了空，第二日客人结队三百余人无法下手，第三日终于等来了一个单身行客，而他碰上的对手，恰恰是《水浒传》中另一个倒霉蛋——青面兽杨志。能与林冲大战三十回合不分胜负足以证明杨志的武功高强，但也并没有证据显示杨志比林冲更优秀，那为何王伦对杨志热情、对林冲冷淡呢？因为杨志的出现让王伦看到了制衡林冲的希望，遂将之前对林冲说的理由——"小寨粮食缺少，屋宇不整，人力寡薄"统统抛诸脑后，却对杨志说道："不如只就小寨歇马，大秤分金银，大碗吃酒肉，同做好汉。"

　　　王伦道："既然是杨制使，就请到山寨吃三杯水酒，纳还行李如何？"
　杨志道："好汉既然认得洒家，便还了俺行李，更强似请吃酒。"……王伦叫杀羊置酒，安排筵宴管待杨志，不在话下。

　　　　　　　　　　　　　　——第十二回《梁山泊林冲落草　汴京城杨志卖刀》

　　与林冲相似，杨老令公的后人杨志有着不凡的出身和高强的武艺，最终都因"一把刀"而锒铛入狱。天有不测风云，杨志押送花石纲渡黄河时船只被风浪打翻，失了花石纲，丢了官职。此番遇大赦回京，希望能够花钱上下打点，让自己官复原职，没想到在这里遇到了打劫的林冲。与林冲不同，此时的杨志还满怀着对未来前程的期待，因此坚决不肯在梁山泊栖身。说到"上梁山"时，习惯性加上一个"逼"字，是形象而准确的：无论是史进、还是杨志、抑或是宋江等一众人，但凡有得选，都不会将落草为寇作为人生的首要选项。世间的残酷莫过于"我本将心向明月，无奈明月照沟渠。落花有意随流水，流水无心恋落花"。当杨志用尽钱财打点人情，却被高太尉一纸批文驳回，闹到连盘缠都没有了的地步，只能卖掉家传的宝刀暂作盘缠。卖刀时又遇到泼皮牛二纠缠，卖刀卖出了人命官司，杨志从信心满满期待官复原职变成脸刺金印、千里徒流。

杨志押送生辰纲一段，许多读者觉得杨志作为领队颇有几分责任：性格太急躁、不能服众、不体恤下情。事实上，如果联系杨志之前的经历，这些行为就较为容易理解：一则杨志运过花石纲，知道工作失误的悲惨下场；二来杨志有过在梁山被劫的经历，真切感受过江湖的险恶。正因这些特殊的经历，当梁中书给了杨志第二次机会——押送生辰纲去东京的时候，杨志立刻数出一路上要途经的紫金山、二龙山、桃花山、伞盖山、黄泥冈、白沙坞、野云渡、赤松林，此八处皆是强人出没的地方。与其他"理论上"知道途中有强盗的军吏役卒不同，杨志亲眼见过绿林强盗，甚至被抢过行李、又被头领邀请去落草，他对江湖的认知不是道听途说的纸上信息，而是真真实实地被腥风血雨洗礼过。

明枪易躲，暗箭难防。江湖上，最凶险的杀手往往以最无害的方式出现。在一百单八将中，朱贵似乎总是处于一种"小透明"的地位，但这个"开饭店"的朱贵背地里却是真正令人防不胜防的杀人狂魔。读者心目中的梁山好汉都应该是仗义的鲁智深、悲苦的林冲、虽然满脑子招安但至少可以称为忠义的及时雨宋江等，但这只是诗意的想象与美化。事实上，真正组成"江湖"的，却是无数朱贵这样的小头目——心狠手辣，简直可以称之为杀人不眨眼。朱贵和林冲在梁山脚下相遇时向林冲介绍自己的身份时，说自己是开黑店杀人劫财的，说得十分坦然。

> 小人是王头领手下耳目。小人姓朱名贵，原是沂州沂水县人氏。山寨里教小弟在此间开酒店为名，专一探听往来客商经过。但有财帛者，便去山寨里报知。但是孤单客人到此，无财帛的放他过去；有财帛的来到这里，轻则蒙汗药麻翻，重则登时结果，将精肉片为魀子，肥肉煎油点灯。
>
> ——第十一回《朱贵水亭施号箭　林冲雪夜上梁山》

《水浒传》中"蒙汗药"时常出现，它是一种由曼陀罗花为原料制成的麻醉剂，据明史学者王春瑜的研究："至迟在南宋，曼陀罗花作为麻醉药，已普遍应用于外伤等各科。"在古代，这些原料不难获取，制法也不复杂，对于这些"黑店"而言，确实是物美价廉的好东西。现代医学上用于解曼陀罗花毒的是人工合成的"毒扁豆碱"，但这个技术对于朱贵、孙二娘他们而言无疑是望尘莫及的"高科技"。古人以什么来解蒙汗药呢？清代人给出的答案是"蓝汁"——取自可以提取靛蓝的含有吲哚酸的植物叶子，今人将之作为有色染料和绘画颜料来用。

蒙汗药不是一个玩笑，而是害了无数行旅人性命的真实存在。这种迷药的恐怖之处就在于，它往往就掺在一家普通的酒馆里一位普通的小二端来的一碗看似普通的酒里，令人防不胜防！和被逼上梁山的林冲、杨志等人不同，朱贵们才是这个并不光彩、并不英雄，但足够真实、足够残忍的江湖底色。杨志对江湖中绿林强盗的担忧、对蒙汗药的警惕，在从未接触过江湖的军健、虞候和老都管眼里，就好像一个精神不太正常、过度暴躁和焦虑的顶头上司，这种在他们看来"无来由"的暴躁与担忧简直到了不可理喻的地步。但从杨志的角度来看，他是这一队人马中唯一需要负责任且唯一有能力负责任的人，他的担忧和警惕是无人可以分担的。

在江湖的另一面，晁盖、吴用、刘唐、阮家兄弟三人、公孙胜和白胜这八个人的计策正在成型，这个计策的落脚点便是酒。现在人们提起白酒，最先想起的就是高度数的蒸馏酒，其实今天的白酒并不"白"——无色透明的液体。宋代并不是蒸馏酒的流行期，大部分的"酒"就是村醪家酿的散装米酒：其味微甜、其色白浊，是名副其实的"白酒"。这样的酒有一个天然的优势——蒙汗药搅在其中，无论其色、其味都不容易被发现。最重要的是，在炎热的天气里，行路之人几乎不可能拒绝买一碗酒解渴的诱惑——吴用智取生辰纲的计策看似复杂，实际上无非是基于常理与人心。

正如杨志了解绿林强盗那样，吴用、晁盖等人对于杨志也十分了解。他们很清楚，在去年已经被劫走过一次的基础上，押送生辰纲这样重要差事的押送者必然是异常警惕和小心的，因此"赢得对方的信任"是计策成功的关键。既然如此，便需要一场"抢酒喝"的大戏——让大家在杨志面前天衣无缝地证实"这酒没问题"，这样即使说服不了杨志，也能够令杨志没理由劝诫那些已经又热又渴的军卒。

没半碗饭时，只见远远地一个汉子，挑着一副担桶，唱上冈子来。唱道：

> "赤日炎炎似火烧，野田禾稻半枯焦。
>
> 农夫心内如汤煮，楼上王孙把扇摇。"

那汉子口里唱着，走上冈子来，松林里头歇下担桶，坐地乘凉。众军看见了，便问那汉子道："你桶里是甚么东西？"那汉子应道："是白酒。"众军道："挑往那里去？"那汉子道："挑出村里卖。"众军道："多少钱一桶？"那汉子道："五贯足钱。"众军商量道："我们又热又渴，何不买些吃，也解暑气。"正在那里凑钱，杨志见了，喝道："你们又做甚么？"众军道："买碗酒吃。"杨志调过朴刀杆便打，骂道："你们不得酒家言语，胡乱便要买酒吃，好大胆！"众军道："没事又来鸟乱。我们自凑钱买酒吃，干你甚事，也来打人。"杨志道："你这村鸟理会的甚么！到来只顾吃嘴，全不晓得路途上的勾当艰难。多少好汉，被蒙汗药麻翻了。"那挑酒的汉子看着杨志冷笑道："你这客官好不晓事，早是我不卖与你吃，却说出这般没气力的话来。"

——第十六回《杨志押送金银担　吴用智取生辰纲》

智取生辰纲一节，倘若仅仅是一桶装了蒙汗药的酒麻翻了军卒和杨志，故事便毫无意趣了。这担酒的巧妙之处在于：当杨志警惕地以为它掺了蒙汗药的时候，它实际上是清白的、无毒的；当杨志的怀疑有点动摇的时候，恰是对方准备下入蒙汗药的时候；等到杨志完全相信这桶酒可以放心喝的时候，蒙汗药已经溶入酒中。吴用安排白胜挑酒过黄泥岗坐下歇脚，并没有认为此时的杨志会允许军卒买酒喝。耳听为虚、眼见为实，要让一个高度警惕的人放松警惕，最好的方式是让他相信自己亲眼所见的东西，因此几个"贩枣子的客人"便应运而生——吴用、晁盖等人装作贩枣子的客人埋伏在这里，并不是为了靠厮杀夺得财物，而是来陪这两桶酒演一场瞒天过海的魔术。

白胜与吴用等人本是一伙，此时却装作两拨互不认识的陌生人，以撇清两者之间存在利益纠葛的嫌疑。上东京贩枣子的客人与准备去村里卖酒的小贩偶遇，任何人都很难怀疑两者之间存在什么联系。现代营销学的手段中有一种"饥饿营销"的思路：某些产品在销售的时候，越是假装不想提供给客人，就越容易引起购买者的兴趣甚至是哄抢，吴用的计策正是这样一个招数。倘若白胜努力吆喝卖酒，不独杨志，只怕是军卒、老都管之辈也要心生疑虑；白胜摆出的是一副"不卖给你"的架势，受到杨志的质疑之后，立刻装出清白人家受委屈的愤愤不平之态，扬言不卖酒给这些冒犯了自己的人喝，甚至"连累"了这些"卖枣子的客人"也差点买不上酒——这两桶"不卖"的酒起到了打消对方疑虑的重要作用。

整部大戏的重点，在于下蒙汗药的时机——又要下药，又要让杨志等人清清楚楚地看到两桶酒是清白无毒的。如果"贩枣客人"只喝一桶酒，杨志心中仍然不免存有"这几人串通一气"的疑心，一桶酒没有下药并不能证明另一桶的清白。贩枣子的客人必要做出一种贪小便宜的姿态：虽然不还价，但要多讨一瓢酒喝。白胜假装不肯，架不住贩枣子的人多，七手八脚便抢了一瓢喝，如此一来，另一桶酒没有下药便也被证实了。已经占了一瓢便宜，还想来蹭第二瓢的客人虽然舀起酒，白胜做出绝不允许再被占便宜的态度，将这瓢酒倒回桶里，这看似争多竞少、讨价还价的一幕，实际上就是下药的精准时机。坚信眼见为实的杨志没有看出破绽，必然会在黄泥冈上栽跟斗、吃闷亏。

　　智取生辰纲中酒与迷药的奇巧设计，主要是"智多星"吴用的功劳，但这并不是蒙汗药的主流使用模式。简单粗暴的"黑店＋酒＋迷药"的模式才是江湖上的主流，甚至可以说屡试不爽：当杨志丢失生辰纲、走投无路的时候遇到了花和尚鲁智深，两人一见如故地诉说起自己的遭遇，鲁智深说到自己的漂泊经历时，提到曾被孙二娘的蒙汗药放倒。万丈深渊终有底，唯有人心不可量。鲁智深这样一个打得破山门的金刚、拔得动垂柳的罗汉，行走江湖胆大心细，仍旧在蒙汗药酒上折戟；杨志这样一个处处小心、步步为营的军官，也败在蒙汗药酒的计策之下。

　　　　来到孟州十字坡过，险些儿被个酒店里妇人害了性命，把酒家着蒙汗药麻翻了。得他的丈夫归来的早，见了酒家这般模样，又看了俺的禅杖、戒刀吃惊，连忙把解药救俺醒来。因问起酒家名字，留住俺过了数日，结义酒家做了弟兄。那人夫妻两个，亦是江湖上好汉，有名的，都叫他做菜园子张青，其妻母夜叉孙二娘，甚是好义气。

　　　　　　　　　　　　——第十七回《花和尚单打二龙山　青面兽双夺宝珠寺》

　　人是环境的产物，一旦冲出了世俗的藩篱，行为也会和之前大为不同。温雅平和的林冲会在草料场杀人之后一言不合便打人抢酒。希望光宗耀祖的杨志在走投无路时，也忘记了名门之后的身份，一不做二不休地吃起了霸王餐。

　　　　又走了二十馀里，前面到一酒店门前。杨志道："若不得些酒吃，怎地打熬得过。"便入那酒店去，向这桑木桌凳座头上坐了，身边倚了朴刀。只见灶边一个妇人问道："客官莫不要打火？"杨志道："先取两角酒来吃，借些米来做饭，有肉安排些个。少停一发算钱还你。"只见那妇人先叫一个后生来面前筛酒，一面做饭，一边炒肉，都把来杨志吃了。杨志起身，绰了朴刀便出店门。那妇人道："你的酒肉饭钱都不曾有。"杨志道："待俺回来还你，权赊咱一赊。"说了便走。那筛酒的后生，赶将出来揪住，被杨志一拳打翻了。

——第十七回《花和尚单打二龙山　青面兽双夺宝珠寺》

　　命途多舛的杨志因为一顿霸王餐结识了林冲的徒弟——操刀鬼曹正，在曹正的策划之下与鲁智深在二龙山做起了山寨之主，漂泊不定的孤家寡人总算有了自己的根据地。跟随杨志押送生辰纲的老都管诸人回到大名府，自然把屎盆子全部扣在杨志的头上，在他们口中杨志与贼人是串通好了，监守自盗，以致在梁中书这里落下一个"不仁忘恩"的骂名。从狭义的角度讲，梁中书确是杨志的恩人，把他从"犯罪的囚徒一力抬举成人"；从广义的角度看，落草二龙山比在梁中书手下飞黄腾达要更符合正道。这其中的道理如同孔子所言："邦有道，贫且贱焉，耻也；邦无道，富且贵焉，耻也。"

　　处处是蒙汗药酒的江湖并非不凶险，落草为寇也并非好汉们的平生之志，这些好汉们推门而出走入江湖的决定不过是两害并重取其轻的无奈选择罢了，因为他们深知，相比于江湖的凶险，奸佞当道的朝堂比江湖更凶险百倍。

第五集

酒后使性　醉打天下——行者武松的酒

《水浒传》所有好汉中，妇孺皆知的人物恐怕要数打虎的武松——即使没有看过《水浒传》的人，也可能听过"武松打虎"的故事。年少时听打虎的故事，常幻想自己拥有武松的超能力——豪饮千杯不醉，双拳打死猛虎，端的是英雄好汉的理想样本。待细读《水浒传》，才发现武松与酒的渊源似乎比任何一个英雄都更深，也更复杂：成也酒、败也酒。酒是武松出场的线索，更是武松一生的写照。

柴进庄上是犯禁人士的收容所，宋江杀死阎婆惜后逃到柴进庄上，被柴进盛情款待，过分的热情令宋江招架不住，借上厕所以达到"逃酒"的目的。醉眼婆娑、脚下踉跄的宋江踩到了正在孤独取暖的武松的火锹柄上，两人从此结识。武松之所以逃到柴进庄上是因为酒后伤人，这一细节正透漏出武松的秉性：好酒，且酒后使性。

> 当下宋江看了武松这表人物，心中甚喜，便问武松道："二郎因何在此？"武松答道："小弟在清河县，因酒后醉了，与本处机密相争，一时间怒起，只一拳打得那厮昏沉。小弟只道他死了，因此一径地逃来，投奔大官人处躲灾避难，今已一年有余。"

> ——第二十三回《横海郡柴进留宾　景阳冈武松打虎》

　　武松刚出场的时候并非主角，而是宋江偶然踩踏到一个小角色。此时武松人在异乡、身患疟疾、满腹牢骚，如果不是被宋江偶然撞见，不知落魄到何时。令人好奇的是，柴进这样一个热衷于招揽天下英雄的人，怎么会将"身躯凛凛，相貌堂堂""如同天上降魔主，真是人间太岁神"的武松冷落了呢？究其原因，还是因为武松嗜酒。嗜酒的好汉多矣，也算不上什么大毛病，况且大碗喝酒大块吃肉本来就是江湖英雄的本色。所不同的是，武松不仅爱喝酒，而且酒后耍脾气，这才是武松不受柴进庄客待见的根本原因。在这件事上，柴进的做法并无半点不妥，连武松自己也承认初来时"也曾相待的厚"，但他没有反思过自己的行为，而将责任推卸在庄客的身上——"如今却听庄客搬口，便疏慢了我。"

　　　　柴进因何不喜武松？原来武松初来投奔柴进时，也一般接纳管待。次后在庄上，但吃醉了酒，性气刚，庄客有些顾管不到处，他便要下拳打他们，因此满庄里庄客没一个道他好。众人只是嫌他，都去柴进面前告诉他许多不是处。柴进虽然不赶他，只是相待得他慢了。却得宋江每日带挈他一处饮酒相陪，武松的前病都不发了。

　　　　　　　　　　　　　——第二十三回《横海郡柴进留宾　景阳冈武松打虎》

　　寄人篱下还要反客为主，这样的人放在什么时代、什么地方恐怕都很难受欢迎。庄客照顾略有不周便要对人拳脚相加，往轻了说这叫情商太低，说重一点叫恩将仇报也并不为过。柴进广纳天下英雄，自然"宰相肚里能撑船"，倘若要求每一个庄客都能有如此胸怀并不现实。武松能闹到"满庄里庄客没一个道他好"的程度，便不是某一两个庄客的问题了。这让人想起诗人杜甫的情商：杜甫孤苦无依的时候投靠了成都尹、剑南节度使严武，杜甫的祖父杜审言与严武的父亲严挺之曾同朝为官，关系很好，杜审言比严挺之大28岁，两家结为世交。杜甫比严武大14岁，二人性格反差巨大，却是忘年之交。严武对杜甫出钱出力，帮助甚大，而醉酒的杜甫竟然指着恩人的鼻子说："你爹怎么有你这样的儿子！"《新唐书》《旧唐书》评价杜甫胸襟狭隘、没有气度、恃恩放恣、傲诞无礼，应该不全是空穴来风吧！

不饮酒时尚能周全基本礼仪，一饮酒就管不住自己，这就是武松饮酒的基本特征，在景阳冈打虎一节体现得淋漓尽致。

武松在路上行了几日，来到阳谷县地面。此去离县治还远。当日晌午时分，走得肚中饥渴，望见前面有一个酒店，挑着一面招旗在门前，上头写着五个字道"三碗不过冈"。武松入到里面坐下，把梢棒倚了，叫道："主人家，快把酒来吃。"只见店主把三只碗、一双箸、一碟热菜，放在武松面前，满满筛一碗酒来。武松拿起碗，一饮而尽，叫道："这酒好生有气力！主人家，有饱肚的买些吃酒。"酒家道："只有熟牛肉。"武松道："好的切二三斤来吃酒。"店家去里面切出二斤熟牛肉，做一大盘子将来，放在武松面前，随即再筛一碗酒。武松吃了道："好酒！"又筛下一碗，恰好吃了三碗酒，再也不来筛。武松敲着桌子叫道："主人家，怎的不来筛酒？"酒家道："客官要肉便添来。"武松道："我也要酒，也再切些肉来。"酒家道："肉便切来，添与客官吃，酒却不添了。"武松道："却又作怪。"便问主人家道："你如何不肯卖酒与我吃？"酒家道："客官，你须见我门前招旗，上面明明写道'三碗不过冈'。"武松道："怎地唤做三碗不过冈？"酒家道："俺家的酒，虽是村酒，却比老酒的滋味。但凡客人来我店中吃了三碗的，便醉了，过不得前面的山冈去。因此唤做'三碗不过冈'。若是过往客人到此，只吃三碗，更不再问。"武松笑道："原来恁地。我却吃了三碗，如何不醉？"酒家道："我这酒叫做'透瓶香'，又唤做'出门倒'。初入口时，醇酽好吃，少刻时便倒。"武松道："休要胡说。没地不还你钱，再筛三碗来我吃。"酒家见武松全然不动，又筛三碗。武松吃道："端的好酒！主人家，我吃一碗，还你一碗钱，只顾筛来。"酒家道："客官休只管要饮，这酒端的要醉倒人，没药医。"武松道："休得胡鸟说！便是你使蒙汗药在里面，我也有鼻子。"店家被他发话不过，一连又筛了三碗。武松道："肉便再把二斤来吃。"酒家又切了二斤熟牛肉，再筛了三碗酒。武松吃得口滑，只顾要吃，去身边取出些碎银子，叫道："主人家，你且来看我银子，还你酒肉钱勾么？"酒家看了道："有馀，还有些贴钱与你。"
武松道："不要你贴钱，只将酒来筛。"酒家道："客官，你要吃酒时，还有
五六碗酒哩，只怕你吃不的了。"武松道："就有五六碗多时，你尽数筛将
来。"酒家道："你这条长汉，倘或醉倒了时，怎扶的你住？"武松答道：
"要你扶的不算好汉。"酒家那里肯将酒来筛。武松焦躁道："我又不白吃你
的，休要引老爹性发，通教你屋里粉碎，把你这鸟店子倒翻转来！"酒家
道："这厮醉了，休惹他。"再筛了六碗酒与武松吃了。前后共吃了十五碗，
绰了梢棒，立起身来道："我却又不曾醉。"走出门前来，笑道："却不说
'三碗不过冈'！"手提梢棒便走。

——第二十三回《横海郡柴进留宾　景阳冈武松打虎》

　　在酒店喝酒，是景阳冈打虎的前奏。如果武松不喝酒，看到官府的告示
时也许就不会夜行上山，便没有了打虎一事。话说武松在旅途中走得饥渴，
路遇一个酒家——虽是个不在闹市的村野小店，但店家对自己的酒质颇为自
信，酒旗上"三碗不过冈"的五个大字便是品质自信的明证。酒家自己介绍
这酒"虽是村酒，却比老酒的滋味"。酒家之所以这样讲，是因为一般来说村
酒淡薄，而酿造时间越长的老酒，滋味就越醇厚，也更容易醉倒人。

　　中国酒的发展史本质上是一部不断追求高酒精度的历史，从浊酒、清酒、
黄酒、烧酒一路走来，度数的提升与口感的醇厚是一以贯之的追求。酒家说
这种酒叫"透瓶香"，而透瓶香就是对陈酿老酒的夸赞之词：尚未倒出酒瓶，
香味已隔瓶透出。山西繁峙县岩山寺金代壁画中有酒旗一面，上书"野花钻
地出，村酒透瓶香"；深圳望野博物馆藏元代山西河津窑精品梅瓶，瓶身上
也有五个大字"风吹透瓶香"；元代吕止庵的〔仙吕·后庭花〕中也有"透
瓶香，经年佳酝，陶陶入醉乡"的曲词。自宋代开始，"透瓶香"的说法愈来
愈多，是因为以瓶作为酒的标准计量单位即是从宋代开始的，经瓶（后称梅
瓶）、玉壶春瓶都是酒瓶的经典造型。

　　宋代实行榷酒制度，从酿造到售卖都有专门的管理机构，酒课是朝廷的
重要收入，高峰时酒的综合收入占到财政收入的四分之一。一般而言，品牌

酒（官酒）保证了品质的下限——不会差到哪里去。有些情况下官酒为了扩大盈利甚至大量倾销品质低劣的酒，由此宋人俞文豹便曾发出"官酒虽恶，不容不买"的感叹。真正的奇品、精品、绝品往往来自别无分号的私家小店，杨衒之《洛阳伽蓝记》中记载一位酿酒名家刘白堕，说他酿的鹤觞酒"饮之香美，醉而经月不醒"，官员送礼皆以此酒为硬通货。真正让刘白堕酒名扬天下的是一个离奇的故事：一伙强盗抢劫了一位官员并偷喝了官员携带的刘白堕酒，结果个个醉倒在地，全部被擒。景阳冈下这间小店莫非就是刘白堕的后世传人？宋代官府打击私酿的手段异常严苛，不知这家酒店是如何生存下来的。

武松是个好酒之人，也是个懂酒之人，唯一欠缺的是不懂得"饮酒有度，适可而止"，不然还真称得上"品酒高手"。何以见得武松是个懂酒的行家？当武松饮下第一碗时便感叹："这酒好生有气力！"显然是感受到了好酒的强劲与张力，但因为太过急切尚不及细品。有了第一碗酒打底，第二碗就不必囫囵吞枣了，可以好好感受一下美酒的丰富层次，不然真有点暴殄天物了。待第二碗下肚，给出了"好酒"的评价，这是综合口腔感受之后的定性结论。待三碗之后再三碗，更由衷地评价"端的好酒"，这可以称得上盖棺定论了。如若六碗之后打住，得到的将全是酒的美好，美好的口感、美好的状态——当然，那也就太不"武松"了。武松的醉态就是从六碗之后开始的——嘴上没了把门的。当酒家劝诫他适可而止时，他却反驳道："休得胡鸟说！便是你使蒙汗药在里面，我也有鼻子。"脏话连带人格侮辱一起放了出来。十二碗过后已经开始涉嫌寻衅滋事："休要引老爹性发，通教你屋里粉碎，把你这鸟店子倒翻转来！"见多识广的酒家准确地给出了诊断结果："这厮醉了，休惹他。"

以"饮酒无量不及乱"的儒家标准看，武松定然不是个合格的饮者。然而艺术是非道德化的，武松恼火的原因是急性子的好汉不能忍受磨磨叽叽的劝说，武松不是一个"道德正确"的英雄，但他却是一个绝佳的艺术形象，世间好的艺术形象几乎莫不如此。三碗之后店家不筛酒给武松吃，是担心他醉了，又看他是个不好惹的主儿，便索性满足他的要求。《水浒传》各版本都写武松前后吃了十五碗酒。以金圣叹为代表的人经过认真计算，认为是十八碗酒，从此流传开来，"十八碗"说起来更顺口，听起来更威风。十五碗也好，十八碗也罢，都足以使武松致醉。醉酒之人又因每个人的耐受度不同，有的人如店家所说出门便倒，有的人则是逐渐沉酣，武松属于后者。但武松则认为自己不曾醉，出门时还嘲笑了一下"三碗不过冈"的招牌。饮酒的人酒至半酣时，大约都有一个自认为没醉但实际已经醉了的阶段，而此时也往往是饮者最忘情、最酣畅的时刻。如何判断一个人是否喝醉？铁律就是：当一个人说"我醉了"恰说明他没醉；当一个人强调"我没醉"时则说明他已醉了。

武松到底喝了多少酒，一直是众酒客关心的问题。潜台词就是武松的酒量放到今天到底是一个什么样的段位？可以做一个推算，武松前后喝了十八碗，宋代出土碗的容量约为 250 ～ 500 毫升，将酒的度数设定在 10 度（宋代酒的度数一般在 10 度以下，文中此酒酒劲大于普通酒，遂以上限度数设定）。按照通行的计算酒精克重的公式：酒精浓度 × 摄取的酒容量 ×0.8÷100= 酒精重量（李钟洙《酒是药》），那么武松摄取的酒精总量为 360 ～ 720 克（500 毫升52 度白酒的酒精含量是 208 克）。粗略算来，武松相当于喝了 1.5 ～ 3 瓶 52度的白酒。可见武松确实酒量兼人。

武松上景阳冈的一路，正是逐渐醉酒的过程，即人们常说的"后劲儿"。武松的醉意恰有三个阶段，第一阶段是开始涌现醉意，比起嘲笑酒家"三碗不过冈"的自恃清醒，此时的武松已经明显感觉到自己的酒意，"看看酒涌上来，便把毡笠儿背在脊梁上，将梢棒绾在肋下，一步步上那冈子来"。接下来，酒劲儿真正展现出威力来，农历十月间山冈上大约是有些寒冷的，但饮酒者只觉得燥热，脚步也变得不稳当起来，"武松走了一直，酒力发作，焦热起来，一只手提着梢棒，一只手把胸膛前袒开，踉踉跄跄，直奔过乱树林来"。身体燥热、口干嗜水、步履不稳等都是典型的醉酒特征。最后，酒会令饮者困倦欲睡，武松亦不例外，"见一块光挞挞大青石，把那梢棒倚在一边，放翻身体，却待要睡"。每多一步，武松酒意多一分，读者的心就悬一分；待到武松几乎睡去的时候，猛虎乘风而来，将武松惊出一身冷汗，酒意基本消散。

武松打虎有功，被封为都头，简单来说，便是立下比较大的功勋而被国家纳入事业编制。有玩笑称，时至今日事业编仍是山东丈母娘的敲门砖，武松在一千年前已经实现了。此时的武大郎正好在附近卖炊饼，一日街上偶遇，兄弟相认时，从武大郎的话中也能窥见武松酒后使性带来的后遗症已经波及亲属的生活。

> 武大道："我怨你时，当初你在清河县里，要便吃酒醉了，和人相打，如常吃官司，教我要便随衙听候，不曾有一个月净办，常教我受苦，这个便是怨你处。"
>
> ——第二十四回《王婆贪贿说风情　郓哥不忿闹茶肆》

武大郎本希望借武松的到来给自己撑腰做主，不承想灾难比幸福来得更加迅速。趁武松公务出差的间隙，在王婆毒计、西门庆毒药、潘金莲毒手的联合实施下，武大郎一命归西。武松完成押送任务回到阳谷县，对武大郎的死产生怀疑。武大郎托梦给武松更坚信了武松的判断，于是找到何九叔、郓哥收集证据。武松本以为人证、物证俱在，可以顺利告倒潘金莲与西门庆，却因知县收了贿赂推托阻拦。遇此不公，如是一般的好汉必然大闹起来，但武松没有，在损失亲人且已知仇人的悲伤与愤懑之下，始终不让情绪左右自己的大脑。景阳冈打虎展现出武松"勇"的一面，为武大郎报仇则展现出武松"智"的一面，有勇有谋的好汉在整部《水浒传》中也是非常稀缺的。集中展现武松智慧的就是告状受阻之后摆下的这道"鸿门宴"。

> 且说武松请到四家邻舍，并王婆和嫂嫂，共是六人。武松掇条凳子，却坐在横头，便叫土兵把前后门关了。那后面土兵自来筛酒。武松唱个大喏，说道："众高邻休怪小人粗卤，胡乱请些个。"众邻舍道："小人们都不曾与都头洗泥接风，如今倒来反扰！"武松笑道："不成意思，众高邻休得笑话则个。"土兵只顾筛酒。众人怀着鬼胎，正不知怎地。看看酒至三杯，那胡正卿便要起身，说道："小人忙些个。"武松叫道："去不得。既

来到此，便忙也坐一坐。"那胡正卿心头十五个吊桶打水，七上八下，暗暗地寻思道："即是好意请我们吃酒，如何却这般相待，不许人动身？"只得坐下。武松道："再把酒来筛。"土兵斟到第四杯酒，前后共吃了七杯酒过，众人却似吃了吕太后一千个筵宴。只见武松喝叫土兵："且收拾过了杯盘，少间再吃。"武松抹了桌子。众邻舍却待起身，武松把两只手只一拦，道："正要说话。一干高邻在这里，中间高邻那位会写字？"姚二郎便道："此位胡正卿极写得好。"武松便唱个喏道："相烦则个！"便卷起双袖，去衣裳底下飕地只一掣，掣出那口尖刀来。右手四指笼着刀靶，大母指按住掩心，两只圆彪彪怪眼睁起，道："诸位高邻在此，小人冤各有头，债各有主，只要众位做个证见！"

——第二十六回《郓哥大闹授官厅　武松斗杀西门庆》

知县和西门庆勾结，武松告状不成，便要自己拿到当事人证词，于是将街坊四邻"请"到一起做见证。这些本着多一事不如少一事的邻居都是不愿意蹚这浑水的，但武松一面满脸堆笑客客气气，一面将人"拖了过来"。请人的这一段极精彩，表现在两个反差上：话说得要多软有多软，事做得要多硬有多硬；酒桌上极具耐心到前后吃了七杯酒，取得证词手起刀落干净利落。顺利拿到了潘金莲、王婆的证词，并让胡正卿书写清楚，街坊四邻签字画押，程序结结实实。事实清楚后，潘金莲人头落地，又去酒楼将西门庆人头砍下提来，双双祭奠武大郎。没取王婆人头，因她是从犯罪不至死，另是要让她做重要人证，武松心思之缜密可见一斑。杀罢人，并将家中各项事务给邻居交代清楚，便去自首。县衙各级都敬武松这条汉子，于是故意杀人变意外致人死亡，被判徒刑。徒流过程中，押送的人十分照看，武松的囚途与林冲相比可谓天差地别，与其说是押送，不如说是不太自由的长期行路罢了。行到大树十字坡的时候，武松与母夜叉孙二娘、菜园子张青历史性会晤，并完胜孙二娘。

这妇人便道："客官，休要取笑。再吃几碗了，去后面树下乘凉。要歇，便在我家安歇不妨。"武松听了这话，自家肚里寻思道："这妇人不怀好意了，你看我且先耍他！"武松又道："大娘子，你家这酒好生淡薄，别有甚好的，请我们吃几碗。"那妇人道："有些十分香美的好酒，只是浑些。"武松道："最好，越浑越好吃。"那妇人心里暗喜，便去里面托出一旋浑色酒来。武松看了道："这个正是好生酒，只宜热吃最好。"那妇人道："还是这位客官省得。我烫来你尝看。"妇人自忖道："这个贼配军正是该死。倒要热吃，这药却是发作得快。那厮当是我手里行货！"烫得热了，把将过来筛做三碗，便道："客官，试尝这酒。"两个公人那里忍得饥渴，只顾拿起来吃了。武松便道："大娘子，我从来吃不得寡酒，你再切些肉来与我过口。"张得那妇人转身入去，却把这酒泼在僻暗处，口中虚把舌头来咂道："好酒！还是这酒冲得人动！"

——第二十七回《母夜叉孟州道卖人肉　武都头十字坡遇张青》

要说武松智勇双绝也不算夸张。孙二娘、张青夫妇干的是和朱贵一样的勾当：开黑店、下蒙汗药、劫财杀人、大块人肉当牛肉卖、零碎人肉做包子卖。这对夫妻在前文中就于鲁智深的口中亮过相。鲁智深做过提辖，平日做事也算胆大心细，却到底疏于江湖上的经验，栽在了孙二娘的手里。张青向武松描述当日的场景时说："浑家见他生得肥胖，酒里下了些蒙汗药，扛入在作坊里，正要动手开剥，小人恰好归来，见他那条禅杖非俗，却慌忙把解药救起来，结拜为兄。"虽然看上去简简单单一句带过，但"正要动手开剥"六个字，却赤裸裸地显露出江湖的真正险恶。鲁智深命大，另一个头陀就没有这么幸运了："小人归得迟了些个，已把他卸下四足。"读来令人毛骨悚然！

与鲁智深不同，武松对于江湖上的这些放不上台面的勾当所知甚多。孙二娘刚说了一句"去后面树下乘凉。要歇，便在我家安歇不妨"。武松便立刻怀疑对方不怀好意。事实上，武松在景阳冈的酒店中，同样也怀疑过张贴的"景阳冈有老虎"的榜文是店家伪造的，大约在江湖上，过于热情地兜揽客人留宿的店家很可能存在一些问题。再回想起前文武松对景阳冈下卖酒店家所说的："休得胡鸟说！便是你使蒙汗药在里面，我也有鼻子。"虽然粗鲁，倒也是以一定事实为依据的。

武松与孙二娘的斗法围绕着下了蒙汗药的酒周旋展开。武松知道成色浑浊的酒容易隐藏着蒙汗药：蒙汗药多是粉末，在清澈的酒中如果溶化不完全，就很容易露出马脚，如果在浑浊的酒中则更容易浑水摸鱼。此外，温热的酒更容易促进蒙汗药在酒中的溶化，加速饮酒者的血液循环，蒙汗药的药性发作更快。因此武松特意拿话引逗孙二娘，假装上当喝了掺有蒙汗药的酒，反而拿住了剪径的老手孙二娘。江湖之上魔高一尺，道高一丈，如若没有七窍玲珑心，这江湖酒的滋味，似乎也并非什么人都能随意品尝的。

有人不想死，世间处处无活路；有人不惧死，鬼门关前中彩票。如果说林冲是走背运的典型，武松就是行好运的代表。在张青处好吃好喝几日之后，武松最终来到了孟州的平安寨牢房，在人人闻风丧胆的残暴牢房里不仅没有被迫害和侮辱，还天天有人伺候酒肉、沐浴梳头，服务不比星级宾馆差。

> 只见一个军人，托着一个盒子入来，问道："那个是新配来的武都头？"武松答道："我便是，有甚么话说？"那人答道："管营叫送点心在这里。"武松看时，一大旋酒，一盘肉，一盘子面，又是一大碗汁。武松寻思道："敢是把这些点心与我吃了，却来对付我？我且落得吃了，却又理会。"武松把那旋酒来一饮而尽，把肉和面都吃尽了。那人收拾家火回去了。武松坐在房里寻思，自己冷笑道："看他怎地来对付我！"看看天色晚来，只见头先那人又顶一个盒子入来。武松问道："你又来怎地？"那人道："叫送晚饭在这里。"摆下几般菜蔬，又是一大旋酒，一大盘煎肉，一碗鱼羹，一大碗饭。武松见了，暗暗自忖道："吃了这顿饭食，必然来结果我。且由他！便死也做个饱鬼，落得吃了，恰再计较。"
>
> 武松坐到日中，那个人又将一个大盒子入来，手里提着一注子酒。将到房中，打开看时，排下四般果子，一只熟鸡，又有许多蒸馒儿。那人便把熟鸡来撕了，将注子里好酒筛下，请都头吃。……到第三日，依前又是如此送饭送酒。
>
> ——第二十八回《武松威镇安平寨 施恩义夺快活林》

　　小管营施恩假公济私、买放了武松的杀威棒，使其免受皮肉之苦，又送他酒肉穿戴，实则是有目的地笼络这位知名的打虎勇士，让武松帮自己打人出气、夺回快活林，这是施恩功利性的一面。也可以换个角度去理解：水浒好汉们最大的梦想是希望遇见能够赏识自己才能的伯乐，所以阮家兄弟才会说："这腔热血，只要卖与识货的！"武松才会在见了宋江之后说："结识得这般弟兄，也不枉了。"及时雨宋江正是因为能够识别并结交天下好汉，尽管他本人武不能打斑斓虎、文不能夺生辰纲，却依旧享誉江湖。牢狱中施恩送来的酒肉，与其说是收买人心的本钱，不如说是识别和结交好汉的信物。退一步讲，熟悉江湖规则的武松岂不知"吃人嘴软"的道理？此时的武松已抱必死的决心，死尚不惧，几顿饭菜又能坏到哪里去呢？光脚的不怕穿鞋的，饱死鬼总比饿死鬼强——这便是武松"且吃去"的底层逻辑。

　　武松帮施恩夺回快活林一段，可谓是武松逞酒威的巅峰。景阳冈打虎虽然也是酒醉所为，但打虎实则出于无奈——为了自救；况且武松走上景阳冈时自信自己没醉，酒醉与打虎的相遇巧合的成分居多。相比而言，夺取快活林的打斗是预先计划的，而饮酒亦是计划之中的。若做水浒酒力排行榜，武松必是第一把交椅：首先是酒量大，一般人三碗便醉的酒，武松可以喝十八碗，是常人的六倍。其次是醒酒快，在快活林一节，施恩父子与武松头天大醉，判断武松第二天必然起不来，谁知武松根本没事，还对施恩父子因怕喝多误事第二天多给肉、少给酒的招待策略耿耿于怀。第三是连续作战能力强，头天猛喝，第二天接着喝，第三天放开了喝。武松最不能接受的是对其酒量的质疑：小看我的酒量就等于小看我的本领。武松为了让施恩父子的担心显得多余，创意性地提出了"无三不过望"的玩法，以一种近乎浪漫的艺术行为展现自己在饮酒上的绝对实力。

　　武松道："我和你出得城去，只要还我无三不过望。"施恩道："兄长，如何是无三不过望？小弟不省其意。"武松笑道："我说与你。你要打蒋门神时，出得城去，但遇着一个酒店便请我吃三碗酒，若无三碗时，便不过望子去。这个唤做无三不过望。"施恩听了，想道："这快活林离东门去有十四五里田地，算来卖酒的人家也有十二三家，若要每店吃三碗时，恰好有三十五六碗酒，才到得那里。恐哥哥醉也，如何使得！"武松大笑道："你怕我醉了没本事？我却是没酒没本事。带一分酒便有一分本事，五分酒五分本事，我若吃了十分酒，这气力不知从何而来。若不是酒醉了胆大，景阳冈上如何打得这只大虫！那时节，我须烂醉了好下手，又有力，又有势！"施恩道："却不知哥哥是恁地。家下有的是好酒，只恐哥哥醉了失事，因此夜来不敢将酒出来请哥哥深饮。待事毕时，尽醉方休。既然哥哥原来酒后越有本事时，恁地先教两个仆人，自将了家里的好酒果品肴馔，去前路等候，却和哥哥慢慢地饮将去。"武松道："恁么却才中我意。去打蒋门神，教我也有些胆量。没酒时，如何使得手段出来！还你今朝打倒那厮，教众人大笑一场。"施恩当时打点了，叫两个仆人先挑食箩酒担，拿了些铜钱去了。

——第二十九回《施恩重霸孟州道 武松醉打蒋门神》

及至此时，施恩还在忧虑一路上酒家太多，担心醉了误事。武松为了彻底打消施恩的顾虑，第一次解密酒与自己神力之间不可分割的关系："带一分酒便有一分本事，五分酒五分本事，我若吃了十分酒，这气力不知从何而来。"其实这份"特异功能"也不是武松的专利，第五回鲁智深帮刘太公在桃花庄应敌时也说过："洒家一分酒只有一分本事，十分酒便有十分的气力。"武松、鲁智深之辈都是愈饮酒、愈精神、愈勇猛、愈神力，似乎与古希腊神话中英雄与酒的关系有几分相似。

"无三不过望"的玩法确有赌气的一面，目的就是为了证明给施恩父子看自己只会因酒成事，不会因酒误事。不过武松对自己的酒量心里是有底的，他清楚地知道这么一路喝下去，可以半醉不致全醉。无论醉禅、醉墨、醉拳，诀窍全在"不可不醉，不可烂醉"，不醉不能激发潜力，太醉便会适得其反。后世有醉拳一路，不知能否追溯武松为早期鼻祖之一？传说醉拳的创始人是留下了《傅山拳法》的傅山，明确记载的是清代张孔昭的《拳经拳法备要》，把"醉八仙歌"作为醉拳的拳谱记录在其书中，因此醉拳又称醉八仙。醉拳的要诀中是形醉意不醉，身醉心不醉。君不见"武松酒却涌上来，把布衫摊开，虽然带着五七分酒，却装做十分醉的，前颠后偃，东倒西歪，来到林子前"。看上去东颠西荡的步法，其实是最精妙的；看上去放浪形骸的酒徒，反而是最清醒的。如此说来，醉拳不仅仅是拳法，更是一种关于醉的哲学。

鲁智深打镇关西，武二郎打蒋门神都是先从找碴儿开始的。同样是找碴儿，武松就比鲁智深更有技术含量。鲁智深要的"精肉不带半点肥，肥的不带半点精，软骨不带半点肉"一看便知是故意消遣人。武松让蒋门神小妾不停换酒，是建立在专业品评的基础上的。第一杯酒连尝都没尝，只一闻便知酒质不行。第二杯酒虽过了嗅觉关，可过不了味觉关，所以是呷了一口才评判的。当酒家拿出招牌酒时，武松还是给出了公允的评价："有些意思。""眼观其色，鼻闻其香，口尝其味，融色香味，得其风格"是今天专业品酒师品酒的基本程序，武松掌握得相当熟练。

> 武松却敲着桌子叫道："卖酒的主人家在那里？"一个当头的酒保过来，看着武松道："客人要打多少酒？"武松道："打两角酒，先把些来尝看。"那酒保去柜上叫那妇人舀两角酒下来，倾放桶里，烫一碗过来，道："客人尝酒。"武松拿起来闻一闻，摇着头道："不好，不好！换将来！"酒保见他醉了，将来柜上道："娘子，胡乱换些与他噇。"那妇人接来，倾了那酒，又舀些上等酒下来。酒保将去，又烫一碗过来。武松提起来，呷了一口，叫道："这酒也不好，快换来便饶你！"酒保忍气吞声，拿了酒去柜边道："娘子，胡乱再换些好的与他，休和他一般见识。这客人醉了，只待要寻闹相似，胡乱换些好的与他噇。"那妇人又舀了一等上色好的酒来与酒保。酒保把桶儿放在面前，又烫一碗过来。武松吃了道："这酒略有些意思。"
>
> ——第二十九回《施恩重霸孟州道　武松醉打蒋门神》

以前古董行业有种说法，客人进了店门，店家一般会拿一件赝品给瞧，以此来判断眼前的顾客是个棒槌还是行家，是看热闹的还是真买家，第一回合的暗中测试决定着接下来的生意进程，这便是"行家一出手便知有没有"。喝酒人众多，能将酒喝明白的人鲜有，一闻一尝便能断高低优劣的人凤毛麟角，武松如果去充当酒的买手，绝对可以做到沙里淘金，不必担心被欺蒙。

蒋门神的武功本就不敌武松，加上酒色过度，被武松两脚放倒——一场醉打蒋门神的大戏，百分之九十九的时间都在铺排武松的饮酒，打斗的场面不过百余字，施耐庵确实好手段。武松做事，有头有尾，打完蒋门神后不忘将镇上的头脸人物聚在一起继续喝酒，目的有三：一、亮明自己的身份是"杀人犯"，以起到震慑的作用；二、阐明自己的理念是"只要打天下这等不明道德的人"，而不是施恩的打手与帮凶；三、表明自己的态度是"便死了不怕"，让人打消找后账报仇的念头。帮施恩夺下快活林固然重要，让快活林没人捣乱继续经营更重要，所谓"扶上马，送一程"。一切安排停当，心中无事，才与众人"吃得尽醉方休"，并一觉睡到大天亮。武松的心力、能力、思辨力、执行力在这一节熠熠生辉。

明枪易躲，暗箭难防。越是表面美好的酒局越是危机四伏。武松为武大郎报仇时组织过这样的酒局，如今武松又成为这样酒局里的座上宾，危险正一步步靠近，但此时的武松还没有丝毫察觉。

当时，张都监向后堂深处鸳鸯楼下安排筵宴，庆赏中秋，叫唤武松到里面饮酒。武松见夫人宅眷都在席上，吃了一杯，便待转身出来。张都监唤住武松问道："你那里去？"武松答道："恩相在上，夫人宅眷在此饮宴，小人理合回避。"张都监大笑道："差了，我敬你是个义士，特地请将你来一处饮酒，如自家一般，何故却要回避？你是我心腹人，何碍？便一处饮酒不妨。"武松道："小人是个囚徒，如何敢与恩相坐地！"张都监道："义士，你如何见外？此间又无外人，便坐不妨。"武松三回五次谦让告辞，张都监那里肯放，定要武松一处坐地。武松只得唱个无礼喏，远远地斜着身坐了。张都监着丫嬛、养娘斟酒，相劝一杯两盏。看看饮过五七杯酒，张都监叫抬上果桌饮酒，又进了一两套。食次说些闲话，问了些枪法。张都监道："大丈夫饮酒，何用小杯！"叫："取大银赏钟斟酒与义士吃。"连珠

箭劝了武松几钟。看看月明，光彩照入东窗，武松吃的半醉，却都忘了礼
数，只顾痛饮。

——第三十回《施恩三入死囚牢　武松大闹飞云浦》

这场酒之后，武松被栽赃陷害。原来这是醉打蒋门神的后续——张都监
拿了蒋门神的钱与张团练联手整治武松。咽不下这口气的武松，于是大开杀
戒，血溅鸳鸯楼。杀红了眼的武松心魔已经被打开——"一不做，二不休。
杀了一百个，也只是这一死。"这确实是一场有污点的杀戮——杀死男女十五
口人，其中不乏无辜的下人。血溅鸳鸯楼之后，武松逃难时又与张青、孙二
娘偶遇。在这里，武松完成了身份的转换——由囚犯武松变成行者武松。遮
盖了脸上的金印，拿着冒名的度牒，投二龙山而去。

改变身份面目容易，改变性格脾气难。临分别时，张青千叮咛万嘱咐：
"酒要少吃，休要与人争闹，也做些出家人行径。"一旦遇到酒，遇到不合心
意的事，张青的话早被武松抛到九霄云外。武松进得一家酒店，却被告知肉
卖没了，只有些"茅柴白酒"。马上反转的是，预约的尊贵客户一到，店家又
拿出炖鸡熟牛，并端出了勾魂的"窨下藏的青花瓮酒"。被区别对待的武松哪
里忍得了，打了店家，又打了前来喝酒的客人，将对方的酒肉一扫而光。

武行者道："好呀！你们都去了，老爷却吃酒肉！"把个碗去白盆内
舀那酒来只顾吃。桌子上那对鸡、一盘子肉，都未曾吃动，武行者且不用
箸，双手扯来任意吃。没半个时辰，把这酒肉和鸡都吃个八分。武行者醉
饱了，把直裰袖结在背上，便出店门，沿溪而走。却被那北风卷将起来，
武行者捉脚不住，一路上抢将来。离那酒店走不得四五里路，旁边土墙里
走出一只黄狗，看着武松叫。武行者看时，一只大黄狗赶着吠。武行者大
醉，正要寻事，恨那只狗赶着他只管吠，便将左手鞘里掣出一口戒刀来，
大踏步赶。那只黄狗绕着溪岸叫。武行者一刀砍将去，却砍个空，使得力
猛，头重脚轻，翻筋斗倒撞下溪里去，却起不来。冬月天道，溪水正洞，
虽是只有一二尺深浅的水，却寒冷的当不得。扒起来，淋淋的一身水。却

见那口戒刀浸在溪里，武行者便低头去捞那刀时，扑地又落下去了，只在那溪水里滚。

——第三十二回《武行者醉打孔亮　锦毛虎义释宋江》

经历过大风大浪的洗礼，武松却在小河沟里翻了船。谁能想到，堂堂打虎英雄武二郎会被一条黄狗戏弄？"武行者大醉，正要寻事"这九个字，几乎概括了武松从开篇到此处的全部性格：好饮酒、常至醉、醉了便要闹事。闹事的程度上至景阳冈打虎、醉打蒋门神、血溅鸳鸯楼，下则能够和一个冲自己汪汪叫的黄狗斗气，以至于翻倒在冬天寒冷的溪水里，被庄客捉住吊起侮辱。酒能成就一个英雄，亦能颠覆一个英雄，这一刻在武松身上折射出它的两面性。

武松将好汉的名声看得比生命更重要。当武松上了景阳冈看到官府榜文知道真有老虎，是打了退堂鼓的，最后选择硬着头皮上山的原因是"须吃他耻笑，不是好汉"；当武松被押送到安平寨牢房，狱卒索贿不成要打武松杀威棒时，武松说的是"我若叫一声，也不是好男子"；血溅鸳鸯楼之后逃跑被张青手下误擒，生死未明时想的是"早知如此时，不若去孟州府里首告了，便吃一刀一剐，却也留得一个清名于世"。英雄于酒海之中浮浮沉沉，时而高涨，时而低落，有高光时刻必然有黯然神伤时，如此爱惜自己威名的好汉最终还是栽在自己钟爱的酒里。《说文解字》云："酒，吉凶所造也！"宋江是了解武松的，因此才会在两人分别之际反复强调："少戒酒性。保重！保重！"

第六集

牛饮雅酌　和而不同——及时雨宋江的酒

　　说宋江是《水浒传》里的男一号恐怕不会有疑义，但是以四大名著各书中灵魂人物的出场时间来计，宋江是出场最晚的：《西游记》第一回孙悟空出场；《三国演义》第一回刘、关、张悉数亮相；《红楼梦》第二回已对贾宝玉、林黛玉的身世、年龄、姓名作了简要说明；而宋江在《水浒传》第十八回中才徐徐露脸。在宋江出场以前，鲁提辖拳打镇关西、林冲雪夜上梁山、杨志卖刀、吴用智取生辰纲等水浒名场面均已上演，若是第一次读《水浒传》，断然想不到这高潮迭起的江湖纷争不过是主角没有登场前的铺垫。

　　宋代确有宋江此人，不过资料非常有限。小说里的宋江已经与历史中的宋江关联不大，不妨看作"借壳上市"的把戏。晁盖等人劫取生辰纲一事败露，白胜在酷刑之下供出主谋晁盖，缉捕使臣何涛火速赶往郓城缉拿要犯，恰好碰到当日值班的押司宋江。就这样，《水浒传》里的第一男主隆重登场了，文中两句话便将宋江的两个核心特征交代清楚：在家是个大孝子，在外仗义疏财。宋江通风报信使晁盖等人逃脱，晁盖为感谢宋江，差刘唐送来黄金，宋江拒收，为了使刘唐回山好交差，写了一封回书让刘唐带给晁盖。宋江的酒运确实不佳，出场之后的第一顿酒局是与刘唐一起，埋下了祸端；第二顿酒是与张文远在阎婆惜家一同吃的，吃出一顶"绿帽子"；宋江的第三场酒是与阎婆惜吃的，吃出了人命。有了张三郎之后，黑三郎的酒在阎婆惜面前便不香了，不仅不香，简直是一杯苦酒。

> 宋江看了，寻思道："可奈这贼人全不采我些个，他自睡了。我今日吃这婆子言来语去，央了几杯酒，打熬不得夜深，只得睡了罢。"把头上巾帻除下，放在桌子上，脱下上盖衣裳，搭在衣架上。腰里解下鸾带，上有一把压衣刀和招文袋，却挂在床边栏干子上。脱去了丝鞋净袜，便上床去那婆娘脚后睡了。
>
> ——第二十一回《虔婆醉打唐牛儿　宋江怒杀阎婆惜》

正是这场不情不愿的酒，令宋江因醉酒困倦、大意疏忽，将要命的文袋解下来挂在床头。以宋江的性格，倘若没有喝醉，手中拿着要掉脑袋的书信，必然是找个借口出门偷偷烧掉，即使脱身不得，也不至于将这样重要的物件随便放在床头。阎婆惜发现书信对宋江进行要挟，宋江因争夺书信杀死阎婆惜，究其原因，还要从这场郁闷的酒局和宋江微薄的酒量上来找。

宋江杀了阎婆惜，经朱仝周全逃了出去，在柴进庄上、花荣处、孔太公庄上三个备选落脚地之间首选了柴进庄上。有了落脚地，遇到了对的人，惶惶的心总算有了些许安定，这一顿有"压惊酒"性质的酒局却因柴进的过于热情，竟让不胜酒力的宋江有了躲酒的念头。

> 柴进邀宋江去后堂深处，已安排下酒食了。便请宋江正面坐地，柴进对席，宋清有宋江在上，侧首坐了。三人坐定，有十数个近上的庄客，并几个主管，轮替着把盏，伏侍劝酒。柴进再三劝宋江弟兄宽怀饮几杯，宋江称谢不已。酒至半酣，三人各诉胸中朝夕相爱之念。看看天色晚了，点起灯烛。宋江辞道："酒止。"柴进那里肯放，直吃到初更左侧。宋江起身去净手，柴进唤一个庄客，点一碗灯，引领宋江东廊尽头处去净手，便道："我且躲杯酒。"
>
> ——第二十二回《阎婆大闹郓城县　朱仝义释宋公明》

应酬性的酒局，每天都上演着各种躲酒的妙招，像宋江这样借故上厕所的还属于光明磊落型。有趁人不留神泼在地上的，有喝了不咽悄悄吐在水里的，有趁夹菜绊倒酒杯的……像《天龙八部》里段誉为了陪乔峰喝酒，将酒用内力逼出体外恐怕是大多数酒客梦想的技能吧。宋江躲酒，躲出了一个铁杆兄弟武松。武松在清河县犯了事，避于柴进府上一年多了，本来就打算去找宋江，因身患疟疾就耽误了。书中写武松被宋江无意间踩到火锨吓出一身冷汗，竟把病治好了，暗示宋江就是武松的救星。脾气相投的两人终日饮酒交心，是这两个人上梁山前最惬意的一段时光了。因武松要回清河县看望武大郎，依依不舍的两人上演了一出十里相送。"劝君更尽一杯酒，西出阳关无故人。"最终必然也必须是以一顿酒来作为结束语。

> 三个离了柴进东庄，行了五七里路，武松作别道："尊兄，远了，请回。柴大官人必然专望。"宋江道："何妨再送几步。"路上说些闲话，不觉又过了三二里。武松挽住宋江说道："尊兄不必远送，常言道：送君千里，终须一别。"宋江指着道："容我再行几步。兀那官道上有个小酒店，我们吃三钟了作别。"三个来到酒店里，宋江上首坐了，武松倚了梢棒，下席坐了，宋清横头坐定。便叫酒保打酒来，且买些盘馔果品菜蔬之类，都搬来摆在桌子上。三个人饮了几杯，看看红日平西，武松便道："天色将晚，哥哥不弃武二时，就此受武二四拜，拜为义兄。"宋江大喜，武松纳头拜了四拜。
>
> ——第二十三回《横海郡柴进留宾　景阳冈武松打虎》

宋江在柴进庄上住了半年，被孔太公邀请到白虎山家中又住了半年，正准备去清风寨找花荣时又与武松偶遇了，两人又在白虎山消磨了半个月。相见时难别亦难，酒喝了再喝，泪流了又流，人拜了再拜，最后还是得各奔前程：武松去二龙山，宋江去清风寨。宋江路过清风山被燕顺手下的小贼捆了，《西游记》里的妖怪都想吃唐僧肉以求长生不老，宋江的肉在小喽啰的眼里也有特殊的用途——做醒酒汤。清风山的醒酒汤颇为讲究，要用新鲜心肝，还得先用冷水散热，这样的心肝才能爽脆，再配上醋、胡椒，一碗"醒酒酸辣汤"就可以出锅了。宋江的性命如何？必须是"吉人自有天相"，用时下的话说叫"主角光环"，不然一部水浒大戏就得在此戛然而止。如果说各位英雄好汉是散落的珍珠，宋江就是串起珍珠项链的那根绳。与燕顺、王英、郑天寿、花荣、秦明组成了原始的清风山班底，路上又收了吕方、郭盛，朝着梁山泊浩荡而去。马上又一颗珍珠结缘而来，这颗珍珠便是石勇，缘分来自吃酒换座。

> 在路上行了两日，当日行到晌午时分，正走之间，只见官道傍边一个大酒店。宋江看了道："孩儿们走得困乏，都叫买些酒吃了过去。"当时宋江和燕顺下了马，入酒店里来，叫孩儿们松了马肚带，都入酒店里坐。
>
> 宋江便叫酒保过来，说道："我的伴当人多，我两个借你里面坐一坐。你叫那个客人移换那副大座头与我伴当们坐地吃些酒。"酒保应道："小人理会得。"宋江与燕顺里面坐了，先叫酒保打酒来："大碗先叫伴当一人三碗，有肉便买些来与他众人吃，却来我这里斟酒。"酒保又见伴当们都立满在垆边，酒保却去看着那个公人模样的客人道："有劳上下，那借这副大座头与里面两个官人的伴当坐一坐。"那汉嗔怪呼他做"上下"，便焦躁道："也有个先来后到！甚么官人的伴当要换座头，老爷不换！"
>
> ——第三十五回《石将军村店寄书　小李广梁山射雁》

石勇带来了宋清的家书——宋江父亲诈死写书信骗其回家。宋江是个超级大孝子，听说老父死了，急得连夜赶回，却又近乡情怯，到村口时先去张社长酒店喝两杯酒歇脚。张社长并不知宋太公的计策，漏口风说出宋太公"只午时前后和东村王太公在我这里吃酒"的事情。很显然，这位开酒店的张社长同时也是村里的信息交通枢纽，过去信息不发达，闲谈逸事、乡间八卦都从酒店里流传出来。宋江可以在酒店打探消息，别人也可以在酒店打探宋江的消息，宋江这一次归乡被捉，说到底还是栽在了酒上。在张社长酒店宋江因歇脚喝酒暴露行迹被捉拿，稍后在揭阳岭酒店差点又因喝了蒙汗药酒而面临将被开剥的绝境。

那人出来，头上一顶破头巾，身穿一领布背心，露着两臂，下面围一条布手巾，看着宋江三个人唱个喏道："拜揖！客人打多少酒？"宋江道："我们走得肚饥，你这里有甚么肉卖？"那人道："只有熟牛肉和浑白酒。"宋江道："最好。你先切二斤熟牛肉来，打一角酒来。"那人道："客人休怪说，我这里岭上卖酒，只是先交了钱，方才吃酒。"宋江道："这个何妨，倒是先还了钱吃酒，我也欢喜。等我先取银子与你。"那人道："恁地最好。"宋江便去打开包裹，取出些碎银子。那人立在侧边偷眼睃着，见他包裹沉重，有些油水，心内自有八分欢喜。接了宋江的银子，便去里面舀一桶酒，切一盘牛肉出来。放下三只大碗，三双箸，一面筛酒。三个人一头吃，一面口里说道："如今江湖上歹人多，有万千好汉着了道儿的。酒肉里下了蒙汗药，麻翻了，劫了财物，人肉把来做馒头馅子。我只是不信，那里有这话！"那卖酒的人笑道："你三个说了，不要吃。我这酒和肉里面，都有了麻药。"宋江笑道："这个大哥，瞧见我们说着麻药，便来取笑。"两个公人道："大哥，热吃一碗也好。"那人道："你们要热吃，我便将去烫来。"那人烫热了将来，筛做三碗。正是饥渴之中，酒肉到口，如何不吃。三人各吃了一碗下去。只见两个公人瞪了双眼，口角边流下涎水来，你揪我扯，望后便倒。宋江跳起来道："你两个怎地吃得三碗便恁醉了？"向前来扶他，不觉自家也头晕眼花，扑地倒了。光着眼，都面面厮觑，麻木了动掸不得。

——第三十六回《梁山泊吴用举戴宗　揭阳岭宋江逢李俊》

宋江是大哥，武松是小弟，混江湖大哥靠的是胸怀，小弟拥有的是技能，小弟可以躲过蒙汗药，大哥却不行。不过宋江拥有与鲁智深同样的运气——"方才抱进作房去，等火家未回，不曾开剥。"小说里的主人公常常是才出虎口又入狼窝，宋江也不例外，刚从李俊的蒙汗药中醒来，又被揭阳镇穆氏兄弟追成丧家之犬，以致想请薛永喝杯酒都不能成行，宋江彻底体会到了什么叫强龙不压地头蛇。

宋江连忙扶住道："少叙三杯如何？"薛永道："好，正要拜识尊颜，小人无门得遇兄长。"慌忙收拾起枪棒和药囊，同宋江便往邻近酒肆内去吃酒。只见酒家说道："酒肉自有，只是不敢卖与你们吃。"宋江问道："缘何不卖与我们吃？"酒家道："却才和你们厮打的大汉，已使人分付了：若是卖与你们吃时，把我这店子都打得粉碎。……"

——第三十七回《没遮拦追赶及时雨　船火儿夜闹浔阳江》

经过几番波折，宋江最终被刺配江州（今江西省九江市）。江州正是白居易当年被贬并写下长篇诗歌《琵琶行》的地方。宋江来到江州，得遇经吴用介绍的戴宗，戴宗知道宋江的身份后，为避开牢人的耳目便请他去城里喝酒。说是喝酒，其实是找个僻静的地方说话，因此两人在包间里坐了半天才喝两杯酒，当双方坦露心迹后正准备切入喝酒正题，却被在戴宗手下当牢头的李逵给搅和了。

当下戴院长与宋公明说罢了来情去意，戴宗、宋江俱各大喜。两个坐在阁子里，叫那卖酒的过来，安排酒果肴馔菜蔬来，就酒楼上两个饮酒。宋江诉说一路上遇见许多好汉，众人相会的事务。戴宗也倾心吐胆，把和这吴学究相交来往的事，告诉了一遍。两个正说到心腹相爱之处，才饮得两杯酒过，只听楼下喧闹起来。

——第三十八回《及时雨会神行太保　黑旋风斗浪里白跳》

众所周知，李逵是梁山泊中宋江的第一"死忠粉"，这是两人的第一次见面，宋江在李逵口中完成了从"黑汉子"到"黑宋江"再到"宋哥哥"的三级跳。李逵用个小聪明骗出宋江十两银子去赌博，顺便也把戴宗、宋江二人的第一顿酒冲散了，好在宋江本就有换个地方喝酒的打算。

宋江道："俺们再饮两杯，却去城外闲玩一遭。"戴宗道："小弟也正忘了，和兄长去看江景则个。"宋江道："小可也要看江州的景致，如此最好。"

宋江道："我们和李大哥吃三杯去。"戴宗道："前面靠江有那琵琶亭酒馆，是唐朝白乐天古迹。我们去亭上酌三杯，就观江景。"

宋江道："可于城中买些肴馔之物将去。"戴宗道："不用，如今那亭上有人在里面卖酒。"宋江道："恁地时却好。"当时三人便望琵琶亭上来。到得亭子上看时，一边靠着浔阳江，一边是店主人家房屋。琵琶亭上，有十数副座头。戴宗便拣一副干净座头，让宋江坐了头位。戴宗坐在对席，肩下便是李逵。三个坐定，便叫酒保铺下菜蔬果品海鲜按酒之类。酒保取过两樽玉壶春酒，此是江州有名的上色好酒，开了泥头。宋江纵目一观，看那江上景致时，端的是景致非常。

当时三人坐下，李逵便道："酒把大碗来筛，不奈烦小盏价吃。"戴宗喝道："兄弟好材！你不要做声，只顾吃酒便了。"宋江分付酒保道："我两个面前放两只盏子，这位大哥面前放个大碗。"酒保应了下去，取只碗来，放在李逵面前，一面筛酒，一面铺下肴馔。李逵笑道："真个好个宋哥哥，人说不差了！便知我兄弟的性格！结拜得这位哥哥，也不枉了！"

——第三十八回《及时雨会神行太保 黑旋风斗浪里白跳》

一开始，戴宗带宋江去的是中规中矩的酒楼，因此安排了下酒的酒果、肴馔、菜蔬，两人交谈甚欢。中途被李逵打了个岔，宋江想到自己在江州如何能不去观看浔阳江景，因此戴宗又带宋江去琵琶亭看景——这琵琶亭的名字显然出自白居易的《琵琶行》，将自然景观与人文典故相结合从来都是旅游体验性消费的不二法宝。宋江这个小地方出来的想着去亭子上看江景，需先买些酒和果品带过去更符合郊游的旨趣，戴宗却告诉宋江江州的第三产业与旅游开发服务已经相当完备——"不用，如今那亭上有人在里面卖酒。"

文人墨客无有不知《琵琶行》，行至江州，必然要到此观江景、凭吊古今，而卖酒的商人则迅速抓住了"流量"和商机，将琵琶亭打造成了江州第一文化酒吧。亭子就算宽敞，其大小也不可能与酒店相比，故而亭子上只有"十数副座头"，也就是十几组小的对坐桌椅。虽然不过是一个小小的江景亭子，酒菜却也十分整齐：为了配合浔阳江景，此处售的酒也不是普通的村酒，而是"玉壶春酒"，是"江州有名的上色好酒"，而且每一瓶酒都封好泥头，上桌时打开，仪式感十足。美中不足的是书中没有提及是否有乐师弹琵琶助兴，不然"举酒欲饮无管弦"还是有些遗憾的。即便如此，在《水浒传》大碗喝酒的江湖故事中，这样精致文雅的喝酒方式还真不多。

宋江在浔阳江边亭子上饮酒，因临江对酒，不免想吃鱼鲜，问戴宗这里有没有好鲜鱼"造三分加辣点红白鱼汤"。原产于美洲大陆的辣椒 17 世纪才传入中国，宋代的宋江是否真能吃到这道"加辣点红"的汤羹？事实上，辣的味道和命名为辣味的菜肴古已有之，不过辣味的源头不是舶来的辣椒罢了。《水浒传》虽写宋代故事，却成书于明代，难免一不留神将作者的生活背景渗入其中，况且毕竟是小说家言，而非历史考古。即使公认如清代生活百科全书式的曹雪芹的《红楼梦》，其中照样有不合史实的"颜鲁公对联"，这一类问题大可不必过于胶柱鼓瑟。宋江没有江湖好汉们的饮酒方式，更没有好汉们的酒量，甚至不如曾任江州司马的白居易的酒量，五七盏之后就想着喝醒酒汤了。

> 酒保斟酒，连筛了五七遍。宋江因见了这两人，心中欢喜，吃了几杯，忽然心里想要鱼辣汤吃，便问戴宗道："这里有好鲜鱼么？"戴宗笑道："兄长，你不见满江都是渔船。此间正是鱼米之乡，如何没有鲜鱼！"宋江道："得些辣鱼汤醒酒最好。"戴宗便唤酒保，教造三分加辣点红白鱼汤来。顷刻造了汤来，宋江看见道："美食不如美器。虽是个酒肆之中，端的好整齐器皿。"
>
> 戴宗叫酒保来问道："却才鱼汤，家生甚是整齐，鱼却腌了，不中吃。别有甚好鲜鱼时，另造些辣汤来与我这位官人醒酒。"
>
> ——第三十八回《及时雨会神行太保　黑旋风斗浪里白跳》

琵琶亭上的鱼汤虽然杯盘精致，卖相十足，可惜主材不够新鲜，糊弄李逵这样的"饿死鬼"还可以，要过宋江、戴宗这般"美食家"的舌尖就不太可能了。吃鱼最有讲究，地域、时令、部位、烹饪方法都有门道，如渔家总结的：鳙鱼头鲤鱼尾，鲢鱼肚皮草鱼嘴，青鱼中间最鲜美。在北方酒宴上，一道鱼菜常是劝酒的重要道具，由此衍生出"头三尾四，腹五背七，高看一眼，中流砥柱"等一系列丰富的民俗餐饮文化。李逵为满足宋江"只爱口鲜鱼汤"的特殊嗜好便去江边寻渔家，顺势将买鱼变成抢鱼最后演变成打人事件。浪里白跳张顺将坏了规矩的李逵按在水里教训，宋江与戴宗替李逵求情从而结交了这位好汉，四人重新在亭里坐下，张顺便取四尾大的金色鲤鱼来请宋江吃，于是酒席重开。

> 再叫酒保讨两樽玉壶春上色酒来，并些海鲜按酒果品之类。四人正饮酒间，张顺分付酒保，把一尾鱼做辣汤，用酒蒸一尾，教酒保切鲙。四人饮酒中间，各叙胸中之事。
>
> ——第三十八回《及时雨会神行太保　黑旋风斗浪里白跳》

四条鲜鱼，三种做法：一尾满足了宋江的心愿，做了醒酒辣汤；一尾做了酒蒸；另外两尾便是鱼生切鲙了。

"鲙"字来源于"脍"字，本意是细切的肉，先秦时期的肉主要是指猪、马、牛、羊这些家畜类的肉。脍的核心内容有两个，一是切细（切细不等于切碎），要保持细丝状，而不能是肉末。脍这个做法最为大众熟知的就是孔子所说的"食不厌精，脍不厌细"，细一直是脍的关键词。二是肥瘦分离，以此为标准，肥瘦相间的五花肉即使切细也不能称其为脍。日本料理中生鱼片蘸料汁的吃法来源于鲙，只不过切细变成了切块（古称之为膴。《周礼·天官·笾人》谓朝事之笾有"膴"。郑玄注："膴，牒生鱼为大脔。"又云："燕人脍鱼方寸，切其腴以啖所贵。"）今天，鲙是作为脍的异体字出现的，说明二者可以通用，严格意义上的"鲙"仅指鱼肉为原料，这是魏晋以后中国饮食文化由北向南过渡的一个例证。

宋江吃到的是鲤鱼鲙，而比鲤鱼鲙更为知名的是鲈鱼鲙。《世说新语》所载张季鹰"莼鲈之思"中的两样美食就是莼菜羹和鲈鱼脍。在炒菜没有普及之前，脍与炙是古人最为熟知的做法，脍追求的是食材新鲜，炙追求的是脂肪、氨基酸、糖受热带来的"美拉德反应"，李逵手刃黄文炳时就是炙着吃的。炙的本意就是直接在火上烤，与铁板烧靠中间介质导热不同，北京有"炙子烤肉"，介于直烤和铁板烤之间（火和肉之间有个铁箅子），但火还是可以部分直接接触食物的。古人以脍为食是烹饪不成熟时的无奈创造，今人食生是饮食极大丰富后对新鲜刺激的追求，意思大概等同于明代书画家董其昌所说的"熟后生"。近时全某宴颇为流行，如全驴宴、豆腐宴，张顺为宋江奉献的就是一桌简化版的全鱼宴。如果说以满汉全席为代表的饮食追求的是食材的极大丰富，全某宴追求的便是烹饪方法的极大丰富，即在单一主食材前提下展现中华烹调方法的博大精深。

今天的鱼脍以深海鱼为主，淡水鱼食脍的健康风险已经受到更多的重视，如果不注意，宋江便是活生生的例子——吃坏肚子。贪嘴吃坏肚子，对于宋江而言只是"酒运"不佳的初级阶段；接下来的一次饮酒才是宋江糟糕"酒运"的集中体现。也正是这场浔阳江头的纵酒，令宋江彻底被打上"反叛"的标签，引得梁山泊众人下山劫法场、救宋江，梁山聚义也于此初见雏形。

（宋江）独自一个闷闷不已，信步再出城外来，看见那一派江景非常，观之不足。正行到一座酒楼前过，仰面看时，旁边竖着一根望竿，悬挂着一个青布酒帘子，上写道"浔阳江正库"，雕檐外一面牌额，上有苏东坡大书"浔阳楼"三字。宋江看了，便道："我在郓城县时，只听得说江州好座浔阳楼，原来却在这里。我虽独自一个在此，不可错过，何不且上楼自己看玩一遭。"宋江来到楼前看时，只见门边朱红华表柱上，两面白粉牌，各有五个大字，写道："世间无比酒，天下有名楼。"宋江便上楼来，去靠江占一座阁子里坐了，凭阑举目看时，端的好座酒楼。

宋江看罢浔阳楼，喝采不已，凭阑坐下。酒保上楼来，唱了个喏，下了帘子，请问道："官人还是要待客，只是自消遣？"宋江道："要待两位客人，未见来。你且先取一樽好酒，果品肉食，只顾卖来。鱼便不要。"酒保听了，便下楼去。少时，一托盘把上楼来，一樽蓝桥风月美酒，摆下菜蔬时新果品按酒，列几般肥羊、嫩鸡、酿鹅、精肉，尽使朱红盘碟。宋江看了，心中暗喜，自夸道："这般整齐肴馔，济楚器皿，端的是好个江州……"独自一个，一杯两盏，倚阑畅饮，不觉沉醉。

——第三十九回《浔阳楼宋江吟反诗　梁山泊戴宗传假信》

"闷闷"二字，常是醉酒的前兆。饮酒有欢饮，譬如前日戴宗、李逵、张顺等人与宋江初识相交，一面观看江景，一面与江湖豪杰共饮，就连被刺配一事也可暂时丢开，一场酒令人心旷神怡；饮酒亦有愁饮，譬如这一次，宋江闷坐无聊，去寻戴宗、李逵、张顺三人不见，独自信步走到浔阳楼来饮酒。此时的宋江因孤独而感到悲凉，或许想到"漂沦憔悴，转徙于江湖间"的琵琶女，以及那个"醉不成欢惨将别"的白居易：同样是背井离乡，同样是孤身一人。宋江虽然只是一个小吏，却也有交游天下豪杰之心、修齐治平之志，此时却作为罪人被流放，有朋友同饮时还可暂时排遣忧怀，一旦独处，这种悲凉便不受压制地向外涌起。因此，宋江虽然为浔阳楼的"世间无比酒，天下有名楼"而喝彩，但当酒保问他是待客还是自斟自饮时，并没有约上任何一位朋友的宋江假装"要待两位客人"而客人尚未来到，以小小的谎言来开释独酌的寂寞。

苦闷的人倾向于借酒浇愁，借酒浇愁的结果往往是愁更愁。宋江"独自一个，一杯两盏，倚阑畅饮，不觉沉醉"。与此同时，平时被孝义、公职、社会规训所压制的异心夹杂着被纹面刺配的悲苦，随着酒与泪一起"涌上来"。中国俗语讲"酒后吐真言"，古希腊哲学家也认为"酒能揭露隐藏的真相"，沉醉之下，宋江竟然将一腔心事书写在浔阳江酒楼的粉壁上，诗中含有"血染浔阳江口""敢笑黄巢不丈夫"这样的句子。对于作者，诗不过是脱口而出的牢骚，对于好事者，对于文字狱，随口而出就会变成杀身之祸。惊涛骇浪即将掀起，写下这些句子的宋江却醉得什么都记不起了。

拂袖下楼来，踉踉跄跄，取路回营里来。开了房门，便倒在床上，一觉直睡到五更。酒醒时，全然不记得昨日在浔阳江楼上题诗一节。

（宋江）便道："我前日入城来，那里不寻遍。因贤弟不在，独自无聊，自去浔阳楼上饮了一瓶酒。这两日迷迷不好，正在这里害酒。"戴宗道："哥哥，你前日却写下甚言语在楼上？"宋江道："醉后狂言，忘记了，谁人记得！"

——第三十九回《浔阳楼宋江吟反诗　梁山泊戴宗传假信》

题壁本是文人骚客展示文采、书法的一种方式，起于两汉，盛于唐宋。宋江题壁前"见白粉壁上，多有先人题咏"，题壁风气之盛可见一斑。即便在《水浒传》里，第一个题壁的也不是宋江，而是林冲。和宋江一样，林冲在梁山脚下朱贵酒店，一人喝闷酒时联想到自己的凄惨遭遇乘着酒兴写下了"他年若得志，威镇泰山东"的词句。题壁与饮酒关系密切，大多数的题壁行为都发生在酒后，为什么会如此？题写"浔阳楼"牌匾的苏东坡给出了答案："空肠得酒芒角出，肝肺槎牙生竹石。森然欲作不可回，吐向君家雪色壁。"酒入愁肠，化作诗句、化作竹石，再神而明之地于白壁之上留下心情的痕迹。同样是题壁，结果大不同，运气最惨的是宋江；稍好一点的是苏东坡，有时被人呵斥，有时被盛情款待；运气最好的是俞国宝，《武林旧事》记载，皇上无意间看到俞国宝醉后题壁诗，直接赐官。

读《水浒传》让人痛快，最朴素的逻辑莫过于恶人都有"现世报"：林冲亲手杀了陷害自己的陆谦，武松取了潘金莲、西门庆的人头，宋江亲眼看着栽赃自己的黄文炳被李逵活剐……这也是宋江所有酒局中最为惨烈的一场，曾经差点被做成醒酒汤的宋江此时却喝到了用黄文炳做成的心肝醒酒汤。开弓没有回头箭，喝了这碗醒酒汤，将碗一摔，那个昔日郓城小吏的背影越来越模糊，迎面走来的是水泊梁山的新领袖。

宋江便问道："那个兄弟替我下手？"只见黑旋风李逵跳起身来，说道："我与哥哥动手割这厮！我看他肥胖了，倒好烧吃。"晁盖道："说得是。教取把尖刀来，就讨盆炭火来，细细地割这厮，烧来下酒，与我贤弟消这怨气！"……便把尖刀先从腿上割起，拣好的就当面炭火上炙来下酒。

割一块，炙一块，无片时，割了黄文炳，李逵方才把刀割开胸膛，取出心肝，把来与众头领做醒酒汤。

——第四十一回《宋江智取无为军　张顺活捉黄文炳》

宋江有酒兴、酒胆，唯独酒量平平，宋江饮酒，还有些文人饮酒的特质。尽管宋江实际上并非文官，而是一般小吏，但他引以为豪又称誉江湖的"忠""孝""义"都是典型儒家体系的评判标准，这令他与江湖好汉们常常有一种行为和认知上的隔阂，正如他饮酒的方式也与一般好汉不同，不像江湖之酒那般豪爽，更像庙堂之上的觥筹交错或文人雅士的浅斟慢酌。但宋江之所以不被好汉们视为一般的"酸文腐儒"，而心服口服地称其为大哥，心甘情愿同生共死，除了宋江对江湖人士多有实际的钱财资助，更重要的是宋江找到了一种让自己的儒家思想与江湖好汉的风格共存的方式——譬如浔阳江头亭子上饮酒，宋江和戴宗是比较"文"的，而李逵则体现出一种率真的"野"；李逵要大碗喝酒的时候，戴宗的第一反应是用"文明"去规训他，让他不要这么村俗，宋江则不然，他让酒保单独给李逵放上一个大碗，自己和戴宗用小盏来陪李逵的大碗。和而不同、并行不悖，尊重不歧视，这正是宋江对待江湖豪杰的一贯处事方式，也正是这一点，令那些常常受到文明规训甚至被取笑的江湖好汉们将宋江奉为带头大哥。

第七集

日行千里　素酒一杯——神行太保戴宗的酒

　　百招全不如一招鲜，这话用来形容神行太保戴宗是极为合适的，绝大多数读者对戴宗的印象就是三个字——跑得快。金圣叹、李卓吾等对戴宗的评价更是不高，如此一来，戴宗位列三十六天罡星第二十位似乎有名不副实之嫌：没做过惊天动地的事迹，排名却在李逵、阮家兄弟、燕青等个性鲜明的人物之前。《三国演义》中周泰出身不够显赫，战功也不算卓著，当孙权要提拔周泰时有人不服，孙权令周泰脱去外衣，细数身上的每一处伤疤并诉说伤疤的来历：没有周泰的舍命相救，孙权的性命也就没有了。与周泰相似，戴宗表面的工作是穿针引线传递信息，核心贡献是两次救了宋江的命。

　　戴宗本来是个节级牢头，被称为"戴院长"是因为区域差异：有些地方称节级为家长，有些地方称节级为院长。对比《水浒传》中那些出身草根的好汉，戴宗应当算是一个"恶官吏"的典型：宋江被发配到江州的时候，因为没有及时上交贿赂的银子，戴宗便下到牢里来恶毒责骂："你这矮黑杀才！倚仗谁的势要，不送常例钱来与我？"不仅要打宋江板子，而且当宋江问他说以何罪名要打自己的时候，戴宗居然强词夺理地说："你这贼配军是我手里行货，轻咳嗽便是罪过！"甚至威胁说："我要结果你也不难，只似打杀一个苍蝇。"其气焰之盛、态度之恶，与高俅之辈似乎也不相上下。这与李逵"不奈何罪人，只要打一般强的牢子"的境界有云泥之别。

施耐庵安排其他好汉与宋江见面常常是"一见便拜",与戴宗的见面偏偏设计了让宋江故意挑逗戴宗的话头,别有深意。由于戴宗和吴用是朋友,吴用又是宋江的朋友,本着"朋友的朋友是朋友"的原则,戴宗最终被划归到"好汉"这一边,而非"恶官吏"那一边。暂且按下戴宗的行为与性格不表,戴宗在《水浒传》中戏份并不多,除了宋江刺配江州后与宋江、李逵、张顺饮酒一节之外,其他时间戴宗总是以梁山泊首席信息官的身份出场,而这正依赖戴宗的看家本领——神行法。

早在戴宗还未现出真身的时候,作者已经借吴用的口说出了他"有道术,一日能行八百里"的绝技。在书中第一次使用神行法是蔡九命戴宗去牢营里捉拿宋江,戴宗用神行法先到牢里给宋江通风报信,让宋江装疯卖傻。第二次祭出神行法,是接到蔡九命令去东京太师府送信,实则是询问蔡京对宋江的处理意见。

当日戴宗离了江州,一日行到晚,投客店安歇。解下甲马,取数陌金钱烧送了。过了一宿,次日早起来,吃了素食,离了客店,又拴上四个甲马,挑起信笼,放开脚步便行。端的是耳边风雨之声,脚不点地。路上略吃些素饭、素酒、点心又走。看看日暮,戴宗早歇了,又投客店宿歇一夜。次日起个五更,赶早凉行,拴上甲马,挑上信笼又走。约行过了三二百里,已是巳牌时分,不见一个干净酒店。此时正是六月初旬天气,蒸得汗雨淋漓,满身蒸湿,又怕中了暑气。正饥渴之际,早望见前面树林侧首一座傍水临湖酒肆,戴宗拈指间走到跟前看时,干干净净,有二十副座头,尽是红油桌凳,一带都是槛窗。戴宗挑着信笼,入到里面,拣一副稳便座头,歇下信笼,解下腰里搭膊,脱下杏黄衫,喷口水,晾在窗栏上。戴宗坐下,只见个酒保来问道:"上下,打几角酒?要甚么肉食下酒,或鹅猪羊牛肉?"戴宗道:"酒便不要多,与我做口饭来吃。"酒保又道:"我这里卖酒卖饭,又有馒头粉汤。"戴宗道:"我却不吃荤酒,有甚素汤下饭?"酒保道:"加料麻辣熝豆腐如何?"戴宗道:"最好,最好!"酒保去不多时,熝一碗豆腐,放两碟菜蔬,连筛三大碗酒来。戴宗正饥又渴,一上把酒和豆腐都吃了，却待讨饭吃，只见天旋地转，头晕眼花，就凳边便倒。酒保叫道："倒了。"

——第三十九回《浔阳楼宋江吟反诗　梁山泊戴宗传假信》

神行法是小说家的虚构，类似于道术。从《水浒传》对戴宗有限的描述中，很难看出戴宗神行法的来源，按道家的说法——不知"跟脚"在何处。和入云龙公孙胜的道法有明确师承不同，戴宗是个牢头——世俗中的公务员而非出家人；他的神行法也不是土遁、水遁这样的法术，而是借助两个拴在腿上的"甲马"来行走，从后文中戴宗带着李逵去找公孙胜一节可以看出，这个甲马也并不仅仅是戴宗可以用，谁穿上都可以神行，只是戴宗掌握了使用说明书。综合这些特性来看，甲马对于戴宗而言似乎是一种"飞行器"，只是戴宗拥有开关的钥匙和驱使的方法。

戴宗神行法的使用方法十分简单，但也有一条同样简单的戒律：在使用神行法的时候不能吃酒肉。这大约是"喝酒不开车，开车不喝酒"的宋代版本。当然，在不使用神行法的时候，戴宗是可以随意食用酒肉的，无论是在浔阳江头陪宋江吃席，还是在梁山泊大块吃肉大口喝酒，戴宗并没有像真道士公孙胜那样严格地禁忌酒荤；在使用神行法的时候，戴宗则多次强调"不吃荤酒"。不过从行文上下来看，这句"不吃荤酒"的重点似乎在"不吃荤"而非"不饮酒"上，戴宗一路上都在吃"素饭、素酒、点心"。戴宗之所以着了朱贵的道，差点被做成人肉包子，也正是因为他喝了被朱贵下了蒙汗药的酒，倘若戴宗真的做到"神行不喝酒、喝酒不神行"，恐怕也不至于在这里差点弄丢性命。

戴宗一生最风光的酒局就是帮蔡九送信这一遭：脚踏两只船，在官府和梁山之间推杯换盏。虽然被朱贵的蒙汗药酒麻翻，因被发现是梁山的朋友而得救，并被奉为座上宾。解除了误会，"朱贵慌忙叫备分例酒食，管待了戴宗"算作压惊致歉；朱贵将戴宗带到山寨，将宋江题反诗一事仔细说与众人，晁盖、吴用"当日且安排筵席，管待戴宗"；当戴宗拿着伪造的书信回到江州，蔡九高兴无比，"先取酒来赏了三钟"。如果不是黄文炳精于书画鉴定导致回信穿帮，戴宗就成了梁山和蔡九共同的"功臣"，没准儿这无间道的酒还能多喝一些时日。凡事有一利必生一弊，当吴用猛然想起书信的破绽欲追回戴宗时，却由于戴宗使用神行法"早晚已走过五百里"而放弃。从吴用一贯行事风格看，这未尝不是吴用故意留下的破绽——只有这样，宋江才会别无选择地走向梁山。

似乎在明清小说作家的概念里，僧、道所戒的酒都是指荤酒，而素酒在某些情况下是可以喝的，虔诚如唐僧都是吃一些素酒的。荤酒是指度数高、浓烈的、易醉的酒，而素酒则是淡酒、度数较低，可能近似于醪糟酒酿，仅有解渴的功效。也正因如此，戴宗的神行法是否真的需要戒荤酒，换句话说食用荤酒是否影响神行法的使用效果，是一个模糊不清的问题。如果说神行法不需要戒荤酒，很难解释为什么戴宗平时荤素不忌，一旦使用神行法时却总将"不吃荤酒"挂在嘴边，同时也的确身体力行地执行着这项戒律。戴宗去找公孙胜的时候是一人而行，书中说他"取路望蓟州来，把四个甲马拴在腿上，作起神行法来，于路只吃些素茶素食"，此时并没有同行监督之人，但戴宗还是非常坚定地执行着不吃荤酒的戒律。后来戴宗在路上遇到了锦豹子杨林，两人结伴去寻公孙胜，仍然坚持并带动杨林一起吃素。

> 戴宗收了甲马，两个缓缓而行，到晚就投村店歇了。杨林置酒请戴宗，戴宗道："我使神行法，不敢食荤。"两个只买些素饭相待，结义为兄弟。
>
> ——第四十四回《锦豹子小径逢戴宗　病关索长街遇石秀》

仅从这一段来看，酒似乎在神行法的明确禁忌之列，这一次与戴宗第一次送信去东京路上还能吃些素酒相比，戒律变得更加"严格"了一些。不过，很多人注意到戴宗首席信息官的职责，常忽略戴宗作为 HR（人力资源）的工作，梁山泊招揽人才必然是从酒桌开始，戴宗也不例外。因此刚刚严格起来的禁酒令，在遇到邓飞、裴宣时又被临时解除了。

当下裴宣出寨来，降阶迎接，邀请二位义士到聚义厅上。俱各讲礼罢，谦让戴宗正面坐了，次是裴宣、杨林、邓飞、孟康，五筹好汉，宾主相待，坐定筵宴。当日大吹大擂饮酒，一团和气……众人吃酒中间，戴宗在筵上说起晁、宋二头领招贤纳士，结识天下四方豪杰……酒至半酣，移去后山断金亭上看那饮马川景致吃酒……五筹好汉吃得大醉。裴宣起身舞剑饮酒，戴宗称赞不已。

——第四十四回《锦豹子小径逢戴宗　病关索长街遇石秀》

"酒品即人品"，这句话显然过于绝对，但从一个人在饮酒中的细节和表现去窥探一个人的性格也并非空穴来风。"酒桌识人"是个听起来不太上台面却在日常实践中被广泛应用的方法。西晋石崇，残暴至极，命手下美人劝酒，客人若不喝便杀掉劝酒人。王导本不善饮，因怕美人丧命而勉强应付；王敦善饮却故意不喝致美人丧命。王导与王敦性格之差异通过饮酒显露无遗。想招揽好汉，与好汉痛饮一席，既能满足肝胆相照、增进感情的需求，也是酒桌识人的最佳时机，戴宗自然不会放过这样的机会。鲁智深就是在饮酒时看出李忠不是个爽利的人。

武术与舞蹈关系密切、同宗同源，武与舞的最佳结合体就是舞剑。舞剑助兴是酒席上由来已久的特殊节目，鸿门宴上范增让项庄以舞剑助兴的名义趁机杀掉刘邦，得亏项伯也以舞剑之名保护了刘邦，留下"项庄舞剑，意在沛公"的典故。传唐代书法家张旭起初写草书不得要领，后来观公孙大娘舞剑悟得真谛，张旭欲书先酒，这是舞剑与饮酒另一种方式的相遇。酒兴正浓时，裴宣舞剑助兴，不过不是为了刺杀，而是向招聘官戴宗展现自己的真才实学，与花荣在梁山射雁以展示高超射术的心思是一样的。

戴宗这一次出行，偶遇了杨林，劝说了裴宣，又请石秀吃了一次酒，收获颇丰，唯独缘分不够没有寻到公孙胜。后来破高廉法术的时候，戴宗又去寻公孙胜，这一次有李逵同行。戴宗带着李逵同使神行法，路上李逵与戴宗的对话很有玄机。

　　走了三十余里，李逵立住脚道："大哥，买碗酒吃了走也好。"戴宗道："你要跟我作神行法，须要只吃素酒，且向前面去。"李逵答道："便吃些肉也打甚么紧？"戴宗道："你又来了。今日已晚，且寻客店宿了，明日早行。"两个又走了三十余里，天色昏黑，寻着一个客店歇了，烧起火来做饭，沽一角酒来吃。李逵搬一碗素饭并一碗菜汤，来房里与戴宗吃。戴宗道："你如何不吃饭？"李逵应道："我且未要吃饭哩。"戴宗寻思道："这厮必然瞒着我背地里吃荤。"戴宗自把素饭吃了，却悄悄地来后面张时，见李逵讨两角酒，一盘牛肉，在那里自吃。戴宗道："我说甚么！且不要道破他，明日小小的要他要便了。"戴宗自去房里睡了。李逵吃了一回酒肉，恐怕戴宗说他，自暗暗的来房里睡了。

　　　　　　　　——第五十三回《戴宗智取公孙胜　李逵斧劈罗真人》

　　李逵原是戴宗的部下，戴宗对李逵贪酒好赌的秉性了如指掌。以前李逵当牢头时醉了、闹了、打了顶多算私德问题，如今两人肩负梁山事业，一味任性坏的就是大事，如果不能压制住李逵的蛮劲，后果不堪设想。因此这一次差事中先有戴宗用神行法敲打李逵，再有罗真人用法术给李逵以警告。李逵先说要吃酒，戴宗知道李逵吃酒必然要吃肉，因此对他说喝点素酒可以，但是不能吃肉。到了晚上，李逵"沽一角酒"喝了，只把"一碗素饭并一碗菜汤"拿给戴宗吃，等戴宗睡了，偷偷地"讨两角酒，一盘牛肉"去吃。按理说，李逵破了神行法法术的规矩，法术应当失灵，但第二天神行法还是可以起作用的；李逵之所以脚上拴着马甲不能落地，并不是因为破坏了法术的规矩造成的"系统混乱"，而是因为破坏了戴宗定的规矩，戴宗想要"小小的要他要"——故意装作吃了酒肉神行法便错乱了的境况来恐吓李逵，以达到"从此李逵方畏服"的效果。

　　种种迹象表明，神行法与戒酒之间的关系十分暧昧：神行法与酒的关系不是物理的因果关系，神行法是不是能够施行，与使用者或者参与者吃不吃荤酒似乎没有什么关系；戴宗不是出家人，他吃不吃荤酒，似乎也没有信仰上的戒律问题。戴宗自己用神行法出门时只吃素酒素饭，遇到杨林时则连素酒也不吃，忽紧忽松，忽明忽暗。由此我们似乎只能得出一种结论，就是神行法可能是一种脱胎于道家的法术，但这种法术蕴藏在神行甲马这种道具里；戴宗会的只是使用这种道具的手段，因此他本人是否有道术、是否是道士，甚至是否守戒律其实都无关紧要。但对于戴宗而言，神行法是令他不同于其他人的存在，是一种超能力的象征，超能力如果没有一些仪式性的戒律就显得太不神秘了。有戒律要遵守，没有戒律创造戒律也要遵守，因此李逵破坏的实际上不是神行法奏效的条件，而是戴宗对神行法神秘性的重视和信仰。

从某种程度上说，戴宗本性上没有鲁智深那样"酒肉穿肠过、佛祖心中留"的坦荡，也不能像《红楼梦》里王一贴"我有真药，跑到这里来混"那样的通透。出于行走江湖的需要，为自己设下诸多条条框框，并煞有介事地奉为圭臬，虽然不够超脱，但或许正是这种"我信仰信仰本身、我坚持坚持本身"的劲头让戴宗最终开悟，"情愿纳下官诰，要去泰安州岳庙里，陪堂求闲，过了此生"，成为梁山好汉中为数不多的善终者。

第八集

酒性如火　杀人如麻——黑旋风李逵的酒

　　小孩子看影视剧时都急于问一个问题：他是好人还是坏人？而成年人都知道非黑即白的脸谱化人物是角色塑造的败笔，这看似是成年人与小孩子之间天然的矛盾，但实则可以看作是"因为、所以"的直线思维与"虽然、但是"的曲线思维之间的矛盾。李逵的思维是典型的小孩子思维：对错大于得失，本能大于礼教。因此，对李逵的评价呈现出严重的两极分化，喜欢李逵的人爱他近乎天真的性格——极端忠诚、疾恶如仇，以及极具喜剧色彩的桥段；而不喜欢李逵的人则对李逵异乎寻常的残忍、对无辜群众"一斧一个，排头儿砍将去"的暴虐十分反感。

　　从作者对人物设定的角度来看，第五十三回罗真人曾经解释过李逵是"天杀星"下凡。天杀星，顾名思义，就是上天派下来杀戮众生的星宿，这就部分地解释了李逵杀人无度的缘由，由此一来，李逵的杀人便在天道的层面"合理化"了。抛开星宿天理不论，李逵天真、疾恶的性格与他的杀人如麻其实是互为一体的：天真的本意就是未受文明规训，所以李逵行为的底层逻辑是近乎残酷的"丛林法则"，凡是比他弱的皆可杀，如果自己被杀了也无怨言。李逵对死毫无畏惧，就像他认为犯错后认错比砍头还难为情，用他自己的话说就是"不如割了头去干净"。

宋江便道："我正是山东黑宋江。"李逵拍手叫道："我那爷！你何不早说些个，也教铁牛欢喜！"扑翻身躯便拜。宋江连忙答礼，说道："壮士大哥请坐。"戴宗道："兄弟，你便来我身边坐了吃酒。"李逵道："不奈烦小盏吃，换个大碗来筛。"

——第三十八回《及时雨会神行太保　黑旋风斗浪里白跳》

李逵第一次出场是和戴宗、宋江喝酒，这顿酒也非常有趣，其间经历了一场赌钱的波折。李逵从戴宗的口中确认了眼前的黑汉子就是自己一直隔空崇拜的宋江哥哥，戴宗让他坐下一起喝酒，李逵却撒一个谎，说自己要借一锭银子去赎银子——这个奇怪的理由似乎只有李逵能编得出来。事实上，根据李逵大闹赌坊时赌场小二的说法，李逵平时最是"赌直"，也就是说他赌德不错：愿赌服输，口碑很好。李逵这次去赌钱，目的是多赢一点钱请宋江喝酒，因此李逵离席之前还说"两位哥哥只在这里等我一等。赎了银子，便来送还，就和宋哥哥去城外吃碗酒"——虽然没有钱，但敬佩的大哥来了就得想办法请他喝酒，无论是去赌，还是去抢。总之不能像高适送别琴师朋友董庭兰那样因囊中羞涩而不能尽情痛饮一般：丈夫贫贱应未足，今日相逢无酒钱。

在《水浒传》中，酒后干出荒唐事的好汉不在少数，但李逵的"酒性不好"几乎是大家公认的。戴宗一开始给宋江介绍李逵的时候，就提到李逵"酒性不好，多人惧他"，而且这种酒后脾气不好似乎还和别人不同——一般人喝多了不过胡言乱语，甚至借酒恃强凌弱；好汉们喝多了怒发冲冠、打虎拔树；而李逵喝多了却喜欢打同事。李逵的人生信条就是不欺软、只打硬，越是弱小的人越不欺负，譬如牢里的罪人，譬如假装成李逵打劫却搬出老母装可怜的李鬼。而对于那些平时比较横行霸道的人，譬如和他体格差不多的牢头，后台强硬的殷天锡，甚至法力无边的罗真人，他打起来毫不手软、毫无愧疚。这就是李逵的脾气，不注重善恶、只区分强弱。

宋江笑道："……我看这人倒是个忠直汉子。"戴宗道："这厮本事自有，只是心粗胆大不好。在江州牢里，但吃醉了时，却不奈何罪人，只要打一般强的牢子。我也被他连累得苦。专一路见不平，好打强的人，以此江州满城人都怕他。"

——第三十八回《及时雨会神行太保　黑旋风斗浪里白跳》

李逵和宋江的关系，既为人称道又惹人叹惜。虽然李逵早就仰慕宋江"及时雨"的声名，但李逵真正被宋江的人格魅力所征服则是在对坐饮酒之后。戴宗是李逵的顶头上司，相识更早，对李逵的性格也更加了解，但当三人坐下来喝酒的时候，对于李逵粗鲁叫嚷"酒把大碗来筛，不奈烦小盏价吃"的行为戴宗感到的是丢面子，因此喝令李逵"兄弟好材！你不要做声，只顾吃酒便了"。说话的语气更像是长官而不是朋友，更不是兄弟。而宋江对待李逵的态度则不同——他自己虽然欣赏浔阳江景和琵琶亭上的美食美器，但对待李逵的粗鲁却毫不在意，在宋江看来这不过是人与人之间的差异罢了。宋江吩咐酒保说："我两个面前放两只盏子，这位大哥面前放个大碗。"一句话便让李逵感觉遇到了知音，愿意死心塌地追随大哥宋江了。

上梁山之后，宋江对李逵多有呵斥，所以有人将宋江第一次见李逵时的豁达解释为出于礼貌的客套，是邀买人心的伎俩。宋江确有虚伪与狡诈的一面，但他对李逵的感情与其他人还是有所不同的，他知道不可能有第二个对他别无二心的人。因此宋江对李逵称不上"渣"，李逵对宋江也算不上"错付"。李逵身上的悲剧事件就是回乡接母亲，路上因无人帮他照顾母亲，致使母亲被老虎叼走，也有人将此事的源头追溯到宋江的头上，认为是宋江不肯派人与李逵同行导致的。事实上，宋江对于李逵去接母亲的事情还是十分上心的。

　　宋江道："你要去沂州沂水县搬取母亲，第一件，径回，不可吃酒；第二件，因你性急，谁肯和你同去，你只自悄悄地取了娘便来；第三件，你使的那两把板斧，休要带去，路上小心在意，早去早回。"

　　宋江放心不下，对众人说道："李逵这个兄弟，此去必然有失。不知众兄弟们谁是他乡中人，可与他那里探听个消息？"……宋江道："今有李逵兄弟前往家乡搬取老母，因他酒性不好，为此不肯差人与他同去。诚恐路上有失，我们难得知道。今知贤弟是他乡中人，你可去他那里探听走一遭。"

——第四十三回《假李逵剪径劫单人　黑旋风沂岭杀四虎》

宋江对李逵提了三个要求：第一个沿途不许贪酒误事；第二个让他自己悄悄地去接母亲；第三则是让李逵不要带着标志性的板斧下山。这三个要求都指向同一个目的：让李逵小心行事，不要被人认出。此时正值晁盖等人大闹江州救宋江上山落草之际，李逵刚刚完成"一斧一个，排头儿砍将去"的壮举，风口浪尖的时候，李逵这样鲁莽的性格如果沿途再喝酒，或者与同行的人闹别扭，或者标志性的凶器大板斧被人看见，那就太容易暴露身份陷入危险了。一路上李逵确实谨遵宋江的告诫不吃酒、不多话、不惹事，以致行程都比平时慢了许多。然而，好景不长，这良好的习惯没能长久保持，在到了老家沂水县后，李逵的警惕性便开始下降。

（朱贵）便叫兄弟朱富来与李逵相见了。朱富置酒管待李逵。李逵道："哥哥分付，教我不要吃酒，今日我已到乡里了，便吃两碗儿，打甚么鸟紧！"朱贵不敢阻当他，由他吃。

——第四十三回《假李逵剪径劫单人　黑旋风沂岭杀四虎》

后面事情的发展证明宋江的担心并非多余，李逵杀了吃掉母亲的老虎后，在曹太公庄上将宋江的劝诫忘得一干二净，"一杯冷，一杯热，李逵不知是计，只顾开怀畅饮"，结果"不两个时辰，把李逵灌得酩酊大醉，立脚不住"。李逵因为贪杯被官府抓住，差点弄丢脑袋。宋江不安排人与李逵同路，并不是对他不管不顾，相反早安排下朱贵、朱富兄弟暗中接应。幸亏朱富与捉拿李逵的都头李云有些交情，用蒙汗药酒灌倒李云一众，将李逵救出。营救过程中，一向鲁莽的李逵还配合朱富兄弟俩演起了双簧。

朱富便向前拦住，叫道："师父且喜！小弟将来接力。"桶内舀一壶酒来，斟一大钟，上劝李云。朱贵托着肉来，火家捧过果盒。李云见了，慌忙下轿，跳向前来说道："贤弟，何劳如此远接！"朱富道："聊表徒弟的孝顺之心。"李云接过酒来，到口不吃。朱富跪下道："小弟已知师父不饮酒，今日这个喜酒，也饮半盏儿，见徒弟的孝顺之意。"李云推却不过，略呷了两口。朱富便道："师父不饮酒，须请些肉。"李云道："夜间已饱，吃不得了。"朱富道："师父行了许多路，肚里也饥了。虽不中吃，胡乱请些，也免小弟之羞。"拣两块好的递将过来。李云见他如此殷勤，只得勉意吃了两块。朱富把酒来劝上户里正并猎户人等，都劝了三钟。朱贵便叫土兵庄客众人都来吃酒。这伙男女那里顾个冷热好吃不好吃，酒肉到口，只顾吃，正如这风卷残云，落花流水，一齐上来抢着吃了。李逵光着眼，看了朱贵兄弟两个，已知用计，故意道："你们也请我吃些！"朱贵喝道："你是歹人，有何酒肉与你吃！这般杀才，快闭了口！"李云看着土兵，喝道："叫走！"只见一个个都面面厮觑，走动不得，口颤脚麻，都跌倒了。李云急叫："中了计了！"

——第四十三回《假李逵剪径劫单人　黑旋风沂岭杀四虎》

李逵酒性不好是众人皆知的事实，戴宗第一次介绍李逵时就是这么说的；吴用下山赚玉麒麟卢俊义的时候对李逵说的也是"你的酒性如烈火，自今日去便断了酒"。李逵性格暴躁如炮仗般一点就着，倘若不喝酒，兴许还能说通三分道理；要是一喝酒，恼火起来不论三七二十一就要砍人，谁能管得住这位太岁？因此宋江约束李逵的酒瘾，不仅仅是为了李逵，还是对其他兄弟的安危负责。当然，李逵这样的烫手山芋也有他不可取代的用途，卢俊义被吴用骗到梁山不肯入伙坚决辞行，梁山只好用无赖的酒局软硬兼施地拖延时间，这时候李逵与吴用一个唱红脸一个唱白脸配合得天衣无缝。

李逵在内大叫道："我舍着一条性命，直往北京请得你来，却不吃我弟兄们筵席！我和你眉尾相结，性命相扑！"吴学究大笑道："不曾见这般请客的，甚是粗卤！员外休怪，见他众人薄意，再住几时。"

——第六十二回《放冷箭燕青救主　劫法场石秀跳楼》

李逵天生爱折腾的命，自己也说"若闲便要生病"，宋江、吴用安排林冲等去接应关胜时没有安排李逵随行，李逵申请随行还被宋江呵斥，一怒之下自己单枪匹马下山去了。憋了一肚子气的李逵便要借题发挥、借酒发泄，这时酒就是引子，醉不醉已经不重要，哪怕是一碗醪糟也不影响他刮起黑旋风。此时火冒三丈的李逵已经进入遇神杀神、遇佛杀佛的疯狂模式，只看谁是那个命数不济的倒霉蛋了。

且说李逵是夜提着两把板斧下山，抄小路径投凌州去……走了半日，走得肚饥，原来贪慌下山，又不曾带得盘缠。多时不做这买卖，寻思道："只得寻个鸟出气的。"正走之间，看见路旁一个村酒店，李逵便入去里面坐下，连打了三角酒，二斤肉吃了，起身便走。酒保拦住讨钱。李逵道："待我前头去寻得些买卖，却把来还你。"说罢，便动身。只见外面走入个彪形大汉来，喝道："你这黑厮好大胆！谁开的酒店，你来白吃不肯还钱！"李逵睁着眼道："老爷不拣那里，只是白吃。"韩伯龙道："我对你说时，惊得你尿流屁滚！老爷是梁山泊好汉韩伯龙的便是，本钱都是宋江哥哥的。"李逵听了暗笑："我山寨里那里认的这个鸟人！"原来韩伯龙曾在江湖上打家劫舍，要来上梁山泊入伙，却投奔了旱地忽律朱贵，要他引见宋江。因是宋公明生发背疮在寨中，又调兵遣将，多忙少闲，不曾见得，朱贵权且教他在村中卖酒。当时李逵去腰间拔出一把板斧，看着韩伯龙道："把斧头为当。"韩伯龙不知是计，舒手来接，被李逵手起，望面门上只一斧，肐膊地砍着。可怜韩伯龙做了半世强人，死在李逵之手。两三个火家，只恨爷娘少生了两只脚，望深村里走了。李逵就地下掳掠了盘缠，放火烧了草屋，望凌州去了。

——第六十七回《宋江赏马步三军　关胜降水火二将》

李逵的蛮横无理、粗暴残忍在这一节表现得淋漓尽致。按理说，韩伯龙已经说出自己是梁山好汉，这家酒店的"本钱都是宋江哥哥的"，李逵就算不清楚这里面的真假，起码也要先确认一下，但李逵根本不在乎，人砍了，钱抢了，店烧了，就是这么任性。李逵的为人不能简单地说是"好"还是"坏"。譬如李逵装成县官取乐的时候，让两个公人假装打架来告官，他的判决是打人的是好汉无罪，被打的是窝囊废，还要加以责罚。如果硬要总结李逵的行为准则，只能说是在非黑即白的道德观上再加一层弱肉强食的丛林法则。由于《水浒传》中特地突出李逵"憨直"的特征，让人知道他的蛮横和残忍不是出于恶毒，而是出于一种极端的天真，因此李逵的残忍又往往体现出黑色幽默的特点。譬如李逵与燕青同行时路过一个人家，李逵想要骗点酒肉吃，于是假装自己是罗真人的徒弟，能为太公捉鬼。

> 李逵道："你拣得膘肥的宰了，烂煮将来，好酒更要几瓶，便可安排今夜三更与你捉鬼。"太公道："师父如要书符纸札，老汉家中也有。"李逵道："我的法只是一样，都没甚么鸟符，身到房里，便揪出鬼来。"燕青忍笑不住。老儿只道他是好话，安排了半夜，猪羊都煮得熟了，摆在厅前。李逵叫讨大碗，滚热酒十瓶价做一巡筛。明晃晃点着两枝蜡烛，焰焰烧着一炉好香。李逵掇条凳子，坐在当中，并不念甚言语，腰间拔出大斧，砍开猪羊，大块价扯将下来吃。又叫燕青道："小乙哥，你也来吃些。"燕青冷笑，那里肯来吃。李逵吃得饱了，饮过五六碗好酒，惊得太公呆了。李逵便叫众庄客："恁们都来散福。"拈指间，散了残肉。李逵道："快舀桶汤来，与我们洗手洗脚。"无移时，洗了手脚，问太公讨茶吃了。又问燕青道："你曾吃饭也不曾？"燕青道："吃得饱了。"李逵对太公道："酒又醉，肉又饱，明日要走路程。老爷们去睡。"
>
> 太公却引人点着灯烛，入房里去看时，照见两个没头尸首，剁做十来段，丢在地下。太公、太婆烦恼啼哭，便叫人扛出后面去烧化了。李逵睡到天明，跳将起来，对太公道："昨夜与你捉了鬼，你如何不谢将？"太公只得收拾酒食相待。李逵、燕青吃了便行，狄太公自理家事。
>
> ——第七十三回《黑旋风乔捉鬼 梁山泊双献头》

李逵装神弄鬼的目的很简单，就是诳太公的酒肉吃；吃饱喝足，他就睡觉去了，也不打算管什么捉不捉鬼的事情。太公再三央求李逵帮忙驱鬼，于是李逵径直闯进后院，发现两个装作闹鬼实则偷情的男女，李逵也不管这两人是谁，直接杀了剁成几段，其中的女子正是太公的女儿。李逵杀了太公的女儿，还要太公用酒肉谢他——这种行为，放在第二个人身上只能视为冷酷的恶魔，而在李逵身上却并不显得突兀。李逵是极端的认理不认人，哪怕对于他心中唯一的大哥宋江也是如此：为了守护宋江可以滴酒不沾；误以为陌生老汉女儿被宋江抢去可以指着宋江的鼻子大骂，活脱脱就是梁山泊的铁面御史。

> 戴宗临行，又嘱付道："兄弟小心，不要贪酒，失误了哥哥饭食。休得出去噇醉了，饿着哥哥！"李逵道："哥哥你自放心去，若是这等疑忌时，兄弟从今日就断了酒，待你回来却开。早晚只在牢里伏侍宋江哥哥，有何不可！"戴宗听了大喜道："兄弟，若得如此发心，坚意守看哥哥，又好。"当日作别自去了。李逵真个不吃酒，早晚只在牢里伏侍宋江，寸步不离。
>
> ——第三十九回《浔阳楼宋江吟反诗　梁山泊戴宗传假信》

> 李逵道："哥哥，你说甚么鸟闲话！山寨里都是你手下的人，护你的多，那里不藏过了。我当初敬你是个不贪色欲的好汉，你原正是酒色之徒，杀了阎婆惜便是小样，去东京养李师师便是大样。你不要赖，早早把女儿送还老刘，倒有个商量。你若不把女儿还他时，我早做早杀了你，晚做晚杀了你。"
>
> ——第七十三回《黑旋风乔捉鬼　梁山泊双献头》

李逵最不爱女色，甚至视女色如瘟神，其敬重宋江的主要原因之一便是宋江也是个"不贪色欲的好汉"。有趣的是，李逵的行侠仗义多与解救女子相关：替狄太公捉妖是因为其女儿半年闭门不出；替刘太公报仇是因为其女儿被假宋江掳走；连在醉梦中也是解救被强盗逼婚的女子。当人家要将解救的女子许配给李逵时，李逵不是婉言谢绝而是暴跳如雷踢翻桌子骂道："这样腌臜歪货！却才可是我要谋你的女儿，杀了这几个撮鸟？快夹了鸟嘴，不要放那鸟屁！"李逵怕的根本不是掉脑袋，而是被人误解或取笑，所以才会有如此过激的反应——怕被人误解救人是因为自己怀有儿女私念。在一百回本的《水浒传》中，没有李逵天池岭醉酒的章节，一百二十回本这一节李逵梦到了破田虎的要诀，更重要的是通过这一节堪称梦幻版的李逵自传，对于理解李逵有别样的助益。

> 李逵这时多饮了几杯酒，酣醉上来，一头与众人说着话，眼皮儿却渐渐合拢来，便用双臂衬着脸，已是睡去。忽转念道："外面雪兀是未止。"心里想着，身体未常动弹，却像已走出亭子外的一般。
>
> ——第九十三回《李逵梦闹天池　宋江兵分两路》

这一段写李逵醉酒，没有惯常粗鲁的画风，反而呈现出一种宁静的蒙太奇效果：李逵一面说话，一面逐渐沉入醉乡，身子没有移动，灵魂走在雪地。李逵在梦中云游，将他一生中的满足与遗憾都经历了一遍。所谓满足，是说李逵在梦中按照自己的脾性"惩奸除恶"，砍死了几个强娶民女的霸道强人，然后又砍死了陷害梁山好汉的奸臣。惩小奸、除大恶，这就是李逵一生主要的，甚至可以说是唯一的目标。他是天杀星下凡，杀戮是他的宿命，又在梦中得到皇帝的肯定，自然欢喜满足。所谓遗憾，是没有完成侍奉母亲的孝心，因此在梦里李逵回到了去接母亲的那个时候，这一次他有机会直接面对林子里跳出来的猛虎，而不是只能绝望地看着虎窝里的一堆白骨。

李逵对宋江几乎可以说是言听计从、万死不惜，但李逵和宋江最大的矛盾在于对待招安的态度。不过最终李逵还是跟随着宋江，心不甘情不愿地接受了招安。对宿命中要放肆杀戮的天杀星而言，接受招安实际上就意味着命运的轨迹走到了终点，再也不能大碗喝酒、大口吃肉，再也不能赤裸上身抡起板斧快意江湖，李逵的灵魂早在宋江那杯毒酒之前就已经走入死胡同。

且说黑旋风李逵自到润州为都统制，只是心中闷倦，与众终日饮酒，只爱贪杯。

——第一百回《宋公明神聚蓼儿洼　徽宗帝梦游梁山泊》

李逵与宋江的缘起是一碗江湖相逢的薄酒，他们故事的落幕同样是一杯酒——了却生死的毒酒。宋江知道自己被下毒之后，没有担心任何人会为自己报仇而重返梁山，唯独叫来了李逵，在给他接风的酒中下了慢性毒药。宋江与李逵的对话印证了宋江的猜测，宋江问李逵如果自己被朝廷毒死怎么办？李逵的答案斩钉截铁——"反了罢"。对宋江而言"替天行道忠义之名"是他一生的魔咒，李逵的方案是宋江最不能接受的。当李逵得知宋江给他喝了毒酒，并没有像他为刘太公女儿报仇那样痛骂宋江，而是垂泪说道："罢、罢、罢！"李逵早就说过"哥哥剐我也不怨，杀我也不恨。除了他，天也不怕"！李逵知道没有了宋江，即便苟活于世，以后的酒再也喝不出他想要的滋味！

李逵不惧生死是真，但不惧生死是多数梁山好汉的特质；李逵反对招安不假，可反对者除了李逵还有武松、鲁智深。李逵真正超越梁山所有人的地方是天生的反骨，并且极其彻底。一般造反者总还有条底线：皇上是圣明的，只不过奸臣当道。试想真正圣明的皇上怎么会让奸臣当道？所谓清君侧不过是不敢从根儿上反掉的自欺欺人罢了。

第四十一回李逵跳将起来道："放着我们有许多军马，便造反怕怎地！晁盖哥哥便做了大皇帝，宋江哥哥便做了小皇帝，吴先生做个丞相，公孙道士便做个国师，我们都做个将军，杀去东京，夺了鸟位，在那里快活，却不好！"第六十七回李逵叫道："今朝都没事了，哥哥便做皇帝，教卢员外做丞相，我们都做大官，杀去东京，夺了鸟位子，却不强似在这里鸟乱！"第七十五回李逵喝道："你的皇帝姓宋，我的哥哥也姓宋，你做得皇帝，偏我哥哥做不得皇帝！"这样的意识不要说在梁山绝无仅有，就是放到悠悠历史长河中又有几人？他令所有充塞奴性的身躯都自惭形秽。

第九集

酒不乱性　人间清醒——拼命三郎石秀的酒

1997 年的电视连续剧《水浒传》的主题曲《好汉歌》中，有"路见不平一声吼""生死之交一碗酒"等句，用在病关索杨雄与拼命三郎石秀的出场上，可谓恰如其分。

杨雄是个刽子手，一日处决完犯人返回家的途中，他的朋友们举酒贺喜，"一簇人在路口拦住了把盏"。刽子手的职业对人的心理素质要求很高，即便是奉命行事的合法杀人也会被认为是有损阴德的，因此事后会有一些固定的习俗——比如挂红、把盏。挂红是为了驱邪，把盏饮酒主要为了压惊。古代死刑犯被行刑前也有一碗酒，同样有压惊的作用，更重要的是送行的作用，只不过日常送行可以说再见，刑前送行只能是永别。无论杀人的还是被杀的，都需要一杯酒去安抚各自的灵魂。

石秀其人，在水浒好汉中不算突出。石秀出场比较晚，性格特征正如其拼命三郎的诨名一样——"一生执意，路见不平，但要去相助"，但因为早有鲁智深、武松、李逵金玉在前，石秀的路见不平拔刀相助就衬托得不那么显著了。石秀一出场便是搭救在街上和人缠斗不占上风的杨雄，两人因此结为兄弟。不过石秀的第一顿酒却不是和杨雄喝的，被急于为梁山泊招募人才的戴宗、杨林"截了和"。

当时戴宗、杨林向前邀住，劝道："好汉且看我二人薄面，且罢休了。"两个把他扶劝到一个巷内。杨林替他挑了柴担，戴宗挽住那汉手，邀入酒店里来。杨林放下柴担，同到阁儿里面。那大汉叉手道："感蒙二位大哥解救了小人之祸。"戴宗道："我弟兄两个也是外乡人，因见壮士仗义之心，只恐足下拳手太重，误伤人命，特地做这个出场，请壮士酌三杯，到此相会，结义则个！"那大汉道："多得二位仁兄解拆小人这场，却又蒙赐酒相待，实是不当。"杨林便道："四海之内，皆兄弟也，有何伤乎！且请坐。"

——第四十四回《锦豹子小径逢戴宗　病关索长街遇石秀》

杨雄、石秀两人非亲非故，石秀在街上看见杨雄被张保欺负，因此拔刀相助，两人认了兄弟。说起两人的身世，并不是"八十万禁军教头""皇叔"这样的身份：杨雄是一个普通的节级，娶了一个名叫潘巧云的年轻寡妇，丈人家里原来是做屠户的，结婚才一年不到；石秀初来乍到，贩柴为生，他祖上也是做屠宰生意的。仗义每多屠狗辈，身处社会底层的人士历经生活的磨难仍保持着纯正直率的内心，讲义气、爱打抱不平。杨雄被石秀搭救，杨雄请石秀喝酒，但最终计算酒钱的时候却有一个细节，说"石秀将这担柴也都准折了"，也就是石秀把自己本来准备上街卖掉的柴也当作酒钱抵押掉了。身为节级的杨雄和丈人潘公并不缺这点酒钱，但石秀性格中的"不白占别人便宜"的率真义气，在这里就已经埋下伏笔。

杨雄道："我今年二十九岁。"石秀道："小弟今年二十八岁。就请节级坐，受小弟拜为哥哥。"石秀拜了四拜。杨雄大喜，便叫酒保："安排饮馔酒果来！我和兄弟今日吃个尽醉方休。"

潘公道："叔叔曾省得杀牲口的勾当么？"石秀笑道："自小吃屠家饭，如何不省得宰杀牲口。"潘公道："老汉原是屠户出身，只因年老做不得了。止有这个女婿，他又自一身入官府差遣，因此撇下这行衣饭。"三个酒至半酣，计算了酒钱，石秀将这担柴也都准折了。

——第四十四回《锦豹子小径逢戴宗　病关索长街遇石秀》

尽管两人认作兄弟、石秀也在杨雄丈人潘公的帮扶下开了屠宰作坊，但石秀在潘家大约仍处于"主家的朋友兼信得过的伙计"这样的身份。冬天将至，石秀给自己置办了新的冬装，有一次石秀去比较远的地方买猪，过了三天才到家，发现店铺没有开门，店铺的肉案、砧头、刀具都收起来了，石秀敏感觉察是潘公觉得自己在买卖过程中揩了油水，不再信任他，因此不做这个买卖了。

> 潘公已安排下些素酒食，请石秀坐定吃酒。潘公道："叔叔远出劳心，自赶猪来辛苦。"石秀道："礼当。丈丈且收过了这本明白帐目，若上面有半点私心，天地诛灭！"潘公道："叔叔何故出此言？并不曾有个甚事。"石秀道："小人离乡五七年了，今欲要回家去走一遭，特地交还帐目。今晚辞了哥哥，明早便行。"
>
> ——第四十四回《锦豹子小径逢戴宗　病关索长街遇石秀》

石秀精细的"眼力界儿"，和他无须潘公询问便自表没有私心不曾贪污、自请挂账回乡的话语，与"动辄提刀排头砍去的""水浒英雄"有着显著的不同。石秀见微知著的本事源自底层生活的摸爬滚打，是在人与人之间长期交往中总结出的"不成文"的规矩，这种人际交往的潜台词往往"都在酒里"了，而石秀便是那个能从酒里敏锐识别不同滋味的人。

正因为石秀的察言观色与缜密心思，潘巧云和海和尚之间不清不楚的关系，他从一开始就猜到了八九分，而此时无论是潘巧云的亲爹潘公还是她的丈夫杨雄都对这种暧昧关系一无所知，因此潘巧云借口还愿去寺里烧香时与情人幽会，杨雄和潘公都一口答应，只有石秀心里明白。事实上，海和尚也发现了石秀的精明，但他和潘巧云一对口风，发现石秀并不是杨雄的亲兄弟，因此也就不放在心上了。

西门庆、潘金莲一节将"酒为色媒人"的调情手段渲染得已近极致，潘巧云、裴如海这一节以酒为药引的安排另有机杼。裴如海和潘巧云约往寺中相见，潘巧云的父亲潘公也跟着同来，裴如海想要创造下手的机会，就得想办法把潘公支走。故此裴如海准备了一桌精致的酒宴，一来灌醉潘公，二来勾引潘巧云。

> 说言未了，却早托两盘进来，都是日常里藏下的希奇果子，异样菜蔬，并诸般素馔之物，排一春台。那妇人便道："师兄何必治酒，无功受禄。"和尚笑道："不成礼数，微表薄情而已。"师哥儿将酒来斟在杯内。和尚道："干爷多时不来，试尝这酒。"老儿饮罢道："好酒，端的味重！"和尚道："前日一个施主家传得此法，做了三五石米，明日送几瓶来与令婿吃。"老子道："甚么道理！"和尚又劝道："无物相酬贤妹娘子，胡乱告饮一杯。"两个小师哥儿轮番筛酒，迎儿也吃劝了几杯。那妇人道："酒住，吃不去了。"和尚道："难得贤妹到此，再告饮几杯。"潘公叫轿夫入来，各人与他一杯酒吃。和尚道："干爷不必记挂，小僧都分付了，已着道人邀在外面，自有坐处吃酒面。干爷放心，且请开怀自饮几杯。"
>
> 原来这贼秀为这个妇人，特地对付下这等有力气的好酒。潘公吃央不过，多吃了两杯，当不住，醉了。和尚道："且扶干爷去床上睡一睡。"和尚叫两个师哥只一扶，把这老儿搋在一个静房里去睡了。这里和尚自劝道："娘子，再开怀饮几杯。"那妇人一者有心，二乃酒入情怀。自古道：酒乱性，色迷人。那妇人三杯酒落肚，便觉有些朦朦胧胧上来，口里嘈道："师兄，你只顾央我吃酒做甚么？"和尚扯着口，嘻嘻的笑道："只是敬重娘子。"

——第四十五回《杨雄醉骂潘巧云　石秀智杀裴如海》

古人判定酒的好坏，首先通过滋味的厚薄。滋味淡薄的酒也常常被称为"素酒"，出家之人如果要求不是特别严格，或者有某些特殊需要时，是可以喝一些素酒的。滋味浓厚的酒是指酒味香醇、酒精度数高，饮者便容易醉。和尚自然是不允许喝这种酒的。裴如海为了灌醉潘公，特地拿出高度数的好酒，如果潘公心细，仅此一项，便可知裴如海是一个不守清规戒律的和尚。倘若石秀在此，必然能从酒的问题看出人的问题。文中一句"那妇人一者有心，二乃酒入情怀"，这句话正是"酒是色媒人"的绝佳注脚。生活在礼教下，即使有出轨私通的心思，还是存在一层尴尬、羞愧或者对后果畏惧的窗户纸。在这种情况下，酒需要为捅破这层窗户纸助力——饮酒会降低人的判断力和对行动后果的估量能力。醉眼看花花更红，几杯烈酒、几分醉意，将潘巧云和裴如海之间僧俗不同、女已有夫、老父就在隔壁等种种平素也许还构成顾虑的因素都抛到了脑后。

潘巧云和裴如海从在寺中幽会变成在家中有计划的苟合，发现这个问题的仍然是石秀，杨雄与潘公依旧被蒙在鼓里。作为结义兄弟而非亲兄弟，石秀插手这件家务事，本质上是有些尴尬的，而且很容易将自己陷入困境中，以石秀的精明，不可能没有预料到这一点。只不过一个注重兄弟情义且被称为"拼命三郎"的人对于这种恶性事件是不可能袖手旁观的。石秀很清楚，他不可能三更半夜去潘巧云床上捉奸，因此他并没有着急声张，而是在与杨雄饮酒之际将自己暗中观察的来龙去脉慢慢道出，最后给出解决的办法："今晚都不要提，只和每日一般。明日只推做上宿，三更后却再来敲门，那厮必然从后门先走，兄弟一把拿来，从哥哥发落。"石秀的计划很完善：按兵不动避免打草惊蛇，如果无凭无据，潘巧云会有一百个理由来为自己辩解和开脱，最后的结果很可能是"扯不清"，甚至引火上身。与石秀的胆大心细相比，杨雄真的是外强中干，完全不是个做大事的材料。家里出了这样的事，石秀已经同他商量好了计策和实施细节，杨雄偏偏喝多了酒，醉言醉语说漏了底。

且说杨雄被知府唤去，到后花园中使了几回棒。知府看了大喜，叫取酒来，一连赏了十大赏钟。杨雄吃了，都各散了。众人又请杨雄去吃酒，至晚吃的大醉，扶将归去。那妇人见丈夫醉了，谢了众人，却自和迎儿搀上楼梯去，明晃晃地点着灯烛。杨雄坐在床上，迎儿去脱翰鞋，妇人与他除头巾，解巾帻。杨雄看了那妇人，一时蓦上心来。自古道：醉是醒时言。指着那妇人骂道："你这贱人！贼妮子！好歹是我结果了你！"那妇人吃了一惊，不敢回话，且伏侍杨雄睡了。杨雄一头上床睡，一面口里恨恨地骂道："你这贱人！腌臜泼妇！那厮敢大虫口里倒涎！我手里不到得轻轻地放了你！"那妇人那里敢喘气，直待杨雄睡着。看看到五更，杨雄酒醒了讨水吃，那妇人便起，舀碗水递与杨雄吃了，桌上残灯尚明。杨雄吃了水，便问道："大嫂，你夜来不曾脱衣裳睡？"那妇人道："你吃得烂醉了，只怕你要吐，那里敢脱衣裳，只在脚后倒了一夜。"杨雄道："我不曾说甚么言语？"那妇人道："你往常酒性好，但吃醉了便睡。我夜来只有些儿放不下。"杨雄又问道："石秀兄弟这几日不曾和他快活吃得三杯，你家里也自安排些请他。"

——第四十五回《杨雄醉骂潘巧云　石秀智杀裴如海》

不怕神一样的对手，就怕猪一样的队友。如果石秀有内心独白一定是这一句，再优秀的导演也扛不住遇到杨雄这样的烂演技。被上司知府叫去喝酒还可以找个理由——被迫应酬不得已，散场之后主动与众人开办"第二场"实在是糊涂透顶。仅有一条理由能解释得通，就是得知真相的杨雄通过酒麻痹自己，实施鸵鸟策略，那也更证明这是一个心里盛不住事的庸才。杨雄大醉回家，管不住自己的嘴，骂了潘巧云几句。这番酒后怒骂引起了潘巧云的警惕——她知道杨雄不会毫无来由地怒骂自己，必定有人向杨雄捅透了奸情。

潘巧云称得上"神一样的对手"——感觉到危险的潘巧云决定先下手为强。趁着杨雄半醒还有些迷糊的时候，潘巧云先说"你往常酒性好，但吃醉了便睡"，将杨雄酒后怒骂的事情掩饰过去。接下来潘巧云扮出贤妻良母的样子，特地说自己因为夜里不放心杨雄醉酒、为了方便服侍他而衣不解带，如此一来，杨雄一心只相信妻子是对自己十分照顾体贴的。打下这个心理基础后，潘巧云再倒打一耙，说石秀污辱她，甚至还添上两句埋怨丈夫醉了不能为自己做主的委屈话，轻松将局面扭转成石秀有违人伦纲常了。智商有缺陷的杨雄被妻子言语骗过，将石秀逐出家门，而心明眼亮的石秀却已经看出了问题出在哪里。

石秀是个乖觉的人，如何不省得，笑道："是了。因杨雄醉里出言，走透了消息，倒吃这婆娘使个见识，拟定是反说我无礼。他教杨雄叫收了

肉店，我若便和他分辩，教杨雄出丑。我且退一步了，自却别作计较。"石
秀便去作坊里收拾了包裹。

——第四十五回《杨雄醉骂潘巧云　石秀智杀裴如海》

石秀猜测得一点不差，连事情发生的原因、走向都准确预判。更难能可
贵的是，石秀在被杨雄误解时，首先想的是不让杨雄难堪，暂时离开杨雄后，
也丝毫没有抱怨杨雄误会自己，反而挂念杨雄的安危。随后石秀在不将事情
闹大、不令杨雄丢面子的情况下自证了清白。在和杨雄重修旧好后继续帮助
杨雄制定计策、让潘巧云自己对偷情一事供认不讳。重情重义，遇事冷静并
能随机应变，这样的石秀非常人可及。在三打祝家庄的时候，多少英雄好汉
都失陷在祝家庄迷宫一般的路径上，和石秀一起承担侦查任务的老江湖杨林
还被绑了，石秀却能假装成一个迷路的卖柴人，不仅获取了重要情报，还凭
智商喝上了钟离老人的招待酒。

石秀听罢，便哭起来，扑翻身便拜，向那老人道："小人是个江湖上
折了本钱归乡不得的人，倘或卖了柴出去，撞见厮杀走不脱，却不是苦！
爷爷，怎地可怜见小人！情愿把这担柴相送爷爷，只指与小人出去的路
罢。"那老人道："我如何白要你的柴？我就买你的。你且入来，请你吃些
酒饭。"石秀拜谢了，挑着柴，跟那老人入到屋里。那老人筛下两碗白酒，
盛一碗糕糜，叫石秀吃了。石秀再拜谢道："爷爷，指教出去的路径。"

——第四十七回《扑天雕双修生死书　宋公明一打祝家庄》

在宋江、吴用商量准备洗荡祝家庄村坊时，石秀特地向宋江说："这钟
离老人仁德之人，指路之力，救济大恩，也有此等善心良民在内，亦不可屈
坏了这等好人。"心怀悲悯、知恩图报，不让淳朴良善的村民也受牵连，这和
李逵"他家庄上被我杀得一个也没了"形成鲜明对比。"拼命三郎"的诨号容
易让人误解成一言不合便开干的莽汉，实际上石秀是以冷静的头脑混迹江湖，
关键时候还敢只身劫法场救卢俊义。石秀不缺梁山好汉的基本品质"勇"和

"义"，但石秀身上更有梁山稀缺的"仁"和"智"。《水浒传》中拼命三郎石秀出场的机会不多，但在漫漫江湖之中，石秀才是隐藏在市井之中的"屠狗辈"——阅尽人间百态、遭受世情冷暖，但他依旧选择拔刀相助并怀仁慈之心。石秀的江湖之酒虽然不是最惊艳、最浓烈的，却能在看似平淡、朴素的日常中拥有无穷回甘。

第十集

酒不解渴　专索人命——旱地忽律朱贵的酒

　　饮酒人中常有"意不在酒"的，而卖酒人中"意不在酒"的亦不乏其人。江湖中处处有酒的需求，有人喝酒就有开酒店卖酒的人。在林冲、鲁智深、武松的故事中，那些"黑酒店"掌门人令人胆战心惊：无论是做人肉包子的孙二娘、连宋江都能麻翻了差点动手杀掉的李俊，还是旱地忽律朱贵与笑面虎朱富两兄弟，他们在酒菜中下麻药、对过往旅客劫财害命——这些近乎恶魔般的行径，实际上正是这些"江湖好汉们"见不得人的残忍底色。

　　以朱贵的酒店为例，朱贵从林冲上梁山时就已经出现，出场比晁盖、宋江这些核心人物还要早。在整个《水浒传》的故事中，朱贵的酒店很少创造类似武松打虎式的高光时刻，朱贵其人也只是在别人的故事中串串场，真正属于朱贵的重要情节是在李逵打虎被抓后用酒饭麻翻了都头李云，将李逵救回之时。说到底，朱贵使出的营救手段还是自己的老本行：在酒肉里下蒙汗药。

　　如果仅仅是一个独立的小黑店，这种江湖路数似乎没什么好说的，但《水浒传》中的酒店并不仅仅是用于杀人劫财这一项活动。仔细看来，朱贵开的这个小小的酒店不仅起步极早，对于整个梁山起到的作用也是不可或缺的。朱贵的酒店就在梁山泊水路的旁边，是梁山泊的门户前哨，与其他黑店不同，朱贵酒店背后的大股东非常明确，是梁山泊在王伦时代就创立下的家业。

山寨里教小弟在此间开酒店为名，专一探听往来客商经过。但有财帛者，便去山寨里报知。但是孤单客人到此，无财帛的放他过去；有财帛的来到这里，轻则蒙汗药麻翻，重则登时结果，将精肉片为肥子，肥肉煎油点灯。却才见兄长只顾问梁山泊路头，因此不敢下手。

——第十一回《朱贵水亭施号箭　林冲雪夜上梁山》

　　白衣秀士王伦因为嫉贤妒能、再三为难被逼上梁山的林冲，最终在晁盖上山时被林冲杀掉，一般人都会将王伦视作一个无能之辈。读者也因为站在同情林冲的角度——经历了若干悲惨，上了梁山还这么憋屈，而对王伦没有好印象。站在王伦的角度来看，林冲的武力值已经远远超过他手下的杜迁、宋万，一旦有变则非自己所能应付，故王伦对杨志热情的根源是杨志的武功可以制衡林冲。故事的发展也证明了王伦的担忧并不是没有根据的——晁盖上山后，正是林冲反水杀死了王伦。王伦是一个不得志的秀才，这意味着他读过书，心中有一定韬略，能够将山寨的选址定在梁山泊这样一个易守难攻的战略要地，在江湖上也结交了柴进这样的重要人物，梁山泊的江湖名气在王伦时代也已经有些响亮，可见王伦并不完全是一个庸才。

　　从安排朱贵在梁山泊门户之处开一个酒店，就能看出王伦的高明之处：首先王伦很清楚，梁山泊大小头目的开销来源，相比于容易惊动官府、惹来围剿的打家劫舍而言，劫夺过往客商的财帛就容易得多，也隐秘得多。对于这些来往客商，王伦也作了三六九等的区分：首先将目标群体缩小到孤单客人。因为成群结队的客商目标太大、不好下手，一则客商队伍行走江湖往往会配备镖师护卫，这样劫掠成功率不高，还有被反杀的风险；二则即使成功了，大型客商被劫容易形成轰动事件，比如晁盖七人劫夺生辰纲——一旦闹大了，就有被官府盯上围剿的风险。其次是对有财帛的客人下手，身上没多少钱的就直接放过。保证杀人劫财的"效率"。否则杀的人太多，也很容易招致不必要的关注。此时的梁山泊，仅有不会武功的王伦和"武艺也只平常"的杜迁、宋万，虽然有些江湖名气，但聚拢来的大多都是小喽啰，因此低调打劫、不招惹官府的注意就很重要。有多大力气使多大劲，有多少本事办多大事，王伦对梁山泊的定位是清晰、准确且符合实际的。

除了作为梁山泊的财路之外，朱贵的酒店还是梁山泊专门接待江湖好汉的招待所。朱贵对林冲说，"山寨中留下分例酒食，但有好汉经过，必教小弟相待"。也就是说江湖好汉们如果路过朱贵的酒店，就算不是投奔梁山泊落草的，但只要是江湖中人，就安排有专门的定例酒饭招待，这正是王伦时代梁山泊虽然尚无强有力的英雄坐镇却也能在江湖中声名远扬的缘故。朱贵引林冲上梁山的一幕也不同寻常。五更时分，响箭为号，水泊中划出小船来接应，这种接头方式隐秘、安全，再次证明能够想出这种精妙计策的王伦并不是一个碌碌无为的庸才。只不过他只能够看到江湖弱肉强食的丛林法则，却看不到这丛林法则背后英雄好汉之间的忠义肝胆和惺惺相惜，王伦的失败不在于愚蠢的头脑，而在于不够广博的心胸。

睡到五更时分，朱贵自来叫林冲起来，洗漱罢，再取三五杯酒相待，吃了些肉食之类。此时天尚未明。朱贵把水亭上窗子开了，取出一张鹊画弓，搭上那一枝响箭，觑着对港败芦折苇里面射将去。林冲道："此是何意？"朱贵道："此是山寨里的号箭，少刻便有船来。"没多时，只见对过芦苇泊里，三五个小喽啰自摇着一只快船过来，径到水亭下。

——第十一回《朱贵水亭施号箭　林冲雪夜上梁山》

晁盖从王伦手上夺了梁山泊之后，越来越多武艺高强的好汉加入，梁山泊开始壮大成为一支能够与官府抗衡的武装力量，梁山好汉在江湖上的影响力就更大了。此时朱贵的酒店也成为了梁山泊广纳天下英雄好汉的驿站，花荣、秦明等九个英雄投奔梁山时，带领梁山水军巡哨的已经不是无名小辈，而是林冲和刘唐。林冲带着宋江的书信回山寨，而花荣等人暂时去朱贵的酒店休息并等待山寨的接应。

林冲听了道："既有宋公明兄长的书札，且请过前面，到朱贵酒店里，先请书来看了，却来相请厮会。"船上把青旗只一招，芦苇里棹出一只小船，上有三个渔人，一个看船，两个上岸来说道："你们众位将军都跟我来。"水面上见两只哨船，一只船上把白旗招动，铜锣响处，两只哨船一齐去了。一行众人看了，都惊呆了，说道："端的此处，官军谁敢侵傍！我等山寨如何及得！"

众人跟着两个渔人，从大宽转直到旱地忽律朱贵酒店里。朱贵见说了，迎接众人都相见了，便叫放翻两头黄牛，散了分例酒食。

——第三十五回《石将军村店寄书　小李广梁山射雁》

依然是巡哨、响箭和份例酒食，然而此时的梁山泊已经壮大到了令原先隶属于官兵的花荣、秦明都惊诧的程度，朱贵的酒店显然也从"三星级小黑店"上升到了"五星级大酒店"。即便如此，朱贵的酒店也没有放弃过去那种劫夺落单客人财帛的旧买卖，没过多久，神行太保戴宗就在替蔡九去东京送信的途中栽在了朱贵的酒店里。

酒保去不多时，㸆一碗豆腐，放两碟菜蔬，连筛三大碗酒来。戴宗正饥又渴，一上把酒和豆腐都吃了，却待讨饭吃，只见天旋地转，头晕眼花，就凳边便倒。酒保叫道："倒了。"

当下朱贵从里面出来，说道："且把信笼将入去，先搜那厮身边有甚东西。"便有两个火家去他身上搜看……朱贵看了道："且不要动手。我常听的军师所说，这江州有个神行太保戴宗，是他至爱相识，莫非正是此人？如何倒送书去害宋江？这一段事却又得天幸耽住，宋哥哥性命不当死，撞在我手里。你那火家，且与我把解药救醒他来，问个虚实缘由。"

——第三十九回《浔阳楼宋江吟反诗　梁山泊戴宗传假信》

此时的梁山已由王伦 1.0 版本进入晁盖 2.0 版本，朱贵的酒店仍然干着杀人劫财的营生，但与孙二娘不分青红皂白麻翻了就动手的粗鲁不同，朱贵的酒店在劫财之外始终注意信息的收集。因此在动手杀人之前，朱贵先安排搜身，以获取更多的情报信息。宋江被囚的信息正是朱贵在搜查戴宗身上的信件时发现的。

信息收集对梁山泊至关重要，因为梁山好汉们为了拥有易守难攻的地势而居于水泊环绕的梁山之上，信息是相对闭塞的，朱贵的酒店在明面上是一个普通酒店，无论是旅客、卒驿、军马行动还是其他什么风吹草动，酒店都很容易探知。第五十一回，写到朱贵的酒店有时候还帮助梁山泊接待与梁山有交情的非江湖人士。

> 正饮宴间，只见朱贵酒店里使人上山来报道："林子前大路上一伙客人经过，小喽啰出去拦截，数内一个称是郓城县都头雷横。朱头领邀请住了，见在店里饮分例酒食，先使小校报知。"
>
> ——第五十一回《插翅虎枷打白秀英　美髯公误失小衙内》

梁山泊之所以能够安如泰山，不仅仅是因为兵强马壮，还在于梁山好汉们和江湖人士、官府人员均有往来：宋江、雷横、朱仝、花荣、柴进等诸多人物本来都是官府中人，在没有被逼上梁山之前，也都利用自己的职务之便给梁山好汉通风报信。朱贵的酒店能够招待黑白两道的人物、帮助梁山稳固江湖名声、与官府人员保持联系，其内外交通的作用不可谓不重要，既是梁山的信息安全站，也是梁山的外交接待站。

除了招待客人，朱贵的酒店还通报重要的军事信息。第五十九回史进、鲁智深被宋江救回梁山泊后，有一天朱贵上山报告说江湖上有一伙新聚集的人马，混世魔王樊瑞、八臂哪吒项充和飞天大圣李衮三人想要吞并梁山泊。这三个人并没有来到朱贵的酒店，只是信息在江湖上不胫而走，而酒店正是来往人士混杂、各种信息荟萃的地方，这种对梁山泊有着明显威胁性的军事信息，朱贵的酒店就起到了筛查和第一时间上报的中枢功能。

梁山泊始终非常注重酒店的建设。第五十一回打下祝家庄之后，梁山实力进一步增强，晁盖、宋江、吴用商议新的职事表，首先进行的就是酒店的人事安排，把寨、守关等硬军事行为都在其后。第五十八回打下青州，引来桃花山、二龙山众多好汉，宋江仍是优先安排四路酒店的建设工作，酒店事务的重要性在梁山决策层心目中的位置可见一斑。

> 且说晁盖、宋江回至大寨聚义厅上，起请军师吴学究定议山寨职事。吴用已与宋公明商议已定，次日会合众头领听号令。先拨外面守店头领。宋江道："孙新、顾大嫂原是开酒店之家，着令夫妇二人替回童威、童猛别用。再令时迁去帮助石勇，乐和去帮助朱贵，郑天寿去帮助李立。东南西北四座店内，卖酒卖肉，招接四方入伙好汉，每店内设两个头领。……"
>
> ——第五十一回《插翅虎枷打白秀英　美髯公误失小衙内》

> 重造西路、南路二处酒店，招接往来上山好汉，一就探听飞报军情。山西路酒店今令张青、孙二娘夫妻——二人原是酒家——前去看守；山南路酒店仍令孙新、顾大嫂夫妻看守；山东路酒店依旧朱贵、乐和；山北路酒店还是李立、时迁看守。
>
> ——第五十八回《三山聚义打青州　众虎同心归水泊》

随着发展需要，梁山酒店事业由朱贵一家酒店扩展为四家酒店的规模化经营。除了时迁原先是个偷鸡摸狗的江湖飞贼之外，其余几个都是原先就做黑店买卖的，被梁山泊收编后，从小本经营的夫妻档黑店变成了有梁山集团作为靠山的连锁黑店。酒店一直是梁山集团的千里眼和顺风耳，抢劫功能让梁山的财务稳定，情报功能让梁山的信息畅通，接待功能让梁山的实力壮大。随着梁山集团的进一步壮大，敢于孤身进店的客人越来越少，酒店劫财的功用也逐渐消失，让位给了招待来往英雄好汉和收集信息探听情报这两大功能。

开酒店的朱贵们虽不是梁山集团最耀眼的存在，却是梁山大厦最稳固的基石。要说朱贵们与李逵、武松们有什么不同，就是他们忠于的是某项工作、某项事业，而非某个人、某个组织。君不见，当林冲杀掉了朱贵的原领导王伦，杜迁、宋万、朱贵都跪下说道："愿随哥哥执鞭坠镫！"忠诚与盲从的界限并不泾渭分明，不忠诚有时也不一定是坏品质。任江山轮换，我只独守酒店，朱贵端出的这杯酒，你品，你细品。

第十一集

潇洒出尘　一滴入魂——浪子燕青的酒

　　在梁山，李逵从心里惧怕宋江，在武力上惧怕燕青。能让天生神力的黑铁牛惧怕的，莫非是一头"大象"？非也，是一位像是从《红楼梦》里穿越过来的美男子——浪子燕青。

　　燕青与一般意义上八尺长躯、膀阔腰圆、天生神力的传统水浒英雄不同，"唇若涂朱，睛如点漆，面似堆琼"，遍体雪白还刺着花绣，"似玉亭柱上铺着软翠"，连名妓李师师见了也要动心。比起《水浒传》中其他好汉的野蛮甚至是残忍，燕青的形象似乎更符合人们"武侠梦"中对江湖英雄的审美——一位遍身刺青、容貌俊美的浪子，文可吹笛、弹筝，武能飞弩、相扑，在觥筹交错之间与名妓李师师琴瑟和鸣又不沉湎美色、忘却使命，在功成名就之时能"事了拂衣去，深藏身与名"。这是一个完美到不能再完美的江湖英雄形象。

　　《水浒传》第七十一回一百单八将聚齐算是一个分水岭：之前是野蛮生长的阶段，主线是江湖恩怨；之后则变成集团军与朝廷官军的周旋。不同时期对人才类型的需求也是不一样的，这一点在燕青身上体现得最为清晰。待到梁山一百零八好汉座次排定，燕青虽位列步军十头领之一，其实并未建立什么像样的功业，甚至会被认作是在玉麒麟卢俊义庇护的余荫下得到的排位，在梁山干的也是风雅文艺之事。

　　再说宋江自盟誓之后，一向不曾下山，不觉炎威已过，又早秋凉，重阳节近。宋江便叫宋清安排大筵席，会众兄弟同赏菊花，唤做菊花之会。但有下山的兄弟们，不拘远近，都要招回寨来赴筵。至日肉山酒海，先行给散马、步、水三军，一应小头目人等，各令自去打团儿吃酒。且说忠义堂上遍插菊花，各依次坐，分头把盏。堂前两边筛锣击鼓，大吹大擂，笑语喧哗，觥筹交错，众头领开怀痛饮；马麟品箫唱曲，燕青弹筝，不觉日暮。

　　　　　　　　——第七十一回《忠义堂石碣受天文　梁山泊英雄排座次》

　　宋江立了替天行道的大旗，梁山泊一百零八将排定座次，梁山进入了一段短暂的巅峰期。梁山泊的好汉们虽然相互之间称兄道弟、平起平坐，但是出于能力和职务的不同，梁山实际上又形成了一个个小的功能聚落：有些人下山负责开酒店、剪径、广交四方豪杰等业务，有些人负责操练兵马、训练水军等工作；而宋江则稳坐山寨之主位，不轻易下山。如此半年后，重阳赏菊，宋江召集所有山寨头领参加筵席庆贺，仿佛一个小小的朝廷宴饮。梁山泊的筵席既有大俗的一面来满足那些大大咧咧的糙汉子，譬如"堂前两边筛锣击鼓，大吹大擂"；也有文雅的一面，毕竟卢俊义、柴进，乃至戴宗、公孙胜、安道全、萧让等人都可以算是"文化人"，因此在敲锣打鼓之外，也有品箫弹筝的雅乐，而这种雅乐自然少不了燕青。

　　聚义时，燕青的核心能力还没有充分展现，尚未引起决策层的重点关注，因此当宋江想要去东京看花灯——伺机寻找招安机会时，燕青并不在随行的第一备选名单里。后因李逵执意要去，又怕他惹是生非才安排了燕青随行，也就是说燕青是作为李逵的"监护人"的身份出行的。柴进主动和燕青搭伙去东京打探消息路径，这两人搭配确实相得益彰：柴进原是后周柴家的后裔，他自有皇亲国戚的贵胄气度，在东京甚至禁中都能做到行走举止自如、不惹人怀疑；燕青则因为其颜值高、眼头明、手段多，也适合执行这项潜入卧底的任务。或许正是这次愉快的合作经历，柴进在打方腊时做卧底，仍点名要燕青同行。

　　柴进和燕青来到东京，先找了一个酒楼坐下。宋代市井繁华，东京酒楼众多，这一点在《东京梦华录》中有详细记载，更可以在《清明上河图》中直观感受。从官方取得经销权的酒楼被称为"正店"，分销的被称为"脚店"，最低一层的零售店叫"拍户"，东京光正店就有七十二户之多，其余林林总总不计其数。《东京梦华录》称赞当时酒楼不管刮风下雨、白天黑夜、酷暑严冬，天天均是热闹非凡。市井中的酒楼既方便探听消息，又方便约人见面。柴进和燕青在酒楼上观察了一会儿，就看见有些幞头簪花的人从宫闱中进出，两人便商议了一个计策，要请一位执勤的官员来饮酒，灌醉了好"借"他的衣服帽子混进宫苑。

转过东华门外，见酒肆茶坊，不计其数，往来锦衣花帽之人，纷纷济济，各有服色，都在茶坊酒肆中坐地。柴进引着燕青，径上一个小小酒楼，临街占个阁子。凭栏望时，见班直人等，多从内里出入，幞头边各簪翠叶花一朵。柴进唤燕青，附耳低言："你与我如此如此。"燕青是个点头会意的人，不必细问，火急下楼，出得店门，恰好迎着个老成的班直官。燕青唱个喏，那人道："面生，全不曾相识。"燕青说道："小人的东人和观察是故交，特使小人来相请。"原来那班直姓王。燕青道："莫非足下是张观察？"那人道："我自姓王。"燕青随口应道："正是教小人请王观察，贪慌忘记了。"那王观察跟随着燕青，来到楼上。燕青揭起帘子，对柴进道："请到王观察来了。"燕青接了手中执色，柴进邀入阁儿里相见。各施礼罢，王班直看了柴进半晌，却不认得，说道："在下眼拙，失忘了足下。适蒙呼唤，愿求大名。"柴进笑道："小弟与足下童稚之交，且未可说，兄长熟思之。"一壁便叫取酒食来，与观察小酌。酒保安排到肴馔果品，燕青斟酒，殷勤相劝。酒至半酣，柴进问道："观察头上这朵翠花何意？"那王班直道："今上天子庆贺元宵，我们左右内外，共有二十四班，通类有五千七八百人，每人皆赐衣袄一领，翠叶金花一枝，上有小小金牌一个，凿着'与民同乐'四字，因此每日在这里听候点视。如有宫花锦袄，便能勾入内里去。"柴进道："在下却不省得。"又饮了数杯，柴进便叫燕青："你自去与我旋一杯热酒来吃。"无移时，酒到了，柴进便起身与王班直把盏道："足下饮过这杯小弟敬酒，方才达知姓氏。"王班直道："在下实想不起，愿求大名。"王班直拿起酒来，一饮而尽。恰才吃罢，口角流涎，两脚腾空，倒在凳上。柴进慌忙去了巾帻、衣服、靴袜，却脱下王班直身上锦袄、踢串、鞋裤之类，从头穿了，带上花帽，拿了执色，分付燕青道："酒保来问时，只说这观察醉了，那官人未回。"燕青道："不必分付，自有道理支吾。"

——第七十二回《柴进簪花入禁院　李逵元夜闹东京》

提及簪花，不得不说现藏于辽宁省博物馆的唐代画作《簪花仕女图》，女子鬓边插牡丹海棠娇艳欲滴，人面鲜花相映红。宋代簪花的习俗空前兴盛，无论男女老少都簪花。邵伯温的《闻见前录》卷十七记载宋人在洛阳赏花、簪花、买花的盛况："三月牡丹开……都人士女载酒争出……抵暮游花市，以筠笼卖花，虽贫者亦戴花饮酒相乐。"民间簪花主要为了美，宫廷的赐花和士大夫的簪花则是一种特殊的礼仪制度，常与宫廷的酒宴、节日联系在一起。《宋史·礼志十六》记载宋代宫廷宴会的礼仪是："酒五行，预宴官并兴就次，赐花有差。少顷，戴花毕，与宴官诣望阙位立，谢花，再拜讫，复升就坐。""大宴御筵"时皇帝往往根据官员品阶赐予不同的花，"牡丹芍药蔷薇朵，都向千官帽上开"（杨万里《德寿宫庆寿口号》其三），更成为仪礼制度的象征。

柴进和燕青请老实人王班直来饮酒，套话时用的是江湖骗子最常用的"碰瓷"式——你不记得我了？燕青随口说个请"张观察"饮酒，等到对方来纠正自己，再说刚才口误了；柴进则利用了官吏们交游广泛且不轻易得罪人的性格特征，故意说自己是"童稚之交"——这就是吃准了对方不好意思说自己不认得小时候的朋友，进而一步步在酒局上套近乎，挖信息。王班直说天子庆贺元宵佳节，因此"赐衣袄一领，翠叶金花一枝，上有小小金牌一个"，有赐制服和簪花便可以作为身份证明行走宫闱，这大概类似于《梦粱录》卷六中说的宫闱赐花："且臣寮花朵，各依官序赐之：宰臣枢密使合赐大花十八朵、栾枝花十朵……自训武郎以下、武翼郎以下，并带职人并依官序赐花簪戴。"赐花被视为身份的象征，有赐花相当于有了进入宫闱的通行证，有赐花的教坊伶人也可以自由出入宫禁。柴进探听出了这个消息，就在酒里下了迷药，穿着王班值的衣服戴上簪花径直走入宫苑打探消息，留下"不必分付，自有道理支吾"的聪明人燕青来应付可能会前来探问的酒家。

宋江拟定的东京看灯人员清单十分蹊跷，原本安排了自己、柴进、史进、穆弘、鲁智深、武松、朱仝、刘唐八个人去看灯，因李逵非要跟着去，宋江又安排了燕青随同。在梁山上，鲁智深、武松等人都是旗帜鲜明的反招安派，宋江如果仅仅是为了求招安，大可不必主动带这两位同行。李逵更是反招安加惹事包，真要谨慎无论如何也不能答应李逵前去，这一切仿佛就是为大闹元宵夜特意准备的。没承想，几人中相对不怎么惹事的史进、穆弘却先给宋江来个大闹前的小序曲。

> 宋江、柴进也上樊楼，寻个阁子坐下，取些酒食肴馔，也在楼上赏灯饮酒。吃不到数杯，只听得隔壁阁子内，有人作歌道：
>
> "浩气冲天贯斗牛，英雄事业未曾酬。
>
> 手提三尺龙泉剑，不斩奸邪誓不休！"
>
> 宋江听得，慌忙过来看时，却是九纹龙史进、没遮拦穆弘，在阁子内吃得大醉，口出狂言。宋江走近前去喝道："你这两个兄弟，吓杀我也！快算还酒钱，连忙出去。早是遇着我，若是做公的听得，这场横祸不小！谁想你这两个兄弟，也这般无知粗糙！快出城，不可迟滞。明日看了正灯，连夜便回。只此十分好了，莫要弄得决撒了。"史进、穆弘默默无言，便叫酒保算还酒钱。两个下楼，取路先投城外去了。
>
> ——第七十二回《柴进簪花入禁院 李逵元夜闹东京》

史进、穆弘都是性格直爽的人，酒酣处放声高歌，哪里管这是自己庄上、梁山泊里还是东京城内。宋江因为心向招安，这一趟东京之行不想闹出乱子，故而十分拘束，听到史进、穆弘酒醉而歌，吓得赶快吩咐二人出城避祸。宋江如此谨慎还有一个原因——吃过这样的亏：宋江酒量不高，酒后也常常滥出狂言，把自己逼上梁山的"反诗"正是宋江浔阳楼醉后所题。

柴进和燕青作为前哨探了东京，看到了朝廷心腹大患"四大寇"的名头，并带回了屏风上的"山东宋江"四个大字，这四个字进一步坚定了宋江寻求招安的决心。招安需要有门路，宋江很清楚自己作为通缉犯是不可能直接面见皇帝禀陈的，因此迂回去找李师师，毕竟皇上与李师师有一段香艳故事。而李师师是东京酒楼中的歌姬，宋江等人可以找机会乔装接触。前一日宋江等人虽然见到了李师师，可惜没有时间详谈，第二日宋江用一百两黄金买了李师师酒局的几张贵宾票，终于可以坐下来从容喝一杯。宋江等人饮酒的这一段意味深长，一个人的身份可以伪装，习惯、修养和秉性却不是轻易可以掩盖的，酒后不光吐真言，酒后还会现原形——各好汉的性格底色在饮酒的举手投足间暴露殆尽。

奶子侍婢捧出珍异果子，济楚菜蔬，希奇按酒，甘美肴馔，尽用定器，摆一春台。李师师执盏向前拜道："夙世有缘，今夕相遇二君。草草杯盘，以奉长者。"宋江道："在下山乡，虽有贯伯浮财，未曾见此富贵。花魁风流蕴藉，名播寰宇，求见一面，如登天之难，何况促膝笑谈，亲赐杯酒！"李师师道："员外见爱，奖誉太过，何敢当此！"都劝罢酒，叫奶子将小小金杯巡筛。但是李师师说些街市俊俏的话，皆是柴进回答，燕青立在边头，和哄取笑。

酒行数巡，宋江口滑，揎拳裸袖，点点指指，把出梁山泊手段来。柴进笑道："表兄从来酒后如此，娘子勿笑。"李师师道："酒以合欢，何拘于礼。"丫嬛说道："门前两个伴当，一个黄髭须，且是生的怕人，在外面喃喃讷讷地骂。"宋江道："与我唤他两个入来。"只见戴宗引着李逵到阁子前。李逵看见宋江、柴进与李师师对坐饮酒，自肚里有五分没好气，睁圆怪眼，直瞅他三个。李师师便问道："这汉是谁？恰似土地庙里对判官立地的小鬼。"众人都笑，李逵不省得他说。宋江答道："这个是家生的孩儿小李。"那师师笑道："我倒不打紧，辱没了太白学士。"宋江道："这厮却有武艺，挑得三二百斤担子，打得三五十人。"李师师叫取大银赏钟，各与三钟。戴宗也吃三钟。燕青只怕他口出讹言，先打抹他和戴宗依原去门前坐地。宋江道："大丈夫饮酒，何用小杯。"就取过赏钟，连饮数钟。

——第七十二回《柴进簪花入禁院 李逵元夜闹东京》

柴进上梁山之前已是柴大官人，此时与李师师答话正是本色出演；燕青八面玲珑，插科打诨也是本分。宋江本来不过是一个小吏，又是梁山泊的头领，此时却要装作一副殷商巨贾的样子，结果装得不伦不类。酒在人际交往中之所以重要是因其能够让人卸去伪装，去伪存真，如同老舍先生说的"人就更像个人了"。而此时的宋江是"去真存伪"的，一旦被酒卸去了面具就要穿帮了，吓得柴进赶紧打圆场。李师师久经欢场、心如明镜，且能以更高级的理由将对方的面子拾起来不致尴尬，又能含蓄地提醒对方少安毋躁。至于对方能理解多少，就看当事人的造化了。李师师口中的"酒以合欢"出自《礼记·乐记》，原话是"酒食者，所以合欢也"——酒食就是用来聚会欢乐的。李师师没有说出后半句"乐者，所以象德也，礼者，所以缀淫也"——乐是用来体现德行的，礼是用来防止行为出格的。所以李师师口中的"何拘于礼"恰恰是在提醒宋大头领还是要悠着点，别太过分了。

饮酒者常以酒品论人品，酒品的高下首先和酒量有关，一个人如果量窄而豪饮，醉后保持住酒品的可能性就比较低。虽然李师师仅用"小小金杯"巡酒，但宋江的酒量大概和勉强能饮三蕉叶杯的苏轼一样小，以至于几杯酒后便开始"揎拳裸袖，点点指指，把出梁山泊手段来"，这已经是浅醉了。有经验的人都知道，当酒桌上有人主动"拎壶冲"的时候那这个人离大醉也就不远了，宋江正处在由小醉到大醉的中间阶段。一个小酒量的人开始用李逵"不奈烦小盏"的风格——将"小杯"换了"大钟"来饮酒，结果必不乐观。被宋江呵斥的史进、穆弘虽然"口出狂言"，但毕竟是心声流露，言行合一，倒是平日努力在兄弟间维持"儒雅"形象的宋江，几杯酒下肚便在李师师面前原形毕露。

经东京元宵夜事件之后，宋江对燕青的了解越来越深、信任也越来越厚。宋江三破高俅的军马后，将高太尉本人捉上梁山，但为了寻求招安的机会，宋江不仅不能手刃这个奸臣来完成"替天行道"的招牌，反而要摆下酒宴宴请高太尉。高太尉其人也够滑稽，身为败军之将，自己的人头都是在宋江的维护下堪堪保住，饮下几杯酒后立刻开始张狂起来。酒减恐惧、酒壮人胆，一点不假。

> 高太尉大醉，酒后不觉失言，疏狂放荡，便道："我自小学得一身相扑，天下无对。"卢俊义却也醉了，怪高太尉自夸天下无对，便指着燕青道："我这个小兄弟，也会相扑，三番上岱岳争跤，天下无对。"高俅便起身来，脱了衣裳，要与燕青厮扑。众头领见宋江敬他是个天朝太尉，没奈何处，只得随顺听他说；不想要勒燕青相扑，正要灭高俅的嘴，都起身来道："好，好！且看相扑！"众人都哄下堂去。宋江亦醉，主张不定。两个脱了衣裳，就厅阶上，宋江叫把软褥铺下。两个在剪绒毯上，吐个门户。高俅抢将入来，燕青手到，把高俅扭捽得定，只一跤，擷翻在地褥上做一块，半晌挣不起。这一扑，唤做守命扑。宋江、卢俊义慌忙扶起高俅，再穿了衣服，都笑道："太尉醉了，如何相扑得成功！切乞恕罪！"高俅惶恐无限，却再入席，饮至夜深，扶入后堂歇了。
>
> ——第八十回《张顺凿漏海鳅船 宋江三败高太尉》

一场简单的摔跤，背后是心态各异的众生相，众人皆醉一人独醒：高太尉、卢俊义、宋江及众头领的醉和燕青的醒。高俅蹴鞠天下无双足以证明他的运动天赋，能玩相扑也许并非夸口。但他"天下无对"的水平明显来自于身居高位而非真正实力，错把恭维当水平，错把权力背后的假象当真实，以至于在梁山泊上大放厥词。卢俊义本是一个富贵员外，平日常常令燕青表演相扑为自己争面子，高俅的一句醉话本不必当真的，但此时醉了，潜意识里就是想赢，早把"为了招安忍气吞声""不要得罪小人"等念头忘在了九霄云外，居然主动让燕青上阵。宋江的醉态最有趣，"宋江亦醉，主张不定"——将宋江的矛盾心理刻画得异常生动。理智上不想得罪高太尉，这是其招安大业的通路；情感上又想给高俅一点颜色，不能让对方把梁山看轻了，模棱两可、举棋不定。优劣悬殊的决策并不难，最难的决策是优劣在伯仲之间的决策，这种犹豫往往需要一点点外力的助推。看热闹不嫌事大、心里本就有些怨气的众头领一哄而上，省却了宋江的这个两难决策。局中唯一清醒的人是燕青，他本可以借故推托，或者上阵维持一段时间造成侥幸取胜的样子，再或者为了宋江的招安大计战略性输掉这场比赛。不！燕青选择的是：只一跤便让高俅蜷缩一团动弹不得。世事洞明不代表没有态度，宋江心里怎么想，燕青一清二楚，这一跤便是燕青对招安的态度：完成组织的任务是职责所在，职责下仍然可以有代表个人态度的腾挪空间。万一被怪罪，一句"都是酒后惹的祸"也可名正言顺地搪塞过去。

相比于宋江、卢俊义、史进、穆弘乃至高太尉不分场合、不合时宜的醉态，燕青对于饮酒则警惕得多，这种警惕令他绝不会在重要事件中渎职失态。高太尉回东京后，宋江对于招安事宜能否稳步推进十分担忧，吴用计划安排人进京打探消息，燕青自告奋勇前去和李师师接洽，让和皇帝说得上话的李师师为梁山泊的招安多吹枕边风。燕青领了任务，戴宗随行，此时燕青已做好最坏的打算，于是告诉戴宗："小弟今日去李师师家干事。倘有些决撒，哥哥自快回去。"燕青周旋李师师，如同唐玄奘在女儿国，能过得了这一关的绝非常人。

李师师道："他这等破耗钱粮，损折兵将，如何敢奏！这话我尽知了。且饮数杯，别作商议。"燕青道："小人天性不能饮酒。"李师师道："路远风霜，到此开怀，也饮几杯，再作计较。"燕青被央不过，一杯两盏，只得陪侍。

原来这李师师是个风尘妓女，水性的人，见了燕青这表人物，能言快说，口舌利便，倒有心看上他。酒席之间，用些话来嘲惹他。数杯酒后，一言半语，便来撩拨。燕青是个百伶百俐的人，如何不省得。他却是好汉胸襟，怕误了哥哥大事，那里敢来承惹。李师师道："久闻的哥哥诸般乐艺，酒边闲听，愿闻也好。"燕青答道："小人颇学的些本事，怎敢在娘子跟前卖弄过！"

李师师执盏擎杯，亲与燕青回酒，谢唱曲儿，口儿里悠悠放出些妖娆声嗽，来惹燕青。燕青紧紧的低了头，唯诺而已。数杯之后，李师师笑道："闻知哥哥好身文绣，愿求一观如何？"燕青笑道："小人贱体虽有些花绣，怎敢在娘子跟前揎衣裸体！"李师师说道："锦体社家子弟，那里去问揎衣裸体。"三回五次，定要讨看，燕青只的脱膊下来。李师师看了，十分大喜，把尖尖玉手，便摸他身上，燕青慌忙穿了衣服。李师师再与燕青把盏，又把言语来调他。燕青恐怕他动手动脚，难以回避，心生一计，便动问道："娘子今年贵庚多少？"李师师答道："师师今年二十有七。"燕青说道："小人今年二十有五，却小两年。娘子既然错爱，愿拜为姐姐。"燕青便起身，推金山，倒玉柱，拜了八拜。那八拜，是拜住那妇人一点邪心，中间里好干大事。若是第二个在酒色之中的，也坏了大事。因此上单显燕青心如铁石，端的是好男子！

——第八十一回《燕青月夜遇道君　戴宗定计赚萧让》

英雄难过美人关，燕青硬是过了这一关，惹得施耐庵忍不住夸赞"端的是好男子"。当李师师请燕青饮酒时，燕青回的是"小人天性不能饮酒"，这话显然是推托之词，不是燕青不能饮，而是不敢饮。后来燕青喝了那么多，仍把正事处理得有条不紊，足以证明燕青根本不是酒精过敏或者酒量浅窄之人。世间能抵挡美色诱惑的只有两种人，一种是李逵这样的，混沌未开，不解风情，美丑俗雅一律失效。第二种便是燕青一类，不是不知情，更非不懂情，只因心中有更重要的事，也懂得权衡利弊，在理性与本能激烈碰撞之后选择不动情。当戴宗质疑燕青本心时，燕青告诉他："大丈夫处世，若为酒色而忘其本，此与禽兽何异！"梁山好汉多以残暴血腥的手段来彰显自己的心如铁石、不近女色；而燕青与美色共处却能拒绝美色，最终还能与美色和解，这比血淋淋的喊打喊杀不知困难多少！

招安是宋江的终极梦想，成就招安的灵魂人物却是燕青。燕青第六十一回才出场，有时甚至怀疑燕青出场的一半作用是为了衬托卢俊义一根筋似的刚愎自用。燕青一出场就洞穿了吴用的伎俩，对卢俊义说："休信夜来那个算命的胡讲。倒敢是梁山泊歹人，假装做阴阳人来扇惑，要赚主人那里落草。小乙可惜夜来不在家里，若在家时，三言两语，盘倒那先生，倒敢有场好笑。"无奈一心要捉拿"梁山毛贼"扬名天下的玉麒麟一个字也听不进去。等到燕青将李固、贾氏联合陷害卢俊义的消息告诉他，他却呵斥燕青"休来放屁"！打方腊之后，燕青劝卢俊义功成身退，卢俊义却要衣锦还乡，燕青苦劝不住，拜了八拜，算是对主仆二人半生缘分的交代，道不同不相为谋也。

燕青在李师师处讨得皇帝御笔赦书，对自己的未来早有打算，真正让燕青下定决心全身而退则源自许贯中的几杯薄酒。梁山一众从五台山参禅归来，燕青在双林镇遇到昔日好友许贯中，到其隐居的地方小住两日。许贯中的一席话犹如醍醐灌顶，让燕青幡然醒悟，重新设定了自己的人生轨迹。

> 数杯酒后，窗外月光如昼。燕青推窗看时，又是一般清致：云轻风静，月白溪清，水影山光，相映一室。燕青夸奖不已道："昔日在大名府，与兄长最为莫逆。自从兄长应武举后，便不得相见。却寻这个好去处，何等幽雅！……"燕青又劝贯忠道："兄长恁般才略，同小弟到京师觑方便，讨个出身。"贯忠叹口气说道："今奸邪当道，妒贤嫉能，如鬼如蜮的，都是峨冠博带；忠良正直的，尽被牢笼陷害。小弟的念头久灰。兄长到功成名就之日，也宜寻个退步。自古道：'雕鸟尽，良弓藏。'"燕青点头嗟叹。
> ——第九十回《五台山宋江参禅　双林镇燕青遇故》

不知《水浒传》作者为何如此偏爱燕青？才华横溢、武功卓绝、仪表堂堂、风度翩翩，这足够令人望尘莫及了，对于燕青而言却是基本配置，燕青的世事洞明、人情练达才是他的安身之本，即忠诚却不死谏，取义无须杀身，倾心美色而不迷失自身，功成而能身退。在梁山上，燕青能与出身最尊贵的柴进心心相印，也能让最能惹是生非的李逵服服帖帖。在双林镇，面对挚友许贯中时"说罢大笑，洗盏更酌"一醉方休；在润州城面对方腊麾下头领陈观时，一句"小人天戒不饮酒"滴水不漏。这种进退有度的酒品仿佛是燕青一生命运的注脚：对权力与富贵无所求、对世事与人情都看透，比李白《侠客行》中的燕赵侠客更智慧、更潇洒。他是江湖中永远的浪子，是一枚官印不能困住的飞鸟的灵魂。

第十二集

一酒一味　一人一命——那些配角的酒

水能载舟亦能覆舟，酒可成事也可败事。提起江湖，便想到酒，酒仿佛已经成为行走江湖的重要标签。但即便在《水浒传》的江湖中也并非人人能饮、个个善饮。实际上，水浒江湖故事的开始就源于一场看似意外的饮酒事故。

> 王四驰书径到山寨里，见了三位头领，下了来书。朱武看了大喜，三个应允，随即写封回书，赏了王四五两银子，吃了十来碗酒。王四下得山来，正撞着如常送物事来的小喽啰，一把抱住，那里肯放，又拖去山路边村酒店里，吃了十数碗酒。王四相别了回庄，一面走着，被山风一吹，酒却涌上来，踉踉跄跄，一步一撷，走不得十里之路，见座林子，奔到里面，望着那绿茸茸莎草地上，扑地倒了。
>
> ——第二回《王教头私走延安府　九纹龙大闹史家村》

王四是史进的庄客，办事颇为伶俐，于是就成了史进与少华山朱武他们沟通的全权大使。王四以前到少华山办事时也被赏"十来碗"酒吃，并不误事，这次误事是因为吃了平时双倍的量：先吃了头领们赏的十来碗，又被小喽啰拉去吃了十数碗，超负荷饮酒岂能不醉？在酒面前，不是谁都像苏格拉底一样被称为理想的酒客：据说苏格拉底可以整夜喝酒至天亮，待别人都睡去时，他仍神志清醒地开启一天的工作。王四醉倒，被李吉发现，李吉原本想偷些王四的随身财物，无意间发现了史进与少华山强盗的书信，于是拿了书信去告官，梦想着靠官府的"三千贯赏钱"而咸鱼翻身。

跑腿办事的庄客不胜酒力会误事，梁山好汉们也并非人人皆有千杯不醉的海量，那些酒量不大又爱豪饮的好汉们，酒后会发生什么呢？在智取生辰纲一节，赤发鬼刘唐就差点醉酒误事，好在有惊无险。刘唐本来是江湖行走的好汉，因为打听到了运送生辰纲的时间和路线，就准备将这些信息通知托塔天王晁盖，商议打劫之事。按理说刘唐对待此事应该十分慎重，如果只是打劫一下寻常过往客商这样的小事，根本无须千里迢迢跑到东溪村来找晁盖商议；另外刘唐根本不认识晁盖，晁盖也不认识刘唐，刘唐不过是在江湖上听闻过晁盖的名声罢了，第一次拜会就要商议这样的大事，很显然应该做好充足的准备。

可晁盖和刘唐是怎么见面的呢？是刘唐喝醉了睡在灵官殿的供桌上，被都头雷横当作贼捆了——这倒也没有冤枉好人，晁盖是东溪村的保正，又与雷横等人素来相熟，因此雷横想借着刘唐事件到晁盖家打秋风，晁盖这才想了个法子把刘唐认做远房亲戚救了下来。

> 雷横道："却才前面灵官殿上，有个大汉睡着在那里。我看那厮不是良善君子，必定是醉了。就便着我们把索子缚绑了，本待便解去县里见官，一者忒早些，二者也要教保正知道，恐日后父母官问时，保正也好答应。"
>
> ——第十四回《赤发鬼醉卧灵官殿 晁天王认义东溪村》

刘唐行走江湖多年，倘若真的被雷横绑到官府，就算生辰纲一事不能坐实，恐怕也有别的事发，轻则断送了劫取生辰纲的计划，重则坏了性命。刘唐这一醉，真的是又惊又险。

晁盖等人劫取生辰纲后，因白胜被赌客认出而东窗事发，晁盖等人逃到梁山泊避祸。晁盖之所以能够有机会逃走，是因为宋江提前透露了官府的消息，晁盖知恩图报，差人来送书信和金子给宋江，所差之人正是刘唐。

吃一堑，长一智。这一次刘唐还算谨慎，没有在半路上就喝醉，弄丢了金子和书信。宋江看了书信后大吃一惊，他只想到晁盖等人可能逃走隐匿在江湖之中，却没想到几人上了梁山泊，还打败了官兵，从小劫匪升级为官府重要通缉犯。此时收到晁盖给自己捎来的书信，一时惊愕难言。

> 宋江便和那汉入一条僻静小巷。那汉道："这个酒店里好说话。"两个上到酒楼，拣个僻静阁儿里坐下……随即便唤量酒的打酒来，叫大块切一盘肉来，铺下些菜蔬果子之类，叫量酒的筛酒与刘唐吃。看看天色晚了，刘唐吃了酒，把桌上金子包打开，要取出来。
>
> ——第二十回《梁山泊义士尊晁盖　郓城县月夜走刘唐》

好汉们会路见不平拔刀相助，也会一言不合就开打，这种爽利的作风投射到饮酒上自然以豪饮居多，要么酒量奇大连喝十八碗，要么风卷残云效率奇高。《水浒传》中，最娓娓道来、曲折漫长的酒局发生在吴用去请阮氏三兄弟共劫生辰纲时。吴用以买金色鲤鱼为借口，一点点试探三阮的口风，酒从晌午喝到了半夜，从酒店喝到了家里，下酒菜从黄牛肉、小河鱼吃到了大公鸡，吴用才把想要拉拢三阮入伙抢劫生辰纲的事和盘托出。这样的铺陈符合吴用军师的定位和精细缜密的行事风格，换了其他好汉绝不用如此蜿蜒曲折，必是上来先干三碗，抛下一句："打劫，去不？"

> 四个又吃了一回，看看天色渐晚，吴用寻思道："这酒店里须难说话。今夜必是他家权宿，到那里却又理会。"阮小二道："今夜天色晚了，请教授权在我家宿一宵，明日却再计较。"吴用道："小生来这里走一遭，千难万难，幸得你们弟兄今日做一处，眼见得这席酒不肯要小生还钱。今晚借二郎家歇一夜，小生有些须银子在此，相烦就此店中沽一瓮酒，买些肉，村中寻一对鸡，夜间同一醉如何？"……吴用取出一两银子，付与阮小七，

就问主人家沽了一瓮酒，借个大瓮盛了，买了二十斤生熟牛肉，一对大鸡。

阮小二道："我的酒钱一发还你。"店主人道："最好，最好。"

——第十五回《吴学究说三阮撞筹　公孙胜应七星聚义》

吴用绕了那么一大圈，阮氏兄弟的回答才是梁山人物的标准风格："我三个若舍不得性命相帮他时，残酒为誓，教我们都遭横事，恶病临身，死于非命。"《水浒传》的酒事往往与故事的情节走向相配合：无论是对饮交友，还是醉后勇武，抑或是被酒里的麻药撂倒，醉后胡言乱语惹祸等，无不推进着故事情节的发展和人物命运的转折。在这些形形色色的饮酒中，有两件小小的"酒事"，人物不算起眼、本身情节也并不复杂，但一个是喜剧闹剧，一个是悲剧惨剧，而这两场酒却都是水浒故事中不可或缺的重要伏笔。

第一个故事发生在石秀和杨雄杀死潘巧云后投奔梁山泊的路上。这两人在路上遇到了一个人，这个人与其他的江湖好汉都不相同，甚至有些当不起"英雄好汉"这个称呼，这个人就是时迁。时迁是一个飞贼，"鼓上蚤"的诨号是说他身形轻盈，梁山泊赚金枪将徐宁上山，就让时迁去偷盗徐宁的传家宝锁子连环甲。强盗也有三六九等，杀人放火被高看，偷鸡摸狗等而下之，飞贼武力值相对较低，且飞贼多为单人行动，很少拉帮结派，自然也就谈不上是否义气，与水泊梁山自诩的"忠义"二字是有距离的。

时迁上梁山之前，只是小偷小摸，并非什么惊天动地的江洋大盗。石秀和杨雄在投奔梁山的路上偶遇时迁时，时迁正在做一些"山里掘些古坟，觅两分东西"的勾当，通过盗墓发点死人财，这种行为与动辄拔刀相向的好汉相比，是十分上不得台面的。时迁对自己身份的认知也很明确，他知道和杨雄、石秀一起上梁山实属"傍大款"，因此一路上充当小弟的角色，到了酒店忙前忙后寻酒问菜，给杨雄、石秀打洗脚水。

时迁问道："店里有酒肉卖么？"小二道："今日早起有些肉，都被近村人家买了去，只剩得一瓮酒在这里，并无下饭。"时迁道："也罢，先借五升米来做饭，却理会。"小二哥取出米来与时迁，就淘了，做起一锅饭来。石秀自在房中安顿行李。杨雄取出一只钗儿，把与店小二，先回他这瓮酒来吃，明日一发算帐。小二哥收了钗儿，便去里面掇出那瓮酒来开了，将一碟儿熟菜放在桌子上。时迁先提一桶汤来，叫杨雄、石秀洗了脚手，一面筛酒来，就来请小二哥一处坐地吃酒。放下四只大碗，斟下酒来吃。

——第四十六回《病关索大闹翠屏山　拚命三火烧祝家庄》

小二说酒店里的肉都卖完了。杨雄先拿出银钗来买酒，石秀则看上了"店中檐下插着十数把好朴刀"——这完全符合二人的性格，杨雄本来是当地的节级，刚刚开始流落江湖，想的是付钱买酒；石秀常年行走江湖，此时又准备投奔梁山，对于配备一两件趁手的兵器十分在意。飞贼时迁的眼里没有这些，他看上了店后面笼子里关着的一只大公鸡。对于普通人而言，没有肉，无论是毛豆花生、水果酱菜都能下饭下酒；对于时迁而言，世上可没有因为店家不卖而吃不上的肉。既然被时迁看上，这只鸡是逃不掉下酒菜的命运了。小二半夜查看店铺，发现店里的报晓鸡被人偷吃了。作为老练的小偷，只要没有被抓现行，时迁一定是抵死不认的。

小二慌忙去后面笼里看时，不见了鸡，连忙出来问道："客人，你们好不达道理！如何偷了我店里报晓的鸡吃？"时迁道："见鬼了耶耶！我自路上买得这只鸡来吃，何曾见你的鸡？"小二道："我店里的鸡却那里去了？"时迁道："敢被野猫拖了？黄猩子吃了？鹞鹰扑了去？我却怎地得知。"小二道："我的鸡才在笼里，不是你偷了是谁？"

——第四十六回《病关索大闹翠屏山　拚命三火烧祝家庄》

一番鬼扯抵赖起不到任何作用，石秀、杨勇用钱赔偿的方案也被店小二否决，这只小小的成了下酒菜的手撕鸡引起了严重的蝴蝶效应。这间酒店是祝家庄的买卖，三人和祝家庄的人发生冲突，时迁被祝家庄的庄客抓走。杨雄、石秀怕全军覆没只好撤退，后在另一家酒店遇见了老熟人杜兴，杜兴引见杨雄、石秀和扑天雕李应认识，请李应修书恳求祝家庄放人。由于祝家兄弟态度强硬拒不放人，杨雄、石秀又上梁山泊搬救兵，晁盖受不了"把梁山泊好汉的名目去偷鸡吃，因此连累我等受辱"而欲斩石、杨二人，在宋江等人的劝说下就此罢了，但梁山泊与祝家庄之间轰轰烈烈的三次大战也由此拉开了序幕。

与时迁偷鸡下酒的搞笑闹剧相反，《水浒传》中另一场酒则是彻头彻尾的悲剧和惨剧。虽然悲剧、惨剧也在多位梁山好汉的身上发生过，但就这件事的来龙去脉看，颇有不寻常之处。这次的主角是安道全，并非舞刀弄棒的江湖人物，而是一位本分的医生。这场灾难只能说是飞来横祸，在因为各种原因被"逼上梁山"的好汉中，安道全是最憋最冤的一位了。安道全之所以上梁山，并非因什么事走投无路，而是因为宋江背生恶疽，张顺想起他母亲患背疾时是神医安道全治好了他母亲的病，因此推荐了这位医生。最初张顺并没有想让安道全长期留在梁山，而是正常地请来治病，治好了再送回去。安道全因为妻子亡故，家里没有人打理，并不想出这一趟诊，架不住张顺的再三哀求方才答应。出远门前，安医生要和自己喜欢的娼妓李巧奴道个别。

当晚就带张顺同去他家，安排酒吃。李巧奴拜张顺做叔叔。三杯五盏，酒至半酣，安道全对巧奴说道："我今晚就你这里宿歇，明日早和这兄弟去山东地面走一遭。多则是一个月，少是二十馀日，便回来望你。"那李巧奴道："我却不要你去！你若不依我口，再也休上我门。"安道全道："我药囊都已收拾了，只要动身，明日便去。你且宽心，我便去也，又不担阁。"李巧奴撒娇撒痴，倒在安道全怀里说道："你若还不依我，去了，我只咒的你肉片片儿飞！"张顺听了这话，恨不得一口水吞吃了这婆娘。看看天色晚了，安道全大醉倒了，揽去巧奴房里，睡在床上。巧奴却来发付张顺道："你自归去，我家又没睡处。"张顺道："只待哥哥酒醒同去。"以此发遣他不动，只得安他在门首小房里歇。

——第六十五回《托塔天王梦中显圣　浪里白跳水上报冤》

这场酒本身再正常不过，安道全想和李巧奴一夜温存后再出发，李巧奴撒娇不让安道全去，说白了不过是为了留住这个常来常往的金主，不希望损失一个月的生意罢了。安道全的运气实在糟糕，估计做梦也想不到自己的一场辞行酒居然成了绝命酒。当晚，在江上打劫了张顺的截江鬼张旺来找李巧奴——李巧奴是个娼妓，因此任何客人上门，只要虔婆安排，她就得出来接客。张顺看到仇人张旺一时恼火，提刀便将完全不知道发生了什么的虔婆和李巧奴杀了，并在墙上到处写下"杀人者，安道全也"，一通操作之后，将安道全这个三十余里路都走不动的"文墨人"的后路彻底断了，原本一百两黄金请上梁山的计划也变成了将人逼上了梁山。安道全事件的根源并不是安道全的好酒、好色，而是张顺的托大，要不是张顺毫不防备地在张旺的船上睡去，张旺也不是张顺的对手。本质上张顺与刘唐犯的都是同一个毛病——不懂得小心驶得万年船。

有粗枝大叶的莽汉，就有洞穿世情的智者。《水浒传》中真正识破天机的是公孙胜的师父罗真人。除此之外，另有一些平日并不被看重的人物犹如天空划过的流星，哪怕只有短短一瞬，却有万丈光芒。一百二十回本比一百回本其他优劣不谈，单设计出这些人物足以令人欣喜。比如许贯中，比如萧嘉穗，比如费保，是他们让打打杀杀的暴戾江湖有了些许山高月明的超脱，点化了燕青、李俊、鲁智深等暗藏慧根的生命。

第一百八回宋江一伙攻荆南城不下，城中好汉萧嘉穗起义，杀掉守城将领梁永，带领城中军民将宋江军引入城内，在宋江款待谢恩的酒局上，萧嘉穗的一番话在梁山众将的内心埋下几粒光明的种子。

> 宋江教置酒款待萧壮士。宋江亲自执杯劝酒，说道："足下鸿才茂德，宋某回朝，面奏天子，一定优擢。"萧嘉穗道："这个倒不必，萧某今日之举，非为功名富贵。萧某少负不羁之行，长无乡曲之誉，是孤陋寡闻的一个人。方今谗人高张，贤士无名，虽材怀随和，行若由夷的，终不能达九重。萧某见若干有抱负的英雄，不计生死，赴公家之难者，倘举事一有不当，那些全躯保妻子的，随而媒孽其短，身家性命，都在权奸掌握之中。

象萧某今日，无官守之责，却似那闲云野鹤，何天之不可飞耶！"这一席话，说得宋江以下，无不嗟叹。座中公孙胜、鲁智深、武松、燕青、李俊、童威、童猛、戴宗、柴进、樊瑞、朱武、蒋敬等这十馀个人，把萧壮士这段话，更是点头玩味。当晚酒散，萧嘉穗辞谢出府。

——第一百八回《乔道清兴雾取城　小旋风藏炮击贼》

宋江为攻苏州，派李俊带童威、童猛到太湖上勘察，在榆柳庄与费保、倪云、卜青、狄成四兄弟相遇，并结拜为兄弟。当李俊劝说哥四个追随宋江时，费保告诉李俊"不愿为官，只求快活"。宋江军在费保的计策下攻取了苏州城，之后费保坚辞宋江的挽留，重回榆柳庄快活，在榆柳庄的酒桌上，费保的一席话直接改变了李俊的后半生。

费保对李俊道："小弟虽是个愚卤匹夫，曾闻聪明人道：'世事有成必有败，为人有兴必有衰。'哥哥在梁山泊，勋业到今，已经数十馀载，更兼百战百胜。去破辽国时，不曾损折了一个兄弟。今番收方腊，眼见挫动锐气，天数不久。为何小弟不愿为官？为因世情不好。有日太平之后，一个个必然来侵害你性命。自古道：'太平本是将军定，不许将军见太平。'此言极妙！今我四人，既已结义了，哥哥三人，何不趁此气数未尽之时，寻个了身达命之处，对付些钱财，打了一只大船，聚集几人水手，江海内寻个净办处安身，以终天年，岂不美哉！"李俊听罢，倒地便拜，说道："仁兄，重蒙教导，指引愚迷，十分全美。"

——第一百十四回《宁海军宋江吊孝　涌金门张顺归神》

费保堪称人间清醒，一句"太平本是将军定，不许将军见太平"彻底点醒李俊，这与许贯中用"雕鸟尽，良弓藏"点拨燕青有异曲同工之妙。好在李俊、燕青响鼓不用重槌，只需轻轻一敲自能心领神会，遇到卢俊义这样的痴人，即便把鼓槌敲断也无济于事。人们常说要将命运牢牢地掌握在自己的手上，其实也许每个人的命运无时无刻都在别人的手上，修短随化，既凭运气，也靠悟性。

江湖之酒，形形色色，有时是一封书信引发的惊天巨浪，有时是鸡毛蒜皮带来的两军对垒，有时是莫名其妙的飞来横祸，也有时是听君一席话的茅塞顿开。江湖不是童话，而是一场带着黑色幽默的黑暗游戏，大口吃肉、大口喝酒的背后，有人带笑，有人带泪，有人带血。

酒添风情　醉壮色胆——水浒女性的酒

　　相比而言,《水浒传》是男人的世界,《红楼梦》是女人的故事。《红楼梦》里的男性总体上是配角,且没几个身心康健的;《水浒传》的笔墨都集中在英雄好汉的身上,饱满的女性角色比例极低,以至于落下"厌女"的话柄。认真梳理水浒中所有的女性形象,粗略地将其分为正面形象、负面形象、普通形象,会发现正面形象的女性数量实则大于负面形象的女性。之所以让人产生"厌女"的印象,或许来自作者用较大篇幅刻画的几位女性大都是负面的,比如潘金莲,比如潘巧云;那些正向靓丽的女性多是逸笔草草,除了李师师、琼英花费一些笔墨外,大多被一笔带过。

　　水浒里的好汉有四个共性特征:第一是武力。行走江湖有一技傍身是必不可少的。第二是喝酒。梁山聚义的口号就是"大碗喝酒,大块吃肉,大秤分金银"。第三是有气度。无论犯下什么滔天大罪,只要是符合好汉标准的,就可以结交。第四则比较有趣——不近女色。与西方英雄故事一般有爱情陪衬不同,中国传统小说中英雄好汉不近女色的氛围在《水浒传》中被渲染到极致,这或许是给人留下"厌女"印象的另一个原因。以三大头领为例,晁盖是"不娶妻室,终日只是打熬筋骨";宋江是"只爱学使枪棒,于女色上不十分要紧";卢俊义是"只顾打熬气力,不亲女色"。只有一个好色的王英,一直被当作喜欢"溜骨髓"的反面典型惹人耻笑。

宋江素来乐善好施，与阎婆惜的一段孽缘实际上是由自己的慷慨大方造成的。对于江湖人士而言，宋江的慷慨大方是"及时雨"；对于阎婆而言，宋江的慷慨是一张可以肆意薅羊毛的长期饭票；对于阎婆惜而言，这张长期饭票并不是一个好的情人。苍蝇不叮无缝的蛋，宋江与阎婆惜这条裂缝上的苍蝇还是由宋江亲自招来的，宋江带同事张文远到阎婆惜处吃酒，张阎二人一见倾心，后来的悲剧就在此时埋下伏笔。

> 只因宋江千不合，万不合，带这张三来他家里吃酒，以此看上了他。自古道：风流茶说合，酒是色媒人。正犯着这条款。阎婆惜是个风尘娼妓的性格，自从和那小张三两个搭上了，他并无半点儿情分在那宋江身上。
>
> ——第二十一回《虔婆醉打唐牛儿　宋江怒杀阎婆惜》

风流轻浮的人往往被称为"酒色之徒"，酒与色之间纠缠不清的暧昧关系在这些语境中展现得淋漓尽致。倘若没有酒，色的出现便显得有些突兀，不够迂回和婉转；倘若没有色，那酒就只有大碗喝酒一种风格了。小说中常说的"酒是色媒人"，实际上说的是一种"调情"的色，而非"急色"；既然需要调情，酒就是最佳的媒介物，饮酒、倒酒、敬酒的举手投足之间眉目可以传情，声色可以相通，没话也可以找出话来撩拨。元代赵孟頫有《渔父词》云："山似翠，酒如油，醉眼看山百自由。"饮酒之后，醉眼蒙眬，原本不美好的世界美好了，七分姿色也就变成了十分姿色，加上酒后自控力降低，对色的渴望更加直白，色在酒的催化下无形中被放大了。阎婆惜和小张三勾搭起来，阎婆惜的妈妈却并不关心女儿的情爱，只关心是否能够长期稳定地靠着宋江衣食无忧。她知道宋江不爱女色，也知道女儿心思不在宋江身上，更懂得强扭的瓜不甜，不过在阎婆这里瓜甜不甜不重要，关系稳定压倒一切，即便暗流涌动，这场酒局也一定要做。

> 阎婆道："没酒没浆，做什么道场。老身有一瓶儿好酒在这里，买些果品来与押司陪话。我儿，你相陪押司坐地，不要怕羞，我便来也。"

且说阎婆下楼来，先去灶前点起个灯，灶里见成烧着一锅脚汤，再凑上些柴头。拿了些碎银子，出巷口去买得些时新果子，鲜鱼嫩鸡肥鲊之类，归到家中，都把盘子盛了。取酒倾在盆里，舀半旋子，在锅里烫热了，倾在酒壶里。收拾了数盘菜蔬，三只酒盏，三双箸，一桶盘托上楼来，放在春台上。开了房门，搬将入来，摆在桌子上。看宋江时，只低着头。看女儿时，也朝着别处。阎婆道："我儿起来把盏酒。"婆惜道："你们自吃，我不耐烦。"婆子道："我儿，爷娘手里从小儿惯了你性儿，别人面上须使不得。"婆惜道："不把盏便怎地我！终不成飞剑来取了我头！"那婆子倒笑起来，说道："又是我的不是了。押司是个风流人物，不和你一般见识。你不把酒便罢，且回过脸来吃盏儿酒。"婆惜只不回过头来。那婆子自把酒来劝宋江，宋江勉意吃了一盏。婆子道："押司莫要见责。闲话都打叠起，明日慢慢告诉。外人见押司在这里，多少干热的不怯气，胡言乱语，放屁辣臊。押司都不要听，且只顾饮酒。"筛了三盏在桌子上，说道："我儿不要使小孩儿的性，胡乱吃一盏酒。"婆惜道："没得只顾缠我！我饱了，吃不得。"阎婆道："我儿，你也陪侍你的三郎吃盏酒使得。"婆惜一头听了，一面肚里寻思："我只心在张三身上，兀谁奈烦相伴这厮！若不把他灌得醉了，他必来缠我。"婆惜只得勉意拿起酒来，吃了半盏。婆子笑道："我儿只是焦躁，且开怀吃两盏儿睡。押司也满饮几杯。"宋江被他劝不过，连饮了三五盏。婆子也连连饮了几盏，再下楼去烫酒。那婆子见女儿不吃酒，心中不悦。才见女儿回心吃酒，欢喜道："若是今夜兜得他住，那人恼恨都忘了。且又和他缠几时，却再商量。"

——第二十一回《虔婆醉打唐牛儿　宋江怒杀阎婆惜》

没酒没浆，不做道场。拉人说和，酒局确实是最合适的载体，酒被称为"润滑剂"也是这个原因。阎婆的酒局虽然是在家里，看上去简单，却色色俱全，还很有时间管理的能力：阎婆下楼的时候先看见灶上在烧水，就先添点柴火才出门去买下酒菜。一般来说，家里做的饭菜汤水是日常吃饭的，而下酒的干果鲜果、各种卤菜等熟食通常则是在店铺里直接购买的。等买了些卤菜回家后，阎婆原先添柴烧的那锅水就派上了用场——用来烫酒。这一段写烫酒，描述得很详细：先将酒倒在温酒时盛水的金属器具"旋子"里，隔水温热后再倒进酒壶。之所以选择隔水加热的"烫酒"而不是直接将酒放在灶上烧煮，是因为酒略温即可，过热反而不适口。再者，酒精的沸点低于水，如果等到酒煮沸了，酒味也就都挥发了。

阎婆精心准备的酒菜，却因为女儿的不配合而失败——阎婆惜心里有了张三，对宋江爱搭不理的。没有了情意，酒也不能成为色的媒人了，无情的酒就被打回了原形——只是几杯解渴的水酒罢了。宋江喝酒，是架不住阎婆的嘴太能说；阎婆惜之所以勉强陪着喝半杯，是想着灌醉了宋江，省却纠缠。

阎婆惜对宋江无情，故阎婆惜的酒也是无情的；潘金莲则相反，潘金莲对西门庆有情，潘金莲的酒也成了传情的手段。相比于《金瓶梅》中一开始就荒淫无度的潘金莲，《水浒传》中的潘金莲也是个苦命人：她在大户人家做使女，因不愿被大户强占去主母那里告状，而她的告状不仅没有成功证明自己的清白，反而让大户恼羞成怒，以侮辱性的方式惩罚了她——不要一分钱倒贴嫁给"三寸丁谷树皮"武大郎。武大郎懦弱无能，常被一些浮浪子弟嘲笑，被迫到另一个城市去生活。在这寥寥数语中，潘金莲所受的侮辱与伤害被轻轻带过。

从受害者到施害者，潘金莲的转变与她错位的情欲直接关联。平心而论，如果潘金莲真的大胆追求自己的爱情，恐怕人们不能那么理直气壮地责骂潘金莲是个"淫妇"。潘金莲第一个错误，就错在她对人伦观念的淡漠，她爱上的对象居然是自己的小叔子武松——所有男人中最不可能也不应该和她发生情感纠葛的男人。武松被哥嫂央求搬到武大的住处，武松每日公差下班回家，潘金莲对他十分殷勤，洗衣做饭，嘘寒问暖，表面上是嫂嫂照顾小叔子的合理范围，但潘金莲却有超越这个界限的渴望，即便武松的态度是恭敬而冰冷的。欲而不得，百爪挠心，在一个茫茫大雪的日子里，潘金莲准备投石问路。潘金莲对武松的"情爱"或曰"勾引"，同样也是借着酒来完成的。

那妇人把前门上了栓，后门也关了，却搬些按酒果品菜蔬，入武松房里来摆在桌子上。

武松问道："哥哥那里去未归？"妇人道："你哥哥每日自出去做买卖，我和叔叔自饮三杯。"武松道："一发等哥哥家来吃。"妇人道："那里等的他来。"说犹未了，早暖了一注子酒来。武松道："嫂嫂坐地，等武二去烫酒正当。"妇人道："叔叔，你自便。"那妇人也撇条杌子近火边坐了。桌儿上摆着杯盘。那妇人拿盏酒，擎在手里，看着武松道："叔叔，满饮此杯。"武松接过手去，一饮而尽。那妇人又筛一杯酒来说道："天色寒冷，叔叔饮个成双杯儿。"武松道："嫂嫂自便。"接来又一饮而尽。武松却筛一杯酒递与那妇人吃。妇人接过酒来吃了，却拿注子再斟酒来，放在武松面前。

那妇人也有三杯酒落肚，哄动春心，那里按纳得住，只管把闲话来说。武松也知了八九分，自家只把头来低了，却不来兜揽他。那妇人起身去烫酒，武松自在房里拿起火箸簇火。那妇人暖了一注子酒，来到房里，一只手拿着注子，一只手便去武松肩胛上只一捏，说道："叔叔只穿这些衣裳，不冷？"武松已自有五分不快意，也不应他。那妇人见他不应，劈手便来夺火箸，口里道："叔叔你不会簇火，我与你拨火。只要一似火盆常热便好。"武松有八分焦躁，只不做声。那妇人欲心似火，不看武松焦躁，便放了火箸，却筛一盏酒来，自呷了一口，剩了大半盏，看着武松道："你若有心，吃我这半盏儿残酒。"武松劈手夺来，泼在地下，说道："嫂嫂休要恁地不识羞耻！"把手只一推，争些儿把那妇人推一跤。

——第二十四回《王婆贪贿说风情　郓哥不忿闹茶肆》

潘金莲借酒来勾引武松，那风情一步步都不错：先是借敬酒说句情话——"叔叔饮个成双杯儿"，这双杯既可以是普普通通的第二杯，也可以含沙射影地借指成双成对的杯。看武松没有离席而去，借着酒兴继续说些闲话撩拨，更进一步借着烫酒倒酒去摸武松的衣服，语言也更具暗示性："我与你拨火。"直到最后，用"你若有心，吃我这半盏儿残酒"逼武松亮明态度。"吃半盏儿残酒"等于变相的肌肤之亲，武松在终于从"五分不快意"到"八分焦躁"再到"手只一推"。潘金莲这一步步的试探，步骤都是对的，恰如后面王婆给西门庆安排的"做十分光"的方法，可惜潘金莲没有发现真正的问题不是战术错误，而是战略错误，勾引错了对象一切白费。

比起潘金莲冒冒失失的勾引，西门庆勾引潘金莲，则是另一番光景。王婆教西门庆分步骤、有计划地勾引潘金莲，其手段之老辣、玩弄人心之准确令人叫绝：慢慢地布下罗网，等待猎物上门，然后步步深入。西门庆要勾引潘金莲，却不直接上门去请，由王婆上门去找潘金莲，给出一个不容易拒绝的理由——请对方做寿衣，这在古代是一件人生大事，能借机夸赞潘金莲的手艺，又能通过赠送布料凸显西门庆财大气粗、乐善好施，赢得印象分。而酒是这个计划里很重要的一部分，从一开始就设计好了。

> 等我买得东西来，摆去桌子上，我便道："娘子且收拾生活，吃一杯儿酒，难得这位官人坏钞。"他若不肯和你同桌吃时，走了回去，此事便休了。若是他只口里说要去，却不动身时，此事又好了，这光便有八分了。待他吃的酒浓时，正说得入港，我便推道没了酒，再叫你买，你便又央我去买。我只做去买酒，把门拽上，关你和他两个在里面。他若焦躁，跑了归去，此事便休了。他由我拽上门，不焦躁时，这光便有九分了。
>
> ——第二十四回《王婆贪贿说风情　郓哥不忿闹茶肆》

一切计划妥当，就要真的开始吃酒，但不能由西门庆本人来请吃酒——一来显得突兀，二来容易引起武大郎的警觉。王婆借着感谢潘金莲帮她做寿衣的理由请潘金莲喝酒，这话于情于理都说得过去。潘金莲晚上回家"面色微红"，武大郎果然问她"你那里吃酒来"，此时说出王婆请潘金莲帮忙做衣服请她喝酒一事，不仅顺理成章，还为后面潘金莲常常喝酒归来正了名，为西门庆来寻潘金莲喝酒一事做好厚厚的铺垫。

> 不多时，王婆买了些见成的肥鹅熟肉，细巧果子归来，尽把盘子盛了果子，菜蔬尽都装了，搬来房里桌子上，看着那妇人道："娘子且收拾过生

活，吃一杯儿酒。"……王婆将盘馔都摆在桌子上。三人坐定，把酒来斟。这西门庆拿起酒盏来说道："娘子满饮此杯。"那妇人谢道："多感官人厚意。"王婆道："老身知得娘子洪饮，且请开怀吃两盏儿。"

却说那妇人接酒在手，那西门庆拿起箸来道："干娘替我劝娘子请些个。"那婆子拣好的递将过来与那妇人吃。一连斟了三巡酒，那婆子便去烫酒来。

西门庆和这婆子一递一句，说了一回，王婆便道："正好吃酒，却又没了。官人休怪老身差拨，再买一瓶儿酒来吃如何？"西门庆道："我手帕里有五两来碎银子，一发撒在你处，要吃时只顾取来，多的干娘便就收了。"那婆子谢了官人，起身睃这粉头时，三钟酒落肚，哄动春心，又自两个言来言去，都有意了，只低了头，却不起身。那婆子满脸堆下笑来，说道："老身去取瓶儿酒来，与娘子再吃一杯儿，有劳娘子相待大官人坐一坐。注子里有酒没？便再筛两盏儿和大官人吃。老身直去县前那家有好酒买一瓶来，有好歇儿担阁。"那妇人口里说道："不用了。"坐着却不动身。

且说西门庆自在房里，便斟酒来劝那妇人，却把袖子在桌上一拂，把那双箸拂落地下。也是缘法凑巧，那双箸正落在妇人脚边。

——第二十四回《王婆贪贿说风情　郓哥不忿闹茶肆》

什么时候斟酒，什么时候推说烫酒，什么时候买酒及时抽身，如此种种，堪称酒桌进退之典范。"酒是色媒人"这句话，在这一场景中展现出了全部的威力。

阎婆惜与张三郎、潘金莲与西门庆、潘巧云与裴如海终因对欲望的放纵、对人伦的漠视，把美梦做成了噩梦，将风情酒喝成了送命酒。反观李师师与燕青，酒桌上的旖旎风情并不亚于前述几位，因燕青不忘其本，也因李师师聪敏过人，终能"发乎情、止乎礼"，从而避免了更大的悲剧。

李师师吹了一曲，递过箫来，与燕青道："哥哥也吹一曲与我听则个。"燕青却要那婆娘欢喜，只得把出本事来，接过箫，便呜呜咽咽也吹一曲。李师师听了，不住声喝采，说道："哥哥原来恁地吹的好箫！"李师师取过阮来，拨个小小的曲儿教燕青听，果然是玉珮齐鸣，黄莺对啭，馀韵悠扬。燕青拜谢道："小人也唱个曲儿伏侍娘子。"顿开喉咽便唱，端的是声清韵美，字正腔真。唱罢，又拜。李师师执盏擎杯，亲与燕青回酒，谢唱曲儿，口儿里悠悠放出些妖娆声嗽，来惹燕青。

——第八十一回《燕青月夜遇道君　戴宗定计赚萧让》

除了一百单八将中扈三娘、孙二娘、顾大嫂这三位女性，《水浒传》中尚有许多可圈可点的女性形象，排第一位的当数八十万禁军教头王进的母亲。当王进知道了自己的新上司就是昔日仇家高俅，一时没了主意。王进母亲当机立断提出"三十六着，走为上着"，从而避免了像林冲一样的命运，着实让人敬佩。林冲能从草料场死里逃生，首要功臣是李二夫妇，李二仅从"高太尉"三个字便推测出有可能和林冲有关，李二妻子更是潜伏一个时辰进一步弄清了陆谦等人的密谋。武大郎的验尸官何九叔的妻子也是个有思路、有主见的贤内助。何九叔看出武大郎是中毒死亡而左右为难，既怕西门庆报复又怕武松寻仇。何九叔的妻子则冷静分析、准确预判事情走向，并教他如何留一手以确保自己进退有据。何九叔夸赞妻子的话倒是中肯："家有贤妻，见得极明！"同样有见识的还有负责破生辰纲一案的缉捕使臣何涛的妻子。何涛因破案迟缓，被上司责问，何妻从小叔子何清的只言片语中捕捉到破案的线索，并请何清吃酒来修复兄弟二人的关系。

正说之间，只见兄弟何清来望哥哥。何涛道："你来做甚么？不去赌钱，却来怎地？"何涛的妻子乖觉，连忙招手说道："阿叔，你且来厨下，和你说话。"何清当时跟了嫂嫂进到厨下坐了。嫂嫂安排些肉食菜蔬，烫几杯酒，请何清吃。何清问嫂嫂道："哥哥忒杀欺负人！我不中也是你一个亲兄弟，你便奢遮杀，只做得个缉捕观察，便叫我一处吃盏酒，有甚么辱没了你？"阿嫂道："阿叔，你不知道你哥哥心里自过活不得哩。"……何清笑道："嫂嫂，倒要你忧！哥哥放着常来的一般儿好酒肉弟兄，闲常不采的是亲兄弟。今日才有事，便叫没捉处。若是叫兄弟得知，赚得几贯钱使，量这伙小贼有甚难处。"阿嫂道："阿叔，你倒敢知得些风路？"何清笑道："直等哥哥临危之际，兄弟却来，有个道理救他。"说了，便起身要去。阿嫂留住再吃两杯。

那妇人听了这说话的跷蹊，慌忙来对丈夫备细说了。

——第十七回《花和尚单打二龙山　青面兽双夺宝珠寺》

所谓英雄气短、儿女情长，《水浒传》的作者必须斩断英雄好汉们的儿女情长才能让他们心无旁骛地以命相搏。事实上中国传统民间社会体系中的确存在着一种"江湖"，小到厨帮、船帮、丐帮这样的行业帮会，大到揭竿而起、占山为王的匪寇，都是茫茫江湖的一分子。这些人游离在社会制度乃至法律体系的边缘，彼此之间靠一种约定俗成的"江湖规矩"来维持微妙的平衡，对于这些江湖人士而言，女色是稀缺资源，一旦贪恋女色或沉溺爱情会导致兄弟反目、破坏江湖规矩，因此江湖义气与女色爱情不可共存。另一方面，好汉的事业都是"脑袋别在裤腰带"上的危险行当，江湖人士自己可以将生死置之度外，但不一定能将亲人、爱人的生死置之度外，亲情、爱情都将是好汉们的阿喀琉斯之踵。站在理性的角度，好汉们只有斩断这份念想，才能义无反顾、了无牵挂地闯荡江湖。因此，江湖好汉不一定是不懂爱，不愿爱，也许是不敢爱，不能爱。

第十四集

梦饮御酒　终饮鸩酒——水浒招安的酒

　　整部《水浒传》，梁山集团命运的最大转折在于"招安"，而招安也是整部小说最具争议性的情节。对于梁山好汉而言，招安意味着向那糟糕的世道投诚。因此武松、鲁智深、李逵等人旗帜鲜明地反对招安，甚至不惜与宋江发生冲突。《水浒传》的读者也几乎一边倒地反对招安，称宋江为"投降派"。更有甚者如金圣叹，直接不承认《水浒传》招安后的故事情节，将书删成七十回，把招安二字一笔批倒。

　　《水浒传》有一个重要的内在逻辑，一百零八将都对应着天上的星宿，因为世道混乱、奸佞当道，上天派三十六天罡、七十二地煞下凡，搅扰天下安宁，给统治者"提个醒"。在这样的故事设定下，被招安的命运不仅仅是出于宋江的个人价值观或为兄弟们谋个好出路的想法，同时还有一个神话故事的底本为梁山命运做了注脚。早在第四十二回的时候，就有"九天玄女娘娘"交给宋江三卷天书，并叮嘱宋江"替天行道""全忠仗义""辅国安民"，而这些都是需要宋江接受招安才能完成的。

　　那娘娘坐于九龙床上，手执白玉圭璋，口中说道："请星主到此。"命童子献酒。两下青衣女童执着奇花金瓶，捧酒过来斟在玉杯内。一个为首的女童，执玉杯递酒来劝宋江。宋江起身，不敢推辞，接过玉杯，朝娘娘跪饮了一杯。宋江觉道这酒馨香馥郁，如醍醐灌顶，甘露洒心。又是一个青衣捧过一盘仙枣，上劝宋江。宋江战战兢兢，怕失了体面，尖着指头拿了一枚，就而食之，怀核在手。青衣又斟过一杯酒来劝宋江，宋江又一饮而尽。娘娘法旨："教再劝一杯。"青衣再斟一杯酒过来劝宋江，宋江又饮了。仙女托过仙枣，又食了两枚。共饮过三杯仙酒，三枚仙枣。宋江便觉道春色微醺，又怕酒后醉失体面，再拜道："臣不胜酒量，望乞娘娘免赐。"殿上法旨道："既是星主不能饮，酒可止。教取那三卷天书，赐与星主。"青衣去屏风背后，玉盘中托出黄罗袱子，包着三卷天书，度与宋江。宋江拜受看时，可长五寸，阔三寸，厚三寸。不敢开看，再拜祗受，藏于袖中。娘娘法旨道："宋星主，传汝三卷天书，汝可替天行道，为主全忠仗义，为臣辅国安民。去邪归正，他日功成果满，作为上卿。"

——第四十二回《还道村受三卷天书　宋公明遇九天玄女》

九天玄女娘娘的赐酒，可视为书中常提到的"御酒"的神话版本。在《水浒传》中，英雄好汉们喝村醪白酒，也喝透瓶香、玉壶春这样的好酒，但御酒与江湖之酒蕴含的意义完全不同——御酒的重要之处并不是它的滋味或价格，而是在于它是由代表着世俗最高权力的恩赐，代表着从"山野盗匪"到"国家身份"的转变。想喝御酒就必须如九天玄女所说"为主、为臣"，天花板也是清晰的——"作为上卿"。在受天书的梦里，宋江还没有当上梁山的首领，招安更是在遥远的未来，但宋江面对九天玄女娘娘赐酒时的态度，完全可以折射出他面对最高权力时诚惶诚恐的心态。尽管九天玄女娘娘以"星主"称呼宋江，但宋江并不敢妄自尊大，面对赐酒"不敢推辞，接过玉杯，朝娘娘跪饮了一杯"，面对赐枣也是"战战兢兢，怕失了体面，尖着指头拿了一枚，就而食之，怀核在手"。宋江在梦中所受的这三杯酒，正是后来受赐御酒的化身，宋江对玄女娘娘赐酒的态度映射出他对权力机器是臣服而非对抗的。

中国传统文化仪礼中，酒最开始就是作为祭祀用品来使用的——饮惟祀，人们用它来沟通天地神灵，后来逐渐成为社会文化体系中各种礼仪赏赐的常用物品。酒的酿造一半归于人工，一半归于天工，因品质不能做到百分百可控，所以对酒质做定性分析，古今中外都是认真对待的。西汉中山靖王墓出土的三十余件酒缸区分详尽，如黍上尊酒十五石、甘醪十五石、黍酒十一石、稻酒十一石等。无独有偶，距今三千多年的古埃及，有 160 多种标签用以区分葡萄酒的特色与等级：好、非常好、供缴税、供玩乐等（丁学良《酒中的文明》）。

一般意义上来说，"御酒"主要有三种来源，其一是采办酒品，即御膳房等负责宫廷饮馔祭礼的单位向专门的酒坊采办的好酒。另一种是进贡酒，一些盛产好酒或特色酒品的地方，负责的官员会向皇帝进贡酒品，这种"御酒"又称"贡酒"。时至今日，"当年贡品"仍是各地土特产营销的不二法宝。第三种则是皇家秘法内造的酒，譬如宋代就有负责朝廷用酒的光禄寺，光禄寺下又有法酒库和内酒坊。一般人喝不到光禄寺的酒，如黄庭坚就曾感叹"无因光禄赐官酒"，一旦得到赐酒必然兴奋地赋诗于"朋友圈"。狭义地说，光禄寺的酒应称为"国酒"或"宫酒"，国酒中专供皇帝享用的才称为"御酒"，算是酒中极品。御酒还有一个代称叫"黄封酒"——因黄绸布裹封酒坛口而得名，或许还有谐音"皇封"的因素。在宋代，宫廷常常用簪花和御酒赏赐臣下，无论节日还是宴会，通常都会有赐花、赐酒的记载，苏轼就有"新年已赐黄封酒"的诗句。《水浒传》第七十二回，宋江等人去东京看元宵花灯的时候，皇帝在元宵佳节来会见李师师时就提到"寡人今日幸上清宫方回，教太子在宣德楼赐万民御酒，令御弟在千步廊买市"。除节日外，一些国家重大事件发生时，皇帝也会以赐御酒的方式来表示自己的重视、鼓励和奖赏，譬如第五十五回高太尉率军攻打梁山泊，呼延灼初阵获胜，高太尉将消息上报朝廷，皇帝就派使者带"黄封御酒十瓶，锦袍一领，赏钱十万贯"赏赐军营。

不光赏赐用御酒，招安与御酒之间也有着不可分割的联系。御酒本身虽然不是招安文书，不具有法律或者行政律令效用，但御酒是一种身份的象征，代表朝廷的态度。事实上，《水浒传》中围绕着御酒发生的一桩桩事情，正是梁山好汉对招安存在争议、试图反对、逐渐接受和接受招安后无可奈何的命运的体现。梁山泊第一次受到招安，是御史大夫崔靖向朝廷提出建议，指出宋江与其他祸乱民间的寇匪有所不同，梁山好汉立意"替天行道"，加上当时宋代边疆与辽国交恶，不宜内外皆用兵，对宋江等梁山好汉应当采取怀柔态度，得到皇帝首肯。

> 傍有御史大夫崔靖出班奏曰："……若降一封丹诏，光禄寺颁给御酒珍羞，差一员大臣，直到梁山泊好言抚谕，招安来降，假此以敌辽兵，公私两便。伏乞陛下圣鉴。"天子云："卿言甚当，正合朕意。"便差殿前太尉陈宗善为使，赍擎丹诏御酒，前去招安梁山泊大小人数。
>
> ——第七十四回《燕青智扑擎天柱　李逵寿张乔坐衙》

力量悬殊，力量就是外交；力量均等，外交就是力量。和平是打出来的，招安的价码也是打出来的，此时朝廷与梁山泊还未在兵马交战中发生大的冲突，朝廷中了解梁山泊真正实力的人几乎没有，呼吁招安宋江的声音微乎其微。个别朝臣想到招安策略的主要原因是想借刀杀人，而不是受到了某种非招不可的危机。在这种前提下，朝廷对招安策略就不会太重视，招安态度也不会太积极，基本是在试试看的心态下安排使者送御酒和诏书前去梁山泊招安的。宋江被突然的"梦想成真"冲昏了头脑，完全没理解吴用"杀得他人亡马倒，梦里也怕，那时方受招安，才有些气度"的战略设计，如此一来，剃头挑子一头热的招安结果几乎是注定的。

> 当日，有一人同济州报信的直到忠义堂上，说道："朝廷今差一个太尉陈宗善，赍到十瓶御酒，赦罪招安丹诏一道，已到济州城内，这里准备迎接。"宋江大喜，遂取酒食并彩段二表里，花银十两，打发报信人先回……宋江道："你们都休要疑心，且只顾安排接诏。"先令宋清、曹正准备筵席，委柴进都管提调，务要十分齐整。铺设下太尉幕次，列五色绢段，堂上堂下，搭彩悬花。先使裴宣、萧让、吕方、郭盛预前下山，离二十里伏道迎接。水军头领准备大船傍岸。
>
> 且说萧让引着三个随行，带引五六人，并无寸铁，将着酒果，在二十

里外迎接。陈太尉当日在途中，张干办、李虞候不乘马匹，在马前步行，背后从人，何止三二百。济州的军官约有十数骑，前面摆列导引人马，龙凤担内挑担御酒，骑马的背着诏匣。济州牢子前后也有五六十人，都要去梁山泊内，指望觅个小富贵。萧让、裴宣、吕方、郭盛在半路上接着，都俯伏跪在道傍迎接。

——第七十五回《活阎罗倒船偷御酒　黑旋风扯诏谤徽宗》

这是朝廷第一次尝试招安，也是梁山好汉们反对招安最激烈的一次，虽然原因各自不同：吴用最为精明，他一眼就看出这些朝廷官员"看得俺们如草芥"，即使招安也必须遵循"以打促招"的总方针，才能谈出个好价码、好条件。林冲说朝廷贵官必然装腔作势，关胜说诏书必然没有好话，徐宁也担忧前来的使者中有高太尉的门下。这几位都曾是朝廷命官，他们本质上和宋江一样，对通过招安来洗脱绿林身份、换回清名有一定的期待，但他们很清楚朝廷绝不可能这么轻易地就放过他们，即使招安，也必然是以一种高高在上的姿态。

尽管宋江不惜一切代价，安排了盛大的酒宴筵席和欢迎队伍来迎接皇帝的使者，但蔡京、高俅派来专门搅事的张干办、李虞候却口出侮辱之言，对梁山好汉十分藐视。甚至面对萧让、裴宣态度极好地"俯伏恳请"，仍然是"捧去酒果，又不肯吃"，对阮小七等又打又骂。使者倨傲的态度很明显：他们根本看不起梁山泊的这伙强盗。这验证了吴用等人的判断是正确的。为了令宋江看清朝廷对梁山好汉的轻蔑，同时也为了最大程度地激起公愤，好汉们的"反招安运动"围绕着御酒展开了。

阮小七叫上水手来，舀了舱里水，把展布都拭抹了，却叫水手道："你且掇一瓶御酒过来，我先尝一尝滋味。"一个水手便去担中取一瓶酒出来，解了封头，递与阮小七。阮小七接过来，闻得喷鼻馨香。阮小七道："只怕有毒。我且做个不着，先尝些个。"也无碗瓢，和瓶便呷，一饮而尽。阮小七吃了一瓶道："有些滋味。一瓶那里济事，再取一瓶来！"又一饮而尽。吃得口滑，一连吃了四瓶。阮小七道："怎地好？"水手道："船梢头有一桶白酒在那里。"阮小七道："与我取舀水的瓢来，我都教你们到口。"将那六瓶御酒，都分与水手众人吃了，却装上十瓶村醪水白酒，还把原封头缚了，再放在龙凤担内，飞也似摇着船来。

宋江道："太尉且宽心，休想有半星儿差池。且取御酒教众人沾恩。"随即取过一副嵌宝金花钟，令裴宣取一瓶御酒，倾在银酒海内看时，却是村醪白酒；再将九瓶都打开倾在酒海内，却是一般的淡薄村醪。众人见了，尽都骇然，一个个都走下堂去了。鲁智深提着铁禅杖，高声叫骂："入娘撮鸟，忒杀是欺负人！把水酒做御酒来哄俺们吃！"赤发鬼刘唐也挺着朴刀杀上来，行者武松掣出双戒刀，没遮拦穆弘、九纹龙史进一齐发作。六个水军头领都骂下关去了。

宋江见不是话，横身在里面拦当，急传将令，叫轿马护送太尉下山，休教伤犯。此时四下大小头领，一大半闹将起来。

——第七十五回《活阎罗倒船偷御酒　黑旋风扯诏谤徽宗》

阮小七替换御酒的效果非常显著：尽管一开始宣读诏书的时候，由于诏书中多有轻慢贬损的话语，梁山好汉们"皆有怒色"，但只有李逵一人扯碎诏书要打使者，被宋江、卢俊义"大横身抱住"；其他人虽然有所不满，也只是将李逵推下堂去，没有立刻大闹起来。但当被替换了的御酒打开后，梁山好汉们发现御酒都被换成了淡薄的村酒，立刻"尽都骇然，一个个都走下堂去了"，鲁智深、刘唐、武松、穆弘、史进联手闹了个卷堂大乱，连宋江也安抚不了兄弟们的怒火。

御酒虽然是被阮小七而非朝廷使者替换的，但被替换的御酒仍然直观地传递出两个极为真实的信息：首先，朝廷对梁山的真实力量毫无所知，招安是居高临下的恩赐；其次，朝廷中仍然有大量连御酒都敢糊弄的奸佞，恰恰是这些冠缨豺狼将好汉们逼上了梁山。阮小七换上的假御酒，却恰恰传递出朝廷内部真实的黑暗。撕毁诏书、撵走使者，梁山泊与朝廷的军马正式开战，并连获大胜，再加上宿太尉、李师师的劝说，皇帝终于重新采用了更加谦逊怀柔的态度去招安。这一次的御酒与上次不同——从仅仅只有象征性的"十瓶御酒"，变成了指向明确的一百零八瓶御酒。

又命库藏官，教取金牌三十六面，银牌七十二面，红锦三十六匹，绿锦七十二匹，黄封御酒一百八瓶，尽付与宿太尉。又赠正从表里二十四，金字招安御旗一面，限次日便行。宿太尉就文德殿辞了天子。

且说宿太尉打担了御酒、金银牌面、段匹表里之物，上马出城。打起御赐金字黄旗，众官相送出南薰门，投济州进发，不在话下。

到第三日清晨，济州装起香车三座，将御酒另一处龙凤盒内抬着；金银牌面、红绿锦段，另一处扛抬；御书丹诏，龙亭内安放。

萧让读罢丹诏，宋江等山呼万岁，再拜谢恩已毕。宿太尉取过金银牌面，红绿锦段，令裴宣依次照名，给散已罢。叫开御酒，取过银酒海，都倾在里面，随即取过旋杓舀酒，就堂前温热，倾在银壶内。宿太尉执着金钟，斟过一杯酒来，对众头领道："宿元景虽奉君命，特赍御酒到此，命赐众头领，诚恐义士见疑。元景先饮此杯，与众义士看，勿得疑虑。"众头领称谢不已。宿太尉饮毕，再斟酒来，先劝宋江，宋江举杯跪饮。然后卢俊义、吴用、公孙胜陆续饮酒，遍劝一百单八名头领，俱饮一杯。

当日尽皆大醉，各扶归幕次里安歇。次日，又排筵宴，彼各叙旧论新，讲说平生之怀。第三日，再排席面，请宿太尉游山，至暮尽醉方散，各归安歇。

——第八十二回《梁山泊分金大买市　宋公明全伙受招安》

除了御酒的数量从十瓶改为一百零八瓶，赐酒的方式也发生了变化：第一次招安时使者对梁山好汉极为轻慢，因此御酒是由宋江吩咐铁面孔目裴宣"取一瓶御酒，倾在银酒海内"；这一次则是由宿太尉亲自斟酒、敬酒，并且以"先饮此杯，与众义士看"来证明酒中无毒，两次招安的态度前倨后恭，从赐酒、斟酒的细节转变上明显地体现出来。

朝廷招安梁山泊的原因一方面是因为无法攻下梁山，另一个更重要的原因是要用梁山军马来破辽军，令两害相斗、相互消耗。这一点梁山泊好汉们不是不清楚，但对许多好汉而言，与其在梁山泊落草为寇而将"清白姓字""父母遗体来点污了"，不如去边疆一刀一枪搏个真正的功名。然而朝廷黑暗腐朽的本质已经是无可救药了，只要皇帝仍然昏庸，只要奸佞仍然瞒上欺下，那么将好汉们逼上梁山的大环境就没有发生改变，一切都无济于事。果然，宋江接受招安后还未发兵破辽，第一次重大危机就爆发了，事情的焦点仍然是御酒。上一次偷换御酒的是阮小七，但阮小七所做的不过是对这些贪官污吏日常行为的一次戏仿与模拟；这一次，偷换、克扣御酒则是腐败官员们的真实行为。

> 天子大喜，再赐御酒，教取描金鹊画弓箭一副，名马一匹，全副鞍辔，宝刀一口，赐与宋江。宋江叩首谢恩，辞陛出内，将领天子御赐宝刀鞍马弓箭，就带回营。
>
> 且说徽宗天子次早令宿太尉传下圣旨，教中书省院官二员，就陈桥驿与宋江先锋犒劳三军。每名军士酒一瓶，肉一斤，对众关支，毋得克减。
>
> 且说中书省差到二员厢官，在陈桥驿给散酒肉，赏劳三军。谁想这伙官员，贪滥无厌，徇私作弊，克减酒肉。都是那等谗佞之徒，贪爱贿赂的人。却将御赐的官酒，每瓶克减只有半瓶，肉一斤，克减六两。
>
> ——第八十三回《宋公明奉诏破大辽　陈桥驿滴泪斩小卒》

御赐给梁山好汉们的酒肉，负责分发的官员扣除一半——这种事情似乎古往今来都在发生。皇上前脚刚说完"毋得克减"，这帮人怎么敢顶风作案呢？那是因为已经形成了惯性，上面天天说，下面天天扣，也没发生过问题——克扣才是这套体系的常态，足额发放才不正常。梁山好汉都是对世道不公极为敏感、极为厌恶的人，对于这种贪赃枉法之事绝不会捏着鼻子忍受，冲突的发生就成为了必然。梁山好汉中一个军校愤然杀死了监散酒肉的朝廷官员，惹下大祸的军校自知不能幸免，在众兄弟们无奈的泪眼中从容赴死；而另一方面，尽管皇上已经通过宿太尉的禀报了解了事情的曲折原委，省院等官仍然当面抵赖，言之凿凿地说："御酒之物，谁敢克减！"面对这样上下沆瀣一气、官官相护的贪赃枉法之徒，天子的"震怒"也显得空洞无力：省院官只不过是"默然无言而退"，而宋江却必须将自家兄弟枭首示众，还得记下一个"禁治不严"的罪名。

御赐酒肉的数量是"酒一瓶，肉一斤"，污吏们扣掉了百分之五十的酒，"酒剩了半瓶"这个账好算；一斤肉扣掉了六两还剩"十两"，给今人造成一定困惑，这是由于古今进制不同：古制（从战国到清代）一斤等于十六两，不同于今制一斤等于十两。相传一斤等于十六两的发明源于星象，目的是告诫做买卖的人坚守公平不能缺斤短两，缺斤短两意味着折福折寿，是一种朴素的诚信观念。今天虽然不使用十六进制的计算方法了，但"半斤八两"这个代表彼此相同、不分上下的成语却仍在使用。

如果说出征辽军前的梁山好汉因还未替国家出力而不受重视，那么破辽军、灭田虎、擒王庆归来后年节御宴的赐酒则将宋江接受招安、重博功名的愿望彻底戳破。宋江与众好汉平定有功，本应在正旦节日时朝贺觐见，但蔡京担心天子看到宋江等人有功归来会重用他们，因此"奏闻天子，降下圣旨"，阻拦好汉们进宫朝见，就连宋江、卢俊义二人虽有官职在身，也只能侍立在外面，不能上殿。

> 宋江、卢俊义随班拜罢，于两班侍下，不能上殿。仰观殿上玉簪珠履，紫绶金章，往来称觞献寿，自天明直至午牌，方始得沾谢恩御酒。百官朝散，天子驾起。宋江、卢俊义出内，卸了公服幞头，上马回营，面有愁颜赧色。
>
> ——第九十回《五台山宋江参禅　双林渡燕青射雁》

宫廷上尸位素餐之辈能够围绕在皇帝周围享受高官厚禄和御酒恩赐，而宋江、卢俊义有功归来，却在殿外站到下午才得到一点"谢恩御酒"。宋江与卢俊义的"愁颜赧色"，是因为他们现在已经没有任何可以用来说服自己"未来还有机会"的借口了，冷酷的事实放在面前，即使接受了招安、即使有了外破辽军、内平叛乱这样辉煌的功勋仍然不会受到朝廷的重视。只要还有蔡京、高俅这样的奸臣当道，只要无能的皇帝还偏听偏信他们的说辞，梁山好汉们"边庭上一枪一刀，博个封妻荫子"的梦想如同气球吹弹可破。没有人可以叫醒一个人装睡的人，当李逵直言不讳地说出"哥哥不听我说，明朝有的气受哩"的真相时，宋江还在执着于自己已经变质的美梦。而后在征方腊的途中，御酒再一次短暂地出现，这一次是以另一种非常讽刺的方式。

> 再说宋江分调兵将已了，回到秀州，计议进兵攻取杭州，忽听得东京有使命赍捧御酒赏赐到州。宋江引大小将校，迎接入城，谢恩已罢，作御酒公宴管待天使。饮酒中间，天使又将出太医院奏准，为上皇乍感小疾，索取神医安道全回京，驾前委用，降下圣旨，就令来取。宋江不敢阻当。
>
> ——第九十四回《宁海军宋江吊孝 涌金门张顺归神》

宋江兵马正在前方征战，而皇帝却因为"乍感小疾"，就将军中重要的军医安道全带回太医院侍奉皇帝，此后安道全再也没有回到宋江军中，这一举措直接导致徐宁被毒箭射伤后不治身亡。梁山好汉在前方征伐方腊，损兵折将，而后方的朝廷却并不知道大约也不想知道。宋江征伐方腊时，皇帝也派了使者前来赠御酒锦衣来表示关心和慰问，但这种流于表面的关心却只能令人徒增伤感——因为朝廷根本不知道梁山将领的死伤惨重，赐酒与赐衣对于已经死去的将士只能作为祭品。

> 此时已是四月尽间。忽闻报道："副都督刘光世并东京天使，都到杭州。"宋江当下引众将出北关门迎接入城，就行宫开读圣旨："敕先锋使宋江等：收剿方腊，累建大功。敕赐皇封御酒三十五瓶，锦衣三十五领，赏赐正将。其馀偏将，照名支给赏赐段匹。"原来朝廷只知公孙胜不曾渡江收剿方腊，却不知折了许多人马。宋江见了三十五员锦衣御酒，蓦然伤心，泪不能止。天使问时，宋江把折了众将的话，对天使说知。天使道："如此折将，朝廷怎知！下官回京，必当奏闻皇上。"即时设宴管待天使，刘光世

主席，其馀大小将佐，各依次序而坐。御赐酒宴，各各沾恩已罢。已亡正偏将佐，留下锦衣御酒赏赐，次日设位，遥空享祭。宋江将一瓶御酒，一领锦衣，去张顺庙里呼名享祭，锦衣就穿泥神身上。其馀的，都只遥空焚化锦衣。天使住了几日，送回京师。

——第九十六回《卢俊义分兵歙州道　宋公明大战乌龙岭》

　　锦衣穿在泥像身上，御酒浇祭土里，英雄好汉的功名梦想如镜花水月归于泡影。故事的最终结局，是皇帝在高俅、蔡京等人的撺掇下赐御酒给卢俊义、宋江安抚其心，而高俅等又安排心腹在酒中下毒，梁山军的两位头领均被毒死，宋江临死前又拉上了对自己忠心耿耿的李逵。皇帝赐下的御酒曾经是梁山好汉们从江湖回归庙堂的引渡，是梁山好汉们洗脱盗匪之名、重获功名的希望，而恰恰是御酒一次又一次地夺走他们的希望，直至夺走他们的生命。得知宋江被毒死的真相时皇帝是震怒的，但震怒又有何用呢？下毒的"临时工"已经死在半道，高俅、蔡京这些奸臣仍然逍遥法外。好汉们被世道逼上梁山，又为了心中的忠义接受招安，最终却死在这不可救药的庙堂斗争中。

　　好汉只被奸佞害，奸佞自有老天收。不久之后，金兵南下，腐朽的宋家王朝覆灭，什么地位官爵，利益纠缠都毫无意义，江山拱手让人，东京成了汴京，万尊之躯的皇帝登时化作一名受尽屈辱的阶下囚，正应"天作孽，犹可违；自作孽，不可逭"的古训。皇亲贵胄、奸佞宵小死不足惜，只是那些成为殉葬品的无辜善良的百姓令人惋惜冤屈。易姓改号是政权之亡，仁义充塞是天下之亡，时至今日仍有人不明白顾炎武所言："保国者，其君其臣肉食者谋之；保天下者，匹夫之贱与有责焉耳矣。"一碗碗酒，见证一个个英雄梦；一个个梦，碎在一杯杯断肠酒。问世间谁是英雄？不过一场游戏一场梦。

第十五集

倾情于酒　醉心于笔——《水浒传》作者的酒

《水浒传》一书对酒的偏爱是显而易见的。

酒是个体财富的度量衡，亦是国家财富的晴雨表。酿酒、卖酒、饮酒，酒楼、酒肆、酒宴是社会经济生活的一部分，也是时代的投射与缩影。尽管赵宋的开国之君喊出过"卧榻之侧岂容他人鼾睡"，终究是有边界的霸气侧漏，本质还是"窝里横"，对于北方强敌始终有隐隐的鸵鸟心态。因此，宋朝对于酒的狂热，既是对北方强敌紧张感的精神释放，也是刺激域内经济的重要手段。上至皇室，中到官员，下至黎民百姓共同谱写了人类酒史上的一个小高潮，尽管局部夹杂着内向的奢靡与病态的繁华。

《水浒传》中用一篇诗词文赋做点睛描写，一般出自两种情况：一是重点人物，二是重要环境，尤其是那些酒楼、酒宴、酒事。历史上写酒的诗词歌赋虽多，但《水浒传》行文中对酒的描绘往往与上下文相互照应，有可供咀嚼回味之处，故录于下，作为终篇。

香焚宝鼎，花插金瓶。仙音院竞奏新声，教坊司频逞妙艺。水晶壶内，尽都是紫府琼浆；琥珀杯中，满泛着瑶池玉液。玳瑁盘堆仙桃异果，玻璃碗供熊掌驼蹄。鳞鳞脍切银丝，细细茶烹玉蕊。红裙舞女，尽随着象板鸾箫；翠袖歌姬，簇捧定龙笙凤管。两行珠翠立阶前，一派笙歌临座上。

——第二回《王教头私走延安府　九纹龙大闹史家村》

　　这一段是小王都太尉庆诞生辰宴的描述，不过书中将都太尉的辈分降了一级，都太尉就是王诜——宋英宗的驸马爷，《水浒传》中却说他是宋神宗的驸马，恰好低了一个辈分。本来应是徽宗的姑父，此处只好变成了徽宗的姐夫。王诜当日请了端王——还未登基的宋徽宗来赴宴，这场宴席虽然比不上真正的宫廷御宴，却也是奢华至极，书中用来描述的辞藻也是极尽铺陈堆砌之能事，写酒器则云水晶壶、琥珀杯，食器则为玳瑁盘、玻璃碗，酒品是紫府琼浆、瑶池玉液，下酒菜是仙桃异果、熊掌驼蹄、脍切银丝。酒宴的主角是酒，但酒需要名贵的酒器来体现它的档次，如同一场酒宴的规格由出席人物的身份来决定一样。

　　午夜初长，黄昏已半，一轮月挂如银。冰盘如昼，赏玩正宜人。清影十分圆满，桂花玉兔交馨。帘栊高卷，金杯频劝酒，欢笑贺升平。年年当此节，酩酊醉醺醺。莫辞终夕饮，银汉露华新。

——第二回《王教头私走延安府　九纹龙大闹史家村》

　　贵胄有贵胄的奢华，村人有村人的浪漫。即便史进这样只爱舞刀弄枪的人也会在中秋夜饮酒赏月。中秋节的起源说法甚多，但赏月、吃月饼、饮桂花酒是中秋节最喜闻乐见的内容，古人曾有"此夜若无月，一年虚过秋"的诗句。中国人重视中秋节，既是表达思念之情也是与家人团圆的重要节日，思念与欢娱都不能缺失了酒，公元1076年的中秋节，苏东坡写下"明月几时有，把酒问青天"的名句，成为千百年来中秋诗词的天花板。很多时候，岁月静好是一种奢望，史进的这个中秋酒便喝得惊心动魄。

　　风拂烟笼锦旆扬，太平时节日初长。
　　能添壮士英雄胆，善解佳人愁闷肠。

三尺晓垂杨柳外，一竿斜插杏花傍。

男儿未遂平生志，且乐高歌入醉乡。

——第三回《史大郎夜走华阴县　鲁提辖拳打镇关西》

史进刚逃出中秋宴的兵荒马乱，在渭州邂逅了鲁智深、李忠，三人来到潘家酒店——当地有名的酒店。这一段对酒店的描写格外生动：杨柳扶风、杏花正浓，一片春光明媚中悬着高高的酒旗，任谁也不能抵挡这美景加美酒的诱惑，名店果然名不虚传。"能添壮士英雄胆，善解佳人愁闷肠"说尽酒备受人们青睐的两个核心原因：壮胆与消愁。

头重脚轻，对明月眼红面赤；前合后仰，趁清风东倒西歪。踉踉跄跄上山来，似当风之鹤；摆摆摇摇回寺去，如出水之龟。脚尖曾踢涧中龙，拳头要打山下虎。指定天宫，叫骂天蓬元帅；踏开地府，要拿催命判官。裸形赤体醉魔君，放火杀人花和尚。

——第四回《赵员外重修文殊院　鲁智深大闹五台山》

没有了史进这个酒伴，鲁智深在五台山喝起了闷酒、发起了酒疯。只要喝酒便难免喝醉，对于真正的酒徒而言，喝酒就是为了醉。在医学概念中，醉酒即是酒精中毒，症状有轻有重，对应到日常表达则有微醺、小醉、大醉、烂醉等，醉后的常见状态有胡言乱语、步履蹒跚、手舞足蹈、昏昏欲睡等。此时的鲁智深明显大醉，这段文字将鲁智深醉后的鲁莽疏狂晕染得完完全全，将"花和尚"的形象描绘得入木三分。

傍村酒肆已多年，斜插桑麻古道边。

白板凳铺宾客坐，矮篱笆用棘荆编。

破瓮榨成黄米酒，柴门挑出布青帘。

更有一般堪笑处，牛屎泥墙画酒仙。

——第四回《赵员外重修文殊院　鲁智深大闹五台山》

因第一次喝酒闹事，在寺中老实了三四个月的鲁智深又按捺不住酒虫的勾引，跑到镇上寻酒喝。无奈好几家像样的酒店都不卖酒给五台山的和尚，鲁智深只好装作云游的外地和尚在一家档次很低的酒店里解馋，店是苍蝇馆，酒是黄米酒。黄米酒算是中国酒的祖先，在玉米、甘薯于明清时代传入中国之前，中国的主粮一直以"五谷"为主。五谷者，黍、粟、麦、稻、菽。黍即黄米，古代也称为稷，后来随着粟（小米）的强势崛起，黍（黄米）退出了主粮的统治地位，但作为酿酒的主要原料一直存在。今天酿酒的主料是高粱，彼时高粱于酿酒而言尚属无名之辈。

> 柴门半掩，布幕低垂。酸醨酒瓮土床边，墨画神仙尘壁上。村童量酒，想非涤器之相如；丑妇当垆，不是当时之卓氏。壁间大字，村中学究醉时题；架上蓑衣，野外渔郎乘兴当。
>
> ——第六回《九纹龙剪径赤松林　鲁智深火烧瓦罐寺》

鲁智深因两次醉酒被赶出了五台山，又在赤松林与史进相遇，两人联手烧了瓦罐寺后赶了一夜山路，在天微微亮时找到了一处酒家。这个酒店很小，"酸醨酒瓮土床边"道出这里也不会有什么像样的好酒，好在两人此时的主要目的是充饥，而不是饮酒。作者取笑这家小店"丑妇当垆"，以美女招徕酒店生意的营销手段由来已久，最著名的当然是汉代的卓文君；在唐代，以美女为幌子吸引酒客已经成为通用法则，这一招数至少对李白、白居易这样的酒客很管用，不然李白怎么会写下"正见当垆女，红妆二八年"的诗句。如果酒足够好，美女足够美，银子足够多，还可以有更好的服务，正如唐人施肩吾诗中所言："胡姬若拟邀他宿，挂却金鞭系紫骝。"

喝酒给钱，天经地义。然而酒客们总有钱不凑手的时候，只能或赊、或借、或逃单，还有一个办法便是"当"，杜甫是典当买酒的老手："朝回日日典春衣，每日江头尽醉归。酒债寻常行处有，人生七十古来稀。"《水浒传》第六回中"架上蓑衣，野外渔郎乘兴当"一句也是很有画面感，酒兴正浓的渔夫把自己的蓑衣当了换酒，痛饮一番，踉踉跄跄消失在茫茫雨巷中。真正的当，应当是在当铺将物换成钱，再用钱去消费，正如鲁智深在赤松林看到一个人影，想的是"且剥那厮衣裳当酒吃"，这里当掉的襄衣更像是以物易物，或者暂时做个抵押。

前临驿路，后接溪村。数株槐柳绿阴浓，几处葵榴红影乱。门外森森麻麦，窗前猗猗荷花。轻轻酒旆舞薰风，短短芦帘遮酷日。壁边瓦瓮，白泠泠满贮村醪；架上磁瓶，香喷喷新开社酝。白发田翁亲涤器，红颜村女笑当垆。

——第九回《柴进门招天下客　林冲棒打洪教头》

鲁智深在野猪林救下林冲，制服了董超、薛霸两条恶棍，四人一同来到距野猪林三四里的一家酒店。这家是可以媲美渭州潘家酒店的好酒店，交通便利，绿树红花，莺歌燕舞，颇有孟浩然笔下"开轩面场圃，把酒话桑麻"的闲适意境，大的瓮、小的瓶都装得满满当当，这"磁瓶"的包装也比鲁智深在五台山外的"破瓮"档次高多了。"白发田翁、红颜村女"看得出店家应是个父女组合，做的也是良善生意，不似张青、孙二娘那般的夫妻黑店。

酒是新开的社酒，社酒是为庆祝社日节而酿，社日即是庆祝社神的节日，传说社酒有一个特殊的功能——治耳聋。"社"是土地神，"稷"是五谷神，社稷就成了国家的代名词，人与人、人与集体的组合便称为"社会"。社日有春社与秋社，时间分别在农历二月和八月，林冲四人喝的便是春社的社酒。因为是祈求风调雨顺和庆祝丰收的节日，所以古代对社日格外重视，社日里最重要的一项庆祝仪式便是举杯畅饮，如唐代王驾《社日》所言即为"桑柘影斜春社散，家家扶得醉人归"。如果有人在社日时不能与大家同欢是相当落寞的，不免像宋人黄公绍《青玉案》词中所感叹的："花无人戴，酒无人劝，醉也无人管。"

古道孤村，路傍酒店。杨柳岸晓垂锦帏，杏花村风拂青帘。刘伶仰卧画床前，李白醉眠描壁上。闻香驻马，果然隔壁醉三家；知味停舟，真乃透瓶香十里。社酝壮农夫之胆，村醪助野叟之容。神仙玉佩曾留下，卿相金貂也当来。

——第九回《柴进门招天下客　林冲棒打洪教头》

鲁智深将林冲一直护送到沧州附近，来到一家有上品好酒的店里，最后喝一顿分别酒。酒家很讲究酒神精神的传承，分别在墙壁上画了刘伶和李白两大著名酒仙当广告。李白妇孺皆知自不必说，刘伶亦是"唯酒是务，焉知其余"的大神，其饮酒故事的传奇性比李白有过之而无不及。何以见得这家有上品好酒？在飞奔的马上、在飞驰的船上都能闻得透瓶而出的酒香，从而驻马、停船，果真是酒香不怕巷子深。今天"酒是陈的香"已经深入人心。唐代以前，酒是追求新鲜的，不然白居易怎么会用"绿蚁新醅酒"来招待自己的好友，如同清酒、啤酒不追求陈香是一样的道理。唐宋之际，通过加热的方式使酒质稳定，不易腐败变质，才逐渐有了追求陈酒的概念。文中末尾两句，神仙留玉佩或许是指吕洞宾；金貂换酒无疑是指贺知章请李白喝酒没带钱，用"工作证"做抵押的故事。

银迷草舍，玉映茅檐。数十株老树权枒，三五处小窗关闭。疏荆篱落，浑如腻粉轻铺；黄土绕墙，却似铅华布就。千团柳絮飘帘幕，万片鹅毛舞酒旗。

——第十一回《朱贵水亭施号箭　林冲雪夜上梁山》

林冲在草料场杀了陆虞候等报了大仇，却因抢酒吃醉被柴进的庄客绑了，柴进第二次救了林冲，并引荐林冲上梁山。林冲昼夜兼行十余日，来到梁山脚下，于雪夜中看见一家酒店，连续的长途奔命，内心的烦闷彷徨，这酒店里微弱的光、粗淡的酒对林冲而言皆不啻为雪中的"炭"。这段环境描写与此时林冲的心情极为般配：虽然大仇得报，但也真正穷途末路。冰冷的天气犹如这冰冷的世情，呼啸的寒风犹如内心的愤怒；雪花铺地看不清脚下的路在何方，酒旗摇曳不知道哪是顺风哪是逆风。

> 盆栽绿艾，瓶插红榴。水晶帘卷虾须，锦绣屏开孔雀。菖蒲切玉，佳
> 人笑捧紫霞杯；角黍堆金，美女高擎青玉案。食烹异品，果献时新。弦管
> 笙簧，奏一派声清韵美；绮罗珠翠，摆两行舞女歌儿。当筵象板撒红牙，
> 遍体舞裙拖锦绣。消遣壶中闲日月，遨游身外醉乾坤。
>
> ——第十三回《急先锋东郭争功　青面兽北京斗武》

曾经有一次上梁山的机会摆在杨志面前，杨志并没有将落草作为选项，卖刀凑盘缠又凑出牛二这条人命，终被发配。不过杨志的刺配之旅比林冲、卢俊义来说要平安许多，有酒有肉，差人和善，最后还得到梁中书的重用，这是自杨志出场以来过得最舒心的一段日子。端午节临近，梁中书与夫人举办家宴庆贺。梁中书有岳丈蔡京的庇护官居高位，家宴十分精致典雅，故以紫霞杯、青玉案来描述酒宴的精美；音乐与舞蹈体现宴会的奢华；盆栽绿艾、菖蒲切玉则点题端午时节。端午门楣插艾草有祈健康、招百福之寓意，现代研究亦证明艾草确实有很好的药用价值。端午节的酒为雄黄酒、菖蒲酒，也很有特色。现在认为雄黄酒含有毒性，不适合饮用，不过在古代饮雄黄酒是比较普遍的，目的是祛"五毒"。据说菖蒲酒源自汉代，唐宋元明清传承不断，其效果若真如李时珍《本草纲目》所记"治三十六风，一十二痹，通血脉，治骨痿，久服耳目聪明"，那这样的传统饮品倒是值得大力推广。

> 前临湖泊，后映波心。数十株槐柳绿如烟，一两荡荷花红照水。凉亭
> 上四面明窗，水阁中数般清致。当垆美女，红裙掩映翠纱衫；涤器山翁，
> 白发偏宜麻布袄。休言三醉岳阳楼，只此便为蓬岛客。
>
> ——第十五回《吴学究说三阮撞筹　公孙胜应七星聚义》

吴用来到石碣村拉拢阮氏三兄弟一起打劫生辰纲，谋划的是凶险的事业，吃酒的这家酒店环境却相当风雅。这是一座建于水上的酒店，窗含碧水，门迎荷花，当垆的也由"丑妇"变成了"美女"。美景、美酒、美女相得益彰，自能酒不醉人人自醉。酒店的文艺气质虽与吴用略有契合，却完全不是三阮

的风格：吴用吃了几块，便吃不得了。那三个狼餐虎食，吃了一回。饮食研究中有句名言叫"从吃什么、怎么吃就能判断一个人的来路"，用在吴用与阮氏兄弟这一餐上再合适不过。若将外延扩大一点，通过吃什么、怎么吃同样可以了解一个民族、一个国家：吃什么能看出物质供应水平；如何吃则能透视出技术、意识、信仰、审美等多方面的问题。

> 门迎驿路，户接乡村。芙蓉金菊傍池塘，翠柳黄槐遮酒肆。壁上描刘伶贪饮，窗前画李白传杯。渊明归去，王弘送酒到东篱；佛印山居，苏轼逃禅来北阁。闻香驻马三家醉，知味停舟十里香。不惜抱琴沽一醉，信知终日卧斜阳。

> 古道村坊，傍溪酒店。杨柳阴森门外，荷花旖旎池中。飘飘酒旆舞金凤，短短芦帘遮酷日。磁盆架上，白泠泠满贮村醪；瓦瓮灶前，香喷喷初蒸社酝。村童量酒，想非昔日相如；少妇当垆，不是他年卓氏。休言三斗宿醒，便是二升也醉。

> 眉横翠岫，眼露秋波。樱桃口浅晕微红，春笋手轻舒嫩玉。冠儿小，明铺鱼鲹，掩映乌云；衫袖窄，巧染榴花，薄笼瑞雪。金钗插凤，宝钏围龙。尽教崔护去寻浆，疑是文君重卖酒。

> ——第二十九回《施恩重霸孟州道　武松醉打蒋门神》

这三段诗文皆出自武松醉打蒋门神一节，武松和施恩约定去打蒋门神的路上每遇到一个酒店便饮三碗，沿途两人遇到了十余家酒店。第一篇诗文是对应途中遇到的第一个酒店，诗文中俱是与酒有关的典故：刘伶贪饮、李白传杯，王弘送酒给采菊东篱的陶渊明，苏轼逃禅去和佛印对饮。第二篇诗文描述的是一个"不村不郭"的半路上"一座卖村醪小酒店"，酒店十分窄小，酒却十分充足。第三篇写的是蒋门神酒店中当垆的女子——蒋门神新纳的妾，因其年轻貌美，故引用了"崔护寻浆""文君卖酒"的典故。崔护寻浆就是崔护名诗"去年今日此门中，人面桃花相映红"背后的爱情故事。这个酒店的酒幌口气极大——醉里乾坤大，壶中日月长。囊括天地万物、时间与空间、世俗与玄学，仿佛一杯酒不仅是一杯酒，还是世间万物的倒影。

门迎溪涧，山映茅茨。疏篱畔梅开玉蕊，小窗前松偃苍龙。乌皮桌椅，尽列着瓦钵磁瓯；黄泥墙壁，都画着酒仙诗客。一条青旆舞寒风，两句诗词招过客。端的是：走骠骑闻香须住马，使风帆知味也停舟。

——第三十二回《武行者醉打孔亮　锦毛虎义释宋江》

武松血溅鸳鸯楼之后，为逃避追捕，行走到蜈蚣岭，杀了飞天蜈蚣王道人，救出张太公的女儿。不想在半路上的一家酒店里搅了孔家兄弟的酒局，喝醉后又被一条黄狗戏弄，好在遇见了宋江得以化险为夷。因是一家山野酒肆，故而对酒店的描绘也颇有江湖特征：罗列着瓦钵磁瓯的是"乌皮桌椅"，画着酒仙诗客的也不是白壁粉墙，而是"黄泥墙壁"。"一条青旆舞寒风"与武松英雄却苍凉的处境相互照应。

云外遥山耸翠，江边远水翻银。隐隐沙汀，飞起几行鸥鹭；悠悠别浦，撑回数只渔舟。红蓼滩头，白发公垂钓下钓；黄芦岸口，青髻童牧犊骑牛。翻翻雪浪拍长空，拂拂凉风吹水面。紫霄峰上接穹苍，琵琶亭畔临江岸。四围空阔，八面玲珑。栏杆影浸玻璃，窗外光浮玉璧。昔日乐天声价重，当年司马泪痕多。

——第三十八回《及时雨会神行太保　黑旋风斗浪里白跳》

雕檐映日，画栋飞云。碧阑干低接轩窗，翠帘幕高悬户牖。吹笙品笛，尽都是公子王孙；执盏擎壶，摆列着歌姬舞女。消磨醉眼，倚青天万叠云山；勾惹吟魂，翻瑞雪一江烟水。白苹渡口，时闻渔父鸣榔；红蓼滩头，每见钓翁击楫。楼畔绿槐啼野鸟，门前翠柳系花骢。

——第三十九回《浔阳楼宋江吟反诗　梁山泊戴宗传假信》

这两段诗文是宋江发配江州后的两次饮酒，第一次与戴宗、李逵一起在琵琶亭，第二次宋江独自一人在浔阳楼。琵琶亭位居江边、风景宜人，因白居易的《琵琶行》而闻名，因此诗文中有"昔日乐天声价重，当年司马泪痕多"的句子。浔阳楼名声在外，宋江在郓城时已有耳闻，此楼装修豪华，消费高昂，来往皆是富贵人家；店名由名人苏东坡所题，"世间无比酒，天下有名楼"的广告语尽显自信。宋江独自闲逛无意间撞见浔阳楼，自然要朝拜一下。宋江酒量平平，又遇心情不佳，在"蓝桥风月酒"的催化下，不一时便醉了，在墙上题下"敢笑黄巢不丈夫"的诗句，引起一系列波谲云诡的江湖争斗。

> 修缉房舍，李云善布碧瓦朱甍；屠宰猪羊，曹正惯习挑筋剔骨。宋清安排筵宴，朱富酝造香醪。
>
> ——第七十一回《忠义堂石碣受天文　梁山泊英雄排座次》

梁山泊一百零八将聚齐后排定座次，分派了各自管理的事务，其中李云、曹正、宋清、朱富等人都是主管梁山泊的后勤工作，李云负责基建，曹正负责肉类供应，大型宴会由宋清负责，酒醋等发酵技术活由朱富管理。梁山泊无论是平日酒肉、节庆酒宴、誓师赐酒、得胜庆酒等，都少不了这些后勤部门的张罗忙乎。

> 一自梁王，初分晋地，双鱼正照夷门。卧牛城阔，相接四边村。多少金明陈迹，上林苑花发三春。绿杨外溶溶汴水，千里接龙津。潘樊楼上酒，九重宫殿，凤阙天阍。东风外，笙歌嘹亮堪闻。御路上公卿宰相，天街畔帝子王孙。堪图画，山河社稷，千古汴京尊。
>
> ——第七十二回《柴进簪花入禁院　李逵元夜闹东京》

一千年前的东京（开封）是世界上最繁华的大都市。2005 年 5 月 22 日的《纽约时报》还刊载了《从纽约到开封——繁华如过眼云烟》的文章以提醒美国人不能骄傲自大。东京的酒楼林立，盛况冠绝古今，文字有《东京梦华录》等记载，绘画亦有《清明上河图》的描摹。樊楼是东京最著名的酒楼，也称为矾楼、丰乐楼，到了南宋后期樊楼几乎成了酒楼的统称。如何判定一个品牌是顶级品牌？即是看这个品牌能否成为一个品类的代名词，这一点樊楼名副其实。

九重门启，鸣哕哕之鸾声；闾阖天开，睹巍巍之龙衮。当重熙累洽之日，致星曜降附之时。光禄珍羞具陈，大官水陆毕集。销金御帐，上有舞鹤飞鸾；织锦围屏，中画盘龙走凤。合殿金花紫翠，满庭锦绣绮罗。楼台宝座千层玉，案桌龙床一块金。筵开玳瑁，七宝器黄金嵌就；炉列麒麟，百和香龙脑修成。玻璃盏间琥珀钟，玛瑙杯联珊瑚斝。赤瑛盘内，高堆麒脯鸾肝；紫玉碟中，满饤驼蹄熊掌。桃花汤洁，缕塞北之黄羊；银丝脍鲜，剖江南之赤鲤。黄金盏满泛香醪，紫霞杯滟浮琼液。宝瓶中金菊对芙蓉，争妍竞秀；玉沼内芳兰和菡萏，荐馥呈芬。翠莲房掩映宝珠榴，锦带羹相称胡麻饭。五俎八簋，百味庶羞。黄橙绿橘，合殿飘香。雪藕冰桃，盈盘沁齿。糖浇就甘甜狮仙，面制成香酥定胜。四方珍果，盘中色色绝新鲜；诸郡佳肴，席上般般皆奇异。方当进酒五巡，正是汤陈三献。教坊司凤鸾韶舞，礼乐司排长伶官。朝鬼门道，分明开说。头一个装外的，黑漆幞头，有如明镜；描花罗襕，俨若生成。虽不比持公守正，亦能辨律吕宫商。第二个戏色的，系离水犀角腰带，裹红花绿叶罗巾。黄衣襕长衬短鞧靴，彩袖襟密排山水样。第三个末色的，裹结络球头帽子，着筬叠胜罗衫。最先来提掇甚分明，念几段杂文真罕有。说的是敲金击玉叙家风；唱的是风花雪月梨园乐。第四个净色的，语言动众，颜色繁过。开呵公子笑盈腮，举口王侯欢满面。依院本填腔调曲，按格范打诨发科。第五个贴净的，忙中九伯，眼目张狂。队额角涂一道明创，劈门面搭两色蛤粉。裹一顶油油腻腻旧头巾，穿一领刺刺塌塌泼戏袄。吃六棒柳板不嫌疼，打两杖麻鞭浑是要。这五人引领着六十四回队舞优人，百二十名散做乐工，搬演杂剧，装孤打撺。个个青巾桶帽，人人红带花袍。吹龙笛，击鼍鼓，声震云霄；弹锦瑟，抚银筝，韵惊鱼鸟。悠悠音调绕梁飞，济济舞衣翻月影。吊百戏众口喧哗，纵谐语齐声喝采。妆扮的是太平年万国来朝，雍熙世八仙庆寿；

搬演的是玄宗梦游广寒殿，狄青夜夺昆仑关。也有神仙道办，亦有孝子顺孙。观之者真可坚其心志，听之者足以养其性情。须臾间，八个排长簇拥着四个金翠美人，歌舞双行，吹弹并举。歌的是《朝天子》《贺圣朝》《感皇恩》《殿前欢》，治世之音；舞的是《醉回回》《活观音》《柳青娘》《鲍老儿》，淳正之态。歌喉似新莺宛啭，舞腰如细柳牵风。当殿上鱼水同欢，君臣共乐。

——第八十二回《梁山泊分金大买市　宋公明全伙受招安》

　　这是宋江带领梁山集团接受招安后，皇帝命光禄寺安排的御筵。御筵是所有酒宴中级别最高的一种，由多部门协作完成：负责排宴的光禄寺、负责安排酒品的良酝署、负责供应调味品的掌醢署、负责做菜的珍羞署、负责供膳的大官署、负责奏乐的教坊司等。酒器和酒席也都达到了最高级别，极尽奢华之能事：单酒器描述就有玻璃盏、琥珀钟、玛瑙杯、珊瑚斝、黄金盏、紫霞杯等，食器有赤瑛盘、紫玉碟；下酒菜也有塞北之黄羊、江南之赤鲤、麒脯鸾肝、驼蹄熊掌、驼蹄熊掌、胡麻饭、黄橙绿橘和雪藕冰桃一类的水果以及甘甜狮仙、香酥定胜等糖油糕点。御宴的仪式性很强，进酒五巡、汤陈三献后就是各类文娱表演，有队舞优人、散做乐工、搬演杂剧等，形成一片"君臣共乐"、天下太平的表面现象。上述场景并非小说作者的凭空想象，应是有所参照的合理创作，依稀可参照《东京梦华录》"宰执亲王宗室百官入内上寿"条与《梦粱录》"宰执亲王南班百官入内上寿赐宴"条。

　　登堂入室、钟鸣鼎食。这正是宋江梦寐以求的场景，亦是宋江招安登顶的高光时刻。悲哀的是"会当凌绝顶"之后并没有"一览众山小"，欢娱之后便是凋零的开始，巅峰背面只有无尽的深渊。

跟着《三国演义》去喝酒

第一集

杀人与被杀是同一杯毒酒

把《三国演义》当作历史来读的人不在少数，这不是读者的错，从某种程度上说，这正是《三国演义》作者的成功之处。胡适先生在《〈三国演义〉序》中曾说："《三国演义》究竟是一部绝好的通俗历史，在几千年的通俗教育史上，没有一部书比得上它的魔力。"然而，把《三国演义》当正史去读的缺憾也是显而易见的，鲁迅先生《中国小说的历史的变迁》一文就指出，《三国演义》的缺点之一就在于"容易招人误会"。俗话说，少不读水浒，老不读三国。这话与其被解读为老年人会因过多使用谋略而老奸巨猾，不如说《三国演义》记录世事兴衰，看多少英雄豪杰在历史长河的浪花中滚滚而逝，难免心生悲凉。不过《三国演义》的基调不完全是悲凉的，更多的是一种悲壮；悲壮之外还有几分豁达，这便是《三国演义》开篇处《临江仙》所写的：

一壶浊酒喜相逢：古今多少事，都付笑谈中。

三国的故事中，英雄与酒是永恒的主题。中国历史上很少有朝代能像汉末三国魏晋时期那样，集中性地涌现出这么多的英雄、这么多的文人、这么多被后世称为典故的故事，以及这样多的饮酒情节。

汉魏至六朝时期是酒宴及宴饮文学的一个小高峰，酒在官方和民间的文化生活中都起到越来越重要的作用：汉代大一统中央集权的形成带来了长久的安宁，物质逐渐丰盈，酒也就成了满足基本"温饱"需求之外的消闲饮品。汉昭帝时，盐、铁、榷酤都开放给民间经营。《盐铁论·散不足》记载："其后，乡人饮酒，老者重豆，少者立食，一酱一肉，旅饮而已……今民间酒食，肴旅重叠，蟠炙满案……今宾昏酒食，接连相因，析酲什半，弃事相随，虑无乏日。"可见汉代民间的酒与酒宴已是十分丰盛了。到了三国时期，一方面由于汉代民俗文化的延续，饮酒、卖酒与酒宴无论是民间还是庙堂均处处可见，现代学者陶元珍《三国食货志》中说："三国时饮酒之风颇盛，南荆有三雅之爵，河朔有避暑之饮。"但另一方面，由于连年的战争影响了正常的农业生产，用有限的粮食酿酒就显得过于奢侈，因此曹操、刘备等都相继颁布过禁酒的政令，但在当时兴盛的酒风之下收效甚微。

《三国演义》一开始，刘、关、张桃园三结义的故事中，"酒"就起到了不可或缺的媒介作用：张飞若不是因卖酒而积累了些家产，三人就没有原始创业资金；关羽若不是半路饮酒，三人的缘分也会就此错过。刘、关、张三人，刘备是"贩屦织席"的小摊贩，关羽是因杀人而东躲西藏的逃犯，张飞则是"颇有庄田""专好结交天下豪杰"的地方富户，三人结义的桃园也是张飞家的产业。张飞家族之所以富足，正是因为他家世代经营"卖酒屠猪"的生意。刘、关、张三人的初次会面，是张飞和刘备先在看招募义兵的榜文时惺惺相惜，因此同去村店饮酒，恰好遇见投军路上也来吃酒的关羽。于是三人在桃园以酒祭天，相约盟誓，成为一生义气深重、永不相负的兄弟。

> 玄德甚喜，遂与同入村店中饮酒。正饮间，见一大汉，推着一辆车子，到店门首歇了，入店坐下，便唤酒保："快斟酒来吃，我待赶入城去投军。"……
>
> 次日，于桃园中，备下乌牛白马祭礼等项，三人焚香再拜而说誓曰："念刘备、关羽、张飞，虽然异姓，既结为兄弟，则同心协力，救困扶危，上报国家，下安黎庶，不求同年同月同日生，只愿同年同月同日死。皇天后土，实鉴此心。背义忘恩，天人共戮！"誓毕，拜玄德为兄，关羽次之，

张飞为弟。祭罢天地，复宰牛设酒，聚乡中勇士，得三百余人，就桃园中痛饮一醉。来日收拾军器，但恨无马匹可乘。正思虑间，人报有两个客人，引一伙伴，赶一群马，投庄上来。玄德曰："此天佑我也！"三人出庄迎接。原来二客乃中山大商，一名张世平，一名苏双，每年往北贩马，近因寇发而回。玄德请二人到庄，置酒管待，诉说欲讨贼安民之意。二客大喜，愿将良马五十匹相送，又赠金银五百两，镔铁一千斤，以资器用。

——第一回《宴桃园豪杰三结义　斩黄巾英雄首立功》

电视连续剧中的桃园三结义，只有刘、关、张三人祭拜天地、饮酒盟誓，结为兄弟；而《三国演义》中实际描绘的场面则更加宏大：三人结义后，又重新杀牛举办酒宴，与当地有从军意向的乡勇三百余人共同宴饮；另有两个贩马的客人资助了马匹、金银和打造兵器的镔铁。从此，刘、关、张三人也从"恨力不能""有意从军"转变为了一支初具规模的小型武装力量。

在桃园结义后，刘、关、张三人拉起的小小军事力量在乱世之中逐渐混出了一些名堂：在幽州、青州解了黄巾之围，在张宝手下救出朱儁，后来又打败张角的黄巾军救了董卓。一番作为后，刘备被授予定州中山府安喜县尉的"小"差事。然而不过数月，朝廷便派遣督邮去各地淘汰一些冗官——朝廷这一制度的初衷可能是好的，但在实际执行的过程中就成了督邮向各地方官员勒索贿赂的契机。由此出现了《三国演义》里第一个与史实错位的情节：在正史《三国志》中，鞭打督邮的是刘备；而在《三国演义》里打督邮的人变成了张飞。为了让刘、关、张三人性格在小说中遵循刘备仁义、关羽忠义、张飞暴戾的基本原则，"怒鞭督邮"这一勇武有余、仁德不足的行为就这样从刘备身上转移到了张飞身上。

却说张飞饮了数杯闷酒，乘马从馆驿前过，见五六十个老人，皆在门前痛哭，飞问其故。众老人答曰："督邮逼勒县吏，欲害刘公。我等皆来苦告，不得放入，反遭把门人赶打！"张飞大怒，睁圆环眼，咬碎钢牙，滚鞍下马，径入馆驿，把门人那里阻挡得住。直奔后堂，见督邮正坐厅上，将县吏绑倒在地，飞大喝："害民贼！认得我么？"督邮未及开言，早被张飞揪住头发，扯出馆驿，直到县前马桩上缚住，攀下柳条，去督邮两腿上着力鞭打，一连打折柳条十数枝。

——第二回《张翼德怒鞭督邮　何国舅谋诛宦竖》

《三国演义》与影视剧中，常将张飞塑造得犹如《水浒传》中目不识丁的李逵，实际上张飞或许比刘备更有"文才"。《三国志·先主传》中说刘备"少孤，与母贩履织席为业……不甚乐读书，喜狗马、音乐、美衣服"，活脱脱游手好闲的花花少年形象。而一些资料显示张飞是能书能画的，四川阆中的张飞庙中存有张飞的书法勒石，虽非确凿无疑的真迹，然"能书"一说也许并非空穴来风。《三国演义》将怒鞭督邮的故事从刘备身上安到张飞身上，也并不显得特别违和，因为在《三国志》中也特别提到过张飞"爱敬君子而不恤小人"，经常"刑杀既过差，又日鞭挝健儿"，可知张飞性情刚烈，常常用刑过度，所以怒鞭督邮一事安在"饮了数杯闷酒"后的张飞身上，也有几分理所当然。

在《三国演义》中，起家于"卖酒屠猪"的重要人物除了张飞之外，还有何太后。这个在小说中不太引人注意的何太后在历史进程中颇为重要。何太后的出身不算高贵，《后汉书·皇后记下》中写何皇后出身于"屠者"家，通过选拔秀女充入掖庭，性格强势而善妒，因为嫉妒王美人受宠又生下皇子刘协而用毒酒鸩杀王美人。这位何太后与汉末被称为"十常侍"的宦官关系亲厚，鸩杀王美人后，皇帝愤怒想要废后，多亏宦官们为何太后求情，才保住了她的皇后之位。正因何太后的这段过往，《三国演义》中就有了抚养汉献帝刘协的董太后和抚养汉少帝刘辩的何太后二人在酒宴上争执的一幕。

何太后见董太后专权，于宫中设一宴，请董太后赴席。酒至半酣，何太后起身捧杯再拜曰："我等皆妇人也，参预朝政，非其所宜。昔吕后因握重权，宗族千口皆被戮。今我等宜深居九重，朝廷大事，任大臣元老自行商议，此国家之幸也。愿垂听焉。"董后大怒曰："汝鸩死王美人，设心嫉

妒。今倚汝子为君，与汝兄何进之势，辄敢乱言！吾敕骠骑断汝兄首，如
反掌耳！"何后亦怒曰："吾以好言相劝，何反怒耶？"董后曰："汝家屠
沽小辈，有何见识！"两宫互相争竞，张让等各劝归宫。……

六月，何进暗使人鸩杀董后于河间驿庭，举枢回京，葬于文陵。

——第二回《张翼德怒鞭督邮　何国舅谋诛宦竖》

少帝刘辩继位后，何太后与董太后在执掌后宫和干预朝政的权力上发生
了争执，于是后宫的酒宴就成了双方地位之争的战场。在酒宴上，何太后讥
讽董太后专权把持朝政，并隐隐威胁董太后下场会像吕后一样全族被屠戮；
而董太后则愤怒地说何太后不过是"屠沽小辈"，又把其鸩杀王美人的旧事翻
了出来。之后，何太后及其弟何进勾结十常侍，不仅铲除了董太后的势力，
何进还暗地里派人用毒酒鸩杀了董太后——这对姐弟简直是用毒酒杀人的
惯犯。

讽刺的是，何进后来竟被张让等人用同样的手段伏杀，借口就是其鸩杀
了董太后。杀与被杀，道具都是这一杯毒酒。鸩是传说中的一种鸟，羽毛泡
在酒中使人饮下，便能毒杀人。或许是因这种杀人的方式必须借助于酒，于
是又有了"酖"字，酖从"酉"部显示出与酒的关系极为密切，酖读"dān"
时意思是嗜酒；读"zhèn"时与"鸩"字通用，意思为毒酒，或指用毒酒
杀人。

汉末，皇室的地位摇摇欲坠，实权掌握在各地门阀和军阀手中，董卓就
是其中势力最强盛者。皇室既已丧失了实权，皇帝便如傀儡，可随意废立。
不过朝廷之中各方势力也存在着相互制约的关系，董卓虽然专权，但废立天
子这样的大事仍旧必须走一个过场。这个过场如果在朝堂之上进行则显得太
过严肃，而且一旦被激烈反驳就容易当堂激起兵变。因此酒宴就成了相对而
言比较缓和且进退自如的绝佳场合。

（董卓）私谓李儒曰："吾欲废帝立陈留王，何如？"李儒曰："今朝
廷无主，不就此时行事，迟则有变矣。来日于温明园中召集百官，谕以废

立。有不从者斩之，则威权之行，正在今日。"卓喜。次日大排筵会，遍请公卿。公卿皆惧董卓，谁敢不到。卓待百官到了，然后徐徐到园门下马，带剑入席。酒行数巡，卓教停酒止乐，乃厉声曰："吾有一言，众官静听。"众皆侧耳。卓曰："天子为万民之主，无威仪不可以奉宗庙社稷。今上懦弱，不若陈留王聪明好学，可承大位。吾欲废帝，立陈留王，诸大臣以为何如？"诸官听罢，不敢出声。座上一人推案直出，立于筵前，大呼："不可！不可！汝是何人，敢发大语？天子乃先帝嫡子，初无过失，何得妄议废立！汝欲为篡逆耶？"卓视之，乃荆州刺史丁原也。卓怒叱曰："顺我者生，逆我者死！"遂掣佩剑欲斩丁原。时李儒见丁原背后一人，生得器宇轩昂，威风凛凛，手执方天画戟，怒目而视，李儒急进曰："今日饮宴之处，不可谈国政，来日向都堂公论未迟。"众人皆劝丁原上马而去。卓问百官曰："吾所言，合公道否？"……司徒王允曰："废立之事，不可酒后相商，另日再议。"于是百官皆散。

——第三回《议温明董卓叱丁原　馈金珠李肃说吕布》

董卓欲杀丁原，但李儒看出丁原背后的吕布英武过人，如果鲁莽行事，还不知谁的脑袋会先掉在地上，于是急中生智出来打圆场说道："饮宴之处，不可谈国政。"酒桌多半因"正事"而聚拢，"喝酒不说公事"偏又是酒桌上频繁出现的话头，真真假假、虚虚实实全藏于话外之音，这便是酒桌谈事进退有据的妙处所在。想要除掉丁原，必要拉拢吕布反戈，担任说客的是李肃。李肃与吕布的酒局是只有他二人的私密酒局，但遵循的原则和董卓的大酒宴是一样的——借酒说大事。如果吕布反目，李肃尽可推说酒后失言搪塞过去，不至于让气氛太过尴尬；如果双方一拍即合，则可举杯相庆。酒过三巡，李肃上来便故意问候吕布父亲，假意说错了话，而吕布的回应"兄弟你喝多了"正是李肃想要的答案。

　　布见了此马，大喜，谢肃曰："兄赐此龙驹，将何以为报？"肃曰："某为义气而来，岂望报乎！"布置酒相待。酒酣，肃曰："肃与贤弟少得相见，令尊却常会来。"布曰："兄醉矣！先父弃世多年，安得与兄相会？"
肃大笑曰："非也！某说今日丁刺史耳。"布惶恐曰："某在丁建阳处，亦出
于无奈。"肃曰："贤弟有擎天驾海之才，四海孰不钦敬？功名富贵，如探
囊取物，何言无奈而在人之下乎？"布曰："恨不逢其主耳。"

——第三回《议温明董卓叱丁原　馈金珠李肃说吕布》

李肃帮董卓说服吕布，吕布以丁原的首级作为投名状，董卓大喜过望，
置酒相待。酒宴上吕布又拜董卓为义父，罗贯中笔下的"三姓家奴"就这么
坐实了。杀掉了丁原，收纳了吕布，董卓、李儒的废帝酒宴又要故伎重演。
满以为胜券在握的董卓怎么也没想到按下葫芦浮起瓢——反对者依然存在，
只不过换了一个人。这一次提出反对意见的是袁绍，袁绍出身世家、位列公
卿，也有属于自己的军事实力，而董卓此时还没有必胜的把握，因此在酒宴
上也只能暂时隐忍不发，任由袁绍愤然离席。董卓两次设酒宴、聚百官提出
废立之事，这便是他进可攻、退可守的酒宴权谋。

李儒劝卓早定废立之计。卓乃于省中设宴，会集公卿，令吕布将甲士
千馀，侍卫左右。是日，太傅袁隗与百官皆到。酒行数巡，卓按剑曰："今
上暗弱，不可以奉宗庙，吾将依伊尹、霍光故事，废帝为弘农王，立陈留
王为帝。有不从者斩！"群臣惶怖莫敢对。中军校尉袁绍挺身出曰："今上
即位未几，并无失德，汝欲废嫡立庶，非反而何？"卓怒曰："天下事在
我！我今为之，谁敢不从！汝视我之剑不利否？"袁绍亦拔剑曰："汝剑
利，吾剑未尝不利！"两个在筵上对敌。

——第三回《议温明董卓叱丁原　馈金珠李肃说吕布》

董卓想要废少帝而立献帝，其目的是为了彰显自己的权威，并借此试
探自己对朝堂百官的掌控力。董卓两次提到废立之事，都是先摆下酒宴请百
官——因为在酒宴这种特殊场合，说出来的话既可以是决定，也可以是商议。
譬如第一次丁原站出来反驳，因其身侧有吕布守卫，李儒便以"饮宴之处，

不可谈国政"为由将气氛缓和了下来。随后董卓想杀死反对的卢植，司徒王允又为卢植打圆场："废立之事，不可酒后相商。"酒桌上的酒话易于顺水推舟，避免了像在朝堂上直接反对的尚书丁管那样血溅当场。

鸩杀了董太后的何太后，虽然除去了后宫中的劲敌，但她的手段和董卓相比算是小巫见大巫。董卓不仅公然在朝堂上废少帝、立献帝，还将被废的少帝、何太后和唐妃囚禁在永安宫中，且常常命人探听宫闱中少帝的日常言谈——寻找机会罗织罪名除掉这些前朝的旧人。很快，董卓就抓住了少帝的把柄，以"怨望作诗"为由头，命李儒为少帝、何太后和唐妃送去毒酒。

> 儒以鸩酒奉帝，帝问何故。儒曰："春日融和，董相国特上寿酒。"太后曰："既云寿酒，汝可先饮。"儒怒曰："汝不饮耶？"呼左右持短刀白练于前曰："寿酒不饮，可领此二物！"唐妃跪告曰："妾身代帝饮酒，愿公存母子性命。"儒叱曰："汝何人，可代王死？"乃举酒与何太后曰："汝可先饮！"后大骂何进无谋，引贼入京，致有今日之祸。儒催逼帝，帝曰："容我与太后作别。"……

> 歌罢，相抱而哭，李儒叱曰："相国立等回报，汝等俄延，望谁救耶？"太后大骂："董贼逼我母子，皇天不佑！汝等助恶，必当灭族！"儒大怒，双手扯住太后，直撺下楼，叱武士绞死唐妃，以鸩酒灌杀少帝，还报董卓。

> ——第四回《废汉帝陈留践位　谋董贼孟德献刀》

李儒给少帝送去毒酒，是以献"寿酒"的名义——寿酒本是祝寿之酒，但献酒的场合并不局限于生日宴，任何酒宴皆可。或者说献酒、送酒均可冠以寿酒的名义。此处李儒献的寿酒实际上就是个幌子，不过是避免吃相太难看的最后一块遮羞布。当唐妃说自己愿意代少帝饮酒时，李儒也就撕掉了这最后的遮羞布——你可代他喝酒，但你不能代他去死。《三国演义》为了展现出激烈的场景，设计李儒献酒时摔死了何太后，让武士绞死了唐妃，又给少帝灌下毒酒。而在真实的历史中，何太后先被董卓冠以"逆妇姑之礼"的名义，翻出了其弟鸩杀董太后的罪状，然后被赐毒酒鸩杀；一年后，少帝也被逼迫饮毒酒身亡。何太后一生中为了后宫中的争权夺利，鸩杀王美人、指使弟弟何进鸩杀董太后，最终自己也死在董卓的一杯毒酒中，因果循环，令人唏嘘，正所谓"以其人之道还治其人之身"。

少帝死后，董卓正式开始了自己的专权之路。摆下酒宴商议废立、奉上毒酒鸩杀帝后的董卓尚未意识到多行不义必自毙，一场针对他的谋略正在悄然酝酿，在这个谋略中，杀人于无形的利器正是美人与酒。

第二集

美人计需要美酒增强威力

　　董卓废少帝而立献帝，很快又鸩杀了少帝，奏响了汉末的哀歌。大凡王朝末期，往往会出现这样几种人：效命于本朝的忠志之士；为自己寻找机会的枭雄；自以为能够取而代之或把持朝政的篡位者。在《三国演义》这段故事中，王允、曹操和董卓分别诠释了这三个角色。历史循环往复，少有新鲜故事，因此人们才会认同"人类从历史中学到的唯一的教训，就是没有从历史中吸取到任何教训"。

　　董卓在酒宴上屡次向群臣强推自己的废立计划，为了确保提议通过，甚至让吕布率领侍卫围住宴会，营造出一种高压恐怖的氛围。在这样的统治下，反对派分为三种类型：一是旗帜鲜明、公开对抗的勇者，如丁原、卢植、袁绍、丁管；二是表面默不作声、私下偷偷努力的迂回者，如王允；三是心中有判断但只能忍气吞声的沉默者。一般而言，大家习惯于赞美勇敢的公开对抗者，轻视忍气吞声的沉默者，殊不知要想成事，这三者缺一不可。公开反对者必须有，他能让私下谋划者心里有数，知道敌友状况；私下谋划者的意义在于减少无谓牺牲保存元气；三缄其口的人，其作用是当有人出头时可以一呼百应。面对董卓的高压统治，年轻气盛的袁绍选择离席而去，公开和董卓撕破了脸；而王允则在秘密策划反抗计策；其余那些慑于董卓和吕布淫威不敢开口直接对抗的群臣都在默默等待机会。生死搏斗离不开计谋，计谋的开展又往往离不开酒宴。但是要在董卓的眼皮子底下将众人聚拢在一起商议计策，就必须找一个不惹人怀疑的理由。王允找了一个很好的借口——生日宴。生日宴相对私密，只邀请部分好友前去参加并不会引起他人的警觉。

> 一日，于侍班阁子内见旧臣俱在，允曰："今日老夫贱降，晚间敢屈众位到舍小酌？"众官皆曰："必来祝寿。"当晚王允设宴后堂，公卿皆至。酒行数巡，王允忽然掩面大哭。众官惊问曰："司徒贵诞，何故发悲？"允曰："今日并非贱降，因欲与众位一叙，恐董卓见疑，故托言耳。董卓欺主弄权，社稷旦夕难保。……"于是众官皆哭。坐中一人独抚掌大笑曰："满朝公卿，夜哭到明，明哭到夜，还能哭死董卓否？"允视之，乃骁骑校尉曹操也。允怒曰："汝祖宗亦食禄汉朝，今不思报国而反笑耶？"操曰："吾非笑别事，笑众位无一计杀董卓耳。操虽不才，愿即断董卓头，悬之都门，以谢天下。"允避席问曰："孟德有何高见？"操曰："近日操屈身以事卓者，实欲乘间图之耳。今卓颇信操，操因得时近卓。闻司徒有七宝刀一口，愿借与操入相府刺杀之，虽死不恨！"允曰："孟德果有是心，天下幸甚！"遂亲自酌酒奉操。操沥酒设誓，允随取宝刀与之。操藏刀，饮酒毕，即起身辞别众官而去。众官又坐了一回，亦俱散讫。
>
> ——第四回《废汉帝陈留践位 谋董贼孟德献刀》

王允假借生日宴会之名，邀请了汉室旧臣——这些人即使对董卓束手无策，但在名节和情感上都不愿意倒向董卓的阵营。然而，当面对董卓这样大权在握且身边又有吕布护卫的严峻形势时，汉室的旧臣们除了对坐垂泪之外，似乎也想不到什么更好的办法。在这一情况下，曹操应声而出，这一应声，便展现出一个乱世枭雄的本色来：曹操赴宴之前，显然已经洞悉王允的"生日宴"实际上是一场针对董卓的密谋，因此他心中已经有了计较。曹操虽然有刺杀董卓之心，但如果贸然行刺，事情一旦败露，自己必死无葬身之地。于是，在这场酒宴中，曹操打定主意要借王允的七宝刀一用：如果运气好刺杀顺利，他就是为国除奸的功臣；但如果运气不好被发现，这把世间罕有的七宝刀也可以瞬间从"凶器"变为"献宝"，成为他脱身的借口。

刺杀董卓失败后，曹操趁着董卓没有反应过来便逃之夭夭。逃至中牟县，被县令陈宫拿下。当陈宫问曹操为何要冒险刺杀董卓时，曹操的回答很经典："'燕雀安知鸿鹄志哉！'汝既拿住我，便当解去请赏。何必多问！"一副视死如归的派头。此时试图刺杀董卓的曹操尚未从英勇的屠龙者变成后来挟天子以令诸侯的恶龙。故事发展到这一步，曹操还能被称为"英雄"而非"奸雄"。这不禁让人想起后世成立伪国民政府的汪兆铭，早年也曾是追随孙中山、刺杀清朝摄政王的热血青年。曹与汪都有过"引刀成一快，不负少年头"的慷慨岁月。然而很快，一场没有成功举办的酒宴让京剧脸谱中的曹操彻底成为白脸。陈宫被曹操的忠义感染决定追随曹操，两人途经成皋的时候，曹操想起附近有一个他父亲的结义兄弟吕伯奢，于是前去借宿。在这里，陈宫成为曹操奸雄本色的第一见证人，也是当时唯一的见证人。

（吕伯奢）良久乃出，谓陈宫曰："老夫家无好酒，容往西村沽一樽来相待。"言讫，匆匆上驴而去。

操与宫坐久，忽闻庄后有磨刀之声。操曰："吕伯奢非吾至亲，此去可疑，当窃听之。"二人潜步入草堂后，但闻人语曰："缚而杀之，何如？"操曰："是矣！今若不先下手，必遭擒获。"遂与宫拔剑直入，不问男女，皆杀之，一连杀死八口。搜至厨下，却见缚一猪欲杀。宫曰："孟德心多，误杀好人矣！"急出庄上马而行。行不到二里，只见伯奢驴鞍前鞒悬酒二瓶，手携果菜而来，叫曰："贤侄与使君何故便去？"操曰："被罪之人，不敢久住。"伯奢曰："吾已分付家人宰一猪相款，贤侄、使君何憎一宿？速请转骑。"操不顾，策马便行。行不数步，忽拔剑复回，叫伯奢曰："此来者何人？"伯奢回头看时，操挥剑砍伯奢于驴下。宫大惊曰："适才误耳，今何为也？"操曰："伯奢到家，见杀死多人，安肯干休？若率众来追，必遭其祸矣。"宫曰："知而故杀，大不义也！"操曰："宁教我负天下人，休教天下人负我。"陈宫默然。

——第四回《废汉帝陈留践位　谋董贼孟德献刀》

"宁教我负天下人，休教天下人负我"这句话流传甚广，很多人认识曹操就是从这一句话开始的。这句话是《三国演义》塑造曹操这个人物的点睛之笔。曹操在逃难之中，惶惶如惊弓之鸟，吕伯奢出门沽酒不归，曹操便起了疑心。吕伯奢临走前交代家人杀猪做下酒菜款待曹操，结果厨下商量杀猪的对话却被曹操疑心成要杀自己，不由分说将吕伯奢一家悉数杀害。如果事情只发展到这一步，曹操奸雄的形象仍处于"待定"的状态，因为吕伯奢确实并非曹操的至亲，且逃亡之中的人风声鹤唳，误杀之事时有，何况当时不问青红皂白便格杀勿论的除了曹操之外，陈宫也在其列。然而在发现误杀之后，曹操和陈宫慌忙逃离案发现场，路上却碰到沽酒回家的吕伯奢，此时的曹操终于展现出枭雄凶悍冷酷的一面：他再次挥剑，杀死了吕伯奢，并说出了那句著名的奸雄语录。当然，正史中没有记载曹操说过这句话，陈宫也从未在中牟当过县令。

打虎亲兄弟，上阵父子兵。曹操回到老家，在其父亲的帮助下筹集初始创业资金，然而现实马上打脸——钱太少不够用。于是曹操想要在酒桌上办件大事——吸引风险投资。募资对象是资本雄厚并常仗义疏财的卫弘，这可比《水浒传》中宋江散些银子给好汉们日常生活用的金额要大多了，风险也高多了。幸运的是曹操与卫弘一拍即合，这也证明了创始合伙人的聚合往往是基于共同的理想，而非短期利益的驱动。

> 操置酒张筵，拜请卫弘到家，告曰："今汉室无主，董卓专权，欺君害民，天下切齿。操欲力扶社稷，恨力不足。公乃忠义之士，敢求相助！"卫弘曰："吾有是心久矣，恨未遇英雄耳。既孟德有大志，愿将家资相助。"操大喜。于是先发娇诏，驰报各道，然后招集义兵，竖起招兵白旗一面，上书"忠义"二字。不数日间，应募之士，如雨骈集。
>
> ——第五回《发娇诏诸镇应曹公 破关兵三英战吕布》

曹操刚在这边酒桌上成功拿到了风险投资，马上又在另一场酒宴上隐藏锋芒，推举袁绍为盟军首领。因为他清楚地知道自己现在还没有号令众军的资历与威望。虽不是盟主，行动纲领却由曹操制定——操行酒数巡，言曰："今日既立盟主，各听调遣，同扶国家，勿以强弱计较。"明辨形势，知分寸、懂进退是酒桌的规则也是成事的法宝，曹操对这些熟稔于心。当曹操的事业势如破竹蓬勃发展时，尚未成为名震天下的"关二爷"的关羽，此时仍只是跟随刘备辗转东西、屈居马弓手之位的无名小卒。然而，是金子总会发光的，很快，一杯没有及时喝的热酒成就了三国战争史上第一个千古流传的名场面——温酒斩华雄。

> （曹）操教酾热酒一杯，与关公饮了上马。关公曰："酒且斟下，某去便来。"出帐提刀，飞身上马。众诸侯听得关外鼓声大振，喊声大举，如天摧地塌，岳撼山崩，众皆失惊。正欲探听，鸾铃响处，马到中军，云长提华雄之头，掷于地上，其酒尚温。
>
> ——第五回《发娇诏诸镇应曹公　破关兵三英战吕布》

在关羽出场之前，罗贯中特地为华雄的勇猛营造了一番声势：华雄先斩了济北相鲍信，又将号称"江东猛虎"的孙坚追得落荒而逃，祖茂为了掩护孙坚逃走，不得不将孙坚的红色头巾挂在树丛上误导追兵，才勉强逃脱；袁术手下的骁将俞涉与华雄战不过三回合就被斩杀，上将潘凤去不多时也被华雄杀死。然而罗贯中花了这么多笔墨，并不是为了塑造华雄的英雄形象，而是为了让关公的温酒斩华雄显得更加骁勇无敌、更加惊心动魄——这一杯倒出时温热的酒还没有凉透，那个曾经令无数英雄闻风丧胆的华雄已经死在关公的刀下，关公的威名在此时便被镌刻在历史的英雄谱上了，无人能撼动。

虽说关羽出人头地靠的是自己的真本事，但曹操的伯乐之功亦功不可没。当袁绍嫌弃关羽官职太低而不愿其上阵时，是曹操站出来说："此人仪表不俗，华雄安知他是弓手？"关羽上阵前也是曹操亲自敬酒一杯，为其壮行。斩华雄之后，袁术胡搅蛮缠，又是曹操主持公道："得功者赏，何计贵贱乎？"当袁术摆臭架子愤而退席时，还是曹操"暗使人赍牛酒抚慰三人"。曹操识才、懂才、爱才、惜才于此可见一斑。

问鼎天下若无自己的队伍，无异于痴人说梦，盟军虽然高举义字旗，说到底不过是各怀鬼胎的乌合之众。先不表敌人董卓的强大，单是盟军的内耗都能削弱其一半实力：孙坚为私藏传国玉玺不告而别；曹操在荥阳战败、其余诸侯按兵不动不予救援，曹操失望离去。袁绍无法凝聚人心，于是这支临时凑在一起的反对董卓的军队很快分崩离析。董卓虽然抛弃了洛阳，却在长安安然自若地挟天子以令诸侯，烧杀掳掠无恶不作；更是在距离长安二百五十里的地方建了郿坞行宫，往来其间，每次来回皆大摆酒宴。董卓的酒宴虽是打着送行宴的旗号，实则上演的是以此震慑百官的凶残剧情。

> 卓往来长安，或半月一回，或一月一回，公卿皆候送于横门外。卓常设帐于路，与公卿聚饮。一日，卓出横门，百官皆送，卓留宴，适北地招安降卒数百人到。卓即命于座前，或断其手足，或凿其眼睛，或割其舌，或以大锅煮之。哀号之声震天，百官战栗失箸，卓饮食谈笑自若。又一日，卓于省台大会百官，列坐两行。酒至数巡，吕布径入，向卓耳边言不数句，卓笑曰："原来如此。"命吕布于筵上揪司空张温下堂，百官失色。不多时，侍从将一红盘，托张温头入献。百官魂不附体。卓笑曰："诸公勿惊。张温结连袁术，欲图害我，因使人寄书来，错下在吾儿奉先处，故斩之。公等无故，不必惊畏。"众官唯唯而散。
>
> ——第八回《王司徒巧使连环计　董太师大闹凤仪亭》

董卓的残暴行径再次激起了汉朝旧臣反抗的火花。不过这一次，鉴于曹操刺杀失败、张温于酒宴上被当众捉走杀死的前车之鉴，王允采用了更加复杂且婉转的计策——美人计。王允与歌姬貂蝉合谋的美人计，在三国层出不穷的斗争与计谋中独具一格：这是一场兵不血刃的挑拨离间，参与的主角有美人貂蝉，王允的酒宴，以及吕布和董卓这两个男人的欲望和尊严。王允先口头许诺将小女貂蝉送给吕布为妾，将吕布牢牢掌握在手心。王允很清楚，吕布虽然是一个见利忘义的人，但如今董卓的权势乃在天子之上，吕布作为他的干儿子，不是当日背叛丁原时可比的。要想让吕布背叛董卓，就必须用金钱、女人和尊严三个重拳同时出击。

　　次日，便将家藏明珠数颗，令良匠嵌造金冠一顶，使人密送吕布。布大喜，亲到王允宅致谢。允预备嘉肴美馔；候吕布至，允出门迎迓，接入后堂，延之上坐。布曰："吕布乃相府一将，司徒是朝廷大臣，何故错敬？"允曰："方今天下别无英雄，惟有将军耳。允非敬将军之职，敬将军之才也。"布大喜。允殷勤敬酒，口称董太师并布之德不绝。布大笑畅饮。允叱退左右，只留侍妾数人劝酒。酒至半酣，允曰："唤孩儿来。"少顷，二青衣引貂蝉艳妆而出。布惊问何人。允曰："小女貂蝉也。允蒙将军错爱，不异至亲，故令其与将军相见。"便命貂蝉与吕布把盏。貂蝉送酒与布。两下眉来眼去。允佯醉曰："孩儿央及将军痛饮几杯。吾一家全靠着将军哩。"布请貂蝉坐，貂蝉假意欲入。允曰："将军吾之至友，孩儿便坐何妨。"貂蝉便坐于允侧。吕布目不转睛的看。又饮数杯，允指蝉谓布曰："吾欲将此女送与将军为妾，还肯纳否？"布出席谢曰："若得如此，布当效犬马之报！"允曰："早晚选一良辰，送至府中。"布欣喜无限，频以目视貂蝉。貂蝉亦以秋波送情。少顷席散，允曰："本欲留将军止宿，恐太师见疑。"布再三拜谢而去。

　　——第八回《王司徒巧使连环计　董太师大闹凤仪亭》

　　王允请吕布来饮酒，在酒宴上将自己的姿态放得很低，将吕布捧得很高，令吕布有飘飘然之感。待吕布志得意满之际，王允声称貂蝉是自己的小女儿，愿将此国色天香的女儿送给吕布为妾，只求得到吕布的庇佑和关照。酒宴进行到这里，美人计的第一步也就达成了，吕布作为男人的尊严、虚荣心和占有欲都得到了极大的满足。当过了几日，王允请董卓来饮酒的时候，酒宴又是另一个场景：王允首先向董卓说起汉室气象衰微，天命将归于有功有德之人——也就是董卓。王允在汉室旧臣中具有举足轻重的地位，原本就想要拉拢这些旧臣并谋求篡位的董卓听到王允能说出这番话自然是喜不自胜。对症下药是王允的高明之处。随后，王允唤家中歌女舞乐助兴，再假装不经意间将貂蝉引入席间。

> 堂中点上画烛，止留女使进酒供食。允曰："教坊之乐，不足供奉，偶有家伎，敢使承应？"卓曰："甚妙。"允教放下帘栊，笙簧缭绕，簇捧貂蝉舞于帘外。……
>
> 舞罢，卓命近前。貂蝉转入帘内，深深再拜。卓见貂蝉颜色美丽，便问："此女何人？"允曰："歌伎貂蝉也。"卓曰："能唱否？"允命貂蝉执檀板低讴一曲。……
>
> 卓称赏不已。允命貂蝉把盏。卓擎杯问曰："青春几何？"貂蝉曰："贱妾年方二八。"卓笑曰："真神仙中人也！"允起曰："允欲将此女献上太师，未审肯容纳否？"卓曰："如此见惠，何以报德？"允曰："此女得侍太师，其福不浅。"卓再三称谢。允即命备毡车，先将貂蝉送到相府。卓亦起身告辞。
>
> 允亲送董卓直到相府，然后辞回。
>
> ——第八回《王司徒巧使连环计　董太师大闹凤仪亭》

在这场酒宴上，貂蝉不能再以王允女儿的身份出现——吕布本来就是王允的晚辈，娶王允的女儿为妾合乎辈分；而董卓则绝不可能成为王允的女婿。因此王允便令貂蝉以歌姬的身份为董卓歌舞奉酒，并以一位漂亮歌姬的身份被赠送给董卓。接下来就是美人计的精髓所在：王允说服吕布相信，董卓之所以把貂蝉接回府中是为了给吕布、貂蝉二人安排婚嫁事宜。如此一来，享受美丽歌姬的董卓与等待纳妾的吕布之间，就不仅仅是争夺一个漂亮女子这么简单，而是上升到了公然侮辱的程度，甚至可以说是夺妻之恨了。貂蝉在吕布面前诉说无尽相思之情，在董卓面前诉说受辱委屈之苦，一位权倾天下、一位武力值突破天际，这俩男人就这样被美人计玩弄于股掌之间了。

道高一尺，魔高一丈。无论多么隐秘的布局也有能洞悉真相的人，识破美人计的人是李儒。这个坏事干尽的李儒确实是个极有见识的谋士。当董卓与吕布因貂蝉而恶言相向时，李儒建议董卓效仿楚庄王"绝缨之会"的智举，将貂蝉赠与吕布化解矛盾。绝缨之会是一个著名的酒宴典故：有部将在酒宴上趁黑摸了楚庄王的宠姬，这个宠姬顺手揪掉了此人的帽缨，只要把烛光点亮便很容易找出此人，而楚庄王的做法却是让在座的所有人都把自己的帽缨丢掉。若干年后，在一场楚庄王指挥的战争中，有一人拼命杀敌立下大功，论功行赏时，此人告诉楚庄王自己就是当年那个拉扯宠姬的人，这次奋勇杀敌正是报答楚庄王当年宽恕之恩。可惜董卓没有楚庄王的格局，李儒也低估了貂蝉的智慧，更未察觉此事是王允一伙人在背后的精密运筹。所以，即使李儒参透了这盘棋，也只能仰天长叹："吾等皆死于妇人之手矣！"

第三集

张飞与曹操都因喝酒闯下大祸

《三国演义》中不乏掌握生杀予夺大权的大人物，也不缺攻城掠寨的大智慧，但能称得上君子之风者却并不多。第十回推出了一个陶谦，第十一回又推出一个糜竺。糜竺的人物小传颇具神话色彩——因他曾对火德星君以礼相待而躲过火灾，读起来有穿越至《西游记》的既视感。陶谦在书中的作用主要是让徐州给刘备，让一路颠沛的刘备有了根据地。再通过刘备的坚决不受馈赠来塑造刘备的仁义形象。

> 饮宴既毕，谦延玄德于上座，拱手对众曰："老夫年迈，二子不才，不堪国家重任。刘公乃帝室之胄，德广才高，可领徐州。老夫情愿乞闲养病。"玄德曰："孔文举令备来救徐州，为义也。今无端据而有之，天下将以备为无义人矣。"糜竺曰："今汉室陵迟，海宇颠覆，树功立业，正在此时。徐州殷富，户口百万，刘使君领此，不可辞也。"玄德曰："此事决不敢应命。"
>
> ——第十一回《刘皇叔北海救孔融　吕温侯濮阳破曹操》

陶谦在酒宴上将徐州让与刘备，是以城中百姓为重，也是审时度势后的明智之举。刘备准备再将徐州让与前来投靠的吕布是为了获得人心，与《水浒传》中宋江让位给卢俊义的惺惺作态类似，其结果也是惊人的一致——在兄弟们的反对声中宣告计划破产。中国素来是个人情社会，其典型特征即是对"礼"格外尊崇，而礼的起源则可追溯至饮食之礼。时至今日，使用频繁的"主席""坐东"等词汇皆来源于古代的筵席礼仪。尽管现代社会已经不需要遵循古时的繁文缛节行事，但古时之礼遗留在饮食上的痕迹却是最为明显的，如称呼、座次、碰杯等习俗，几乎是古礼的现代翻版。吕布的错误，正在于他违背了《礼记·曲礼》中所定义的礼的核心——自卑而尊人。称呼事小，失礼事大。吕布一句不合时宜的"贤弟"彻底惹恼了张飞。

> 玄德又让。陈宫曰："'强宾不压主'，请便君勿疑。"玄德方止。遂设宴相待，收拾宅院安下。次日，吕布回席请玄德，玄德乃与关、张同往。饮酒至半酣，布请玄德入后堂，关、张随入。布令妻女出拜玄德。玄德再三谦让。布曰："贤弟不必推让。"张飞听了，瞋目大叱曰："我哥哥是金枝玉叶，你是何等人，敢称我哥哥为贤弟！你来！我和你斗三百合！"玄德连忙喝住，关公劝飞出。玄德与吕布陪话曰："劣弟酒后狂言，兄勿见责。"布默然无语。须臾席散，布送玄德出门。
>
> ——第十三回《李傕郭汜大交兵　杨奉董承双救驾》

战场上讲究兵不厌诈，酒场作为战场的延伸，亦可被视为另一个没有硝烟的战场，其计谋与血腥并不亚于真正的战场。狭路相逢勇者胜，勇者相逢智者胜，当不能用武力解决对手时，酒宴常常会变成主战场。李傕、郭汜发兵占据长安后，自封大司马、大将军，把持朝廷，于是太尉杨彪想出了反间计，让李傕、郭汜相互厮杀。这场计谋的核心是桃色事件，重要道具是酒。

> （杨）彪即暗使夫人以他事入郭汜府，乘间告汜妻曰："闻郭将军与李司马夫人有染，其情甚密。倘司马知之，必遭其害。夫人宜绝其往来为妙。"汜妻讶曰："怪见他经宿不归！却干出如此无耻之事！非夫人言，妾不知也。当慎防之。"彪妻告归，汜妻再三称谢而别。过了数日，郭汜又将

往李傕府中饮宴。妻曰："傕性不测，况今两雄不并立，倘彼酒后置毒，妾将奈何？"汜不肯听，妻再三劝住。至晚间，傕使人送酒筵至。汜妻乃暗置毒于中，方始献入。汜便欲食，妻曰："食自外来，岂可便食？"乃先与犬试之，犬立死。自此汜心怀疑。一日朝罢，李傕力邀郭汜赴家饮宴。至夜席散，汜醉而归，偶然腹痛。妻曰："必中其毒矣！"急令将粪汁灌之，一吐方定。

汜大怒曰："吾与李傕共图大事，今无端欲谋害我，我不先发，必遭毒手。"遂密整本部甲兵，欲攻李傕。

——第十三回《李傕郭汜大交兵　杨奉董承双救驾》

平定了李傕、郭汜，曹操的势力如日中天，挟天子以令诸侯的野心初步达成。此时，刘备与吕布成了曹操的心头大患。荀彧连施两计，先使刘备杀吕布不成，又让刘备攻打袁术。刘备明知是曹操的计谋，也不得不遵从诏令。前线打仗，自家大本营必须稳妥，刘备出征前第一件事就是安排守城的人选。张飞好酒，他一生的命运起伏与酒密不可分，张飞因为饮酒造成的第一次重大失误就是丢了徐州。《三国演义》里最著名的两次用人不当一是马谡失街亭，二是张飞丢徐州，要说责任，两次事故中诸葛亮、刘备的责任要大于马谡、张飞——用人不当，首先是决策者的责任，其次才是执行者的责任。

玄德曰："二弟之中，谁人可守？"关公曰："弟愿守此城。"玄德曰："吾早晚欲与尔议事，岂可相离？"张飞曰；"小弟愿守此城。"玄德曰："你守不得此城：你一者酒后刚强，鞭挞士卒；二者作事轻易，不从人谏。吾不放心。"张飞曰："弟自今以后，不饮酒，不打军士，诸般听人劝谏便了。"糜竺曰："只恐口不应心。"飞怒曰："吾跟哥哥多年，未尝失信，你如何轻料我！"玄德曰："弟言虽如此，吾终不放心。还请陈元龙辅之，早晚令其少饮酒，勿致失事。"陈登应诺。玄德分付了当，乃统马步军三万，离徐州望南阳进发。……

却说张飞自送玄德起身后，一应杂事，俱付陈元龙管理，军机大务，自家参酌。一日，设宴请各官赴席。众人坐定，张飞开言曰："我兄临去时，分付我少饮酒，恐致失事。众官今日尽此一醉，明日都各戒酒，帮我守城。——今日却都要满饮。"言罢，起身与众官把盏。酒至曹豹面前，豹曰："我从天戒，不饮酒。"飞曰："厮杀汉如何不饮酒？我要你吃一盏。"豹惧怕，只得饮了一杯。张飞把遍各官，自斟巨觥，连饮了几十杯，不觉大醉，却又起身与众官把盏。酒至曹豹，豹曰："某实不能饮矣。"飞曰："你恰才吃了，如今为何推却？"豹再三不饮。飞醉后使酒，便发怒曰："你违我将令，该打一百！"便喝军士拿下。陈元龙曰："玄德公临去时，分付你甚来？"飞曰："你文官，只管文官事，休来管我！"曹豹无奈，只得告求曰："翼德公，看我女婿之面，且恕我罢。"飞曰："你女婿是谁？"豹曰："吕布是也。"飞大怒曰："我本不欲打你，你把吕布来唬我，我偏要打你！我打你，便是打吕布！"诸人劝不住。将曹豹鞭至五十，众人苦苦告饶，方止。席散，曹豹回去，深恨张飞，连夜差人赍书一封，径投小沛见吕布，备说张飞无礼，且云玄德已往淮南，今夜可乘飞醉，引兵来袭徐州，不可错此机会。……

吕布一声暗号，众军齐入，喊声大举。张飞正醉卧府中，左右急忙摇醒，报说："吕布赚开城门，杀将进来了！"张飞大怒，慌忙披挂，绰了丈八蛇矛。才出府门上得马时，吕布军马已到，正与相迎。张飞此时酒犹未醒，不能力战。

——第十四回《曹孟德移驾幸许都　吕奉先乘夜袭徐郡》

司马迁在《史记·滑稽列传》中曾说过："酒极则乱，乐极则悲。"这句话是淳于髡规劝齐威王罢长夜之饮的说辞，齐威王采纳了他的建议。这番道理听上去很简单，实际执行时却很困难，最大的困难在于饮酒初期还有所警觉和克制，但随着醉酒的程度逐渐加深，对醉的警惕性反而直线下降，这就是醉汉往往抢着给自己倒酒、别人拦阻还会生气的缘故。接近"酒极"的时候，人是缺乏判断力与自制力的，往往会变本加厉，酿成更大的酒"乱"。

张飞性格暴烈，对于犯错者的惩罚常常过重。刘备很了解张飞，因此离开徐州之前十分担忧：一则忧虑张飞酒后性格更加刚强暴烈，二则忧虑张飞性格倔强，不愿听从谏言。事实上，刘备的这两点忧虑并非无的放矢——张飞虽然答应了刘备"自今以后，不饮酒，不打军士，诸般听人劝谏"，但江山易改，本性难移，刘备走了没多久，张飞就开始故态萌发。

张飞设宴请众人饮酒，因为前面答应过刘备守城时"不饮酒"，因此这次宴饮时张飞的劝酒逻辑很微妙：先说刘备走之前劝过自己不要饮酒误事，表示自己没有忘记大哥的叮嘱；然后又说"众官今日尽此一醉"，接下来再挽回一句："明天大家都戒酒不许喝了。"有趣的是，古往今来戒酒者和减肥者的计划都是从"明天"开始，而今天却要"莫使金樽空对月"。

酒桌上，要么滴酒不沾，要么来者不拒，曹豹策略的失误在于立场不坚定、言行不一致。先看两人对话的第一回合交锋，张飞请众人饮酒，劝酒时曹豹说自己"从天戒，不饮酒"，张飞则反驳说厮杀对阵的人怎么能不饮酒呢，强硬劝酒。此时曹豹如果态度坚决推辞张飞的劝酒，也许是有几分扫兴，可也不至于令张飞"大怒"。曹豹却出于畏惧饮下了酒，相当于已经放弃了自己"从天戒不饮酒"的原则。到了第二回合张飞再度劝酒的时候，曹豹又说自己不能再喝了，张飞更加不爽，你既然之前已经喝了一杯，可见没有什么非要戒酒的禁忌，那为什么此时又推三阻四呢？曹豹第一轮没有坚持自己不饮酒的原则，第二轮却推辞磨叽起来，弄得张飞更加恼火。此时如果曹豹索性来个"打死我也不喝"，旁边人再打打圆场或许也就混过去了，结果曹豹偏偏搬出自己女婿吕布的面子开始求情——张飞本身就对吕布的不忠不义很反感，曹豹这句话直接捅了马蜂窝，让张飞将平素对吕布的厌恶一起算在了曹豹的头上。

曹豹挨了打，写信给女婿吕布告状，说张飞酒后无礼，且城中兵力空虚，张飞又喝醉了，可以来偷袭徐州。在影视剧或者小说中常有写英雄酒后神力的情节，譬如鲁智深倒拔垂杨柳、武松醉后打虎、苏乞儿醉拳封神云云，但真实的历史往往没有这么浪漫，即使是张飞这样能够在长坂坡一人一马喝退百万雄兵的人，喝醉了照样是"酒犹未醒，不能力战"，需要在部属的保护下突围出城门。

张飞饮酒惹事儿，吕布却要在酒桌上平事儿。吕布将交战的双方刘备与纪灵请到一张桌上喝酒，这情形如同影视剧中黑帮大佬的调解方式：你们的恩怨不重要，重要的是都要给我面子。吕布本意偏向刘备，但又不想得罪袁术一方，遂想出了"辕门射戟"的计策。刘备之所以同意吕布的方案，是因为与纪灵对阵并无胜算，只好走一步看一步；纪灵同意吕布的方案则是因为他不相信吕布可以在一百五十步外射中小戟，以为这是个妥妥的顺水人情。纪灵不了解吕布的箭法，在纪灵看来的天方夜谭，视射中为痴人说梦，而吕布却是成竹在胸。

> 布都教坐，再各饮一杯酒。酒毕，布教取弓箭来。玄德暗祝曰："只愿他射得中便好！"只见吕布挽起袍袖，搭上箭，扯满弓，叫一声："着！"正是：弓开如秋月行天，箭去似流星落地。一箭正中画戟小枝。……

> 当下吕布射中画戟小枝，呵呵大笑，掷弓于地，执纪灵、玄德之手曰："此天令你两家罢兵也！"喝教军士："斟酒来！各饮一大觥。"玄德暗称惭愧。纪灵默然半晌，告布曰："将军之言，不敢不听。奈纪灵回去，主人如何肯信？"布曰："吾自作书复之便了。"酒又数巡，纪灵求书先回。布谓玄德曰："非我则公危矣。"玄德拜谢，与关、张回。次日，三处军马都散。

> ——第十六回《吕奉先射戟辕门　曹孟德败师淯水》

吕布在酒桌上凭借实力将一触即发的战争平息，曹操却因醉酒无端挑起一场争斗。此时正值曹操纳降了张绣，一天晚上曹操喝醉酒向身边人询问哪里有美女，曹操的心腹很清楚曹操问的并不是寻常烟花女子，于是出了个馊主意说张绣的婶婶邹氏非常美丽。曹操平时是一个能够审时度势、权衡利弊的奸雄，此时却酒后失态，也就顾不上凡事三思而后行了，遂听了曹安民的撺掇，真的去将邹氏找来。

　　一日操醉，退入寝所，私问左右曰："此城中有妓女否？"操之兄子曹安民，阿操意，乃密对曰："昨晚小侄窥见馆舍之侧有一妇人，生得十分文丽，问之，即绣叔张济之妻也。"操闻言，便令安民领五十甲兵往取之。须臾取到军中，操见之，果然美丽。问其姓，妇答曰："妾乃张济之妻邹氏也。"操曰："夫人识吾否？"邹氏曰："久闻丞相威名，今夕幸得瞻拜。"操曰："吾为夫人故，特纳张绣之降，不然灭族矣。"邹氏拜曰："实感再生之恩。"操曰："今日得见夫人，乃天幸也。今宵愿同枕席，随吾还都，安享富贵，何如？"邹氏拜谢。是夜，共宿于帐中。

　　　　　　　　　　——第十六回《吕奉先射戟辕门　曹孟德败师淯水》

　　曹操此举对于张绣而言，显然是莫大的侮辱，誓要斩杀曹操。贾诩献计不可硬攻，于是围绕着刺杀曹操的秘密部署有序展开。曹操将邹氏接到城外帐中，帐外有典韦把守，想要直接冲进去报仇胜算不大，因此张绣不得不想办法先解决典韦。胡车儿给张绣提的建议很简单：请典韦喝酒把他灌醉，然后把典韦的兵器偷走。毕竟再厉害的人要是喝醉了还没有兵器，也就没什么可怕的了。

　　（胡车儿）当下献计于绣曰："典韦之可畏者，双铁戟耳。主公明日可请他来吃酒，使尽醉而归。那时某便混入他跟来军士数内，偷入帐房，先盗其戟，此人不足畏矣。"绣甚喜，预先准备弓箭、甲兵，告示各寨。至期，令贾诩致意请典韦到寨，殷勤待酒。至晚醉归，胡车儿杂在众人队里，直入大寨。是夜曹操于帐中与邹氏饮酒，忽听帐外人言马嘶，操使人观之。回报是张绣军夜巡，操乃不疑。时近二更，忽闻寨内呐喊，报说草车上火起。操曰："军人失火，勿得惊动。"须臾，四下里火起，操始着忙，急唤典韦。韦方醉卧，睡梦中听得金鼓喊杀之声，便跳起身来，却寻不见了双戟。

　　　　　　　　　　——第十六回《吕奉先射戟辕门　曹孟德败师淯水》

　　曹操霸占了张绣的叔母邹氏，竟然对张绣想要移动驻军的要求毫无置疑，可见曹操对张绣本人毫无防备，说明曹操并未把此事放在心上。晚上曹操在帐中和邹氏饮酒，军帐外传来说话走动和马匹嘶鸣的声音，曹操派人去察看，说是张绣军队夜里巡查，曹操仍然没有察觉任何问题。到了半夜，军寨里喧闹起来，粮草车辆失火，曹操居然还安安稳稳地说不过是军中失了点火，不必大惊小怪。这与他平日谨慎多疑的性格似乎大相径庭。究其原因，大约有三：第一是曹操挟天子以令诸侯之后，军事力量与在朝廷中的地位都十分稳固，与旧日逃亡路上杀吕伯奢的惊弓之鸟状完全不同；第二是曹操依仗有典韦守卫，一点也不担心自己的安全问题；第三就是曹操夜夜笙歌，对于军中大小事务显然都有所松懈了。

　　事情最糟糕的部分是此时喝醉的并不只有曹操——由于贾诩、胡车儿的计策，典韦同样被灌醉了。喝醉的典韦不仅没有发现自己形影不离的双戟已经被偷走了，而且也没有在夜间认真值守，直到喊杀声近了才从梦中惊醒。没有了兵器也没有来得及穿铠甲的典韦被乱箭射死。而典韦一死，曹操也就只能狼狈逃命了。给曹操出馊主意的曹安民已经在乱军中被砍为肉泥，曹操的长子曹昂也因将自己骑的马让给曹操逃命而死于乱箭之下。一场事故失掉了典韦、侄子和长子，曹操在酒色上吃的苦头不可谓不大。

　　《三国演义》的正史背景是《三国志》《后汉书》等，虽然书中诸多细节与真实的历史有所出入，作者也加入了自己的观点与态度，但总体上仍保持了七分真实。《三国演义》中的教训与失败往往伴随着鲜血与生命，也正因为这一点，其悲剧性比起其他虚构小说中的悲剧显得更加苍凉和沉重。

　　陶谦在酒桌上让出城池，李傕、郭汜因酒被反间，吕布用一场酒平息了一场恶战，张飞因贪杯丢了徐州，曹操因沉湎酒色险些没了性命，典韦大醉死于乱箭之下……每一桩大事看上去都有"酒"的责任，但事实上，酒并不是一切事情的起因，更不是失败的罪魁祸首。酒只不过是放大了人性中的弱点，正如它常常放大人性中勇敢、坚强、豁达的优点一样。酒是水的外形，却有火的性格，酒的魅力恰恰在于它的不可捉摸和难以驾驭。说到底，难以驾驭的从来不是酒，而是人性。

第四集

吕布禁酒禁丢了自己的性命

　　四大名著中，《三国演义》的字数最少，但出场人物最多，加之时间跨度长，故事庞杂，因此剧情推进速度是最快的。比如《水浒传》中一个人物的出场总会有一些相关的背景提要，而《三国演义》中常常是一个新人物直接进入情节，很少做背景提要；又比如经常用"贼兵大败""斩首万馀"这样的一两句话描述一场战争。如果说其他三部小说需要一句一句读，《三国演义》则需要一字一字读，稍不留神，时间、场景、人物就乾坤大挪移了。战争经常被一笔带过，书中很多酒局写起来也是只言片语，但细究起来难免倒吸一口凉气——杯盏碰撞之间几颗脑袋就搬了家。

　　孙策攻打占据吴郡的严白虎时，太史慈显露神射技艺，射中城门守将的左手，严白虎自知不敌孙策，遂派其弟严舆出城议和。但由于价码开得过高，以致双方动起手来，让严舆草草丢了性命。战争中的谈判，唯有双方势均力敌，且都不希望有过多的流血牺牲时，才会有基本的诚意。如果双方力量悬殊，那么其实谈判的空间很小，不过是实力弱的一方被迫接受对方的条件而已。以严白虎的实力，远未及与孙策平分江东的地位，实力不行，胃口不小，谈判的结果注定不会太乐观。

　　白虎大惊曰："彼军有如此人，安能敌乎！"遂商量求和。次日，使严舆出城，来见孙策。策请舆入帐饮酒。酒酣，问舆曰："令兄意欲如何？"舆曰："欲与将军平分江东。"策大怒曰："鼠辈安敢与吾相等！"命斩严舆。舆拔剑起身，策飞剑砍之，应手而倒，割下首级，令人送入城中。白虎料敌不过，弃城而走。

——第十五回《太史慈酣斗小霸王　孙伯符大战严白虎》

"舆拔剑起身，策飞剑砍之，应手而倒，割下首级，令人送入城中。"仅仅二十余字，一条人命便没有了，一场攻城大战也随之结束了，这就是《三国演义》的剧情推进速度。

吕布与袁术对垒，陈登劝韩暹、杨奉反戈，导致袁术大败，得胜的吕布宴请并重赏韩暹、杨奉二人。谁知刚在吕布宴席上成为座上宾的二人，马上在刘备的宴席上人头落地。"饮酒间掷盏为号，使关、张二弟杀之"，一场刘备摆下的鸿门宴，两颗人头落地，十余字交代完毕。

兵至豫州界上，玄德早引兵来迎，操命请入营。相见毕，玄德献上首级二颗。操惊曰："此是何人首级？"玄德曰："此韩暹、杨奉之首级也。"操曰："何以得之？"玄德曰："吕布令二人权住沂都、琅琊两县，不意二人纵兵掠民，人人嗟怨。因此备乃设一宴，诈请议事，饮酒间掷盏为号，使关、张二弟杀之，尽降其众。今特来请罪。"操曰："君为国家除害，正是大功，何言罪也！"遂厚劳玄德。

——第十七回《袁公路大起七军　曹孟德会合三将》

刘备杀韩暹、杨奉的理由是"纵兵掠民"。战争年代，最苦的就是黎民百姓，被搜刮粮草，被抓壮丁，流离失所，饿殍遍野皆是常态。不论董卓还是李傕掌权时，都对老百姓极尽烧杀掳掠之能事，历史上真正的"王者之师"少之又少。或许因真实的历史过于黑暗，作者才要塑造刘备、孙策等人的一些仁义之举，为读者留一线希望，不至于对人性完全失望。2007年奥斯卡最佳外语片奖得主《窃听风暴》讲的是20世纪80年代东德的一名特工负责监听一位作家，特工最后被作家感化，由监控者变为作家的保护者，影片结尾充满人性的光辉。然而残酷的是，这样的结尾只存在电影里，真实的历史是当年数量众多的特工从未有一人对被监控者产生过任何一丝怜悯。当真相过于残酷，令人窒息时，人们总渴望自己给自己画个饼、造个梦，这才是"虚构"存在的真正意义。个体的人民没有对抗暴政的能力，当一支不同于以往的队伍出现时，他们会用最朴素的行为表达自己的好感——赏牛酒劳军。

> 于是孙策聚数万之军下江东，安民恤众，投者无数。江东之民，皆呼策为"孙郎"。但闻孙郎兵至，皆丧胆而走。及策军到，并不许一人掳掠，鸡犬不惊，人民皆悦，赍牛酒到寨劳军。策以金帛答之，欢声遍野。其刘繇旧军，愿从军者听从，不愿为军者给赏归农。江南之民，无不仰颂。由是兵势大盛。

——第十五回《太史慈酣斗小霸王　孙伯符大战严白虎》

鲁迅曾批评《三国演义》在塑造人物时脸谱化倾向比较严重："欲显刘备之长厚而似伪，状诸葛之多智而近妖。"作者确实是在不遗余力地塑造刘备的仁、关羽的义、诸葛亮的忠，而同样着力塑造的反面人物的典型就是吕布。提到吕布，往往会让人联想到一组相反的说法：其一是"人中吕布，马中赤兔"，毫无疑问，这是一句极高的赞誉；而另一种说法则是"三姓家奴"，贬损之意显而易见，"不忠诚"成了吕布擦除不去的道德污点。出于人物形象统一性的需要，英勇无敌的吕布在《三国演义》中很少有以正面形象出现的时候，给予吕布为数不多的高光时刻就是前文提过的"辕门射戟"。

东汉末年，三国鼎立的局势尚未成型，大小军阀混战不休。西边曹操挟天子以令诸侯；东边袁术蠢蠢欲动，欲自立为皇帝。大大小小的"汉臣"都打着清君侧的忠义旗号，实则各怀鬼胎，扩张势力。徐州作为战略要地，自然成为各方势力争夺的焦点。袁术想要抢占徐州，但徐州是刘备、吕布暗相争夺的属地，袁术便采用了各个击破的计策，决定先让纪灵带兵消灭刘备，然后再除去势单力孤的吕布。偏偏平时不太聪明，也不太听劝的吕布这次难得聪明了一下——也可以说袁术的计谋实在有些太过幼稚，连吕布都能看明白。

前文提到，吕布决定通过一场酒局来平息交战双方，坐收渔翁之利。吕布摆下酒宴，既请了刘备，又请了纪灵，事先还不告诉赴宴双方。两人本来准备在战场上弓弩相见的，结果却在吕布的酒局上先打了照面，两人的惊惧和尴尬可想而知。刘备听说纪灵到，吓一大跳，准备躲起来；纪灵看见刘备在，大吃一惊转身便跑，结果被吕布像拎小孩子一样提回宴席上。刘备的不安和纪灵的拔腿就跑不是没有道理的，尽管战争中不乏说和、议和的先例，但鸿门宴上掉脑袋的也不在少数，谁敢保证自己一直是猎手而不会成为猎物？

> 布笑曰："我有一计，使袁、刘两家都不怨我。"乃发使往纪灵、刘备寨中，请二人宴饮……布请玄德坐。关、张按剑立于背后。人报纪灵到，玄德大惊，欲避之。布曰："吾特请你二人来会议，勿得生疑。"玄德未知其意，心下不安。纪灵下马入寨，却见玄德在帐上坐，大惊，抽身便回，左右留之不住。吕布向前一把扯回，如提童稚。灵曰："将军欲杀纪灵耶？"布曰："非也。"灵曰："莫非杀'大耳儿'乎？"布曰："亦非也。"灵曰："然则为何？"布曰："玄德与布乃兄弟也，今为将军所困，故来救之。"灵曰："若此则杀灵也？"布曰："无有此理。布平生不好斗，惟好解斗。吾今为两家解之。"灵曰："请问解之之法？"布曰："吾有一法，从天所决。"乃拉灵入帐，与玄德相见，二人各怀疑忌。布乃居中坐，使灵居左，备居右，且教设宴行酒。酒行数巡，布曰："你两家看我面上，俱各罢兵。"
>
> ——第十六回《吕奉先射戟辕门　曹孟德败师淯水》

刘备和纪灵两方看似剑拔弩张，但从军事力量上来看，纪灵比刘备强势得多，因此刘备对于吕布劝双方罢兵不战一事显然有着更多的期待。吕布在酒宴上让纪灵坐在左边上首的位置，这也反映了纪灵在这场潜在的争斗中占有比较明显的优势。吕布在酒宴上先是好言相劝，说你俩看在我的面子上罢兵别打了，刘备心里是愿意的，因此坐着不说话；而纪灵却是领了袁术的将令出兵，岂能因为吕布的一句话就罢兵？

眼看靠自己的"面子"解决不了问题了，吕布让手下拿来自己的方天画戟立在辕门之外，向其射箭，以是否射中戟的小枝决定是否止战。吕布的辕门射戟实际上是借鉴了远古"向天问卜"的一种方法，也就是吕布自己说的"尽在天命"——先设立一个小概率事件作为标准，然后将这个小概率事件的发生视为神的旨意，或曰天命。正因如此，在射箭之前，吕布让纪灵、刘备两人都坐下，"再各饮一杯酒"，此时的饮酒相当于是问卜天命前的起誓之酒，意味着两人都接受这个问卜的方式及其结果。中国人自古对"天命"有敬畏之心，正因如此，纪灵虽然心有不甘，却也有个可以向领导交差的借口。整件事情只有吕布自己知道"天命"掌握在自己的手中，而其他人则深信不疑，以为这就是"天命"。

吕布缺乏政治头脑，又刚愎自用，令陈宫的许多计谋搁浅，军事上的失败是必然的。然而吕布却非董卓那般十恶不赦之人。当刘备投靠曹操与吕布为敌时，吕布却说："吾与玄德旧交，岂忍害他妻子。"还让糜竺将刘备的妻小安置在徐州。放眼三国群雄，能做到这一点的人寥寥无几。"辕门射戟"一计，兵不血刃地化解了袁术与刘备之间的危机，显示出吕布的聪明；善待刘备的家眷也体现出吕布的仁心。可惜的是，吕布的聪明与仁义没有一以贯之，当曹操领军攻打吕布驻守的下邳时，吕布在陈宫的计策和妻子严氏、美妾貂蝉的劝说之间犹豫不决，以致贻误战机。

（陈）宫出，叹曰："吾等死无葬身之地矣！"布于是终日不出，只同严氏、貂蝉饮酒解闷。

——第十九回《下邳城曹操鏖兵　白门楼吕布殒命》

之后，吕布在战略上的决策是一个错误套着另一个错误：由于内外交困，又被妻妾劝阻不愿突围，经谋士许汜、王楷提醒，吕布又想起和袁术联姻的事情，决定向袁术续缘、求援。袁术因为吕布之前拒绝联姻而耿耿于怀，又担心吕布出尔反尔，一旦危机解除再度悔婚，就要求吕布先把女儿送去再发兵救助——名曰联姻，实为人质。无人可用的吕布决定亲自送女儿出城，谁知刘备早有防备，一番厮杀后吕布无功而返，心情之郁闷可想而知。

> 吕布回到城中，心中忧闷，只是饮酒。
>
> ——第十九回《下邳城曹操鏖兵 白门楼吕布殒命》

不知道吕布的忧闷中有没有因善待刘备家眷而生出过悔意。吕布固守城池两月，曹操决定用水攻城，下令挖开了河流将下邳逐渐淹没。此时的吕布还没有意识到问题的严重性，依仗自己有"渡水如平地"的赤兔马，每天都和妻妾"痛饮美酒"。人在危难时饮酒，其原因之一就是如王瑶先生在《中古文人生活》中说的："对于生命的强烈的留恋，和对于死亡突然来临而形神俱灭的恐惧。"吕布饮酒，很显然是因为曹操的围城和求援无望令他产生了无法排遣的愁闷乃至恐惧。借酒浇愁乃人之常情，然而酒对于愁闷仅有短暂麻痹的作用，解决不了真正的危机，反而令自己的战斗力直线下降。

> 下邳一城，只剩得东门无水，其馀各门，都被水淹。众军飞报吕布。布曰："吾有赤兔马，渡水如平地，又何惧哉！"乃日与妻妾痛饮美酒。因酒色过伤，形容销减，一日取镜自照，惊曰："吾被酒色伤矣！自今日始，当戒之。"遂下令城中，但有饮酒者皆斩。
>
> 却说侯成有马十五匹，被后槽人盗去，欲献与玄德。侯成知觉，追杀后槽人，将马夺回，诸将与侯成作贺。侯成酿得五六斛酒，欲与诸将会饮，恐吕布见罪，乃先以酒五瓶诣布府禀曰："托将军虎威，追得失马，众将皆来作贺。酿得些酒，未敢擅饮，特先奉上微意。"布大怒曰："吾方禁酒，汝却酿酒会饮，莫非同谋伐我乎！"命推出斩之。宋宪、魏续等诸将俱入告饶。布曰："故犯吾令，理合斩首。今看众将面，且打一百！"众将又哀告，打了五十背花，然后放归。众将无不丧气。
>
> ——第十九回《下邳城曹操鏖兵 白门楼吕布殒命》

三国时期，好饮酒却又因为各种原因颁布禁酒令的并非吕布一人，而这些禁酒令大多因为酒风太盛而遭到重重阻力，很难推行下去。此外，颁布禁酒令的人往往自身就是昔日的酒客，譬如今时之吕布与日后之曹操、刘备，因此这一禁令的严肃性也就免不了大打折扣。禁令过松则不能生效，过严又会令下属生出不满之心。一日，吕布忽然醒悟过来，觉得自己因为饮酒过度而日渐消瘦，于是立刻下令禁酒。其实纵酒受害的只有吕布一人，想要改过自新，自己戒酒就可以了。但吕布偏偏要把个人戒酒弄成群体禁酒，颁布了"但有饮酒者皆斩"的一刀切式的粗暴禁令，亲手为自己的灭亡埋下了祸根。

无巧不成书，吕布部下侯成的马被盗，侯成追回失窃的马匹，杀了盗马贼，众人都来向他庆贺。既然庆贺就要设宴，既然设宴又免不了饮酒。此时，侯成还是很顾及吕布这个突发奇想的禁酒令的，觉得自己酿酒和众将会饮这件事与禁酒令相违背，因此将自己酿的酒预先送给吕布五瓶——既是一个小小的"贿赂"，又是一种"知会"，意思就是我准备摆一个酒宴，虽然我知道这和最近新颁布的禁酒令有点冲突，但我没有自作主张聚众饮酒，先把酒给你送去，看看是否可以网开一面。面对这种情况，一般人会有两种处理方法：一种是网开一面，毕竟追回十五匹失窃的马是部队中的幸事，众将士们能够趁着这个机会振奋一下士气；另一种是令行禁止，既然已经颁布了禁酒令，那就执行到底，并传令下去可以欢聚但不得饮酒，既坚持了纪律的严肃性，又不伤害大家的积极性。然而吕布却采取了第三种，也是最糟糕的一种：他陷入了被害妄想中，怒斥对方送酒是为了谋害自己，并且要将侯成直接斩首，在其他将士纷纷求情的情况下仍然打了他五十杖。

最终，对吕布失望透顶的将士们盗了赤兔马，偷了方天戟，将吕布绑了送给曹军。临死前吕布有两件事情没想明白，其中一件得到了答案——他不知部下为何会反叛自己，但当听到答案是"听妻妾言，不听将计，何谓不薄"时，吕布应该是有所触动的，故而"默然"。但另一件事却始终没有得到答案——吕布辕门射戟救了平日满嘴仁义道德的刘备，又对其家眷有不杀之恩，为何在曹操有意放自己一马时，刘备却落井下石？问题是个好问题，只是这样的问题永远不会有答案。

第五集

青梅煮酒不是用青梅煮的酒

《三国演义》所有的"酒事"中，最为著名的莫过于"青梅煮酒"。当然，其引发的误会也是最大的。

三国故事的序幕实际上是从汉末拉开，开篇便是十常侍、何进、董卓、袁绍等势力你方唱罢我登场，此时三分天下的魏、蜀、吴还未真正登上历史舞台。在曹操青梅煮酒宴请刘备的时候，刘备正无处容身，依赖曹操的举荐才得以觐见天子，并序族谱而成为"刘皇叔"。而在江东，孙策虽然虎踞一方，但其势力尚不稳固，孙权更只是个少年。曹操此时志得意满，挟天子以令诸侯的时间长了，曹操的不臣之心也蠢蠢欲动，僭越行为时而有之。这场青梅煮酒的宴饮中，一句"今天下英雄，惟使君与操耳"犹如石破天惊的谶语，语音刚落天下局势便风云突变，三国鼎立的雏形也逐渐显现。

关于青梅煮酒，后人望文生义，往往这样猜测：其一，曹操的青梅煮酒是将采摘下来的青梅放在酒中煮，令酒有梅子的酸甜风味。其二，将酿好的青梅酒煮了（加热）饮用。形成这种猜测的原因之一是"青梅煮酒"四个字中的"煮"字容易引起歧义——若将"煮"字做动词用，则会理解为"用青梅煮酒"，至少电视剧版《三国演义》就是这么演绎的。

遗憾的是，这个耳熟能详的经典场面并没有出现在正史里，《三国志·蜀书》确实记载了曹操"今天下英雄，唯使君与操耳"这句话，也记载了刘备掉筷子，只是记载中既没有"煮酒"，更没有"青梅"。合理的想象是文学创作的法宝，没有历史记载反而更凸显小说家的高明。此外，从这一回的回目也可以窥见一些端倪，这一章的标题是"曹操煮酒论英雄"，并非"青梅煮酒论英雄"，"青梅煮酒"或许只是流传中的讹变，但不可否认的是"青梅煮酒论英雄"比"曹操煮酒论英雄"更富有诗意。既然这个故事本来就是罗贯中的巧思，那么《三国演义》中"青梅煮酒"的真正内涵，还要到原文中去寻找。

> 玄德只得随二人入府见操。操笑曰："在家做得好大事！"唬得玄德面如土色。操执玄德手，直至后园，曰："玄德学圃不易！"玄德方才放心，答曰："无事消遣耳。"操曰："适见枝头梅子青青，忽感去年征张绣时，道上缺水，将士皆渴，吾心生一计，以鞭虚指曰：'前面有梅林。'军士闻之，口皆生唾，由是不渴。今见此梅，不可不赏。又值煮酒正熟，故邀使君小亭一会。"玄德心神方定。随至小亭，已设樽俎：盘置青梅，一樽煮酒。二人对坐，开怀畅饮。
>
> ——第二十一回《曹操煮酒论英雄　关公赚城斩车胄》

平静的河流下往往藏着凶险的漩涡，在许田狩猎之时，曹操的僭越之举深深地刺痛了朝中那些忠于汉室的官员们的心。在曹操与刘备的这场青梅煮酒之前，还有三场秘密的酒局，这三场酒局的目标是一致的——杀曹操。第一场秘密酒局发生在董承获得皇帝的密诏，并巧妙地逃过曹操的检查之后，与王子服、吴子兰、种辑、吴硕四人在董承家的后堂，成立了最初的反曹操联盟。西凉太守马腾的加入是个意外，在反复试探并确认了马腾并非曹操的卧底之后，董承将皇帝的血诏给马腾看，于是六人取酒歃血为盟，这便是第二场酒局——"誓死不负所约"。第三场酒局则是董承深夜造访刘备，两人在刘备的居室中把酒至五更时分，刘备因此被游说为第七位反曹成员。正因有这个前提，所以当曹操闲说刘备"在家做得好大事"时，刘备才会吓得面如死灰——曹操指的是刘备在家种菜一事，刘备想的却是自己与董承的密谋败露了。这倒不是刘备胆子小，而是命悬一线，不由得不怕。

《三国演义》行文中将"青梅煮酒"描述得很清楚——"盘置青梅，一樽煮酒"，青梅在这里充其量就是个下酒的果品。不过曹操请刘备赴青梅酒宴，实际上是带着一点炫耀的怀旧色彩：曹操因看见枝头的梅子青了，便想起去年征讨张绣时路上缺水，自己灵机一动，想出一个"望梅止渴"的法子，带领士卒们熬过干渴。如今征讨张绣已成旧日往事，无人欣赏和称赞的胜利是无滋味的，不能被分享的聪明才智也是黯然失色的，因此曹操需要一位听众，一位在他看来也同样是英雄豪杰的听众，刘备在此时就充当了这个听众的角色。因此，吃青梅，用青梅酿酒都不是作者的本意，作者的本意是"赏青梅"——英雄事迹报告会，也就是曹操口中的"今见此梅，不可不赏"。

曹操邀请刘备还有一个原因是"又值煮酒正熟"，文中还说"已设樽俎，盘置青梅，一樽煮酒"。樽和俎都是盛食物的容器，"樽"和"罇"可互用，前身都是"尊"字，特指酒器。而俎中可能还摆放着其他食物，包括盛青梅的盘子。那么"煮酒"到底是什么酒？如果将"煮"作为动词来用似乎有点不合理，因为"樽"一般指盛酒器，而非酿酒器和温酒器，显然是不能用来烫酒或蒸煮酒的。

如果"煮酒"不作为一个正在烫酒（或蒸煮）的动作来理解，那么"煮酒"到底代指什么酒？"煮酒"一词常常出现在宋人的诗词中，而且有趣的是诗词中的煮酒往往已经和"青梅"结下了不解之缘。苏轼有诗句云"不趁青梅尝煮酒，要看细雨熟黄梅"，而同样爱美食又爱饮酒的陆游也有"青梅旋摘宜盐白，煮酒初尝带腊香""煮酒青梅次第尝，啼莺乳燕占年光"等诗句。如果不是出于某种特殊的饮食习惯上的巧合，也许可以推测，煮酒的开坛时间很可能与青梅的成熟时间有一定的关联——可能是在暮春至初夏时节开坛饮用。证据是《东京梦华录》中记载节气四月八日是"佛生日"，其时"在京七十二户诸正店，初卖煮酒，市井一新。唯州南清风楼，最宜夏饮，初尝青杏，乍荐樱桃，时得佳宾，觥酬交作"。此处的煮酒大约就是苏轼和陆游诗中所饮之酒，此时正值青杏、樱桃、青梅尝鲜的季节。欧阳修《浣溪沙》中"青杏园林煮酒香，佳人初着薄罗裳"中的"初着薄罗裳"也透露出春末夏初的时间特征。

至于煮酒的酿造方法，在北宋朱肱的《北山酒经》里有详细的记载。书中说："凡煮酒，每斗入蜡二钱、竹叶五片、官局天南星丸半粒，化入酒中，如法封系，置在甑中，第二次煮酒不用前来汤，别须用冷水下。然后发火，候甑箪上酒香透。酒溢出倒流，便揭起甑盖，取一瓶开看，酒滚即熟矣，便住火，良久方取下，置于石灰中，不得频移动。白酒须泼得清，然后煮。煮时瓶用桑叶冥之。金波兼使白酒曲，才榨下槽，略澄折二三日便蒸，虽煮酒亦白色。"此外，在《北山酒经》中还提出了能够替代煮酒的"火迫酒"法，并且说两种方法都是为了令酒"耐停不损"。所不同的是，煮酒以热水令酒升温，而火迫酒则以火熏烤令酒升温。质言之，煮酒也好，火迫也罢，目的都是为了灭菌防止酸败，促进酯化呈香，提高酒的纯度，改善酒的颜色，令酒能够长时间存放。

煮酒的生产方法在当下的黄酒生产中依然存在，被称为"煎酒"，是提升黄酒品质的重要工序。福建屏南地区仍有用传统方法酿造的红曲黄酒（当地简称红酒），工艺细节与火迫法近似。

综上可知，煮酒是一种酿造方法（但和青梅无关），也是一道酿酒程序（后加工），最后演变成了酒种的代名词。比如"烧酒"作为名词时，是中国蒸馏酒的代称，并不是特指用火烧的意思。据学者考证，唐代以前未见"煮酒"的记载及诗文，因此煮酒的历史大概只能追溯到宋代。曹操与刘备固然能够享用青梅，也可以饮酒，但饮"煮酒"就有点穿越了。不过曹操设宴的重心本就不是"青梅煮酒"，而是"论英雄"，再通过论英雄再对刘备做一番"尽职调查"。很多人没注意到，在刘备通过这次考核后，曹操第二天又找刘备喝酒去了——"操次日又请玄德。正饮间，人报满宠去探听袁绍而归。"正是这一次饮酒，让刘备找到了可乘之机，从此摆脱了曹操的控制，不再受"笼网之羁绊也"。

青梅煮酒的故事实际上暗含着东汉末年诸方势力的重组和转折——此时曹操挟天子以令诸侯，北方一足的势力已经确定，但汉室的末代皇帝还在尝试做最后的努力和挣扎：汉献帝冒着极大的风险写下衣带诏，期待天下还有能够响应清君侧的诸侯；董承领取衣带诏后找到刘备商议大事。此时的刘备虽然暂时栖身在曹操麾下，却已经有了借着衣带诏的名义，举着复兴汉室的大旗来自立门户的计划。只是势力尚未壮大、时机尚未成熟，刘备只能暂时韬光养晦来打消曹操的怀疑。此时的曹操志得意满，各地诸侯中几乎没有能够与曹操相抗衡的力量。因此在曹操心中并没有真正的竞争对手。此次邀请刘备饮酒，其目的也不是要对刘备下手，但在刘、关、张三人看来则不亚于一场危机四伏的"鸿门宴"，因此当酒宴进展到一半时，关羽、张飞从城外射箭回来，听说此事，急忙仗剑冲入后园。

> （关羽、张飞）闻说在后园，只恐有失，故冲突而入。却见玄德与操对坐饮酒，二人按剑而立。操问二人何来，云长曰："听知丞相和兄饮酒，特来舞剑，以助一笑。"操笑曰："此非'鸿门会'，安用项庄、项伯乎？"玄德亦笑。操命："取酒与二'樊哙'压惊。"关、张拜谢。须臾席散，玄德辞操而归。云长曰："险些惊杀我两个！"
>
> ——第二十一回《曹操煮酒论英雄 关公赚城斩车胄》

关羽和张飞的紧张还真的不是神经过敏。历史上的酒宴常常是表面觥筹交错，暗地里却危机四伏，项羽、刘邦的"鸿门宴"就是其中最为著名的笑里藏刀的酒宴。罗贯中写这场青梅煮酒的宴会时，似乎巧妙地融入了一种历史的呼应：汉代的开国皇帝刘邦赴鸿门宴，在自己的随机应变和项梁的保护下全身而退，最终建立大汉；而汉代末年最后一位"刘皇叔"在《三国演义》中同样赴曹操的酒宴，依靠着自己的随机应变和两位结义兄弟的保护全身而退，为后来蜀汉的创立奠定了基础。两场酒宴首尾呼应，只不过一场是在史官笔下，另一场则在小说家笔下，但读来同样令人拍案叫绝。

除了这场虚惊的青梅酒宴之外，曹操单独操办的酒宴中，的确有不少真正的"鸿门宴"：被邀请者如果不赴宴则会加深曹操的疑忌；赴宴又难免遭到毒手。以汉献帝衣带诏一事为例，刘备虽然也在衣带诏上签字表示反曹，但他始终小心谨慎、韬光养晦，最终找到了机会安全离开；而董承、王子服、太医吉平等人就没那么好运了，他们共同商议毒杀曹操的计划被家中奴婢走漏风声，曹操先摆下酒宴，再请君入瓮、一网打尽。

> （曹操）传令次日设宴，请众大臣饮酒，惟董承托病不来。王子服等皆恐操生疑，只得俱至。操于后堂设席，酒行数巡，曰："筵中无可为乐，我有一人，可为众官醒酒。"教二十个狱卒："与吾牵来！"须臾，只见一长枷钉着吉平，拖至阶下。操曰："众官不知，此人连结恶党，欲反背朝廷，谋害曹某。今日天败，请听口词。"……
>
> 众官席散，操只留王子服等四人夜宴。四人魂不附体，只得留待。
>
> ——第二十三回《祢正平裸衣骂贼　吉太医下毒遭刑》

曹操宴请众大臣，在酒宴上和众人开了一个恐怖的玩笑：把试图毒害曹操的太医吉平拉到酒宴上毒打，此举显然是杀鸡儆猴。因为曹操早已查出了密谋之人都有哪些，吉平是否招认实际上只关乎个人气节，不影响破案。把吉平带到酒宴上当着群臣的面施以酷刑，无非是为了震慑那些可能有意参与这件或这类事件的汉臣，同时又彰显了自己绝对的权力。这场酒宴中，王子服等参与衣带诏密谋的四人赴宴了，被曹操扣留，美其名曰留四人夜宴；而称病未去赴宴的董承也没能幸免于难。毕竟酒宴只是一个幌子，拒不赴宴并不能为董承赢得更多的生机。此时的曹操表面上宴请群臣、实际上行的是威胁恐吓之事。

刘备骗兵出逃之后，与袁绍结盟，脱离了曹操的势力范围。曹操派遣刘岱、王忠与刘备交战，其实不过是虚张声势，主要的兵力还是用于和真正兵强马壮的袁绍对敌。这两个寂寂无名的将领当然不敢与温酒斩华雄的关羽和虎将张飞对战。两人通过拈阄决定王忠先出战，结果王忠迅速被关羽擒获，刘岱更加畏惧，坚守不出。张飞想要捉拿刘岱，首先要把他从城里引诱出来，但如何设计引诱，这还真是一个困难的问题——刘岱因为恐惧而异常谨慎，如果没有十足的理由，他真的很可能一直坚守不出。

张飞确实有鲁莽的一面，但总体来说张飞仍是一位智勇双全的将领。《三国演义》在诸多细节中展现了张飞的智谋，此处便是张飞用苦肉计获得的一场胜利。张飞素知自己酒名在外，因此故意设计让刘岱误以为他喝醉了，好骗对方来劫营，自己以逸待劳地等着对方钻入包围圈，活捉刘岱。

> 却说刘岱知王忠被擒，坚守不出。张飞每日在寨前叫骂，岱听知是张飞，越不敢出。飞守了数日，见岱不出，心生一计。传令今夜二更去劫寨，日间却在帐中饮酒诈醉，寻军士罪过，打了一顿，缚在营中，曰："待我今夜出兵时，将来祭旗！"却暗使左右纵之去。军士得脱，偷走出营，径往刘岱营中来报劫寨之事。
>
> ——第二十二回《袁曹各起马步三军　关张共擒王刘二将》

虽然张飞这次借醉酒之名用计骗了刘岱，但张飞也曾因酒丢了徐州。在真实的战争中，将领纵酒无度通常会带来极为糟糕的后果。临阵饮酒的将领并没有诗歌中"醉卧沙场君莫笑"的潇洒，倒常常有"古来征战几人回"的悲凉。王忠、刘岱不过是曹操对刘、关、张放出的烟幕弹，真正的主战场则是曹操与袁绍的官渡之战，而这场战争的转折点——"乌巢烧粮"之所以会发生，就是因为袁绍派去把守乌巢的人是一个酒鬼。

> 袁绍遣大将淳于琼，部领督将眭元进、韩莒子、吕威璜、赵睿等，引二万人马守乌巢。那淳于琼性刚好酒，军士多畏之，既至乌巢，终日与诸将聚饮。
>
> ——第三十回《战官渡本初败绩　劫乌巢孟德烧粮》

袁绍明知乌巢是屯粮的要地，应当谨慎把守，却偏偏派了一个"性刚好酒"的淳于琼去坐镇，其用人不明可见一斑。淳于琼把守乌巢粮仓时疏忽大意，天天和众将士饮酒，这件事情被许攸告诉了曹操，曹操因此决定去乌巢劫烧袁绍的粮草。事实上，此时的袁绍还有一个翻盘的机会：他手下有一个能夜观天象的谋士沮授，算出乌巢有险，求见袁绍，请求派"精兵猛将"前往乌巢守粮。离谱的是，此时的袁绍也同样是喝得醉醺醺的——"绍已醉卧"，对沮授的意见不多加考虑就斥以妄言惑众，也因此失去了最后一个救场的机会。结果，曹操的兵马夜行到乌巢的时候，淳于琼正在醉饮，不能应战。

> 时淳于琼方与众将饮了酒，醉卧帐中，闻鼓噪之声，连忙跳起问："何故喧闹？"言未已，早被挠钩拖翻……淳于琼被擒见操，操命割去其耳鼻手指，缚于马上，放回绍营以辱之。
>
> ——第三十回《战官渡本初败绩　劫乌巢孟德烧粮》

张飞诈饮成功地诱骗到了刘岱，轻松将对方引入彀中；淳于琼醉酒造成了乌巢粮仓被毁；袁绍醉酒糊涂决策导致全军覆没。两军对垒，每一步博弈都应小心谨慎、步步为营，而淳于琼却妄自尊大、饮酒无度。连张飞、典韦这样可怕的猛将饮酒醉卧都不能迎敌，何况区区一个淳于琼？军中饮酒的虚虚实实，能对战争的走向形成重大影响，一着不慎满盘皆输。在《三国演义》中，酒不仅仅是欢娱的媒介，也是计谋的道具，更是杀人的武器。

第六集

刘备、孔融皆因酒走到生死关头

皇权式微之时，正是群雄逐鹿之际，历史的浩瀚篇章偏爱聚焦在几个尖子生的身上，一些只想过好小日子的二流人物常被冠以胸无大志的污名，小富即安也成了不思进取的代名词——即使历史无数次地证明，许多祸端的根源就潜藏在那些胸怀大志、小富不安的人身上。与刘表想不明白自己为什么必须胸怀大志，为什么不能小富即安不同的是，在逃过了青梅煮酒的英雄宴后，刘备从那个毫无未来可言的朝廷转向江湖，辗转寻求自立门户的机会，他最终将目光瞄向了同是汉姓宗亲的荆州牧刘表。

却说玄德自到荆州，刘表待之甚厚。一日，正相聚饮酒，忽报降将张武、陈孙在江夏掳掠人民，共谋造反。表惊曰："二贼又反，为祸不小！"玄德曰："不须兄长忧虑，备请往讨之。"表大喜，即点三万军，与玄德前去。……玄德招安馀党，平复江夏诸县，班师而回。表出郭迎接，入城设宴庆功。酒至半酣，表曰："吾弟如此雄才，荆州有倚赖也。但忧南越不时来寇，张鲁、孙权皆足为虑。"玄德曰："弟有三将，足可委用：使张飞巡南越之境；云长拒固子城，以镇张鲁；赵云拒三江，以当孙权。何足虑哉？"表喜，欲从其言。

——第三十四回《蔡夫人隔屏听密语　刘皇叔跃马过檀溪》

刘表对刘备是友好的，常常相聚饮酒；刘备对刘表是有所图的，期盼着一个机会将情谊酒变成庆功酒，张武、陈孙的造反恰似给打瞌睡的刘备递上一个枕头。刘备小试牛刀便大获全胜，但其展现出的过硬的军事实力马上引起了他人的警觉。蔡瑁将这种警觉传递给了姐姐蔡夫人，蔡夫人随即向刘表吹起了枕边风。枕边风马上起了作用，刘表欲调刘备去新野，以降低在身边的威胁。这需要一场酒，更需要一个由头，于是有了酒宴还马的故事：刘表喜欢刘备的新坐骑的卢马，刘备将马赠与刘表，蒯越告诉刘表这马对主人不利，刘表吓得赶紧将马还给刘备。而当有人将同样的话告诉刘备时，刘备的态度则是："死生有命，岂马所能妨哉！"刘表与刘备的格局真的是"马上"见高下。

不安分的刘备鼓动刘表，应当凭借荆州九郡的雄厚实力，乘着曹操统兵北征的机会偷袭空虚的许昌。可惜刘表不是一个和刘备一样拥有雄图大志的人，他对刘备说："我有荆州九郡足够了，还贪图什么别的呢？"刘备看到的是成就伟业的战略机会，刘表的心思却只在自己的一亩三分地。刘表虽然没有回应刘备的战略建议，但对刘备个人还是很欣赏的，因此就将刘备邀请到后堂去饮酒。

> 表曰："吾坐据九郡足矣，岂可别图？"玄德默然。表邀入后堂饮酒，酒至半酣，表忽然长叹。玄德曰："兄长何故长叹？"表曰："吾有心事，未易明言。"玄德再欲问时，蔡夫人出立屏后。刘表乃垂头不语。须臾席散，玄德自归新野。
>
> ——第三十四回《蔡夫人隔屏听密语　刘皇叔跃马过檀溪》

其实根据《后汉书》《三国志》的表述，刘表对刘备是多有忌惮和提防的，到了《三国演义》中，两人的私交变得融洽了许多。刘表拉刘备去后堂内室饮酒，本意是想向刘备倾诉家中的烦心事，在吞吞吐吐之间展现出刘表犹犹豫豫的性格。当刘表终于下定决心坦白自己的心事时，还没等刘备开口询问，就看到继室蔡夫人正站在屏风后面，刘表就只能低头不说话了。心事不能倾诉，酒宴草草而散。转眼到了冬天，曹操已经北伐归来，刘表奇袭许昌的战略时机已经错过，刘备也只能暗自叹息。当刘表听说曹操有吞并荆州之意时，方才后悔先前没有听取刘备的战略建议。但在刘表心中这仍然不是头等要紧事，他想要找刘备说的仍然是内室之事。于是刘表又请刘备喝酒，一开始也说了几句"后悔当时没有听从你的建议"这样的场面话，但很显然这并不是重点。两人对饮了一会儿之后，刘表终于旧事重提。

> 酒酣，表忽潸然泪下。玄德问其故。表曰："吾有心事，前者欲诉与贤弟，未得其便。"玄德曰："兄长有何难决之事？倘有用弟之处，弟虽死不辞。"表曰："前妻陈氏所生长子琦，为人虽贤，而柔懦不足立事；后妻蔡氏所生少子琮，颇聪明。吾欲废长立幼，恐碍于礼法；欲立长子，争奈蔡氏族中，皆掌军务，后必生乱，因此委决不下。"玄德曰："自古废长立幼，取乱之道。若忧蔡氏权重，可徐徐削之，不可溺爱而立少子也。"表默然。

> ——第三十四回《蔡夫人隔屏听密语　刘皇叔跃马过檀溪》

刘表原先十分喜爱前妻陈氏所生的长子刘琦，因为刘琦的相貌与自己相像；但在娶了蔡夫人为继室后，在蔡夫人的再三撺掇下，刘表耳根子一软便对刘琦逐渐疏远了，甚至萌生了废长立幼的心思。在中国古代的宗法制度中，长幼有序是一条极为重要的原则，甚至连帝王都不能随意违背，刘表很清楚自己如果废长立幼的话是违背礼法的。另一个让刘表感到困扰的是蔡夫人虽然是刘表的继室，但她并不是凭借狐媚邀宠而令刘表对自己言听计从的，而是因为蔡夫人的背后是执掌荆州军务的蔡家，刘表对蔡夫人所属的势力既要笼络借用，又有几分忌惮，因此第一次刘表与刘备在后堂饮酒时，一看见蔡夫人在屏风后站着，刘表就只能停下话头不说了，而不敢将她斥退。

刘备在曹操青梅煮酒的时候是十分谨慎的，此时已经脱离了曹操的"魔爪"，刘备的心态有些过于放松，对于待自己十分亲厚的刘表，刘备酒后失言，将心里话说了出来。他劝刘表不要废长立幼，甚至还建议刘表如果忌惮蔡氏的权力，可以逐渐削减蔡氏家族的军权。这两句话一表一里，对于蔡氏是极为不利的。蔡夫人上一次就已经对刘备和刘表在后堂的饮酒谈话有所怀疑，这一次又来听墙角，结果正好撞见了刘备酒后失言，蔡氏和刘备的仇怨也就这样结下了。

立嗣之事历来都是你死我活的残酷争斗，除非已经形势明朗且必须站队，否则外人常常避之唯恐不及以免惹祸上身，刘备对这些规矩心知肚明，怎奈一时口快说了不该说的话。刘备马上意识到自己说错了话，借口上厕所缓解尴尬。饮酒者说酒能解忧，是因为当忧愁的情绪已经明确地表露出来时，酒能够短暂地起到麻痹情绪的作用；但如果这种忧愁或者焦虑是隐藏在内心深处的，那么酒反而有可能会将平日阻挡这种情绪泛滥的屏障冲垮，将情绪彻底释放出来，这也就是"酒后吐真言"或者"江州司马青衫湿"的内在原因。

刘备在乱世之中韬光养晦，时不时还需要和曹操这样的老狐狸来一场刀尖上的舞蹈，平日言行举止都是谨小慎微的。当他面对待自己不薄的朋友敬来的酒时，确实有些大意了——一方面刘备觉得刘表不是曹操那样充满威胁的对手；另一方面，刘表的确也对刘备私交亲厚，这在刀尖舐血的乱世之中是十分难得的。很快，刘备的情绪由失言的懊悔转向了对未来无望的懊恼，原因是刘备如厕时看到自己大腿"髀肉复生"，如同运动员看到自己的八块腹肌化为一块且日渐隆起，不免悲从中来。平日克制的情绪在此时被酒唤醒，在英雄梦尚未实现的惆怅中泪流满面。

　　少顷复入席，表见玄德有泪容，怪问之。玄德长叹曰："备往常身不离鞍，髀肉皆散，今久不骑，髀里肉生。日月磋跎，老将至矣，而功业不建，是以悲耳！"表曰："吾闻贤弟在许昌，与曹操青梅煮酒，共论英雄；贤弟尽举当世名士，操皆不许，而独曰：'天下英雄，惟使君与操耳。'以曹操之权力，犹不敢居吾弟之先，何虑功业不建乎？"玄德乘着酒兴，失口答曰："备若有基本，天下碌碌之辈，诚不足虑也。"表闻言默然。玄德自知语失，托醉而起，归馆舍安歇。

　　　　　　　　——第三十四回《蔡夫人隔屏听密语　刘皇叔跃马过檀溪》

本来借上厕所之举来缓解对刘表家事的失言是一步不错的棋，随后再借身材焦虑转移话题也很得当，酒席仍然可以回到风轻云淡的轨道上。但或许是压抑过久，又或许是酒劲上来了，刘备这次彻底放飞自我了：他把平时韬光养晦、实际上胸怀大志的心态彻底曝光，甚至不屑地将诸侯势力（当然也包括正在与之对饮的荆州刘表）都称为不足为虑的"天下碌碌之辈"。虽然刘备反应过来自己酒后失言、急忙从荆州离开，但刘备仍要为自己的酒后失言付出代价：蔡氏要借着刘表生病、请刘备来主持宴会的机会杀掉刘备。

> 众官皆至堂中，玄德主席，二公子两边分坐，其馀各依次而坐。赵云带剑立于玄德之侧。文聘、王威入请赵云赴席，云推辞不去。玄德令云就席，云勉强应命而出。蔡瑁在外收拾得铁桶相似，将玄德带来三百军，都遣归馆舍，只待半酣，号起下手。酒至三巡，伊籍起把盏，至玄德前，以目视玄德，低声谓曰："请更衣。"玄德会意，即起如厕。伊籍把盏毕，疾入后园，接着玄德，附耳言曰："蔡瑁设计害君，城外东、南、北三处，皆有军马守把。惟西门可走，公宜急逃！"玄德大惊，急解的卢马，开后园门牵出，飞身上马，不顾从者，匹马望西门而走。
>
> ——第三十四回《蔡夫人隔屏听密语　刘皇叔跃马过檀溪》

酒从口入，祸从口出。好在刘备素有仁德之名，刘表手下的谋士伊籍在酒宴上向刘备暗示了酒宴的阴谋埋伏，刘备急忙牵马奔逃，全靠的卢马神骏非凡，飞过檀溪，才侥幸保住性命。《三国演义》中的酒宴常常杀机四伏，在酒宴上说错一语、做错一事，都有可能人头落地。经此一事，刘备对酒后失言定有与旁人不同的理解，如歌中所唱——这是多么痛的领悟。聪明的人不是不犯错，而是同样的错误只犯一次。刘表事后闻知刘备从酒宴上逃走是因为蔡瑁要杀刘备，愤怒之下欲杀蔡瑁，被蔡夫人拦下。随后，刘表命长子刘琦和孙乾去给刘备赔罪，当刘琦在酒桌上向刘备哭诉自己的遭遇时，刘备学乖了，只说些好好尽孝这类无关痛痒的话。

（刘）琦奉命赴新野，玄德接着，设宴相待。酒酣，琦忽然堕泪。玄德问其故，琦曰："继母蔡氏，常怀谋害之心。侄无计免祸，幸叔父指教。"玄德劝以"小心尽孝，自然无祸"。次日，琦泣别。

——第三十五回《玄德南漳逢隐沦 单福新野遇英主》

刘备的雄图大业起于诸葛亮的隆中之对，而刘备与诸葛亮的相识，还得从水镜先生司马徽说起。司马徽看出刘备团队的先天缺陷是缺少经纶济世的人才——没有顶层设计。刘备带着关羽、张飞、赵云三员战神，却天天如丧家之犬般四处奔波，恰恰证明司马徽所言不虚。于是司马徽告诉刘备："伏龙、凤雏，两人得一，可安天下。"刘备三顾茅庐时的谦卑与耐心，除了有司马徽预告的因素外，主要还是因为刘备第一次从徐庶那里尝到过经世之才的甜头。徐庶曾帮刘备大败曹仁，但之后曹操依着程昱的计策将徐庶母亲掳到曹营，徐庶为救其母不得不前往曹营，刘备为徐庶送行，这杯送行酒可比"西出阳关无故人"的滋味更复杂：不舍——相交不久，莫逆于心；伤感——刚得大才，旋又丢失；忧虑——徐庶知道刘备军中详情，一旦反戈，后果不堪设想。

玄德请徐庶饮酒，庶曰："今闻老母被囚，虽金波玉液不能下咽矣。"玄德曰："备闻公将去，如失左右手，虽龙肝凤髓，亦不甘味。"二人相对而泣，坐以待旦。诸将已于郭外安排筵席饯行。玄德与徐庶并马出城，至长亭，下马相辞。玄德举杯谓徐庶曰："备分浅缘薄，不能与先生相聚。望先生善事新主，以成功名。"庶泣曰："某才微智浅，深荷使君重用。今不幸半途而别，实为老母故也。纵使曹操相逼，庶亦终身不设一谋。"

——第三十六回《玄德用计袭樊城 元直走马荐诸葛》

权力是最好的多巴胺，相较于刘备在第三十八回见到诸葛亮时才明白三分天下的战略意图，孙权的天下格局观与自我定位成熟得要早很多。"据江东以观天下"便是孙权与鲁肃在相对而饮之后，鲁肃为孙权献上的精神大餐，孙权一闻便喜。

> 一日，众官皆散，权留鲁肃共饮，至晚同榻抵足而卧。夜半，权问肃曰："方今汉室倾危，四方纷扰。孤承父兄馀业，思为桓、文之事，君将何以教我？"肃曰："昔汉高祖欲尊事义帝而不获者，以项羽为害也。今之曹操可比项羽，将军何由得为桓、文乎？肃窃料汉室不可复兴，曹操不可卒除。为将军计，惟有鼎足江东，以观天下之衅。今乘北方多务，剿除黄祖，进伐刘表，竟长江所极而据守之，然后建号帝王，以图天下。此高帝之业也。"权闻言大喜，披衣起谢。

——第二十九回《小霸王怒斩于吉　碧眼儿坐领江东》

刘备和徐庶在新野喝着饯行酒，孙权与鲁肃在江东喝着战略酒，曹操在北方也没闲着——杀掉了反对禁酒的孔融。曹操颁布禁酒令不是因为他是什么禁欲主义的君子，实则是因为酿酒需要粮食，打仗也需要粮食，稳定民心、维护统治更需要充足的粮食，因此爱酒的曹操不得不颁布禁酒令，却遭到孔融的激烈反对。孔融是孔子直系后裔，作为"名士"，既有社会地位，又有真正的社会影响力，他屡次和曹操在言语上"抬杠"，曹操都只能怀恨在心不能直接除之而后快。孔融是一个爱酒之人，与其说他爱酒，不如说他爱举办酒宴，《三国演义》第十一回提到孔融有一句口头禅："座上客常满，樽中酒不空，吾之愿也。"——座上客满，樽中酒盈，这正是孔融酒宴的真实写照。

孔融和曹操关于禁酒的辩论在《三国演义》中没有展开，但《后汉书·郑孔荀列传》中记载略详："时年饥兵兴，操表制酒禁，融频书争之，多侮慢之辞。"年岁收成不好，兵马还需要大量的粮草，用粮食酿酒这种奢侈的事情自然就要被禁止。但曹操禁酒总得找个理由，不好明说是打仗缺粮的缘故，因此就扯了一堆关于酒如何误国、如何令人做出不体面的举动云云的大道理来充数。孔融不会不明白曹操禁酒的真实原因，他只是厌恶曹操那些关于禁酒的冠冕堂皇的理由，又懒得客气，于是出言不逊，多有侮辱之词。说到底，禁酒与反禁酒都只是托词，曹操为了战争拿禁酒说事，孔融为了阻止曹操的狼子野心用反禁酒借题发挥。

孔融驳斥禁酒引经据典，实难反驳，如："故天垂酒星之耀，地列酒泉之郡，人著旨酒之德。尧不千钟，无以建太平。孔非百觚，无以堪上圣。"（孔融《难曹公表制禁酒书》）其论述条理分明、逻辑严密，如："徐偃王行仁义而亡，今令不绝仁义；燕哙以让失社稷，今令不禁谦退；鲁因儒而损，今令不弃文学；夏、商亦以妇人失天下，今令不断婚姻。而将酒独急者，疑但惜谷耳，非以亡王为戒也。"（孔融《再难曹公表制禁酒书》）这足以令曹操难堪。但难堪归难堪，以此作为杀掉孔融的理由似乎还不够充分，孔融的死离不开郗虑的神助攻——孔融平日常辱骂郗虑，郗虑好不容易逮到这么一个机会，便将指使祢衡侮辱曹操的屎盆子牢牢地扣在孔融头上。孔融一定忘了其先祖孔子的告诫：宁得罪君子，不得罪小人。

孔融反对曹操禁酒在历史上被称为"孔融驳议"，与之相对应的是"简雍妙喻"。简雍是刘备的属下，当刘备下令禁酒时，朝中关于是否将藏有酿酒工具的农户治罪产生了分歧：治罪派认为，藏有酿酒器具就是为了酿酒，理应治罪；反对者认为，毕竟没有形成酿酒的事实，不应治罪。简雍没有明确表达自己的意见。某一日，简雍指着街上一对举止正常的男女对刘备说应该把他们杀掉。刘备惊问为什么？简雍说他们即将行苟且之事，理由是他们拥有"作案工具"。刘备马上明白简雍是指拥有酿酒工具并不等于酿酒，遂下令释放了农户。人们常将简雍提意见的巧妙对比孔融提意见的狂傲，殊不知，提意见的方式固然重要，对什么样的人提意见更重要。

《三国演义》中的两个小章节显示了孔融在军事谋略上的见识确实不如简雍。第二十二回，曹操与袁绍交战，曹操征求谋士们的意见，孔融给出的意见是："袁绍势大，不可与战，只可与和。"被荀彧一一驳斥："绍兵多而不整。田丰刚而犯上，许攸贪而不智，审配专而无谋，逢纪果而无用。此数人者，势不相容，必生内变。颜良、文丑，匹夫之勇，一战可擒。其馀碌碌等辈，纵有百万，何足道哉！"事实证明，荀彧的判断是准确的。第二十八回，刘备欲摆脱袁绍而没有好的办法，简雍果断给出了解决办法："主公明日见袁绍，只说要往荆州，说刘表共破曹操，便可乘机而去。"玄德曰："此计大妙！但公能随我去否？"雍曰："自有脱身之计。"简雍不仅帮刘备脱离袁绍，自己亦能全身而退。太平日子，名气文采或许可以博人眼球；乱世之中，简雍的致用之才可比孔融的虚名文才实惠多了。无论如何，孔融那股硬刚强权的气势，比起那些嫌"水太凉"的满腹经纶却独缺钙质之徒，境界又高出何止百倍。

第七集

周瑜装醉骗蒋干获最佳表演奖

　　赤壁之战可谓是古往今来的三国迷们最为津津乐道的一场战役，其中的计谋机关之密集，英雄豪杰之众多，以少胜多之奇妙，加之诸葛亮、周瑜二人斗智之精彩，实在令人叹为观止。在真正的三国历史中，周瑜比诸葛亮年长，《三国志》中赤壁之战的主要计谋韬略归功于周瑜；但在《三国演义》中，尽管赤壁之战中也展现了周瑜惊世绝伦的将才，却总被诸葛亮压一头，周瑜的聪明反而变成了衬托诸葛亮"多智而近妖"形象的绿叶。

　　话说孙权杀了黄祖，刘表请刘备商议为黄祖报仇之事，并有意将荆州托付给刘备。曹操为防止刘备势力的扩张，命夏侯惇取新野，却被诸葛亮用计打败，由此引来曹操五十万大军意欲踏平江南之地。刘表去世后，儿子刘琮向曹操投降，刘备只得前往樊城；曹操转而欲攻打樊城，刘备便匆匆逃向襄阳；襄阳刘琮避而不见，刘备只好又逃往江陵；一路颠沛，最终辗转到江夏刘琦处落脚。

　　刘琦之所以能拥有江夏这个根据地，还得从刘琦与诸葛亮的一顿酒说起。刘备因为插言刘表立嗣一事差点被蔡瑁杀害，后来刘琦再向刘备询问如何应对家中局面时，刘备汲取前车之鉴，将这个皮球踢给了诸葛亮，于是刘琦才有了起死回生的转机，并最终在关键时刻救了刘备一命。

次日，玄德只推腹痛，乃浼孔明代往回拜刘琦。孔明允诺，来至公子宅前，下马入见公子。公子邀入后堂，茶罢，琦曰："琦不见容于继母，幸先生一言相救。"孔明曰："亮客寄于此，岂敢与人骨肉之事？倘有漏泄，为害不浅。"说罢，起身告辞。琦曰："既承光顾，安敢慢别。"乃挽留孔明入密室共饮。饮酒之间，琦又曰："继母不见容，乞先生一言救我。"孔明曰："此非亮所敢谋也。"言讫，又欲辞去。琦曰："先生不言则已，何便欲去？"孔明乃复坐。琦曰："琦有一古书，请先生一观。"乃引孔明登一小楼。孔明曰："书在何处？"琦泣拜曰："继母不见容，琦命在旦夕，先生忍无一言相救乎？"孔明作色而起，便欲下楼，只见楼梯已撤去。琦告曰："琦欲求教良策，先生恐有泄漏，不肯出言。今日上不至天，下不至地，出君之口，入琦之耳，可以赐教矣。"孔明曰："'疏不间亲'，亮何能为公子谋？"琦曰："先生终不幸教琦乎！琦命固不保矣，请即死于先生之前。"乃掣剑欲自刎。孔明止之曰："已有良计。"琦拜曰："愿即赐教。"孔明曰："公子岂不闻申生、重耳之事乎？申生在内而亡，重耳在外而安。今黄祖新亡，江夏乏人守御，公子何不上言，乞屯兵守江夏，则可以避祸矣。"

——第三十九回《荆州城公子三求计　博望坡军师初用兵》

诸葛亮似乎对"三"有特殊的迷恋，茅庐要刘备三顾，给刘琦出主意也要三求：喝茶求，不行；喝酒求，不行；登楼断梯，再求。诸葛亮对待他人家事有多谨慎，就映衬出刘备之前有多莽撞。刘琦本来是请刘备指点迷津，而向诸葛亮问计是刘备给刘琦出的主意。印象中刘备都是按照诸葛亮的计策行事，这一次却是刘备"算计"了诸葛亮，最终为自己预留了江夏这条退路。

刘备据守江夏，孙权占据江东。此时曹操兵强马壮，占据了北方大片中原之地，三国鼎立之势尚未形成，三家实力悬殊。刘备没有同曹操正面一战的资本，而孙权也在是否与曹操开战一事上有些犹豫。此时孙刘二家即使并力抗拒曹操，仍然是以寡敌众，这场战役要想取胜，必然要动用大量的智慧施与计谋。

赤壁之战前夕，三方心思各异：荀攸建议曹操联合孙权将刘备拿下；江东一方则是鲁肃建议孙权拉拢刘备，并使其说服刘表旧部一同抗曹；刘备一方实力最弱，必须依赖孙权共同对抗曹操。然而更复杂的是，兵多将广的曹操大军虽然令孙、刘二家在压力之下短暂地联合起来，但这种联盟极为松散，即使在共同抗曹的时候，周瑜与诸葛亮之间始终在斗智斗勇。

赤壁之战的背景波谲云诡，计谋环环相扣，人情虚实相间，在此背景下，酒宴必然会成为暗藏杀机或玄机的场合。诸葛亮去往江东舌战群儒，说服周瑜、孙权联合抗曹后久久未归，刘备牵挂诸葛亮的安危，派糜竺去东吴——"乃备羊酒礼物，令糜竺至东吴，以犒军为名，探听虚实"。糜竺来到东吴后，周瑜见刘备牵挂诸葛亮，顿时想到一个计策，就是将刘备诱骗到江东来赴宴，在宴席上把刘备直接干掉。

周瑜安排的这个鸿门宴，在《三国演义》中并不少见，几乎每次矛盾冲突都有鸿门宴的影子，就连"宅心仁厚"的刘备也曾采用"请人赴宴"的方式杀了韩暹、杨奉。赵云、诸葛亮等人也都安排过这类的鸿门宴，曹操对这种方式更是轻车熟路。鸿门宴自刘邦之后已经成为人人皆知的明计，后人使用时要想产生实效，最好是在对方没有觉察的情况下进行：赴宴之人毫无准备地走入彀中，四面早已埋伏好甲兵，酒席上掷杯为号，埋伏的士兵一拥而出，人头便可手到擒来。而一旦变为明计，赴宴的人看破并早有提防，这就不再是一条万无一失的妙计了。

> 鲁肃再三劝谏，瑜只不听，遂传密令："如玄德至，先埋伏刀斧手五十人于壁衣中，看吾掷杯为号，便出下手。"
>
> 却说糜竺回见玄德，具言周瑜欲请主公到彼面会，别有商议。玄德便教收拾快船一只，只今便行。云长谏曰："周瑜多谋之士，又无孔明书信，恐其中有诈，不可轻去。"玄德曰："我今结东吴以共破曹操，周郎欲见我，我若不往，非同盟之意。两相猜忌，事不谐矣。"……分付毕，即与云长乘小舟，并从者二十馀人，飞棹赴江东。玄德观看江东艨艟战舰、旌旗甲兵，左右分布整齐，心中甚喜。军士飞报周瑜："刘豫州来了。"瑜问："带多少船只来？"军士答曰："只有一只船，二十馀从人。"瑜笑曰："此人命合休

矣！"乃命刀斧手先埋伏定，然后出寨迎接。玄德引云长等二十馀人，直
到中军帐，叙礼毕，瑜请玄德上坐。玄德曰："将军名传天下，备不才，何
烦将军重礼？"乃分宾主而坐。周瑜设宴相待。

——第四十五回《三江口曹操折兵　群英会蒋干中计》

　　周瑜设计的这场鸿门宴并不算是一个非常周密的计划。诸葛亮明明就在
江东，周瑜请刘备到江东赴宴，竟然都不知会诸葛亮，诸葛亮也没有书信寄
往刘备处，十分可疑，因此关羽劝刘备不要去赴宴。事实上周瑜的鸿门宴也
并不需要完全掩人耳目，因为这场鸿门宴并不算是纯粹的阴谋，而是有几分
阳谋的意思：正如刘备所言，酒宴是吉祥宴还是鸿门宴不过是一种揣测，不
能放在明面上作为推辞的理由；此时孙、刘两家联合抗曹，刘备一方又是处
于相对弱势，如果不去赴宴，这种本来就有些松散的临时联盟很容易面临信
任危机，实际上刘备是不得不去的。周瑜见刘备只带了二十来个随从前来赴
宴，便以为刘备这次必死无疑。此时的诸葛亮也听说了刘备来到江东赴周瑜
之宴，对于周瑜十分了解的诸葛亮急忙赶去，看见酒宴所在的军帐中"两边
壁衣中密排刀斧手"。而当诸葛亮看到了刘备身边站着的关羽时，顿时放下心
来，悄无声息地离开了。

　　周瑜与玄德饮宴，酒行数巡，瑜起身把盏，猛见云长按剑立于玄德背
后，忙问何人。玄德曰："吾弟关云长也。"瑜惊曰："非向日斩颜良、文丑
者乎？"玄德曰："然也。"瑜大惊，汗流满背，便斟酒与云长把盏。

——第四十五回《三江口曹操折兵　群英会蒋干中计》

　　关羽温酒斩华雄时刚刚崭露头角，后又在曹操处斩颜良、诛文丑已然
名震天下——关羽能于万军之中取上将首级。如果这场酒宴中有什么风吹草
动，关羽必然能够暴起制住周瑜。这场鸿门宴不仅不能成功，反而可能葬送
自己的性命——想到这里，周瑜吓得一身冷汗，赶快给关羽敬酒。这敬酒的
手还千万不能抖，否则摔了杯子，埋伏在间壁的刀斧手还以为是约定的信号，

一拥而出的话，周瑜的项上人头就岌岌可危了。周瑜安排下鸿门宴，却又因忌惮关公的勇武而放弃了原计划，这也是诸葛亮断定"吾主无危矣"的根本依据。

周瑜摆的鸿门宴之所以吃瘪，并不是因为自身能力差，而是对手太强大——近战遇到关羽，用计碰上孔明。然而只要不是这种过于超纲的难题，周瑜对一般的谋士用起计来，这些人还真不是对手，比如蒋干。

蒋干在曹操手下谋职，与周瑜是小学同学。古人活动半径小，交友平台也不多，因此对于幼时同窗之谊一般比较看重。蒋干觉得自己能够说服周瑜归降曹操，并不仅仅是依赖同学感情，更是因为曹操的兵力确实强于东吴，孙权帐下本来也多有主张投降的声音。周瑜不仅一下子猜到了蒋干此行的意图，而且立刻将计就计，为蒋干制定了一场全员参与并配合得天衣无缝的大戏，让蒋干聪明反被聪明误，最终借曹操之手除掉了曹操手下精通水战的蔡瑁、张允二位将领。周瑜明知蒋干要来做说客，偏偏一开始就点破其目的，意在先发制人，迫使蒋干矢口否认，以便顺理成章地引出酒宴上不许谈军事的规矩。

> 瑜曰："子翼良苦，远涉江湖，为曹氏作说客耶？"干愕然曰："吾久别足下，特来叙旧，奈何疑我作说客也？"瑜笑曰："吾虽不及师旷之聪，闻弦歌而知雅意。"干曰："足下待故人如此，便请告退。"瑜笑而挽其臂曰："吾但恐兄为曹氏作说客耳。既无此心，何速去也？"遂同入帐。……
>
> 须臾，文官武将，各穿锦衣，帐下偏裨将校，都披银铠，分两行而入。瑜都教相见毕，就列于两傍而坐，大张筵席，奏军中得胜之乐，轮换行酒。瑜告众官曰："此吾同窗契友也。虽从江北到此，却不是曹家说客，公等勿疑。"遂解佩剑付太史慈曰："公可佩我剑作监酒：今日宴饮，但叙朋友交情。如有提起曹操与东吴军旅之事者，即斩之！"太史慈应诺，按剑坐于席上。蒋干惊愕，不敢多言。
>
> ——第四十五回《三江口曹操折兵　群英会蒋干中计》

周瑜抢先堵住蒋干的嘴，这一步非常重要，为后续计谋做好了铺垫。如果蒋干向周瑜说起劝降之事，周瑜不同意，只能立刻将蒋干撵走，那样后面的计策也就无法实施了；但如果既不接受投降，又不把蒋干撵走，显然不合逻辑，蒋干也必然有所戒心，那样周瑜的计策也就很难天衣无缝地执行下去。此外，蒋干在酒席上如果大肆劝降，一方面容易带动投降派的响应而影响士气；另一方面又怕主战派将领一时愤怒，令蒋干容身不得，下面的计划同样难以实施。因此周瑜令太史慈作监酒，确保蒋干在酒席上无法说出劝降之词。

古代正式的酒宴上都会设置监酒官。监酒官并不是一个固定的职位，而是在酒席上临时指定的监察酒席礼仪的人员。这个监酒官的权力在酒席上是绝对的，没有君臣主仆宾客之分，一旦有人违反酒席上约定的规矩，监酒官就有权力惩罚。《说苑》中记载魏文侯命公乘不仁当"觞政"，也就是监酒官，后来魏文侯违背了自己定下的酒令，公乘不仁也秉公办事，丝毫没有给魏文侯面子。《资治通鉴》中记载朱虚侯刘章担任监酒官的故事更为恐怖：刘章在吕后的酒宴上被指定为监酒官，刘章请求以军法监酒，得到吕后同意，有一人醉酒离席，刘章以逃酒为名将其斩了。此番周瑜指定太史慈手持自己的佩剑进行监酒，有效仿刘章以军令代酒令的意思，下令酒席上提及军旅之事者斩首，就是要彻底断了蒋干开口劝降的念头。

封住了蒋干的嘴，接下来就是影帝周瑜的个人表演时间。周瑜先是假意向蒋干吐露几句真话，说自己自领军以来滴酒不沾；如今见了老朋友，相互之间没有疑忌，可以开怀畅饮。周瑜向蒋干袒露自己没有戒心，实际上是在打消蒋干的戒心。周瑜假装喝到半醉，带着蒋干走出筵席，去检阅东吴的军队，让蒋干看到东吴的军队"全装惯带，持戈执戟"，粮草"堆如山积"，将这些军事机密展示给蒋干看，一方面是为了进一步去除蒋干的戒备和疑虑，令蒋干完全相信周瑜对自己毫无防备；另一方面也是向蒋干展现自己已经半醉了。

"装醉"其实是一门学问。装醉的目的有很多，有的人是为了逃避劝酒而装醉，但这一点很难行得通，因为真正喝醉的人往往是主动抢酒喝，而不是拒绝劝酒；也有人装醉是借着酒劲来做一些平日不敢或者不好意思做的事情。

周瑜这次装醉可以说达到了登峰造极的境界，假装半醉带着蒋干在自己的军营转悠了一圈，然后又入席饮酒。此时将蒋干推向了非常尴尬的境地——蒋干在曹操面前夸下海口要说服周瑜来投降，但一晚上自己连开口的机会都没有，回去以后如何交代就成了难题。作为谋士，谋事不成地位自然大大下降，自己在同僚面前也会抬不起头。周瑜对蒋干的心态拿捏得很准，他非常清楚蒋干需要有一个"立功"的机会，而自己装醉就是为了给蒋干"创造"这个立功的机会。

周瑜乘兴将酒宴命名为"群英会"，并舞剑作歌，唱的是："丈夫处世兮立功名，立功名兮慰平生。慰平生兮吾将醉，吾将醉兮发狂吟！"前两句无非是说大丈夫人生在世要建立功名；后两句则很有趣，是说自己兴致勃发，将要喝醉，所以在这里放浪形骸大声歌唱。饮酒至夜深，众人都散去了，周瑜假装大醉，携蒋干到军帐中同住。接下来就到了周瑜整晚装醉中最关键的高潮部分。

　　至夜深，干辞曰："不胜酒力矣。"瑜命撤席，诸将辞出。瑜曰："久不与子翼同榻，今宵抵足而眠。"于是佯作大醉之状，携干入帐共寝。瑜和衣卧倒，呕吐狼藉。蒋干如何睡得着？伏枕听时，军中鼓打二更，起视残灯尚明。看周瑜时，鼻息如雷。干见帐内桌上，堆着一卷文书，乃起床偷视之，却都是往来书信。内有一封，上写"蔡瑁张允谨封"。干大惊，暗读之。……

　　干思曰："原来蔡瑁、张允结连东吴！"遂将书暗藏于衣内。再欲检看他书时，床上周瑜翻身，干急灭灯就寝。瑜口内含糊曰："子翼，我数日之内，教你看操贼之首！"干勉强应之。瑜又曰："子翼，且住！……教你看操贼之首！……"及干问之，瑜又睡着。干伏于床上，将近四更，只听得有人入帐唤曰："都督醒否？"周瑜梦中做忽觉之状，故问那人曰："床上睡着何人？"答曰："都督请子翼同寝，何故忘却？"瑜懊悔曰："吾平日未尝饮醉，昨日醉后失事，不知可曾说甚言语？"那人曰："江北有人到此。"瑜喝："低声！"便唤："子翼。"蒋干只妆睡着。瑜潜出帐。干窃听之，只闻有人在外曰："张、蔡二都督道：'急切不得下手，……'"后面言语颇低，听不真实。少顷，瑜入帐，又唤："子翼。"蒋干只是不应，蒙头假睡。瑜亦解衣就寝。

——第四十五回《三江口曹操折兵　群英会蒋干中计》

　　周瑜假装大醉，呕吐得一片狼藉，为的是让蒋干睡不着（蒋干心中有事本就睡不着），好发现军帐中放着的文书。当然，这封"蔡瑁张允谨封"的书信是周瑜预先做好的圈套，蒋干此时盗书，正是乖乖地走入周瑜的圈套之中。周瑜又假装说梦话，说数日之内就要破曹操大军、砍下曹操首级，蒋干一听周瑜语词胸有成竹，对这封蔡瑁、张允与东吴串通的书信更是深信不疑。接下来周瑜安排的士兵前来唤醒周瑜，说江北有人来此秘密联络，周瑜却假装断片儿忘记昨晚之事的细末，这无疑是针对"军中有机密要事，自己却携蒋干同住"这一矛盾点给出了合理的解释。周瑜只装作自己因为喝醉而行事不谨慎，又假意反复确认蒋干是否睡着；蒋干早已掉进周瑜的圈套里，此时对蔡瑁、张允与东吴串通一事深信不疑，反而装睡起来，想要骗过周瑜。一方是精心设计的圈套，一方是盗书的间谍，双方都心怀鬼胎，而周瑜在这场较量中明显棋高一筹，将蒋干乃至曹操都引入了圈套里：蔡瑁、张允这两位水军将领一死，曹操的八十万大军面对浩浩长江，顿时失去了一大半的优势。

　　其实周瑜的计策不是没有漏洞——蒋干五更偷跑，守卫军士"亦不阻挡"就很有问题，只是急于完成任务、又急于逃命的蒋干无暇顾及这些细节，还可能以为自己运气不错蒙混过关了。周瑜靠着真真假假、虚虚实实的酒宴和书信赢得了赤壁之战开战前的主动权，然而恢宏的赤壁之战中，另外两方的英雄也同样意气风发：诸葛亮泛舟于江雾之中，饮酒谈笑间借箭而归；曹操横槊赋诗，在长江之畔高唱"对酒当歌"。赤壁之战，三国中最重要的人物几乎悉数登场，文韬武略各领风骚。惹得苏东坡八百多年之后仍不住感叹：江山如画，一时多少豪杰。人生如梦，一樽还酹江月。

第八集

对酒当歌为何能千古流芳？

在正史中，周瑜不仅是一位风流俊雅、精通音律的名士，同时也是东吴文武双全的大将，但在《三国演义》中，这位周郎却只能屈居诸葛亮之下。赤壁之战中，周瑜与诸葛亮明争暗斗，屡次交手，结果都是诸葛亮棋高一着。如果说火烧博望坡一战令初出茅庐的诸葛亮赢得了刘、关、张三位的信服，赤壁之战则真正让诸葛亮的才名智谋名扬四海，其中草船借箭、借东风等神乎其技，更奠定了诸葛亮的神话地位。

虽然东吴与刘备暂时结盟共拒曹操，但周瑜为东吴日后做长远打算，认为刘备的势力未来会是东吴的一大对手，于是设鸿门宴想要暗杀刘备，其事不成，周瑜又把主意打到了诸葛亮的身上。周瑜知道，刘备如果没有了诸葛亮，就翻不起什么大浪。此时诸葛亮已经在东吴舌战群儒，并说服孙权联刘抗曹，两方处于合作关系，如果找不到什么合适的理由就直接诛杀诸葛亮，不仅令天下人耻笑，也必然令刘备举正义之师前来报仇，东吴很显然没有能力同时与刘、曹二军双向开战。因此，周瑜想要杀诸葛亮，就必须先找到合适的理由。

周瑜思来想去，发现想要除掉诸葛亮只有一个方法：让他自己立下军令状，如果完不成，则杀之有理，刘备就算再恨，也只能是吃一个哑巴亏，同时对于东吴内部倾向于孙、刘联合的文武将相也有一个说得过去的交代。周瑜请诸葛亮来议事，想在言语之中给诸葛亮挖坑——令他十日之内造十万支箭。汉末时期铁器的生产效率是很低下的，十日之内造十万支箭无疑是天方夜谭，周瑜说此话就是为了难为诸葛亮，如果诸葛亮应承下来而完不成，则可以名正言顺地杀他；如果诸葛亮不敢应承，那他的江湖声誉自然会下降，至少也能起到打压的效果。然而诸葛亮居然说三天内就能办到，周瑜顿时喜出望外，甚至来不及思考为什么诸葛亮会贸然答应这样一个离谱的差事，只觉得自己的计策就要成功了，于是立刻假惺惺地摆下酒席"感谢"诸葛亮。

> （周）瑜大喜，唤军政司当面取了文书，置酒相待曰："待军事毕后，自有酬劳。"孔明曰："今日已不及，来日造起。至第三日，可差五百小军到江边搬箭。"饮了数杯，辞去。
>
> ——第四十六回《用奇谋孔明借箭　献密计黄盖受刑》

此时的周瑜似乎忘了自己是如何给蒋干挖坑的——在和聪明人的博弈中，如果一场胜利来得太容易，且对方出乎意料地配合，这里面大概率另有文章。诸葛亮泰然表示自己三日内一定能弄到十万支箭，并且让周瑜三日后安排军士到江边搬箭，周瑜却没有察觉其中的蹊跷，注定在和诸葛亮的较量中略输一筹。当然，三天内是造不出十万支箭来的，除非诸葛亮穿越千年开发出现代化工业制造的流水线。他之所以胸有成竹，是因为他知道三日内必有大雾，可以趁着雾气笼罩江面假装偷袭曹操水军；曹操军队不擅水战，在视线不明的情况下不会选择短兵相接，而是会放箭拒敌，十万支箭自然唾手可得。

"草船借箭"是写入小学课本的经典智谋故事，有趣的是，草船借箭一事在《三国志》里的实施者是孙权，而在元代《三国志平话》中借箭的主人公变成了周瑜，到了《三国演义》中借箭人又成了诸葛亮。诸葛亮的草船借箭，其精妙之处在于他对气候（三日内必有大雾锁江）、人心（周瑜急于给他下套、曹操疑心很重不会贸然出战）、对方战斗力（曹军一夜射箭约有十万之数）的拿捏与把控，诸葛亮能将气候与人心都玩弄于股掌之间，只能用"神仙"来形容。

周瑜自知对蒋干的算计瞒不过诸葛亮的法眼，特让鲁肃前去印证。诸葛亮果然将周瑜的计谋完整地剖析给鲁肃，并劝鲁肃不要对周瑜说自己看穿了这一切，以免周瑜妒忌。鲁肃是个君子，见到周瑜，便一五一十将诸葛亮的言行全部告诉了周瑜。诸葛亮明知鲁肃见到周瑜会和盘托出，为什么还故意告知鲁肃这一切？因为诸葛亮要让鲁肃产生愧疚感，好帮自己借来二十只船。怀有愧疚感的鲁肃果然帮诸葛亮借了船，并承诺不把此事告诉周瑜；包括之后诸葛亮识破周瑜、黄盖的苦肉计让鲁肃不要告诉周瑜，鲁肃仍然照着诸葛亮的交代做了。高手下棋，走一步看三步，诸葛亮用计往往环环相扣，少有孤注一掷之举。诸葛亮去借箭时特意带上鲁肃做见证，鲁肃听说诸葛亮安排船只击鼓呐喊，十分惊慌，而诸葛亮却安然饮酒，飘然有神仙之姿。

> 当夜五更时候，船已近曹操水寨。孔明教把船只头西尾东，一带摆开，就船上擂鼓呐喊。鲁肃惊曰："倘曹兵齐出，如之奈何？"孔明笑曰："吾料曹操于重雾中必不敢出。吾等只顾酌酒取乐，待雾散便回。"
>
> ——第四十六回《用奇谋孔明借箭　献密计黄盖受刑》

诸葛亮知道周瑜要加害自己，却从容领命，在酒宴上饮数杯而后翩然离去；草船借箭时二十只船逼近曹操水军大营，诸葛亮仍然安之若素，饮酒取乐，宛如置身于家中赏月、临水观花。这一杯酒中的淡然与笃定，正是杜甫"诸葛大名垂宇宙""万古云霄一羽毛"的具象化体现。要写一个人"运筹帷幄之中，决胜千里之外"，必须刻画其风轻云淡、一切尽在掌握的模样。如果当事人在过程中惴惴不安，即使实现了想要的结果，也展现不出这个人举重若轻的气质。事实上，一件大事错综复杂，任何一个环节出现纰漏都有可能功亏一篑，当事人很难做到泰山崩于前而色不变的，所有的风轻云淡不过是给外人看的。诸葛亮在草船借箭时的状态和淝水之战中谢安的状态是一样的：越紧张越要绷得住，表面有多轻松，内心就有多煎熬。谢安收到军队的捷报时正在和客人下棋，当客人问什么事时，谢安回答："孩子们打了胜仗。"客人走后，谢安按捺不住自己的喜悦把木屐底上的屐齿都碰断了。"谢安折屐"这一细节足见刘义庆洞悉人性的能力高于罗贯中——人前维护人设，人后直面本心。

诸葛亮越是神机妙算，周瑜越是寝食难安，但时机不到还不能贸然下手。借得十万支箭的诸葛亮和周瑜又一次坐在酒桌上，谈起了退敌大计。周瑜和诸葛亮都想到用火攻，当周瑜要告诉诸葛亮时，诸葛亮却提议两人将自己的计谋写在手心里，既不想让周瑜占先，又不想压过周瑜的风头，刻意营造了英雄所见略同的场面。

> 瑜邀孔明入帐共饮。瑜曰："昨吾主遣使来催督进军，瑜未有奇计，愿先生教我。"孔明曰："亮乃碌碌庸才，安有妙计？"瑜曰："某昨观曹操水寨，极其严整有法，非等闲可攻。思得一计，不知可否。先生幸为我一决之。"孔明曰："都督且休言。各自写于手内，看同也不同。"瑜大喜，教取笔砚来，先自暗写了，却送与孔明，孔明亦暗写了。两个移近坐榻，各出掌中之字，互相观看，皆大笑。原来周瑜掌中字乃一"火"字，孔明掌中亦一"火"字。
>
> ——第四十六回《用奇谋孔明借箭　献密计黄盖受刑》

其实，想到"火攻"的不仅仅有周瑜和诸葛亮，还有黄盖、庞统、徐庶、程昱、荀彧，乃至曹操本人。只不过曹操不相信隆冬时节会刮东南风，故而仍然采用了铁索连船的计策。既然定下了火攻的总路线，剩下的只能靠各自的谋略与演技：周瑜重赏了前来假意投诚的蔡中、蔡和；周瑜打了不听军令的黄盖；曹操相信了前来报信的阚泽和叛变的黄盖；蔡中、蔡和又相信了阚泽、甘宁的谋反之心；周瑜再一次骗过了倒霉蛋蒋干；蒋干又带回了假意投靠曹军的庞统；曹操安排徐庶去抵挡传言中即将攻打许都的马腾……密密麻麻、环环相扣、虚虚实实、真真假假，可谓《三国演义》计谋大全。这其中最有口福的是阚泽，不仅像庞统一样赚到了曹操的好酒，还多喝了一顿蔡中、蔡和的酒。

泽曰："吾与黄公覆倾心投降，如婴儿之望父母，岂有诈乎！"操大喜曰："若二人能建大功，他日受爵，必在诸人之上。"泽曰："某等非为爵禄而来，实应天顺人耳。"操取酒待之。……

泽曰："吾已为黄公覆献书丞相，今特来见兴霸，相约同降耳。"宁曰："大丈夫既遇明主，自当倾心相投。"于是四人共饮，同论心事。二蔡即时写书，密报曹操，说甘宁与某同为内应。……

统笑曰："丞相用兵如此，名不虚传！"因指江南而言曰："周郎，周郎！克期必亡！"操大喜。回寨，请入帐中，置酒共饮，同说兵机。统高谈雄辩，应答如流。操深敬服，殷勤相待。统佯醉曰："敢问军中有良医否？"

——第四十七回《阚泽密献诈降书　庞统巧授连环计》

江东的密谋一刻不曾停歇，长江对岸的曹操则在等待水军操练完毕，就要进军东吴。虽然周瑜令蒋干盗书，借曹操的手杀了曹操的水军头领蔡瑁、张允，诸葛亮草船借箭消耗了曹操的兵器库存，但这些计谋在曹军那具有压倒性优势的军事力量面前影响甚微，在曹操看来这场战役自己仍旧是胜券在握。于是在一个天朗气清、风平浪静的夜晚，曹操决定在大船上置酒设宴，和众位将士饮酒作乐，畅想着这一战之后，便可将肥沃江南收入囊中，把二乔揽入怀中，去自己的专属养老院——铜雀台安度晚年。

时建安十三年冬十一月十五日，天气晴明，平风静浪。操令："置酒设乐于大船之上，吾今夕欲会诸将。"……文武皆起谢曰："愿得早奏凯歌！我等终身皆赖丞相福荫。"操大喜，命左右行酒。饮至半夜，操酒酣，遥指南岸曰："周瑜、鲁肃，不识天时！今幸有投降之人，为彼心腹之患，此天助吾也。"……

曹操正笑谈间，忽闻鸦声望南飞鸣而去。操问曰："此鸦缘何夜鸣？"左右答曰："鸦见月明，疑是天晓，故离树而鸣也。"操又大笑。时操已醉，乃取槊立于船头上，以酒奠于江中，满饮三爵，横槊谓诸将曰："我持此槊，破黄巾、擒吕布、灭袁术、收袁绍，深入塞北，直抵辽东，纵横天下，颇不负大丈夫之志也！今对此景，甚有慷慨。吾当作歌，汝等和之。"歌曰：

> 对酒当歌，人生几何：譬如朝露，去日苦多。
>
> 慨当以慷，忧思难忘；何以解忧，惟有杜康。
>
> 青青子衿，悠悠我心；但为君故，沉吟至今。
>
> 呦呦鹿鸣，食野之苹；我有嘉宾，鼓瑟吹笙。
>
> 皎皎如月，何时可辍？忧从中来，不可断绝！
>
> 越陌度阡，枉用相存；契阔谈宴，心念旧恩。
>
> 月明星稀，乌鹊南飞；绕树三匝，无枝可依。
>
> 山不厌高，水不厌深：周公吐哺，天下归心。

歌罢，众和之，共皆欢笑。忽座间一人进曰："大军相当之际，将士用命之时，丞相何故出丁此不吉之言？"……当下操横槊问曰："吾言有何不吉？"馥曰："'月明星稀，乌鹊南飞；绕树三匝，无枝可依。'此不吉之言也。"操大怒曰："汝安敢败吾兴！"手起一槊，刺死刘馥。众皆惊骇，遂罢宴。

——第四十八回《宴长江曹操赋诗　锁战船北军用武》

曹操的《短歌行》是否作于赤壁不易考证，很大程度上是罗贯中出丁创作需要而虚构的，但《短歌行》作于饮酒之后似乎更容易达成共识。酒为钓诗钩，爱酒的陶潜、李白酒后诗兴勃发是不争的事实，一世枭雄、诗情豪迈的曹操岂能酒后无诗？《三国演义》中曹操饮酒而歌这一段，或许是小说作者从苏东坡的《赤壁赋》中生发的灵感：苏轼和朋友"泛舟游于赤壁之下"，缅怀起历史上著名的赤壁之战，言曹操"舳舻千里，旌旗蔽空，酾酒临江，横槊赋诗，固一世之雄也"。苏轼所说的"横槊赋诗"是对曹操一生的总体评价，而不是指曹操在赤壁之上的某一次宴饮。这句话最早出自唐代元稹的《唐故工部员外郎杜君墓系铭并序》，原铭文是："建安之后，天下文士遭罹兵战，曹氏父子鞍马间为文，往往横槊赋诗，故其抑扬怨哀悲离之作，尤极于古。"横槊赋诗四个字，是说曹操父子在征战之中看遍生死兴亡，所作诗歌常常抑扬悲壮。曹操《短歌行》虽然有自比周公的自夸之语，然其表达情感之充沛、面对人生无常之感慨，确实称得上不朽名篇。

至于曹操横槊赋诗、醉后发怒误杀刘馥，这似乎是罗贯中为了故意"贬曹"而设置的情节。《三国志》里确实提到一个扬州刺史刘馥，在乱世之中将合肥治理得井井有条，孙权几次想要夺取他所管辖的州县都没有成功，是一个很有功绩的人物。然而这个刘馥并没有参与赤壁之战且得以善终，很显然不可能死于曹操醉后一槊。罗贯中此处故意设计"诗中有不吉之言"的桥段，猜想是为了与后文赤壁之战曹操大败做一个呼应。

曹操虽为一代枭雄，但汉末三国时期正是天下动荡、战争频仍的时代，无论是奇才猛将还是高门贵第，都逃脱不了人生命运的无常。曹操的《短歌行》，最被大众所熟知的名句是"对酒当歌，人生几何"与"何以解忧，惟有杜康"，常常被视为咏酒之佳作。而真正使《短歌行》世代流传的当数"譬如朝露，去日苦多"与"慨当以慷，忧思难忘"。无论古人还是今人，生命的无常与光阴的短暂始终是绕不过去的终极命题。从曹操的"譬如朝露，去日苦多"到李白的"朝如青丝暮成雪"，从永和九年会稽山下的兰亭，王羲之嗟叹"不知老之将至"，到壬戌之秋七月既望的赤壁，苏东坡感伤"哀吾生之须臾"，无不如此。只有将这些无法解脱、无计可施、无药可救的烦闷寄托在酒杯之中，才能将对时间的感受延长，才能让精神暂时超越肉体的束缚，才能短暂忘掉这万古的哀愁。这或许就是千百年来文人墨客狂饮不止的真正原因。

第九集

赵云逃酒避娶妻与孙权醉酒赔家妹

赤壁一战，曹操大败。诸葛亮算准了曹操的逃跑路线，也知道关羽忠义，必然会放过曹操，于是故意安排关羽把守华容道，其目的有二：于私，让高傲自大的关羽因违背军令状而受挫，便于日后的管理；于公，则是为了让曹操欠关羽一份人情，为刘备集团留条后路。无论真心还是假意，曹操的驭人之术确实非袁绍之流可比，这也是曹操煮酒论英雄时没把天下群雄放在心上的原因。第十六回，曹操虽然从张绣的算计之下捡了性命，却也失去了儿子曹昂、侄子曹安民和贴身侍卫典韦三位至亲至信之人，然而曹操对身边人说的却是："吾折长子、爱侄，俱无深痛，独号泣典韦也！"手下诸将听到这样的话，安能不死心塌地地效忠于他？走出华容道后，在最绝望时碰到救驾的曹仁，曹操边喝酒边大哭，不是为自己哭，而是为逝去的谋士郭嘉，这一杯酒又俘获了一波人心。

> 曹仁置酒与操解闷，众谋士俱在座，操忽仰天大恸。众谋士曰："丞相于虎窟中逃难之时，全无惧怯。今到城中，人已得食，马已得料，正须整顿军马复仇，何反痛哭？"操曰："吾哭郭奉孝耳！若奉孝在，决不使吾有此大失也！"遂捶胸大哭曰："哀哉，奉孝！痛哉，奉孝！惜哉！奉孝！"众谋士皆默然自惭。

——第五十回《诸葛亮智算华容　关云长义释曹操》

　　和曹操同样擅长演戏的还有诸葛亮，关羽会放走曹操是诸葛亮早已料到的事情，但当关羽从华容道回到军营时，诸葛亮还是举酒杯相迎，并用言语一步一步引导关羽自行认罪，不过其目的不是真要杀了关羽，而是不能让关羽意识到自己已经料到了结果，那样关羽对诸葛亮就不是愧疚而是憎恨了。关羽有两次没有喝下他人的敬酒，一次是斩华雄前，那次是曹操执杯；一次就是华容道放走曹操，这次是诸葛亮执杯。上一次让关羽斩下一颗人头，这一次让关羽欠下一颗人头。

　　　　孔明正与玄德作贺，忽报云长至。孔明忙离坐席，执杯相迎曰："且喜将军立此盖世之功，与普天下除大害。合宜远接庆贺！"云长默然。孔明曰："将军莫非因吾等不曾远接，故尔不乐？"回顾左右曰："汝等缘何不先报？"云长曰："关某特来请死。"孔明曰："莫非曹操不曾投华容道上来？"云长曰："是从那里来。关某无能，因此被他走脱。"孔明曰："拿得甚将士来？"云长曰："皆不曾拿。"孔明曰："此是云长想曹操昔日之恩，故意放了。但既有军令状在此，不得不按军法。"遂叱武士推出斩之。
　　　　　　　　　　　　——第五十回《诸葛亮智算华容　关云长义释曹操》

　　诸葛亮用一杯酒了却了刘备军团内部的管理问题，又马不停蹄坐到了周瑜的谈判桌上——解决曹操、孙权、刘备都极为重视的南郡归属问题。在政治家眼里没有永远的朋友，只有永远的利益。孙权、刘备联合抵抗曹操是基于各自实力的理性选择，一旦赶走了曹操，"如何分赃"就是孙、刘双方面临的头等大事，刚刚还相互合作的伙伴关系立刻就变成了寸步不让的敌对关系。

　　　　玄德、孔明迎入帐中。各叙礼毕，设宴相待，玄德举酒致谢鏖兵之事。酒至数巡，瑜曰："豫州移兵在此，莫非有取南郡之意否？"玄德曰："闻都督欲取南郡，故来相助。若都督不取，备必取之"。瑜笑曰："吾东吴久欲吞并汉江，今南郡已在掌中，如何不取？"玄德曰："胜负不可预定。……"瑜曰："吾若取不得，那时任从公取。"玄德曰："子敬、孔明在此为证，都督休悔。"鲁肃踌躇未对，瑜曰："大丈夫一言既出，何悔之有！"

——第五十一回《曹仁大战东吴兵　孔明一气周公瑾》

刘备、诸葛亮的谈判策略是以退为进，表面上麻痹周瑜，实际却在背后搞诡计取了荆州、南郡，鲁肃代表周瑜去谈判，企图向刘备要回荆州，最终却无功而返。蒋干、鲁肃都非无名之辈，但遇到周瑜、诸葛亮这样的对手，只能被牵着鼻子走。鲁肃之所以接受了诸葛亮提出的以刘琦的生死期限作为归还荆州期限的方案，是因为鲁肃观察到刘琦"过于酒色，病入膏肓，现今面色羸瘦，气喘呕血，不足半年，其人必死"。酒色娱人，过度便能杀人，吕布就是摆在眼前的因酒色过度而丧命的前车之鉴。

刘备取了零陵后，在派谁去取桂阳的问题上，张飞与赵云竞聘，最终通过抓阄决定由赵云挂帅。桂阳太守赵范本来就有投降之意，奈何手下陈应非要先战一战，被赵云几个回合生擒，赵范顺势投降。不过赵范并不只是投降，还想到一条长治久安的计策——和赵云结拜为兄弟，让这层关系更牢固。

> 云出寨迎接，待以宾礼，置酒共饮，纳了印绶。酒至数巡，范曰："将军姓赵，某亦姓赵，五百年前，合是一家。将军乃真定人，某亦真定人，又是同乡。倘得不弃，结为兄弟，实为万幸。"云大喜，各叙年庚。云与范同年，云长范四个月，范遂拜云为兄。二人同乡，同年，又同姓，十分相得。至晚席散，范辞回城。

——第五十二回《诸葛亮智辞鲁肃　赵子龙计取桂阳》

古人重视结拜兄弟之情，比之亲兄弟不弱。刘、关、张桃园结义时便发誓"不求同年同月同日生，只愿同年同月同日死"。按理说赵范与赵云既然已经结拜为兄弟，便足可保证自己在刘备集团的地位，不知为何还要将自己的嫂嫂嫁与赵云，是单纯地考虑美人配英雄，还是想亲上加亲？婚嫁一事，在普通人的生活中是极为重要的人生大事，在政治上往往也被"事尽其用"，联姻、求亲，既可以是结盟的示好，也可能是诡诈的算计。汉末三国群雄逐鹿，婚嫁一事更是被赋予了丰富的内涵，与婚嫁相关的酒宴也常藏着别样的心思。读《三国演义》的人鲜有不喜欢单骑救主的常胜将军赵云的，但《三国演义》中以赵云为主角的戏份并不算多。或许作者为了加强赵云的忠义人设，特意安排了拒亲这一出戏，以展现其不为美色所动的品质。

> 次日，范请云入城安民。云教军士休动，只带五十骑随入城中。居民执香伏道而接。云安民已毕，赵范邀请入衙饮宴。酒至半酣，范复邀云入后堂深处，洗盏更酌。云饮微醉，范忽请出一妇人，与云把酒。子龙见妇人身穿缟素，有倾国倾城之色，乃问范曰："此何人也？"范曰："家嫂樊氏也。"子龙改容敬之。樊氏把盏毕，范令就坐，云辞谢。樊氏辞归后堂。云曰："贤弟何必烦令嫂举杯耶？"范笑曰："中间有个缘故，乞兄勿阻：先兄弃世已三载，家嫂寡居，终非了局，弟常劝其改嫁。嫂曰：'若得三件事兼全之人，我方嫁之：第一要文武双全，名闻天下；第二要相貌堂堂，威仪出众；第三要与家兄同姓。'"
>
> ——第五十二回《诸葛亮智辞鲁肃 赵子龙计取桂阳》

择偶必然有条件，区分只是条件的高与低，有的注重人品，有的注重物质。《水浒传》中王婆对西门庆说的条件是"潘、驴、邓、小、闲"，今人的条件则多聚集于"有房有车"。如果樊氏求偶的这三个条件不是赵范杜撰的，那说明樊氏的志向高远、旨趣不俗。巧合的是，这些条件仿佛是给赵云量身定制的。纳降、交接城池是公事中的大事，结为兄弟是私事中的大事，两件大事凑在一起，摆酒宴相待是再自然不过的了。汉代时已经形成了非常完善的酒宴文化，《汉书·食货志》中说："酒者，天之美禄，帝王所以颐养天下，享祀祈福，扶衰养疾。百礼之会，非酒不行。"但在酒宴上，赵范请家嫂樊氏把盏劝酒却略显蹊跷——礼节上，如果长辈宴饮则晚辈负责把盏劝酒；抑或是主人宴客，姬妾把盏劝酒，如若宾主亲厚，唤妻子来劝酒也未尝不可。但长嫂是哥哥的妻子，自古有"长嫂如母"的说法，相当于是半个长辈，赵范请自己的嫂嫂出来举杯劝酒，这件事情并不符合酒宴上的规矩，因此赵云十分疑惑。

赵范向赵云解释说，自己的哥哥已经去世三年，自己希望嫂嫂改嫁，因为已经和赵云结拜为兄弟，故愿意"陪嫁资，与将军为妻，结累世之亲"。说实话，单看赵范此举本身并没有什么问题：前文中说这位樊氏"有倾国倾城之色"，且在东汉三国时期，年轻寡妇或归家的下堂妇再嫁并不是什么惊世骇俗的事情，卓文君就是寡居后再嫁了司马相如；《孔雀东南飞》中的刘兰芝被休回家后，还有比她前夫地位更高的五郎前来求亲；更不必说同是《三国演义》中曹丕的妻子甄氏原来还是袁绍次子袁熙的妻子。

反倒是赵云的反应略显夸张：赵云听说赵范想要为自己的嫂嫂说媒，顿时"大怒而起"，厉声怒喝说："吾既与汝结为兄弟，汝嫂即吾嫂也，岂可作此乱人伦之事乎！"赵云后来向刘备解释自己为什么不接受赵范的嫂嫂为妻，给出了三个理由，其中第三条理由是"赵范初降，其心难测""安敢以一妇人而废主公之大事"还能勉强成立，但前面两条说"若娶其嫂，惹人唾骂"以及"其妇再嫁，使失大节"，放在三国时期的历史背景来看，似乎并不成立。赵云拒婚一事出自《三国志》裴松之注中的《赵云别传》，赵云拒绝赵范的理由是"既然结拜了，你的哥哥就是我的哥哥，哪有叔叔娶自己嫂嫂的道理。"但真实的原因是"赵云对赵范的忠心是有所提防的，怕赵范连累了自己。"至于"其妇再嫁，使节大失"倒像是罗贯中所处时代的礼法：明代礼法已经十分严格，结义兄弟娶其嫂为妻，即使不算是严格意义上的有违礼法，也不应是君子所为；而寡居的女子如果再嫁，则算是一种"失节"的行为。

赵云愤怒地拒绝了赵范的说合，赵范便有了加害赵云之意，赵云迅速打翻赵范逃了出去。赵范准备派手下陈应、鲍隆与赵云厮杀，但这两人自知在武力上不是赵云的对手，便商量诈降，连夜带了五百名士兵投奔赵云这边。话说这两个人武力不行，计谋也乏善可陈，跑去说赵范为赵云设的本就是个鸿门宴，赵云一下子就识破了两人的计策。事实证明，这两人实属不着调，既然打算借着诈降来打入赵云内部做卧底，那么这么艰巨的任务，又怎么能疏忽大意，饮酒大醉后被轻松地擒获？可见计谋二字，实非庸才可以为之，一旦举止失措，不仅办不成事，反而枉送了性命。

> 二将到帐下，说："赵范欲用美人计赚将军，只等将军醉了，扶入后堂谋杀，将头去曹丞相处献功：如此不仁！某二人见将军怒出，必连累于某，因此投降。"赵云佯喜，置酒与二人痛饮。二人大醉，云乃缚于帐中，擒其手下人问之，果是诈降。云唤五百军入，各赐酒食，传令曰："要害我者，陈应、鲍隆也，不干众人之事。汝等听吾行计，皆有重赏。"众军拜谢。
>
> ——第五十二回《诸葛亮智辞鲁肃　赵子龙计取桂阳》

赵范的计划颇为粗糙，所以很快就破产了；有些计划就算是十分周密，也难免会有小小的漏洞，双方斗智斗勇，不到最后一刻很难定论谁输谁赢。前文说到刘备归还荆州的时间是以刘琦的生死时间为坐标，刘琦死了，鲁肃来讨要荆州，刘备和诸葛亮却只说"喝酒、喝酒"并不谈正事，鲁肃这样义气深重的君子遇到诸葛亮这样巧舌如簧的赖皮，真是说也说不过，打也打不得，只能哑巴吃黄连——有苦说不出。

> 却说孔明闻鲁肃到，与玄德出城迎接，接到公廨，相见毕，肃曰："主公闻令侄弃世，特具薄礼，遣某前来致祭。周都督再三致意刘皇叔、诸葛先生。"玄德、孔明起身称谢，收了礼物，置酒相待。肃曰："前者皇叔有言：'公子不在，即还荆州。'今公子已去世，必然见还。不识几时可以交割？"玄德曰："公且饮酒，有一个商议。"肃强饮数杯，又开言相问。
>
> ——第五十四回《吴国太佛寺看新郎　刘皇叔洞房续佳偶》

在刘备、诸葛亮的百般抵赖下，老实的鲁肃只拿回一张借条，好在周瑜念及鲁肃昔日恩情并未怪罪。一计不成又生一计，周瑜得到情报说刘备的夫人甘氏去世了，与孙权二人商议假装将孙权的妹妹嫁给刘备。实际上这场联姻不过是一个噱头，只为了骗刘备到江东做人质，以换取荆州，甚至索性加害于他。这种打着婚嫁的旗号、实际上要行暗算的事情，确是一个不错的计策：孙刘二家既然要交好，联姻之事便是两家交好的象征。如果刘备拒绝联姻，孙权则可以以刘备拒婚侮辱东吴、破坏两家结盟的理由攻打荆州；如果刘备前来联姻，则可以按计划扣留或杀害他，把荆州夺回来，进退有据，可以说是一场建立在阳谋之上的阴谋。

周瑜和孙权的计策虽然精彩，却敌不过诸葛亮的锦囊妙计。诸葛亮让刘备前往东吴，第一件事情就是"造势"，把接亲的事情闹得人尽皆知，尤其是要让孙权的母亲吴国太知道。于是刘备自己"牵羊担酒"先去拜见乔国老——孙权的岳丈，让他去和亲家母吴国太说结亲一事；又让"五百随行军士都在城中买猪羊果品"，把结亲一事做成东吴街头巷尾的八卦焦点，这样就算孙权想要下手，吴国太也不能同意——毕竟自己女儿的声誉和亲事都已经和刘备紧紧捆绑在一起了。

> 赵云谓玄德曰："却才某于廊下巡视，见房内有刀斧手埋伏，必无好意。可告知国太。"玄德乃跪于国太席前，泣而告曰："若杀刘备，就此请诛。"国太曰："何出此言？"玄德曰："廊下暗伏刀斧手，非杀备而何？"国太大怒，责骂孙权："今日玄德既为我婿，即我之儿女也。何故伏刀斧手于廊下！"权推不知，唤吕范问之，范推贾华，国太唤贾华责骂，华默然无言，国太喝令斩之。玄德告曰："若斩大将，于亲不利，备难久居膝下矣。"乔国老也相劝。国太方叱退贾华，刀斧手皆抱头鼠窜而去。
>
> ——第五十四回《吴国太佛寺看新郎 刘皇叔洞房续佳偶》

吴国太一见刘备的龙凤之姿，便喜欢上了这个女婿。有丈母娘撑腰，孙权的鸿门宴只能变成提亲宴，孙权只能吃个哑巴亏，将妹妹许配给了刘备。强行扣留并杀害刘备的计划被吴国太阻挡，周瑜又想出了另一个计策，硬的不行就来软的："盛为筑宫室，以丧其心志；多送美色玩好，以娱其耳目。"不得不说，周瑜这个计策真的很损，也很拿捏人心：尽管《三国演义》中尝试将刘备塑造成一个胸怀天下的仁义之士，但《三国志·先主传》中描述真实的刘备实际上是"不甚乐读书，喜狗马、音乐、美衣服"，刘备"果然被声色所迷，全不想回荆州"——可以说刘禅的乐不思蜀根源就在刘备的乐不思荆，基因的力量确实强大。周瑜能利用刘备的弱点设下计谋，诸葛亮又岂能对自己主公的心性毫无认知？诸葛亮早已将一个锦囊妙计交给赵云：让他声称曹操起兵来犯、荆州危急。就算刘备沉湎享乐，轻重缓急还不至于分不清楚，听了这个消息，顿时打定主意逃回荆州。本来东吴是有机会将逃跑的刘备夫妇抓回的，无奈孙权喝醉，没人敢对孙权的妹妹动粗。

> 当日，孙权大醉，左右近侍扶入后堂，文武皆散。比及众官探得玄德、夫人逃遁之时，天色已晚。要报孙权，权醉不醒。及至睡觉，已是五更。次日，孙权闻知走了玄德，急唤文武商议。
>
> ——第五十五回《玄德智激孙夫人　孔明二气周公瑾》

孙权倒是有成大事的基础——心狠，先以自己的妹妹做诱饵骗刘备过江东，当得知刘备夫妇逃跑，竟将自己的佩剑赐给蒋钦、周泰，命令二人"取吾妹并刘备头来"，对自己的亲妹妹也毫不手软。诸葛亮之所以让赵云到年底才能打开第二个锦囊，一是为了让刘备安住一段时间令东吴君臣放松警惕；二来料定新年酒宴上孙权必然会喝醉。孙权这场大醉，虽然不能说是《三国演义》中后果最严重的一次醉酒，但"赔了夫人又折兵"的代价属实不小。酒虽好，莫贪杯，这个教训值得孙权长久铭记，但又有谁知道孙权是真醉还是装醉呢？

第十集

两场酒让庞统与刘备从相识到相知

赤壁之战后，曹操暂时打消了南征的念头，将心思用来巩固北方阵地，并建起了铜雀台。

赤壁之战前，诸葛亮游说周瑜北拒曹操的时候，说曹操在北方建造铜雀台并作《铜雀台赋》，赋中有两句"揽'二乔'于东南兮，乐朝夕之与共"，诸葛亮将这两句诗解读为曹操觊觎孙权的妻子大乔、周瑜的妻子小乔，故而激起周瑜、孙权抗曹的决心。事实上《铜雀台赋》中并没有这两句；且这篇赋是曹操的次子曹植所作，并非曹操所写；另外，铜雀台建成也是在赤壁之战之后。很显然这是诸葛亮随机应变的计策，也是罗贯中虚构的情节。历史上的铜雀台确实是曹魏文人雅宴的中心，三曹与建安七子的很多创作都与铜雀台的酒宴有着紧密的联系。《三国演义》中描述铜雀台建成后的酒宴，主要聚焦于曹操看武官比试弓箭，许褚、徐晃等人争夺象征勇士荣誉的锦袍，至于酒宴本身的描述不过寥寥几句。

操命各依位次而坐。乐声竞奏，水陆并陈。文官武将轮次把盏，献酬交错。……

曹操连饮数杯，不觉沉醉，唤左右捧过笔砚，亦欲作《铜雀台诗》。

——第五十六回《曹操大宴铜雀台　孔明三气周公瑾》

　　罗贯中在《三国演义》中尊刘抑曹，对于曹魏时期璀璨的中原文化往往是一笔带过。历史上的曹魏政权只有短短几十年，留下的历史文物并不多，令人难以对真实的三国文化有深刻的感知。洛阳博物馆中有一只被称为镇馆之宝的白玉杯，是曹魏正始八年（247）墓出土的酒器。这只外形简洁得有些像现代主义风格的酒杯是用整块白色和田玉雕琢而成的，通体没有任何纹理装饰，一派天然素雅，是中国酒器美学史上的巅峰之作，在三国时期的文物中可谓首屈一指。尽管《三国演义》中没有详细描述曹操与建安文人在铜雀台上酒宴的盛况，但仅凭这只小小的白玉杯，还是可以对当时酒筵的盛况猜想一二。

　　既生瑜，何生亮。周瑜被诸葛亮智取了西川、又霸占了荆州，以致气死。气死周瑜后，诸葛亮偏偏还去灵前吊丧，哀哀哭泣，一番媲美奥斯卡影帝的表演征服了包括鲁肃在内的大半东吴将相，却在江边被庞统识破。庞统就是水镜先生旧日和刘备提到过的与"卧龙"齐名的"凤雏"先生，只可惜庞统相貌不好看，"浓眉掀鼻，黑面短髯，形容古怪"，不像诸葛亮那般飘逸，有神仙之姿，因此在孙权处不受重用。鲁肃见孙权不能善用庞统，修书一封推荐庞统投奔刘备。偏偏庞统是一个心性高傲的人，不愿先拿出诸葛亮、鲁肃的推荐信作为敲门砖；而刘备和孙权一样，也是一个"颜控"，看到庞统其貌不扬，倨傲不拜，又不曾说出"凤雏"的名号，只当是一名普通的狂士，便安排他到耒阳县去当个小县令。庞统对自己被如此大材小用自然十分不满，此时诸葛亮又偏偏不在，加上庞统想要以自己的才学扬名立万、打动刘备，便去耒阳县当起了县令。与其说庞统在耒阳县当县令，倒不如说庞统在耒阳县开启了摆烂模式——天天喝酒，不理政事。

　　　　统到耒阳县，不理政事，终日饮酒为乐，一应钱粮词讼，并不理会。有人报知玄德，言庞统将耒阳县事尽废。玄德怒曰："竖儒焉敢乱吾法度！"遂唤张飞，分付引从人去荆南诸县巡视："如有不公不法者，就便究问。恐于事有不明处，可与孙乾同去。"
　　　　张飞领了言语，与孙乾前至耒阳县。军民官吏，皆出郭迎接，独不见县令。飞问曰："县令何在？"同僚覆曰："庞县令自到任及今将百馀日，县中之事，并不理问，每日饮酒，自旦及夜，只在醉乡。今日宿酒未醒，犹卧不起。"张飞大怒，欲擒之。孙乾曰："庞士元乃高明之人，未可轻忽。且到县问之。如果于理不当，治罪未晚。"飞乃入县，正厅上坐定，教县令来见。统衣冠不整，扶醉而出。飞怒曰："吾兄以汝为人，令作县宰，汝焉敢尽废县事！"统笑曰："将军以吾废了县中何事？"飞曰："汝到任百馀日，终日在醉乡，安得不废政事？"统曰："量百里小县，些小公事，何难决断！将军少坐，待我发落。"随即唤公吏，将百馀日所积公务，都取来剖断。吏皆纷然赍抱案卷上厅，诉词被告人等，环跪阶下。统手中批判，口中发落，耳内听词，曲直分明，并无分毫差错，民皆叩首拜伏。不到半日，将百馀日之事，尽断毕了，投笔于地而对张飞曰："所废之事何在？曹操、孙权，吾视之若掌上观文，量此小县，何足介意！"飞大惊，下席谢曰："先生大才，小子失敬。吾当于兄长处极力举荐。"统乃将出鲁肃荐书。飞曰："先生初见吾兄，何不将出？"统曰："若便将出，似乎专藉荐书来干谒矣。"

——第五十七回《柴桑口卧龙吊丧　耒阳县凤雏理事》

庞统在耒阳县饮酒作乐只是表象，之所以每天喝醉不问政务就是为了让刘备觉得不对劲儿，以便展露自己的真才实学，一鸣惊人。果然，张飞前往耒阳县探看实情，眼看着庞统不到半日就处理完了积压了百余日的政务文件，顿时明白了将这位凤雏先生放在耒阳县做县令确实是大材小用，于是急忙谢罪。此时庞统才拿出鲁肃的推荐信，交给张飞；而另一边，诸葛亮也办完事回到刘备身边，对刘备说："大贤若处小任，往往以酒糊涂，倦于视事。"庞统的纵酒一方面是因为刘备识人不明，未能将贤才放在合适的位置上；更重要的是，相比于拿着推荐信去"干谒"王侯，庞统走的是另一条出仕的道路——先抑后扬、一步登天，为的是让刘备等人心服口服。其实庞统的做法是必要的，想想从前刘备虽三顾茅庐请诸葛亮出山，但在火烧博望坡之前，关羽和张飞对诸葛亮是口服心不服；何况一个其貌不扬的庞统，仅凭一封推荐信和一个华而不实的"凤雏"名号，就想要在刘备身边博得高位，不亮点真本事是难以服众的。

庞统为刘备做的第一件大事就是帮助刘备夺取西蜀。起初，益州是刘璋的地盘，因张鲁攻打益州，刘璋暗弱不能守城，于是谋士张松劝刘璋向曹操求救结盟，由曹操攻占汉中以抗拒张鲁。偏偏曹操同样犯了孙权、刘备以貌取人的毛病，对张松的相貌、言辞十分不喜，张松也对曹操的轻慢感到不满，憋着一肚子气的张松转而去投奔刘备。刘备因庞统的事吃过亏，对张松十分礼遇，先是沿路摆酒迎接，后又置酒送行，几番酒宴，令张松感念刘备的仁义与诚恳，欲向刘备献出西川，改投明主。

（张松）前至郢州界口，忽见一队军马，约有五百馀骑，为首一员大将，轻妆软扮，勒马前问曰："来者莫非张别驾乎？"松曰："然也。"那将慌忙下马，声喏曰："赵云等候多时。"松下马答礼曰："莫非常山赵子龙乎？"云曰："然也。某奉主公刘玄德之命，为大夫远涉路途，鞍马驱驰，特命赵云聊奉酒食。"言罢，军士跪奉酒食，云敬进之。松自思曰："人言刘玄德宽仁爱客，今果如此。"遂与赵云饮了数杯，上马同行。来到荆州界首，是日天晚，前到馆驿，见驿门外百馀人侍立，击鼓相接。一将于马前施礼曰："奉兄长将令，为大夫远涉风尘，令关某洒扫驿庭，以待歇宿。"松下马，与云长、赵云同入馆舍，讲礼叙坐。须臾，排上酒筵，二人殷勤相劝。饮至更阑，方始罢席，宿了一宵。……

至府堂上各各叙礼，分宾主依次而坐，设宴款待。饮酒间，玄德只说闲话，并不提起西川之事。松以言挑之曰："今皇叔守荆州，还有几郡？"孔明答曰："荆州乃暂借东吴的，每每使人取讨。今我主因是东吴女婿，故权且在此安身。"松曰："东吴据六郡八十一州，民强国富，犹且不知足耶？"庞统曰："吾主汉朝皇叔，反不能占据州郡，其他皆汉之蠹贼，却都恃强侵占地土。惟智者不平焉。"玄德曰："二公休言。吾有何德，敢多望乎？"……

自此一连留张松饮宴三日，并不提起川中之事。松辞去，玄德于十里长亭设宴送行。玄德举酒酌松曰："甚荷大夫不外，留叙三日，今日相别，不知何时再得听教。"言罢，潸然泪下。张松自思："玄德如此宽仁爱士，安可舍之？不如说之，令取西川。"

——第六十回《张永年反难杨修　庞士元议取西蜀》

刘备迎接张松的先遣队分为两拨人马：先是赵云奉酒，然后是关羽在馆驿门口设宴接风。一位将军、一位二弟亲自奉酒摆宴，张松此行的面子显然是给足了；到了刘备出场，又是饮酒设宴，酒宴上刘备不提西川的事情，实际上不过是静待张松、诸葛亮、庞统三人谈论此事，刘备再阻拦三人在酒宴上的言谈，以展现自己的"仁义"。如此宴饮三日，送张松启程的时候，刘备又排出十里长亭设宴送行，令张松感慨刘备"宽仁爱士"，从而萌生出献西川投诚之意。事实上，诸葛亮早已弄清了张松北上去找曹操的目的，也很清楚张松投奔曹操无功而返后，能够抵御张鲁的只有刘备，因此刘备早就准备好了一切专候张松的到来。否则，就这种五里一小筵、十里一长亭的待遇，连诸葛亮、庞统、赵云等人也从未享受过，何况一位小小的张松。这一次，刘备的酒宴文化果然起了作用，张松感念刘备的厚待，将西川、益州一并奉与刘备；于是在庞统的"再三劝说"下，刘备先取了益州，下一步就是入主西川。

要取西川，就要先除掉西川现在的主人刘璋。刘璋是西川的合法太守，如果直接发兵征讨，实在是师出无名。名不正则言不顺，言不顺则事不成，何况刘备这样一支以"仁义之师"作为主要宣传口号的势力，如果直接从刘璋手里夺取西川，恐怕这个"仁义"的帽子就戴不稳了；但如果不拿下西川，刘璋很显然是守不住的，一旦西川落在张鲁甚至是曹操的手上，对刘备而言可就是灭顶之灾了。庞统一着急，想了一个简单粗暴的计策：为刘璋设一场有来无回的鸿门宴。

统曰："季玉虽善，其臣刘璝、张任等皆有不平之色，其间吉凶未可保也。以统之计，莫若来日设宴，请季玉赴席，于壁衣中埋伏刀斧手一百人，主公掷杯为号，就筵上杀之。一拥入成都，刀不出鞘，弓不上弦，可坐而定也。"

——第六十回《张永年反难杨修　庞士元议取西蜀》

庞统的这个计策确实不够高明，刘备很难从命——刘备要的是一个既有面子又有里子的办法，既能拿到西川，又不落人口实；设鸿门宴谋杀自己的同宗刘璋，显然不符合刘备的真实需求。西川的地理位置极为重要，加之庞统此时着急立功，索性自作主张，让魏延在酒席上舞剑，准备把生米煮成熟饭。

次日，复与刘璋宴于城中，彼此细叙衷曲，情好甚密。酒至半酣，庞统与法正商议曰："事已至此，由不得主公了。"便教魏延登堂舞剑，乘势杀刘璋。延遂拔剑进曰："筵间无以为乐，愿舞剑为戏。"庞统便唤众武士入，列于堂下，只待魏延下手。刘璋手下诸将，见魏延舞剑筵前，又见阶下武士手按刀靶，直视堂上，从事张任亦掣剑舞曰："舞剑必须有对，某愿与魏将军同舞。"二人对舞于筵前。魏延目视刘封，封亦拔剑助舞。于是刘璝、泠苞、邓贤各掣剑出曰："我等当群舞，以助一笑。"玄德大惊，急掣左右所佩之剑，立于席上曰："吾兄弟相逢痛饮，并无疑忌。又非'鸿门会'上，何用舞剑？不弃剑者立斩！"刘璋亦叱曰："兄弟相聚，何必带刀？"命侍卫者尽去佩剑。众皆纷然下堂。玄德唤诸将士上堂，以酒赐之，曰："吾弟兄同宗骨血，共议大事，并无二心，汝等勿疑。"诸将皆拜谢。刘璋执玄德之手而泣曰："吾兄之恩，誓不敢忘！"二人欢饮至晚而散。

——第六十一回《赵云截江夺阿斗　孙权遗书退老瞒》

这一段场景，几乎就是比着《史记》中鸿门宴的场景去写的——一个不想在酒席上杀死对方的主公，和一个急于在酒宴上刺杀对方的部下，以及一群保护对方的护卫。最后刘备在酒席上站出来阻止魏延，罢席归来又责备庞统，如此一来刘备仁义的形象也就坐实了。这场鸿门宴虽然失败，却足以令刘璋和他的手下开始怀疑刘备，甚至萌生出谋害刘备的念头。一旦对方先动手，自己再以"反击"之名夺取西川，便能从"师出无名"变成"师出有名"了。

果然，刘璋把刘备调往葭萌关抵御张鲁。刘备趁机在葭萌关收买民心，坐等刘璋或者他的手下犯错。刘备向刘璋要兵要粮，杨怀、高沛等苦劝刘璋不要给刘备提供军事力量，这下就被刘备抓住了小辫子——我为你驻守葭萌关，你却给我一点老弱病残之兵，还肆意克扣军粮。

不幸的是，一直等待着刘备入住西川的张松此时却在一场酒席上露出了破绽。张松始终在和庞统里应外合，但张松的哥哥张肃却是刘璋忠实的部下，张松听说刘备想要回荆州，于是沉不住气，急忙写信劝刘备不要错过取西川的机会。偏偏张肃前来找弟弟饮酒，张松写的这封信被张肃看到，张肃连夜将此事禀报了刘璋，张松一家因叛变之罪被满门抄斩。

> 书至成都，张松听得说刘玄德欲回荆州，只道是真心，乃修书一封，欲令人送与玄德。却值亲兄广汉太守张肃到，松急藏书于袖中，与肃相陪说话。肃见松神情恍惚，心中疑惑。松取酒与肃共饮。献酬之间，忽落此书于地，被肃从人拾得。席散后，从人以书呈肃。
>
> ——第六十二回《取涪关杨高授首 攻雒城黄魏争功》

刘备好不容易找到了克扣军饷的理由，张松一时不慎，先为刘璋送上了刘备对西川有所图谋的真凭实据，还丢掉了自己一家老小的性命，刘备刚刚建立的主动权也因此发生了逆转。刘璋开始全力布防刘备，驻守涪水关的杨怀、高沛两人商议以投降之名伺机刺杀刘备。庞统早已布下天罗地网，专等对方往里钻。更重要的是只要能从两人身上搜到刺杀的凶器，就有攻打刘璋的正当理由了。

> 却说杨怀、高沛二人身边各藏利刃，带二百军兵，牵羊送酒，直至军前，见并无准备，心中暗喜，以为中计。入至帐下，见玄德正与庞统坐于

帐中。二将声喏曰："闻皇叔远回，特具薄礼相送。"遂进酒劝玄德。玄德曰："二将军守关不易，当先饮此杯。"二将饮酒毕，玄德曰："吾有密事与二将军商议，闲人退避。"遂将带来二百人尽赶出中军。玄德叱曰："左右与吾捉下二贼！"帐后刘封、关平应声而出。杨、高二人急待争斗，刘封、关平各捉住一人。玄德喝曰："吾与汝主是同宗兄弟，汝二人何故同谋，离间亲情？"庞统叱左右搜其身畔，果然各搜出利刃一口。统便喝斩二人，玄德还犹未决，统曰："二人本意欲杀吾主，罪不容诛。"遂叱刀斧手斩杨怀、高沛于帐前。黄忠、魏延早将二百从人，先自捉下，不曾走了一个。玄德唤入，各赐酒压惊。

——第六十二回《取涪关杨高授首　攻雒城黄魏争功》

杨怀、高沛二人的"刺杀"相当于是将攻打西川的理由送到了刘备的手里，这下刘备就可以毫无顾忌地长驱直入，进攻路线就从杨怀、高沛二人原先把守的涪水关直取西川。到了这会儿，里子面子都占了的刘备已经按捺不住自己的兴奋，开始设宴饮酒欢庆了起来。

次日劳军，设宴于公厅。玄德酒酣，顾庞统曰："今日之会，可为乐乎？"庞统曰："伐人之国而以为乐，非仁者之兵也。"玄德曰："吾闻昔日武王伐纣，作乐象功，此亦非仁者之兵欤？汝言何不合道理？可速退！"庞统大笑而起，左右亦扶玄德入后堂。睡至半夜，酒醒，左右以逐庞统之言告知玄德。玄德大悔。次早穿衣升堂，请庞统谢罪曰："昨日酒醉，言语触犯，幸勿挂怀。"庞统谈笑自若。玄德曰："昨日之言，惟吾有失。"庞统曰："君臣俱失，何独主公？"玄德亦大笑，其乐如初。

——第六十二回《取涪关杨高授首　攻雒城黄魏争功》

奔波半生、四处流离的刘备终于即将拥有西蜀作为根据地了，昔日三分天下的计划眼看着有了眉目，酒宴兴奋之处刘备忍不住对庞统说："今天的酒宴可以算是快乐了吧！"庞统觉得这话不合时宜：之前刘备一直以"仁义"

的形象对外宣传，对于西川刘璋始终以"兄弟"相待，此时攻下涪水关，在酒宴上如此喜形于色，岂不是和自己之前的态度矛盾了吗？因此庞统反讽道："你攻打别人的地盘还这么开心，不像是你平时伪装的仁德之师了。"刘备此时已经喝多，把自己的心里话说出来了："武王伐纣岂不是仁者之兵，我争夺天下岂不恰如武王伐纣？"刘备此话一出，庞统便哈哈大笑离席而去。庞统这一笑，一来是看出刘备是真的醉了；二来也确信了刘备并不是平日伪装出来的那种真会把仁义道德放在头里的主公。庞统高兴是因为，一个有功业诉求的谋士，在乱世之中跟定一个有野心的主公才是他真正需要的。

水镜先生曾有言在先："伏龙、凤雏，两人得一，可安天下。"故世人对庞统的期待和诸葛亮一样高，但《三国演义》中庞统出场时间短，戏份也少，智谋也不似诸葛亮那样经典，甚至还有点心胸狭窄。不过与刘备的这次酒后对话显示出庞统作为成熟政客的智慧。第二天早上刘备和庞统相互打哑谜道歉：刘备说昨天晚上我喝多了说错了话——这就是把昨天说得不够得体、不符合仁德人设的话都推到了酒醉身上；庞统则说我们俩昨天说的都有不对——这就是委婉告诉刘备昨天自己不应当点明"非仁者之兵也"这句话。亮出底牌过后，双方认清并认可了对方的野心与智谋，相视一笑，信任也就真正地建立起来了。这便是三国酒宴的典型写照，席上席下，醉后醒来，句句是机锋、处处有机关。

第十一集

道教对酒的态度与佛教不同

　　《三国演义》既有"史书"的意义，也有"兵书"的价值，书中所写大大小小的战争不计其数。在这些战争中，酒的作用多种多样，既能为出征的将士壮胆，又能缓解厮杀后的恐惧，还能够为胜仗庆功。天子赐酒与将军，将军赐酒与士卒，都是一种振奋人心的嘉奖，有时候一杯酒的意义，可能胜过一箱金银珠宝的价值。在战争结束时，酒又用以祭奠阵亡的将士。

　　庞统立功心切，不听诸葛亮的劝阻，自解星象、一意孤行，不幸身亡，以致诸葛亮在七夕节的酒宴上刚刚端起酒杯便扔在地上，痛哭流涕。

　　　　却说孔明在荆州，时当七夕佳节，大会众官夜宴，共说收川之事。只见正西上一星，其大如斗，从天坠下，流光四散。孔明失惊，掷杯于地，掩面哭曰："哀哉！痛哉！"众官慌问其故。孔明曰："吾前者算今年罡星在西方，不利于军师。天狗犯于吾军，太白临于雒城，已拜书主公，教谨防之。谁想今夕西方星坠，庞士元命必休矣！"……孔明曰："数日之内，必有消息。"是夕酒不尽欢而散。

　　　　　　　　　　——第六十三回《诸葛亮痛哭庞统　张翼德义释严颜》

　　战场形势瞬息万变，战场上的酒也随之摇曳。诸葛亮因庞统丧命没有喝上七夕节的酒，被张飞用计擒拿而投降的严颜也因突发的军务没有喝上刘备的敬酒。多数人对关羽的成名之战"温酒斩华雄"记忆犹新，较少人注意到赵云也曾"温酒间"取得对阵将领的人头。马超在李恢的劝说下投靠了刘备，刘备设宴招待马超，这时蜀将刘晙、马汉带兵杀到，眼看马超的接待酒宴又要像严颜的接待酒那样被搅黄，赵云登时上马去迎敌，结果宴席还未正式开始，敌军的两颗人头已经落地。关羽的快刀让刘备小团队崭露头角，赵云的快刀让日益壮大且成分复杂的团队成员有所忌惮。

> 马超大喜，即唤杨柏入，一剑斩之，将首级共恢一同上关来降玄德。玄德亲自接入，待以上宾之礼。超顿首谢曰："今遇明主，如拨云雾而见青天！"时孙乾已回。玄德复命霍峻、孟达守关，便撤兵来取成都，赵云、黄忠接入绵竹。人报蜀将刘晙、马汉引军到。赵云曰："某愿往擒此二人！"言讫，上马引军出。玄德在城上管待马超吃酒。未曾安席，子龙已斩二人之头，献于筵前。马超亦惊，倍加敬重。
>
> ——第六十五回《马超大战葭萌关　刘备自领益州牧》

以前曹操的安全由典韦守护，第十六回，一时贪图美色美酒的曹操不仅失去了典韦，还差点搭上了自己的老命。许褚接班典韦，曹操对自己的安全问题更加重视，连曹仁这样的近臣想在曹操喝醉时接近曹操都是件不容易的事。

> 操方被酒而卧，许褚仗剑立于堂门之内。曹仁欲入，被许褚当住。曹仁大怒曰："吾乃曹氏宗族，汝何敢阻当耶？"许褚曰："将军虽亲，乃外藩镇守之官，许褚虽疏，现充内侍。主公醉卧堂上，不敢放入。"仁乃不敢入。曹操闻之，叹曰："许褚真忠臣也！"
>
> ——第六十六回《关云长单刀赴会　伏皇后为国捐生》

即便如此还不够，曹操后来又编出"吾梦中好杀人"的由头，亲手杀了给自己盖被子的内侍后继续上床睡觉，醒来还佯装不知，询问是谁杀了自己的侍从——假装自己会梦游杀人。杨修一句"丞相非在梦中，君乃在梦中耳"将此事点破，这也成为后来曹操杀杨修的理由之一。

明面上真刀真枪对战并不是最可怕的，最可怕的是借刀杀人。曹操和袁绍对阵时，准备招降刘表，需要一位有名气的文士前去游说，荀攸推荐了孔融，孔融推荐了自己的朋友祢衡，结果祢衡将曹操骂了个狗血喷头，说曹操的手下都是"衣架、饭囊、酒桶、肉袋"。曹操有杀祢衡的心，但因忌惮祢衡的名声没有下手。祢衡去劝降刘表，又对刘表一顿羞辱，刘表依然没杀祢衡，刘表不杀祢衡的理由是不想成为曹操手中的刀，并借此机会向曹操展现他的胸怀和见识。随后，刘表让祢衡去找黄祖，结果也正如曹操、刘表所共同希望的——黄祖杀了祢衡，在醉酒之后。

> 人报黄祖斩了祢衡，表问其故，对曰："黄祖与祢衡共饮，皆醉。祖问衡曰：'君在许都有何人物？'衡曰：'大儿孔文举，小儿杨德祖。除此二人，别无人物。'祖曰：'似我何如？'衡曰：'汝似庙中之神，虽受祭祀，恨无灵验！'祖大怒曰：'汝以我为土木偶人耶！'遂斩之，衡至死骂不绝口。"刘表闻衡死，亦嗟呀不已，令葬于鹦鹉洲边。
>
> ——第二十三回《祢正平裸衣骂贼 吉太医下毒遭刑》

战斗不止发生于敌我双方，也会发生在团队内部，比如有着杀父之仇的凌统与甘宁。甘宁与凌统父亲凌操的战斗写得非常简略，彼时凌统是孙权的部下，甘宁在黄祖麾下，双方各为其主。甘宁一箭射杀了凌操，那时凌统只有十五岁。甘宁在黄祖手下得不到重用，就投靠了孙权。如此一来甘宁与凌统就从敌我矛盾转变成了内部矛盾。第三十九回，在孙权组织的庆功宴上，凌统拔剑便向甘宁刺去，被孙权劝了下来。孙权解决两人矛盾的办法是给凌统升官，同时将甘宁调往远离凌统的夏口驻守。第六十七回，当双方又在庆功酒宴上见面时，凌统仍然没有减少半分对甘宁的仇恨，恶战一触即发。

> 酒至半酣，凌统想起甘宁杀父之仇，又见吕蒙夸美之，心中大怒，瞪

目直视良久，忽拔左右所佩之剑，立于筵上曰："筵前无乐，看吾舞剑。"甘宁知其意，推开果桌起身，两手取两枝戟挟定，纵步出曰："看我筵前使戟。"吕蒙见二人各无好意，便一手挽牌，一手提刀，立于其中曰："二公虽能，皆不如我巧也。"说罢，舞起刀牌，将二人分于两下。早有人报知孙权，权慌跨马，直至筵前。众见权至，方各放下军器。权曰："吾常言二人休念旧仇，今日又何如此？"凌统哭拜于地，孙权再三劝止。

——第六十七回《曹操平定汉中地　张辽威震逍遥津》

战场上既能结下死仇，也能结下过命的交情，甘宁与凌统的矛盾最终以甘宁在一场恶战中救了凌统的性命而得以化解。临阵对敌之前，请士卒满饮一碗壮行酒，往往是"敢死队"出征前的标配，在当代的战争电影中也常常看到这样的场景。《三国演义》中，东吴大将甘宁带着一百人马就敢去劫曹操营寨，无疑这就是一支悲壮的"敢死队"。出征者有死无生，想要让将士舍生忘死，酒是必不可少的。

甘宁见凌统回，即告权曰："宁今夜只带一百人马去劫曹营；若折了一人一骑，也不算功。"孙权壮之，乃调拨帐下一百精锐马兵付宁，又以酒五十瓶，羊肉五十斤，赏赐军士。甘宁回到营中，教一百人皆列坐，先将银碗斟酒，自吃两碗，乃语百人曰："今夜奉命劫寨，请诸公各满饮一觞，努力向前。"众人闻言，面面相觑。甘宁见众人有难色，乃拔剑在手，怒叱曰："我为上将，且不惜命；汝等何得迟疑！"众人见甘宁作色，皆起拜曰："愿效死力。"甘宁将酒肉与百人共饮食尽，约至二更时候，取白鹅翎一百根，插于盔上为号，都披甲上马，飞奔曹操寨边，拔开鹿角，大喊一声，杀入寨中，径奔中军来杀曹操。

——第六十八回《甘宁百骑劫魏营　左慈掷杯戏曹操》

孙权得知甘宁准备带一百人马劫营，立刻明白了这队人马实为"敢死队"，随即拨下物资"酒五十瓶，羊肉五十斤"。这可是在连坐拥中原重地的曹操都不得不考虑颁布禁酒令的三国时期，此番战前动员可以说是相当下血本了。然而相较于梁山好汉们战前大碗喝酒、群情激昂的气势，甘宁手下的一百士卒面对劳军羊酒的反应是十分真实的：大家都知道这碗酒非同寻常，相当于是断头酒，因此谁也不想饮下这杯战前的苦酒。甘宁不得不以"上将"的身份惮压众人，提醒众士卒劫营是不可违抗的军令，众人才不情不愿地饮下这杯战前动员酒奔赴沙场。

与之相比，战后的庆功酒则就是令人愉悦的甘甜之酒了。自古以来，庆功无不以宴，而庆功宴绝对少不了酒。就连《红楼梦》里薛蟠带着家仆外出做生意返回家中，也要摆一桌庆功酒，何况一场鏖战之后大胜而归呢？另外，庆功酒宴也是嘉奖猛将、聚拢人心的最好机会。孙权与曹操恶战时曾深陷重围，全赖周泰舍命相救，孙权便设宴嘉奖周泰的救护之功。

> （孙权）又感周泰救护之功，设宴款之。权亲自把盏，抚其背，泪流满面，曰："卿两番相救，不惜性命，被枪数十，肤如刻画，孤亦何心不待卿以骨肉之恩、委卿以兵马之重乎！卿乃孤之功臣，孤当与卿共荣辱、同休戚也。"言罢，令周泰解衣与众将观之：皮肉肌肤，如同刀剜，盘根遍体。孙权手指其痕，一一问之，周泰具言战斗被伤之状，一处伤令吃一觥酒。是日，周泰大醉。权以青罗伞赐之，令出入张盖，以为显耀。
>
> ——第六十八回《甘宁百骑劫魏营　左慈掷杯戏曹操》

对于将士而言，主公亲自把盏敬酒是"士为知己者死"的最高赞誉。古代的士人对于荣誉有着强烈的追求，晏子能以二桃杀三士，实际上就是利用了"士"的骄傲和对荣誉的看重。周泰身经百战，满身皆是伤痕，孙权"一一问之"，是为周泰重述战场上的功绩提供机会；每一处伤赐一杯酒则是对其勇敢和忠义的褒奖。孙权设宴虽然是嘉奖周泰，却也是向其他部将展示孙权对忠勇之士的赞誉与认可，是一杯联结君臣心灵的酒。

从汉末到三国魏晋时期，战乱不断，民不聊生，故而求仙问道追求出世也成了许多人的选择。《三国演义》写了几位"神仙之人"，其中一位就是以戏弄曹操著称的左慈，左慈是一个真实的历史人物，出现在《后汉书·方术列传》中。人类对"特异功能"有着天然的痴迷，对神异之事多是宁可信其有不可信其无。今天我们知道古代的一些神异之术可能是一些神秘精巧的近景魔术或基础科学的应用，但对于信奉神仙鬼神的东汉魏晋时期的人而言，这些神秘的行为只能以"异术""道法"来解释了。

《后汉书》中说左慈曾在酒宴上为曹操隔空取物，取出了"吴松江鲈鱼"和"蜀中生姜"，曹操大喜。如果琢磨其魔术的意味，曹操的欢喜可能并不仅仅是因为左慈的"魔术"变得精妙，更是因为这两件特产背后象征着东吴和蜀地的唾手可得。有一次曹操带着几百人到近郊游玩，左慈"赍酒一升，脯一斤"，亲自为百官斟酒，人人都喝醉吃饱。后来曹操派人四处查访，得知周围的酒家都丢失了酒肉，曹操便因此不悦，甚至想要杀掉左慈——变点小魔术能为酒宴增添色彩，但盗取大量的酒肉分与百官，这就是触犯律法了，百官吃掉了这些酒肉，也成了共犯。《三国演义》中，左慈的故事略有改变，变成左慈向曹操索取酒肉。

> 慈索酒肉，操令与之，饮酒五斗不醉，肉食全羊不饱。操问曰："汝有何术，以至于此？"慈曰："贫道于西川嘉陵峨嵋山中，学道三十年……"
>
> 慈取桌上玉杯，满斟佳酿进操口："大王可饮此酒，寿有千年。"操曰："汝可先饮。"慈遂拔冠上玉簪，于杯中一画，将酒分为两半，自饮一半，将一半奉操。操叱之。慈掷杯于空中，化成一白鸠，绕殿而飞。众官仰面视之，左慈不知所往。
>
> ——第六十八回《甘宁百骑劫魏营　左慈掷杯戏曹操》

中国古代的道教并不像佛教那样对酒有很多的戒律，道教思想源头之一的庄子曾将酒与醉提升到一个接近被神仙喜爱的极高境界。道教中神仙不仅爱饮酒，而且酒在这些神仙、道士、方士们的故事中往往都有着重要的地位。左慈无论是能够分发出无穷的酒肉，还是能无限饮酒而不醉，实际上都是酒在道教神异故事中的参与。孙策在饮酒的时候杀了道人于吉，结果自己也一命呜呼了；左慈在酒宴上逃脱了曹操的追杀，而后曹操便生病了。孙策、曹操对方士格外憎恨是因为他们都认为这些道人方士都是"黄巾张角之流"，是妖言惑众的造反者。曹操生病，太史丞许芝向曹操推荐了另一位道术精深的管辂，此人除了相貌丑陋之外，另一大特点便是好酒疏狂。

> 一日，出郊闲行，见一少年耕于田中，辂立道傍，观之良久，问曰："少年高姓、贵庚？"答曰："姓赵，名颜，年十九岁矣。敢问先生为谁？"辂曰："吾管辂也。吾见汝眉间有死气，三日内必死。汝貌美，可惜无寿。"赵颜回家，急告其父。父闻之，赶上管辂，哭拜于地曰："请归救吾子！"辂曰："此乃天命也，安可禳乎？"父告曰："老夫止有此子，望乞垂救！"赵颜亦哭求。辂见其父子情切，乃谓赵颜曰："汝可备净酒一瓶，鹿脯一块，来日赍往南山之中，大树之下，看盘石上有二人弈棋：一人向南坐，穿白袍，其貌甚恶；一人向北座，穿红袍，其貌甚美。汝可乘其弈兴浓时，将酒及鹿脯跪进之。待其饮食毕，汝乃哭拜求寿，必得益算矣。但切勿言是吾所教。"老人留辂在家。次日，赵颜携酒脯杯盘入南山之中。约行五六里，果有二人于大松树下盘石上着棋，全然不顾赵颜跪进酒脯。二人贪着棋，不觉饮酒已尽。赵颜哭拜于地而求寿，二人大惊。穿红袍者曰："此必管子之言也。吾二人既受其私，必须怜之。"穿白袍者，乃于身边取出簿籍检看，谓赵颜曰："汝今年十九岁，当死。吾今于'十'字上添一'九'字，汝寿可至九十九。回见管辂，教再休泄漏天机，不然，必致天谴。"

——第六十九回《卜周易管辂知机　讨汉贼五臣死节》

"赵颜求寿"是一个典型的向神仙讨寿的民间故事，与孙悟空打到阴曹地府修改生死簿有异曲同工之妙。这个故事有趣的地方在于中国人对神仙的想象，既是十分缥缈、闲云野鹤的，同时又是很接地气的：南斗和北斗两位神仙坐着下棋，也想吃点零食，旁边有人递上酒肉，顺手就拿来吃了。神仙一定是饮酒的，不然就少了些许"仙气"。此外，神仙和人一样，也遵循一些社会交往的基本礼仪，正所谓"吃人嘴软，拿人手短"，既然吃了人家的酒肉，就得给人面子、帮人办事——比如修改寿数。

魏晋名士有两个显著特征，一是蔑视礼法，二是酒不离口。神仙在故事里饮酒，反过来也为名士们饮酒披上了一层飘然超脱的外衣。《三国演义》中的方术道士们借饮酒不醉来展现其神奇的能力，酒对于他们而言既是变化万千的道具，又是超然物外的符号。在汉末兴起的道教文化中，酒的确是一个特殊的存在，一个神奇的媒介，一个可以在天、地、人、神之间任意穿梭的神秘力量。

第十二集

酒是关羽形象类神化的重要道具

　　罗贯中在《三国演义》中对蜀汉的青睐是有目共睹的，因此刘备的仁德、诸葛亮的智谋也都夸张到了超出常人的地步。但在民间传唱的三国故事中，如果一定要提出一个最响亮的人物，可能既不是被罗贯中奉为仁德之君的刘备，也不是被杜甫再三歌咏过的诸葛亮，而是忠勇无双的关羽。

　　事实上，关羽的历史地位是逐步提升的。在《三国志》中，关羽没有独立的本传，而是和张飞、马超、黄忠、赵云一起并列收录在《关张马黄赵传》里，其生平记载得比较简略，陈寿对关羽的评价实际上也不算太高。魏晋南北朝时期，关于关羽的故事其实并不多。直到北宋之后，民间的关羽形象才开始越来越丰富、越来越饱满。到了罗贯中写《三国演义》的时候，其英雄形象以及令人瞩目、崇拜的程度远远超过了曹操、刘备与孙权，甚至超越了孔子，形成了"县县有孔庙，村村有关庙"的盛况。当代学者胡小伟先生在《关公崇拜溯源》的自序中指出："一千多年关公信仰的发展呈现着'米'字型态，融会前此种种，包含后来种种。其中至为重要的'十'字型的交叉点应集中在宋元之际，高潮在晚明，顶峰则在清末。"

　　在《三国演义》中，罗贯中特地为关羽设定了几个以主角身份单独亮相的故事：温酒斩华雄是其武艺崭露头角的时刻，过五关斩六将体现其忠于结义情，华容道义释曹操彰显其仁义君子之风，单刀赴会则是展现其智勇双全，水淹七军昭示其卓越的军事领导力，刮骨疗毒展示其超人的意志力，死后显灵则是对其战神形象的升华……而在关公的这些经典场景中，几乎都有酒伴随出现。

《三国演义》的酒宴中，暗藏玄机的鸿门宴比比皆是，有赴宴者浑然不知、懵懵懂懂走向死亡的；也有勘破对方的计策、提前做好准备的；还有带足了护卫力量，甚至能将局势反转的。但像关羽这样，明知道东吴摆下的是不怀好意的鸿门宴，还单刀赴会、从容前来、全身而退的，仅此一家别无分号。

赤壁之战后，刘备在庞统、诸葛亮的谋划下夺取了西川，却背弃了归还荆州的承诺，还派了关羽镇守荆州。鲁肃之前去找刘备、诸葛亮讨要荆州，两人来回踢皮球，鲁肃只好再找关羽索要。关羽从一开始就坚持不让荆州，如今负责把守荆州肯定不会相让，事情就此陷入了僵局。孙权再三催促鲁肃，鲁肃不得已想了个计策，邀请关羽来赴一场宴会，席上商议归还荆州的事情，如果不成，则埋伏刀斧手偷袭。

> （鲁）肃曰："今屯兵于陆口，使人请关云长赴会。若云长肯来，以善言说之，如其不从，伏下刀斧手杀之。如彼不肯来，随即进兵，与决胜负，夺取荆州便了。"孙权曰："正合吾意。可即行之。"阚泽进曰："不可。关云长乃世之虎将，非等闲可及。恐事不谐，反遭其害。"孙权怒曰："若如此，荆州何日可得！"便命鲁肃速行此计。
>
> ——第六十六回《关云长单刀赴会 伏皇后为国捐生》

这场酒宴来者不善，有目共睹。因此关平问关羽既然这场酒宴明显有问题，为什么还要去赴宴呢？关公回答说："吾若不往，道吾怯矣。"关羽此去赴宴，是抱着"虽千万人吾往矣"的态度去的，两军对垒不能输在气势上。比起鲁肃"以善言说之"的委婉说法，吕蒙则更加直接：让军队做好两手准备，首先安排好重兵守在江口，如果关羽带兵前来，两方就立刻开始厮杀；又安排刀斧手五十人埋伏，如果关羽不带兵来，就在席间杀死关羽。这边东吴将士严阵以待，那边江上飘来一叶小舟，关羽只带着周仓捧刀，近侍八九个。

> 船渐近岸，见云长青巾绿袍，坐于船上，傍边周仓捧着大刀。八九个关西大汉，各跨腰刀一口。鲁肃惊疑，接入庭内。叙礼毕，入席饮酒，举杯相劝，不敢仰视。云长谈笑自若。
>
> 酒至半酣，肃曰："有一言诉与君侯，幸垂听焉。昔日令兄皇叔，使肃于吾主之前，保借荆州暂住，约于取川之后归还。今西川已得，而荆州未还，得毋失信乎？"云长曰："此国家之事，筵间不必论之。"……云长右手提刀，左手挽住鲁肃手，佯推醉曰："公今请吾赴宴，莫提起荆州之事。吾今已醉，恐伤故旧之情。他日令人请公到荆州赴会，另作商议。"鲁肃魂不附体，被云长扯至江边。吕蒙、甘宁各引本部军欲出，见云长手提大刀，亲握鲁肃，恐肃被伤，遂不敢动。云长到船边，却才放手，早立于船首，与鲁肃作别。肃如痴似呆，看关公船已乘风而去。
>
> ——第六十六回《关云长单刀赴会 伏皇后为国捐生》

鲁肃、吕蒙暗中忙活了半天，做好了迎接一场大战的准备，但来的只有关羽自己。鲁肃的惊疑，实际上是感觉到了这种反常背后的深意：鲁肃也知道，关羽不可能没有意识到这场酒宴的危险，关羽的单刀赴会，恰恰证明了他有十足的把握。酒席既然已经摆下，劝说的流程还是必须走一遍的，于是酒席进行到一半，鲁肃不得不硬着头皮重提归还荆州的事情，尽管双方心里都很清楚，这件事情绝不是动动嘴皮子就能解决的，埋下的刀斧手才是真正的底牌。但鲁肃也并不敢随便动用这张底牌，毕竟当年周公瑾文武双全，邀请刘备来赴鸿门宴时，尚且因为关羽站立在刘备身后而不敢动手，何况这一次宴请的就是关羽本人呢！

鲁肃谨慎地挑选着下手的机会，关羽仔细地揣摩着脱身的时机。先是假装斥责周仓出去，趁机拿过青龙偃月刀，又让周仓去将关平带领的接应人手迎来；自己却假托醉了，一手扯住鲁肃这个重要人质，一边走到江边上船而去。东吴将士心里清楚，但凡有风吹草动，鲁肃必死无疑，而关羽是否真的能被捉住或是被杀还是一个未知数，两相权衡，东吴兵马也不得不眼睁睁地看着关羽扬长而去，这便是罗贯中为关羽专门打造的"单刀赴会"的故事。

关羽在与于禁、庞德的对战中受了箭伤，如果不是于禁担心庞德抢了头功鸣金收兵，说不定关羽就要在这里交代了性命。关平等人劝说关羽回荆州疗养，关羽却执意要取樊城、许都，完成匡扶汉室的志愿，誓死不回。箭伤不愈，关平及部下百般焦急，幸好神医华佗因为仰慕关羽英武，特来为其救治箭伤，这便是关羽"刮骨疗毒"的故事。无独有偶，解放军高级将领刘伯承当年也曾在做眼疾手术时拒绝打麻药而成就了"军神"的赞誉。

> 公袒下衣袍，伸臂令佗看视。佗曰："此乃弩箭所伤，其中有乌头之药，直透入骨；若不早治，此臂无用矣。"公曰："用何物治之？"佗曰："某自有治法，但恐君侯惧耳。"公笑曰："吾视死如归，有何惧哉？"佗曰："当于静处立一标柱，上钉大环，请君侯将臂穿于环中，以绳系之，然后以被蒙其首。吾用尖刀割开皮肉，直至于骨，刮去骨上箭毒，用药敷之，以线缝其口，方可无事。但恐君侯惧耳。"公笑曰："如此，容易！何用柱环？"令设酒席相待。
>
> 公饮数杯酒毕，一面仍与马良弈棋，伸臂令佗割之。佗取尖刀在手，令一小校捧一大盆于臂下接血。佗曰："某便下手。君侯勿惊。"公曰："任汝医治。吾岂比世间俗子，惧痛者耶！"佗乃下刀，割开皮肉，直至于骨，骨上已青，佗用刀刮骨，悉悉有声，帐上帐下见者，皆掩面失色。公饮酒食肉，谈笑弈棋，全无痛苦之色。
>
> 须臾，血流盈盆。佗刮尽其毒，敷上药，以线缝之。公大笑而起，谓众将曰："此臂伸舒如故，并无痛矣。先生真神医也！"佗曰："某为医一生，未尝见此。君侯真天神也！"
>
> ——第七十五回《关云长刮骨疗毒　吕子明白衣渡江》

华佗手术前，关羽喝了数杯酒，既可以壮壮胆气，也能起到一点麻醉的作用。酒精对神经的刺激能降低人的敏感度，包括疼痛感，只可惜三国时期酒的度数较低，起到的作用十分有限。如果是蒸馏酒时代，关羽可以减轻一部分疼痛。也正因为没有高度酒的这层麻醉因素存在，才更显关羽的豪气与胆气。刮骨疗毒之事不全是罗贯中的杜撰，其事在《三国志》中确有记载，不过并没有提及医生的姓名，华佗作为手术的执行者应该是说书人、小说家的联想。

关羽、关平父子在麦城被孙权部所擒，一代战神就此陨落。相传关羽死后觉得自己冤屈，故而魂魄不散，四处游荡，一日遇见当阳山普净法师，请求指点迷津，老和尚说出了全书最具人文关怀的一句话："今将军为吕蒙所害，大呼'还我头来'，然则颜良、文丑、五关六将等众人之头，又将向谁索耶？"这句话既安抚了关羽的灵魂，也将《三国演义》的生死观、恩怨观拔高了许多层级。然而，"恍然大悟、稽首皈依"的关羽魂魄并未就此安息，最终在孙权的酒宴上显灵，杀死吕蒙为自己报了仇。

> 却说孙权既害了关公，遂尽收荆襄之地，赏犒三军，设宴大会诸将庆功，置吕蒙于上位，顾谓众将曰："孤久不得荆州，今唾手而得，皆子明之功也。"蒙再三逊谢。权曰："昔周郎雄略过人，破曹操于赤壁，不幸早殁，鲁子敬代之。子敬初见孤时，便及帝王大略，此一快也；曹操东下，诸人皆劝孤降，子敬独劝孤召公瑾逆而击之，此二快也；惟劝吾借荆州与刘备，是其一短。今子明设计定谋，立取荆州，胜子敬、周郎多矣！"
>
> 于是亲酌酒赐吕蒙。吕蒙接酒欲饮，忽然掷杯于地，一手揪住孙权，厉声大骂曰："碧眼小儿！紫髯鼠辈！还识我否？"众将大惊，急救时，蒙推倒孙权，大步前进，坐于孙权位上，两眉倒竖，双眼圆睁，大喝曰："我自破黄巾以来，纵横天下三十馀年，今被汝一旦以奸计图我，我生不能啖汝之肉，死当追吕贼之魂！我乃汉寿亭侯关云长也。"权大惊，慌忙率大小将士皆下拜。只见吕蒙倒于地上，七窍流血而死。众将见之，无不恐惧。
>
> ——第七十七回《玉泉山关公显圣　洛阳城曹操感神》

如果说关羽的单刀赴会、刮骨疗毒主要彰显了其英雄之勇，那么张飞计取瓦口隘则展现了英雄之智。由于话本、小说、影视作品的一再脸谱化，张飞的形象越来越接近"有勇无谋""粗野剽悍"。事实上，无论是《三国志》《晋书》中都承认张飞是一位有勇有谋的将军。在《三国演义》中，张飞早期确实因为嗜酒丢过城池，之后对于带兵和饮酒之事也就逐渐谨慎了起来，故事中也不再出现张飞因为饮酒而耽误军情的情况了。这次张飞还用饮酒为计谋突破了张郃的瓦口隘，这三十六计之外的饮酒计连刘备都瞒过了，只有诸葛亮这样的聪明人参透了张飞的计策。

张飞寻思，无计可施。相拒五十馀日，飞就在山前扎住大寨，每日饮酒，饮至大醉，坐于山前辱骂。

玄德差人犒军，见张飞终日饮酒，使者回报玄德。玄德大惊，忙来问孔明。孔明笑曰："原来如此！军前恐无好酒，成都佳酿极多，可将五十瓮作三车装，送到军前与张将军饮。"玄德曰："吾弟自来饮酒失事，军师何故反送酒与他？"孔明笑曰："主公与翼德做了许多年兄弟，还不知其为人耶？翼德自来刚强，然前于收川之时，义释严颜，此非勇夫所为也。今与张郃相拒五十馀日，酒醉之后，便坐山前辱骂，傍若无人，此非贪杯，乃败张郃之计耳。"玄德曰："虽然如此，未可托大。可使魏延助之。"孔明令魏延解酒赴军前，车上各插黄旗，大书"军前公用美酒"。魏延领命，解酒到寨中，见张飞，传说主公赐酒。飞拜受讫，分付魏延、雷铜各引一枝人马，为左右翼，只看军中红旗起，便各进兵。教将酒摆列帐下，令军士大开旗鼓而饮。有细作报上山来，张郃自来山顶观望，见张飞坐于帐下饮酒，令二小卒于面前相扑为戏。郃曰："张飞欺我太甚！"传令今夜下山劫飞寨，令蒙头、荡石二寨，皆出为左右援。当夜张郃乘着月色微明，引军从山侧而下，径到寨前。遥望张飞大明灯烛，正在帐中饮酒。张郃当先大喊一声，山头擂鼓为助，直杀入中军。但见张飞端坐不动。张郃骤马到面前，一枪刺倒，却是一个草人。急勒马回时，帐后连珠炮起，一将当先，拦住去路，睁圆环眼，声如巨雷，乃张飞也，挺矛跃马，直取张郃。

——第七十回《猛张飞智取瓦口隘　老黄忠计夺天荡山》

瓦口隘是一个关隘，易守难攻，所谓一夫当关、万夫莫开，如果对方坚守不出，就算兵力再强也只能站在下面干看着。张郃眼见自己敌不过张飞，故坚守不出，张飞让军士前去挑衅辱骂，对方就再骂回来，两边斗口倒是热闹，这仗就是打不起来。张飞很清楚，要想引诱张郃出关，除非让对方放松警惕，误以为自己骄兵必败，从而出关隘突袭，这样才能趁机攻入关隘。

想定计策，张飞便开始在山前安营扎寨，假装露出自己"嗜酒无度"的本性，每天饮酒大醉，醉了就骂，狂妄无度。刘备听说了张飞每天阵前饮酒，先吓了一大跳：毕竟张郃也是一员猛将，张飞如此轻敌，真打起来双方输赢还真不好说。但此时诸葛亮早已洞悉张飞的计策，又派魏延送去五十坛好酒，帮助张飞完成计策。张飞索性把酒分给士卒，众人欢饮；这还不算，张飞还需要将这个饮酒的场景做得更加戏剧化一点，又弄了两个士兵在自己军帐前玩起了相扑。这下张郃真坐不住了：一来张飞日日饮酒，如此骄兵轻敌，自己如果还不趁势出击，难道要等到张飞整肃军队后再来对战？另外张飞饮酒戏耍，也实在是不将自己放在眼里，这种侮辱比在军前骂两句挑衅的难听话要严重得多。张郃的智谋自是远不及诸葛亮，大约和刘备平手，将张飞的诈饮当成了真饮，连夜偷袭张飞军营，结果把部队陷进了口袋阵，自己也只能败逃而去。

威震华夏的战神关羽会有刚愎自用的时候，勇猛刚强的张飞会有灵活多智的时候，知道在哪跌倒在哪爬起来——因酒丢城也因酒夺关。人是复杂而多面的，酒是无形而多用的，酒的滋味更是丰富而立体的。

第十三集

酒与许褚、曹植、彭羕、张飞的命运

　　酒是人类情绪的催化剂，酒至酣处会起到推波助澜的作用：平日放诞轻狂之人，酒后更加口不择言；平日易怒易躁之人，醉后犹如火上浇油。酒的这种作用放在闲常无事之时，也看不出什么杀伤力，无非如李太白那般"草裹乌纱巾，倒被紫绮裘"，博酒友一笑；然而乱世之中，无论是在明争暗斗的朝堂，还是在生死攸关的战场，倘若还纵酒使性，结果常常不太妙。

　　两军对敌，饮酒壮胆本是常理，但如果一味贪醉，恐怕不是醉卧沙场，而是有去无回了。许褚有万夫不当之勇，曹操称其为虎侯，连马超都曾被他吓退。但就是这位猛将军，在押解粮草的路上贪酒人醉不能御敌，被张飞只几个回合就刺伤肩膀、落荒而逃。

　　　操正疑惑间，又报张飞、魏延分兵劫粮。操问曰："谁敢敌张飞？"许褚曰："某愿往！"操令许褚引一千精兵，去阳平关路上护接粮草。解粮官接着，喜曰："若非将军到此，粮不得到阳平矣。"遂将车上的酒肉，献与许褚。褚痛饮，不觉大醉，便乘酒兴，催粮车行。解粮官曰："日已暮矣，前褒州之地，山势险恶，未可过去。"褚曰："吾有万夫之勇，岂惧他人哉！今夜乘着月色，正好使粮车行走。"许褚当先，横刀纵马，引军前进。二更已后，往褒州路上而来。行至半路，忽山凹里鼓角震天，一枝军当住。为首大将，乃张飞也，挺矛纵马，直取许褚。褚舞刀来迎，却因酒醉，敌不住张飞，战不数合，被飞一矛刺中肩膀，翻身落马，军士急忙救起，退后便走。张飞尽夺粮草车辆而回。

——第七十二回《诸葛亮智取汉中　曹阿瞒兵退斜谷》

　　许褚前去接应粮草的时候，已经知道张飞、魏延要来劫粮。如果不喝醉，以许褚的武力值是可以和张飞大战若干回合的，绝不至于几个回合就败下阵来。况且许褚如果不醉，也许还会审时度势，不至于夜行险道铸此大错。

　　军士饮酒会贻误军机，而文人畅饮多给人留下诗情画意的印象。但事实上，乱世之中的文人雅士不仅不能因其才华而幸免于难，反而往往会因其酒后失言或行为不当而为自己引来杀身之祸。曹操暮年在立嗣一事上犹豫不决，因曹植才情出众，而想要立其为世子；曹植虽然才高八斗，但心性放纵洒脱，多因醉酒误事，又因曹植所交往的杨修等人也都是恃才傲物、好酒轻狂的人，曹操最终还是选择了曹丕继承大统。

　　曹操立曹丕为世子是明智的，这并不仅仅是因为曹丕比曹植年长的缘故，更是因为曹植在人情世故、世事洞明上不如其兄长：当曹操去世、曹丕继位之后，时任临淄侯的曹植既没有回去奔丧，也没有安守本分，而是和丁仪、丁廙两兄弟对坐饮酒；面对曹丕派来的使者，这两兄弟不仅不按规矩礼法迎接，反而傲慢无礼地将使者痛骂一顿，甚至说起旧日曹操想要立曹植为世子的旧事来。按理说曹丕此时已经继位，曾经与曹丕有世子之争的曹植更应当小心避嫌，以免被哥哥疑心。结果别人不主动提及，自己人却主动往枪口上撞，嘴上过了瘾，处境犯了难。

　　又过了一日，临淄使者回报，说："临淄侯日与丁仪、丁廙兄弟二人酣饮，悖慢无礼。闻使命至，临淄侯端坐不动，丁仪骂曰：'昔者先王本欲立吾主为世子，被谗臣所阻。今王丧未远，便问罪于骨肉，何也？'丁廙又曰：'据吾主聪明冠世，自当承嗣大位，今反不得立。汝那庙堂之臣，何不识人才若此！'临淄侯因怒，叱武士将臣乱棒打出。"

丕闻之，大怒，即令许褚领虎卫军三千，火速至临淄擒曹植等一干人来。褚奉命，引军至临淄城。守将拦阻，褚立斩之，直入城中，无一人敢当锋锐，径到府堂。只见曹植与丁仪、丁廙等尽皆醉倒。褚皆缚之，载于车上，并将府下大小属官，尽行拿解邺郡，听候曹丕发落。丕下令，先将丁仪、丁廙等尽行诛戮。……

卞氏哭谓丕曰："汝弟植平生嗜酒疏狂，盖因自恃胸中之才，故尔放纵。汝可念同胞之情，存其性命。吾至九泉亦瞑目也。"丕曰："儿亦深爱其才，安肯害他？今正欲戒其性耳。母亲勿忧。"

——第七十九回《兄逼弟曹植赋诗　侄陷叔刘封伏法》

曹植与丁仪、丁廙兄弟一面纵情饮酒，对曹丕的使者傲慢无礼；另一方面，曹植却并没有在军事上做出任何针对曹丕的部署，换句话说，曹植除了逞口舌之快，并无真正开战的准备——许褚到时，三人竟然饮酒醉倒。卞氏身为曹丕和曹植共同的母亲，她很清楚曹植是一个"嗜酒疏狂"的人，而曹丕也很清楚曹植的性格，不可能将他视为一个值得警惕的对象——一个刚刚口出狂言转头就和朋友饮酒醉倒府门大开的人，举兵造反的可能性微乎其微。或许曹植这种不按套路出牌的行为背后，才是其真正的套路：他曾是立嗣的备选人，不论做什么都会被视为新继任者的头号威胁，自己在军事实力上并不占优势，如果一切行为均表现得合情合理，只会加重曹丕的猜忌，离死也就更近了。

失败者有失败者的计策，胜利者有胜利者的仪式。取得王位的曹丕将弟弟曹植贬为安乡侯，了却一桩心病。继而开始了对汉献帝的威逼，手段更甚于曹操，直言要让汉献帝禅位于他，以武力胁迫完成了禅让。然而这还不够，在司马懿做戏做全套的建议下，曹丕让汉献帝配合，完成两次下诏的"游戏"，并建造受禅台，在众官面前举行受禅仪式。富贵不还乡如锦衣夜行，朝中的仪式完成后，乡间的仪式也必不可少，曹丕模仿汉朝开国皇帝刘邦大宴乡中父老。

且说魏王曹丕，自即王位，将文武官僚，尽皆升赏，遂统甲兵三十万，南巡沛国谯县，大飨先莹。乡中父老，扬尘遮道，奉觞进酒，效汉高祖还沛之事。

——第七十九回《兄逼弟曹植赋诗 侄陷叔刘封伏法》

曹丕本人爱酒，尤其爱葡萄酒，他在《诏群臣》里称赞葡萄酒口感甘甜，醒酒也快。并开玩笑说："莫说真喝，就是谈到葡萄酒都会情不自禁地流口水。"酒鬼形象跃然纸上。曹丕效仿刘邦请客，而刘邦也是个酒徒，在刘邦还是个无业青年的时候就常到一家酒店喝酒，刘邦没有钱，于是就赊酒喝，奇怪的是只要刘邦一到酒店，酒店的生意就格外好，所以店家也就免了刘邦的酒钱。无论是在史书还是演义中，末代帝王有多屈辱，开国皇帝就有多神奇，非如此不能彰显开国之君的"天命"。最神奇的，莫过于刘邦醉酒斩蛇的故事。刘邦带着一众农民去骊山修陵墓，途中被一条蛇拦住了去路，刘邦借着酒劲将蛇杀了，一个老妇人告诉众人，拦路的蛇是白帝之子，杀蛇的人是赤帝之子，从此刘邦的信徒也就越来越多了。赊酒也好，斩蛇也罢，刘邦的神奇事迹始终是以酒为道具的。后来郦食其拜访刘邦，刘邦一听说来的是个儒生，直接闭门谢客；当郦食其说自己是个酒徒，刘邦反而赶紧召见。公元195年，刘邦大败英布之后路过沛县，邀请父老乡亲一起饮酒，饮至高潮时，刘邦起身高歌："大风起兮云飞扬，威加海内兮归故乡，安得猛士兮守四方！"曹丕模仿的正是刘邦的这一段。

曹植有母亲护着，暂时死不了，但跟着起哄的丁仪、丁廙兄弟却必须来做替死鬼。同样对酒后胡言的狂士动刀的，不仅仅是曹丕，就连素以仁德著称的刘备、诸葛亮对待醉后狂言的彭羕也同样毫不手软。彭羕是刘备的手下，平时和孟达相交深厚。刘备原本对彭羕颇为优待，但后来大约是因为彭羕恃酒放旷、行为言谈有些不着调，刘备对待他的态度也就逐渐冷淡了，彭羕因此心怀怨恨。马超在军中截获了彭羕写给孟达的书信，这封信里面很可能隐含了造反之意，不过并没有什么能成为证据的言语，否则马超便不必再试探彭羕，而是直接拿书信去向刘备举报就可以了。马超截获书信后，去见彭羕，在言语之间打探彭羕的心思。偏偏彭羕因为酒醉口出怨言，甚至说要和孟达内外勾结、举兵造反。此话一出，证据确凿，百口莫辩。《三国演义》中只说彭羕在狱中"悔之无及"，而《三国志》中记载得则更为详细，彭羕在狱中曾经给诸葛亮写信，提起自己与法正、庞统一起想要辅佐刘备，只是因为"颇以被酒，倪失'老'语"——喝醉了酒，一不小心说了"老革荒悖"这样的话，现在已经悔之晚矣。诸葛亮知道彭羕是一个"狂士"，他所说的话的确多半是醉酒之后的抱怨，但诸葛亮也很清楚，所谓的酒后狂言并不是无的放矢，如果彭羕平日没有这样的想法，即使醉酒之后也不会突然口出怨言。平日不说，是因为人在清醒的时候会审时度势。因此，诸葛亮提醒刘备此人已经不能再留了。

> 玄德从之，遂遣使升刘封去守绵竹。原来彭羕与孟达甚厚，听知此事，急回家作书，遣心腹人驰报孟达。使者方出南门外，被马超巡视军捉获，解见马超。超审知此事，即往见彭羕。羕接入，置酒相待。酒至数巡，超以言挑之曰："昔汉中王待公甚厚，今何渐薄也？"羕因酒醉，恨骂曰："老革荒悖，吾必有以报之！"超又探曰："某亦怀怨心久矣。"羕曰："公起本部军，结连孟达为外合，某领川兵为内应，大事可图也。"超曰："先生之言甚当。来日再议。"超辞了彭羕，即将人与书解见汉中王，细言其事。玄德大怒，即令擒彭羕下狱，拷问其情。羕在狱中，悔之无及。玄德问孔明曰："彭羕有谋反之意，当何以治之？"孔明曰："羕虽狂士，然留之久必生祸。"于是玄德赐彭羕死于狱。
>
> ——第七十九回《兄逼弟曹植赋诗　侄陷叔刘封伏法》

危局之中，酒不是不能喝，话不是不能说，但酒什么时候喝，话什么时候说，酒和谁喝，话对谁说，都是有玄机的，差之毫厘失之千里。曹植以醉酒示人，展现自己的心无城府，从而保护了自己。彭羕说醉话袒露心迹丢掉了自己的性命。要论在《三国演义》中成也酒、败也酒的典型非张飞莫属。张飞因喝酒丢了徐州，是过；也因喝酒赚取瓦口隘，是功。然而就是这样一个深知酒的危害与妙用的人，却在醉酒后被自己手下两名士卒杀害，可谓是《三国演义》中最大的阴沟翻船事件。

关羽死后，张飞一时间被愤怒、痛苦和报仇的欲望占据了头脑——刘、关、张三人的桃园三结义，并不是赵范与赵云口不应心、嘴上说说的结拜，而是誓要"同年同月同日死"的真兄弟。因此关羽一死，张飞发疯了一样满脑子都是报仇。刘备也不顾赵云的"公仇私仇论"——联合东吴北拒曹操的战略，甚至连平日最为信服的诸葛亮的劝谏都听不进去，亲自提兵攻打东吴。

张飞为关羽的死日夜哀号，手下诸将以酒解劝，此时酒醉不仅不能解愁，反而点燃了张飞的怒气，宛如火上浇油。大抵能以酒解愁的人，是内向的、自苦式的人，酒能够让人打开心扉，向外释放悲愁的情绪，从而达到一种豁达和平静。但张飞正好相反，他并非处于悲愁状态，而是愤怒的，或者说是愤恨的，他的怒火要烧向周围所有令他看不顺眼的人。张飞平日就对手下士卒毫不宽容，醉酒后更是失去了最后的约束力，使得张飞的暴躁近乎残酷。

却说张飞在阆中，闻知关公被东吴所害，旦夕号泣，血湿衣襟。诸将以酒解劝，酒醉，怒气愈加。帐上帐下，但有犯者即鞭挞之，多有鞭死者。……

却说张飞回到阆中，下令军中：限三日内制办白旗白甲，三军挂孝伐吴。次日，帐下两员末将范疆、张达入帐告曰："白旗白甲，一时无措，须宽限方可。"飞大怒曰："吾急欲报仇，恨不明日便到逆贼之境，汝定敢违我将令！"叱武士缚于树上，各鞭背五十。鞭毕，以手指之曰："来日俱要完备！若违了限，即杀汝二人示众！"打得二人满口出血，回到营中商议。范疆曰："今日受了刑责，着我等如何办得？其人性暴如火，倘来日不完，你我皆被杀矣！"张达曰："比如他杀我，不如我杀他。"疆曰："怎奈不得近前。"达曰："我两个若不当死，则他醉于床上；若是当死，则他不醉。"二人商议停当。

却说张飞在帐中，神思昏乱，动止恍惚，乃问部将曰："吾今心惊肉颤，坐卧不安，此何意也？"部将答曰："此是君侯思念关公，以致如此。"

飞令人将酒来，与部将同饮，不觉大醉，卧于帐中。范、张二贼，探知消息，初更时分，各藏短刀，密入帐中，诈言欲禀机密重事，直至床前。原来张飞每睡不合眼，当夜寝于帐中，二贼见他须竖目张，本不敢动手。因闻鼻息如雷，方敢近前，以短刀刺入飞腹。飞大叫一声而亡。时年五十五岁。

——第八十一回《急兄仇张飞遇害　雪弟恨先主兴兵》

关羽之死是英雄命蹇，令人扼腕；然而张飞之死却很难令人同情：酒醉发怒随意鞭打士卒，甚至将人活活打死。即便这些士卒不是英雄、没有名字，但他们的性命也并不是轻如草芥。士卒死在沙场那是世道如此、职责所在，战火之中说不得安逸终老。但如果因为毫无道理的要求、主帅私人情绪的发泄而被鞭打至死，人心早晚会离散。巧妇难为无米之炊，三日内备办全军的白盔白甲，这是一个想当然的要求，这两人明白，若不能顺张飞的意，三日后就是自己的死期。在你死还是我死之间做选择并不困难，范疆、张达见张飞夜夜饮酒，便计划趁张飞喝醉实施刺杀。即便如此，范、张二人也是将决定权交给了老天——"我两个若不当死，则他醉于床上；若是当死，则他不醉。"

张飞和部下果然饮酒大醉，在军帐中睡熟，张飞之醉不是一般的酒醉困倦，而是烂醉如泥：有两个人走进自己的帐中，犹犹豫豫了半天才将刀刺入自己的腹中，而自己一直都没有发觉。张飞之死对于蜀国的事业来说，是巨大的损失，但却也完成了"兄弟同死"的誓言。如同李逵喝下宋江的毒酒并无怨言一样，或许在这些英雄好汉看来，有难就要同当，有福就要同享，一个人苟享世俗意义上的荣华富贵毫无价值。如此看来，要张飞死的不是范疆、张达，而是张飞自己，也是天意。

第十四集

诸葛亮七擒孟获酒是头功

　　诸葛一门兄弟三人，并不都是站在刘备的阵营，而是恰好分属三国，《世说新语·品藻》中将诸葛三兄弟称为"龙虎狗"，诸葛亮在蜀国，其号卧龙，因此有"蜀得其龙"一说；诸葛瑾是孙权麾下谋士，故曰"吴得其虎"；而诸葛诞是曹魏阵营里的一员大将，因此被称为"魏得其狗"。狗比不上龙和虎的威猛，诸葛诞的名气也确实不如诸葛亮和诸葛瑾那么响亮，但在古语中，狗并不是贬义，扬州八怪之一的郑板桥有一枚印叫"青藤门下走狗"，是表达自己崇拜明代画家徐渭（号青藤）的意思。有"人民艺术家"称号的齐白石也曾题诗曰："青藤雪个远凡胎，老缶衰年别有才。我欲九原为走狗，三家门下转轮来。"齐白石崇拜徐渭、八大山人、吴昌硕，愿意成为这三人门下的"走狗"——学生的意思。类似如"鹰犬""爪牙"等词，本意是指得力的助手，只是随着时间的推移，其内涵发生了变化。

　　诸葛亮在三兄弟之中名声最盛，因为他的智谋超群，世人都知道"卧龙先生"的名号，后世更是不断增其荣耀，累积到《三国演义》成书时，诸葛亮已经是一个"多智而近妖"的形象了。诸葛亮在刘备成为汉中王之前助其联吴抗曹、辗转征战，从寸土未有到割据蜀地，书中所写智谋之奇巧令人叹为观止。相比于火烧博望坡这样大战役的胜利而言，诸葛亮的一些小计谋、小智慧在《三国演义》中也显得非常有趣。

　　刘备白帝城托孤之后，诸葛亮向北六出祁山，向南七擒孟获，前者是"出师未捷身先死"的悲壮，后者却是实打实的重大战功。诸葛亮七擒孟获，实际上是顺着孟获逃窜的路线将西南一带割据的部落势力一一收服，从而稳定了蜀国的腹地，后来孟获成为诸葛亮指定的御史中丞，南方部落也获得了相对的平静。而在七擒七纵收服孟获的过程中，酒的作用不可小觑——诸葛亮用酒作为计策又用其抚恤，最终令南边部落首领心悦诚服。

　　诸葛亮第一次擒孟获，几乎不算是用计：仅仅是将赵云、魏延埋伏在山岭之中，就将孟获大军一举捉拿了。之后给孟获手下的兵卒"各赐酒食米粮"，表示自己清楚他们是被孟获拉来充军的壮丁，自己不会迁怒于他们，赚得了蛮兵们的好感，也瓦解了孟获的军心。诸葛亮很清楚，南方部落林立，自东汉以来，朝廷派去的地方太守几乎都无法安身立足，管理更是名存实亡。要想真正平定南方，需要当地人发自内心的敬服和爱戴，同时也需要孟获这样的当地部落首领帮助管理。因此对于败军之将的孟获，诸葛亮既没有羞辱，也没有杀死以儆效尤，而是"赐以酒食，给与鞍马"，让他回去再来挑战。

　　孟获和诸葛亮第二次对战，孟获以为凭借泸水的地利可以高枕无忧，故"终日饮酒取乐，不理军务"，并将手下董荼那暴打一百军棍，惹得董荼那带着一百多号人直奔孟获的大寨将大醉中的孟获捆到了诸葛亮的面前，幸好董荼那没有像范疆、张达一样直接下杀手，否则孟获就成了第二个张飞。孟获仍然不服，理由是"自己被擒不是诸葛亮的本领高，而是自己手下叛变导致"，于是诸葛亮又放了孟获，好酒好肉招待，并亲自带孟获察看自己的军营——给孟获下套。

　　　　孔明曰："这番生擒，如又不服，必无轻恕。"令左右去其绳索，仍前赐以酒食，列坐于帐上。孔明曰："吾自出茅庐，战无不胜，攻无不取。汝蛮邦之人，何为不服？"获默然不答。
　　　　孔明酒后，唤孟获同上马出寨，看视诸营寨栅所屯粮草，所积军器。孔明指谓孟获曰："汝不降吾，真愚人也。吾有如此之精兵猛将，粮草兵器，汝安能胜吾哉？汝若早降，吾当奏闻天子，令汝不失王位，子子孙孙，永镇蛮邦。意下若何？"获曰："某虽肯降，怎奈洞中之人未肯心服。若丞相肯放回去，就当招安本部人马，同心合胆，方可归顺。"孔明忻然，又与孟获回到大寨。饮酒至晚，获辞去，孔明亲自送至泸水边，以船送获归寨。

——第八十八回《渡泸水再缚番王　识诈降三擒孟获》

诸葛亮让孟获误以为自己掌握了诸葛亮军营里的门道，并借孟获的手杀掉了董荼那、阿会喃以削弱孟获的军事力量。第三次交锋时，孟获学聪明了，他决定动用计策，而不是直接和诸葛亮的大军对抗。他让自己的弟弟孟优假意去诸葛亮帐下投降，以图里应外合。但孟获的这点伎俩在诸葛亮面前，就好像是大人陪小孩子玩过家家一样，于是诸葛亮决定将计就计，引孟优的兵马进入帐中。

孔明尽教入帐看时，皆是青眼黑面，黄发紫须，耳带金环，鬅头跣足，身长力大之士。孔明就令随席而坐，教诸将劝酒，殷勤相待。

却说孟获在帐中专望回音，忽报有二人回了，唤入问之，具说："诸葛亮受了礼物大喜，将随行之人，皆唤入帐中，杀牛宰马，设宴相待。二大王令某密报大王：今夜二更，里应外合，以成大事。"……

孟获带领心腹蛮将百馀人，径投孔明大寨，于路并无一军阻当。前至寨门，获率众将骤马而入，乃是空寨，并不见一人。获撞入中军，只见帐中灯烛荧煌，孟优并番兵尽皆醉倒。原来孟优被孔明教马谡、吕凯二人管待，令乐人搬做杂剧，殷勤劝酒，酒内下药，尽皆昏倒，浑如醉死之人。孟获入帐问之，内有醒者，但指口而已。

——第八十八回《渡泸水再缚番王　识诈降三擒孟获》

诸葛亮早已知晓孟获和孟优的计划，于是顺水推舟，在酒里下了蒙汗药——这倒颇有梁山好汉的行事作风。孟优和手下的蛮兵当然不知道诸葛亮的计中之计，他们本来是来诈降接应的，却大咧咧地在别人的军帐里饮酒吃肉，结果着了道儿。诸葛亮一桌酒席就放翻了孟优、诱捕了孟获，这席酒的功劳又在数万雄兵之上。尽管再次被擒，孟获依然振振有词——"我弟弟贪吃中了你的毒"，绝不服气。于是诸葛亮继续赐予其酒食，然后继续陪孟获玩这场猫捉老鼠的游戏。

第四次孟获掉进陷坑被擒，诸葛亮赐酒给孟获压惊，孟获仍然不服，诸葛亮再次放其归山。之后孟获在朵思大王的帮助下，利用毒泉使诸葛亮的军队陷入绝境。但孟获的大哥孟节送上了解救之法。正当孟获准备引大军与诸葛亮决一死战时，又被自己一方的二十一洞主杨锋擒获，送与诸葛亮。

> 孟获大喜，遂设席相待杨锋父子。酒至半酣，锋曰："军中少乐，吾随军有蛮姑，善舞刀牌，以助一笑。"获忻然从之。须臾，数十蛮姑，皆披发跣足，从帐外舞跳而入，群蛮拍手以歌和之。杨锋令二子把盏，二子举杯诣孟获、孟优前。二人接杯方欲饮酒，锋大喝一声，二子早将孟获、孟优执下座来。朵思大王却待要走，已被杨锋擒了。蛮姑横截于帐上，谁敢近前。获曰："'兔死狐悲，物伤其类'。吾与汝皆是各洞之主，往日无冤，何故害我？"锋曰："吾兄弟子侄皆感诸葛丞相活命之恩，无可以报。今汝反叛，何不擒献！"
>
> ——第八十九回《武乡侯四番用计　南蛮王五次遭擒》

这一回虽然不是诸葛亮直接用计，但也是对诸葛亮之前用酒食款待蛮兵并将其放归故里的回应。杨锋擒住孟获的方式也很简单，在酒宴上上演了一场南蛮版的鸿门宴：许多披发赤足的蛮族姑娘在酒席上跳舞，杨锋让自己的两个儿子去给孟优、孟获敬酒，就在敬酒的时候突然发难擒住二人，蛮族姑娘则把守在军帐前，无人敢入——不得不说这些蛮族姑娘的战斗力非同一般。被自己人擒获，孟获自然不服，那就再放。

就这样，诸葛亮三番五次地把孟获玩弄于股掌之间。最后一次他索性连孟获的夫人祝融氏也一起抓来了。第七次捉到孟获之后，诸葛亮还是和之前一样让人解去孟获的绑缚，安排他和夫人在一间军帐饮酒压惊。此时已是七擒七纵，诸葛亮料想南蛮各个部落可调用的兵力大约已经罄尽，孟获也到了心理防线动摇的最后关头，于是诸葛亮吩咐给孟获和夫人送酒食的官员用言语激发他的羞耻之心。

> 孟获跪于帐下，孔明令去其缚，教且在别帐与酒食压惊。孔明唤管酒食官至坐榻前，如此如此，分付而去。
> 却说孟获与祝融夫人并孟优、带来洞主、一切宗党在别帐饮酒。忽一人入帐谓孟获曰："丞相面羞，不欲与公相见。特令我来放公回去，再招人马来决胜负。公今可速去。"孟获垂泪言曰："七擒七纵，自古未尝有也。吾虽化外之人，颇知礼义，直如此无羞耻乎？"遂同兄弟妻子宗党人等，皆匍匐跪于帐下，肉袒谢罪曰："丞相天威，南人不复反矣！"
>
> ——第九十回《驱巨兽六破蛮兵　烧藤甲七擒孟获》

送酒食的官员对孟获说："诸葛丞相脸皮薄，不好意思来见你了，你自己回去吧。"其实明明是孟获七次被擒，每次都耍赖推脱、不承认失败，诸葛亮偏偏说自己不好意思见孟获，这实在是有些埋汰人了。孟获也因这番话羞愧之心感发，终于不再抵赖推脱，而是承认了南方的藩属地位。七次被擒，七次置酒释放，诸葛亮终于平定了蜀国南面的后顾之忧。

除了以酒为计或用酒收买人心，诸葛亮还善用酒宴来展现其政治智慧。譬如东吴派遣使者张温、邓芝入蜀，此时关羽、刘备均折戟于东吴，吴国的使臣自然比较傲慢。在酒宴上，后主对使者以礼相待，诸葛亮也尽量展现出两国修好的姿态。

> 次日，孔明设宴相待。孔明谓张温曰："先帝在日，与吴不睦，今已晏驾。当今主上，深慕吴王，欲捐旧忿，永结盟好，并力破魏。望大夫善言回奏。"张温领诺。酒至半酣，张温喜笑自若，颇有傲慢之意。
> 次日，后主将金帛赐与张温，设宴于城南邮亭之上，命众官相送。孔明殷勤劝酒，正饮酒间，忽一人乘醉而入，昂然长揖，入席就坐。温怪之，

乃问孔明曰："此何人也？"孔明答曰："姓秦，名宓，字子勑，现为益州学士。"

——第八十六回《难张温秦宓逞天辩　破曹丕徐盛用火攻》

面对张温的傲慢，需要主动修好的蜀国既不能拂袖而去，也不能以国主的态度责难使者，此时就需要有人用"唇齿之戏"来做酒席上的小小诘难。于是诸葛亮特地安排酒席宴请张温，在酒至半酣的时候，秦宓乘醉而入——很显然这是一个精心设计的圈套，所谓的乘醉而入不过是以醉酒为借口，令这场斗嘴不那么正式化、政治化。张温提出的问题被秦宓一一化解，秦宓托醉向张温一顿问难，张温被问得张口结舌、无言以对，使者在才学上被碾压了，其傲慢的气势自然也要稍稍收敛。为了避免激化矛盾，占了口舌上风的诸葛亮还要出来打圆场："大人不记小人过，酒桌上的话玩笑而已，玩笑而已！"

诸葛亮家族的聪明还是有些遗传基因的，不仅诸葛三兄弟优秀，下一代也颇为聪颖。诸葛亮的哥哥诸葛瑾是东吴的大将军，孙权曾和鲁肃、周瑜商议用苦肉计，假装把诸葛瑾的家人监禁起来，让诸葛瑾前去恳求诸葛亮、逼迫刘备还荆州。这俩政客兄弟各为其主，必然是先公后私，此计注定很难成功，好在东吴也并不会真的拿大将军诸葛瑾如何。诸葛瑾有一长子诸葛恪，年少时十分聪明，孙权十分喜爱这个伶俐的孩子。诸葛恪小时候的聪明灵秀主要体现在两次酒宴之上。

恪字元逊，身长七尺，极聪明，善应对，权甚爱之。年六岁时，值东吴筵会，恪随父在座。权见诸葛瑾面长，乃令人牵一驴来，用粉笔书其面曰"诸葛子瑜"。众皆大笑。恪趋至前，取粉笔添二字于其下曰"诸葛子瑜之驴"。满座之人，无不惊讶。权大喜，遂将驴赐之。

——第九十八回《追汉军王双受诛　袭陈仓武侯取胜》

诸葛恪六岁的时候在酒宴上为父亲解围：宴席上孙权以脸长似驴嘲笑诸

葛瑾，虽然很不礼貌，但孙权是主公，酒宴之上玩笑就算过火一点，诸葛瑾作为臣子也不好发怒，可是被同僚如此嘲笑，也确实令人尴尬。此时还是个小孩子的诸葛恪起身，在其他人在驴面上书写的"诸葛子瑜"四个字后面加上了"之驴"二字，化解了尴尬。孙权不仅不以为忤，反因小小孩童就有这番急智，又敢于在众人面前为父亲解围，而注意到了其才华和孝义。诸葛恪第二次展现聪明才智，是在另一场酒宴上。

> 又一日，大宴官僚，权命恪把盏。巡至张昭面前，昭不饮，曰："此非养老之礼也。"权谓恪曰："汝能强子布饮乎？"恪领命，乃谓昭曰："昔姜尚父年九十，秉旄仗钺，未尝言老。今临阵之日，先生在后，饮酒之日，先生在前。何谓不养老也？"昭无言可答，只得强饮。权因此爱之，故命辅太子。
>
> ——第九十八回《追汉军王双受诛　袭陈仓武侯取胜》

此时诸葛恪已经不再是六岁的小孩子了，孙权因其伶俐聪慧，且辈分较小，故让他在酒宴上为众官把盏劝酒。在酒宴上负责敬酒，这既是一个有面子、受恩宠的任务，但同时也是一个很容易被人为难的差事。诸葛恪到张昭面前劝酒时，张昭便不接受诸葛恪的劝酒，托词说劝酒不是尊敬老人的礼仪。张昭是孙策时候重用的老臣，孙策去世时曾经将彼时还年幼的孙权托孤给张昭，张昭不喝诸葛恪的敬酒，实际上是拒绝孙权的敬酒。孙权对于"我是看着你长大的"这样倚老卖老的态度早有不满，但这些老臣又是东吴最重要的股肱势力，除了礼节上欠缺些君臣之道，实际上也并没有僭越忤逆的行为，孙权如果拉下脸认真生气起来，倒让人觉得他不懂尊长之礼。此时张昭在酒宴上落了孙权的面子，孙权便把这个皮球踢给了诸葛恪，诸葛恪果然不负孙权所望，向前劝酒说道："过去姜太公九十岁居朝堂高位，还要带兵打仗冲在前线。如今我方领兵拒敌，就让先生在后方；饮酒赴宴，就让先生在前面。怎能说不尊敬老人呢？"诸葛恪这番话正刺着张昭的短处：孙策托孤时说内事不决问张昭，张昭是治世之能臣，却不是带兵打仗的将才。因此在赤壁之战的时候，张昭是带头主张向曹操投降的。尽管张昭的劝降也是在为孙权和东吴保存实力做考虑，但所谓成王败寇，赤壁之战的成功，使张昭和当时的主降派颜面扫地。话说到这个分上，张昭也不得不接受劝酒。诸葛恪不辱使命，在酒席上帮孙权找回了面子。正所谓酒场如战场，有的时候微妙的权力之争或面子之争并不适宜用刀枪去解决，此时唇枪舌剑也有着强大的杀伤力。

苏东坡有诗云："人皆养子望聪明，我被聪明误一生。惟愿孩儿愚且鲁，无灾无难到公卿。"诸葛恪的聪明非但没让做父亲的诸葛瑾高兴起来，反而令诸葛瑾隐隐感到不安，诸葛瑾曾经说："此子非保家之主也。"其实诸葛瑾很清楚，东吴自孙策立国以来，老臣新主势力盘根错节，诸葛恪聪明外露，不懂得韬光养晦，很容易为自己招来杀身之祸。果不其然，诸葛恪的死也是在一场酒宴之上。

> 恪见吴主孙亮，施礼毕，就席而坐。亮命进酒，恪心疑，辞曰："病躯不胜杯酌。"孙峻曰："太傅府中常服药酒，可取饮乎？"恪曰："可也。"遂令从人回府取自制药酒到，恪方才放心饮之。酒至数巡，吴主孙亮托事先起。孙峻下殿，脱了长服，着短衣，内披环甲，手提利刃，上殿大呼曰："天子有诏诛逆贼！"诸葛恪大惊，掷杯于地，欲拔剑迎之，头已落地。
>
> ——第一百八回《丁奉雪中奋短兵 孙峻席间施密计》

诸葛恪少年时为太子伴读，长大之后功高盖主，党羽众多，吴主孙亮对其十分忌惮。孙亮是个残酷专权之人，卧榻之侧岂容他人鼾睡？当诸葛恪征伐不力，回到东吴的时候，孙亮就安排下鸿门宴，想要除掉他。诸葛恪也暗暗感觉到了这场酒宴来者不善，但一来推辞不掉，二来也心存侥幸，勉强前去赴宴。在宴会之上，孙亮向诸葛恪劝酒，诸葛恪怀疑酒里有毒，就借口身体不好拒绝了孙亮的劝酒。给孙亮出主意的孙峻为了稳住诸葛恪，就说差人去府中为他取平时喝的药酒，诸葛恪便不再怀疑。酒至半酣，孙亮离席，孙峻带领着早已埋伏好的刀斧手一拥而出，将毫无准备的诸葛恪当场杀死。

　　诸葛瑾对诸葛恪的担忧，也许是因为他早已发现诸葛恪只有小聪明而没有大智慧，既不能韬光养晦以避嫌疑，又不能真正运用势力来自保——诸葛恪也不细想想，如果对方真的摆下鸿门宴，就算不在酒里下毒，难道就没有别的准备吗？不论是晏子使楚，还是诸葛亮舌战群儒，表面上是酒宴上的斗嘴，实际上是双方软实力的碰撞。酒宴上的小智谋，最终还需要强大的硬实力作为背后的支持，如果没有实力支撑，口舌之利往往是招致杀身之祸的罪魁祸首。

第十五集

魏蜀吴三个末代皇帝的酒色末路

　　每每王朝末期，其末代或最后几代君王已经没有了开国君主的智慧、审慎和勤勉，逐渐变得刚愎自用、沉湎酒色。魏、蜀、吴最初三分鼎立的时候，曹操、刘备、孙权亲自率兵南北征战，用人有度、治国有方；然而传至后代，儿孙逐渐羸弱，连祖宗留下的基业也不能固守了。

　　三国鼎立的局势形成之后，随着三方各自的老将、谋士逐渐辞世，三国之间相互制约的掎角之势也基本稳固，因此"蜀汉建兴十三年，魏主曹睿青龙三年，吴主孙权嘉禾四年"的时候，三方都按兵不动，形成了短暂的和平局面。君王生活也从戎马倥偬转向了歌舞升平，当时魏国之主曹睿在许昌大兴土木，建盖宫殿；又将长安的铜人、捧露盘拆毁运到洛阳。后世唐代李贺作《金铜仙人辞汉歌》，写的就是这段故事。曹睿如此大肆劳民伤财，令刚刚获得和平的魏国百姓怨声载道、民不聊生。而曹睿除了治国昏聩之外，对待发妻毛氏也十分残酷。

　　　　却说曹睿之后毛氏，乃河内人也。先年睿为平原王时，最相恩爱，及即帝位，立为后，后睿因宠郭夫人，毛后失宠。郭夫人美而慧，睿甚嬖之，每日取乐，月馀不出宫阃。是岁春三月，芳林园中百花争放，睿同郭夫人到园中赏玩饮酒。郭夫人曰："何不请皇后同乐？"睿曰："若彼在，朕涓滴不能下咽也。"遂传谕宫娥，不许令毛后知道。毛后见睿月馀不入正宫，是日引十馀宫人，来翠花楼上消遣，只听的乐声嘹亮，乃问曰："何处奏乐？"一宫官启曰："乃圣上与郭夫人于御花园中赏花饮酒。"毛后闻之，心中烦恼，回宫安歇。次日，毛皇后乘小车出宫游玩，正迎见睿于曲廊之间，乃笑曰："陛下昨游北园，其乐不浅也！"睿大怒，即命擒昨日侍奉诸人到，叱曰："昨游北园，朕禁左右不许使毛后知道，何得又宣露！"喝令宫官将诸侍奉人尽斩之，毛后大惊。回车至宫，睿即降诏赐毛皇后死，立郭夫人为皇后，朝臣莫敢谏者。

——第一百五回《武侯预伏锦囊计　魏主拆取承露盘》

曹睿与毛氏是年少结发夫妻，曾经十分恩爱，但后来因为曹睿宠幸郭夫人，毛氏遂遭冷落。春日百花齐放的时候，曹睿带着郭夫人在园中赏花饮酒，郭夫人问曹睿为什么不请皇后同饮，曹睿的回答十分刻薄，说如果皇后也在这里，那自己连一口酒都不想喝了。曹睿为了不败坏自己赏花饮酒的兴趣，就吩咐身边的宫人不许将赏花之事告诉毛皇后。但非常不巧的是，毛皇后当天也正好去翠花楼上散心，听见了曹睿与郭夫人饮酒奏乐的声音，向宫人一询问，便知道了这件事情。听说自己的丈夫就在楼下饮酒欢宴却根本不想让自己知道，毛氏的心酸是可想而知的。但毛氏并没有吵闹，而是第二天遇到曹睿的时候开玩笑说了一句：昨天陛下在花园玩得开心吗？曹睿是一个性格相当暴躁、心胸极端狭窄的人，他想到昨天特地吩咐了不许任何人告诉毛氏自己摆宴赏花的事情，但毛皇后还是知道了，就因为这点小事，曹睿先是将头天侍宴的人全部处死，又亲自下诏书赐死了自己曾经心爱的妻子。不知是因为性格偏激、行事乖张，还是因为伤天害理、有损阴德，总之曹睿去世得很早，留下年仅八岁的曹芳。这位小小的"儿皇帝"成了司马懿手中摆布的棋子，最终司马家族将曹家留下的天下取而代之，可以说这正是曹睿埋下的祸根。

魏国曹睿残暴异常，东吴的孙亮暗弱被动。孙綝给孙亮出主意，剪除了诸葛恪，自己成了把持东吴真正势力的掌权者。孙亮身为君主，不甘于受孙綝的控制和摆布，因此想要除去孙綝。其事不成，反而被孙綝流放为会稽王。孙綝不能直接称帝，便又拉来了另一个棋子——孙权第六子孙休前来凑数。孙綝立了新主，态度愈加飞扬跋扈，新主孙休对他的意见也越来越大。年底的时候，孙綝带着牛酒来宫殿里给孙休祝寿，孙休没有接受——古人常以牛和酒作为馈赠、犒劳的物品，一般来说只有君王向臣子馈赠牛酒、主人向宾客馈赠牛酒的道理，没有反过来由臣子向主公进牛酒的，孙綝的行为说起来是祝寿，实际上是一种典型的僭越。

冬十二月，綝奉牛酒入宫上寿，吴主孙休不受，綝怒，乃以牛酒诣左将军张布府中共饮。酒酣，乃谓布曰："吾初废会稽王时，人皆劝吾为君。吾为今上贤，故立之。今我上寿而见拒，是将我等闲相待。吾早晚教你看！"布闻言，唯唯而已。

——第一百十三回《丁奉定计斩孙綝　姜维斗阵破邓艾》

孙綝废了一个孙亮，对于自己一手扶持上去的孙休同样视为傀儡，根本不放在眼里。而这个小小的傀儡居然敢拒绝自己的牛酒，孙綝顿时怒上心头，把牛酒拿到左将军张布的府上。酒酣之间，孙綝一则半醉，二则平素本来也没把吴王放在眼里，于是说了一些"彼可取而代之"之类的话，把自己的野心直接暴露了出来。张布将孙綝酒后说出的反意告诉了孙休，又请老将丁奉帮忙设局，布置下鸿门宴，邀请孙綝前往赴宴。旧日孙綝帮孙亮出主意，以一场鸿门宴杀死了诸葛恪；此时的孙綝却仗着自己身边有护卫禁军，明知酒宴安排的蹊跷，还是前去赴宴，被丁奉、张布杀死。正所谓天道循环，昭彰报应。

綝曰："吾弟兄共典禁兵，谁敢近身！倘有变动，于府中放火为号。"嘱讫，升车入内。吴主孙休忙下御座迎之，请綝高坐。酒行数巡，众惊曰："宫外望有火起！"綝便欲起身。休止之曰："丞相稳便。外兵自多，何足惧哉？"言未毕，左将军张布拔剑在手，引武士三十馀人，抢上殿来，口中厉声而言曰:"有诏擒反贼孙綝!"綝急欲走时,早被武士擒下。
——第一百十三回《丁奉定计斩孙綝　姜维斗阵破邓艾》

魏、蜀、吴强盛时一个赛过一个,颓废时一窝不如一窝。蜀国的后主更是一个贪玩软弱糊涂之辈。提到后主刘禅,人们都会想到"扶不起的阿斗",故而认为刘禅从一开始就是个昏聩糊涂的亡国之君,但事实并非如此。《三国志》对后主的评价是"后主任贤相则为循理之君,惑阉竖则为昏闇之后"。在《三国演义》中,诸葛亮还在世的时候,刘禅将诸葛亮视为相父,十分尊崇礼遇,可以说是一个"礼貌的好孩子",即使刘禅有时受人谗言,只要诸葛亮一发话,刘禅也绝对乖乖听话。但问题在于,刘禅是蜀地的君主,他要做的不仅仅是"乖"和"听话",更需要自己有能力、有智慧、有担当。糟糕的是刘禅除了听话之外,这三项是一点也不占。

却说后主在成都,听信宦官黄皓之言,又溺于酒色,不理朝政。时有大臣刘琰妻胡氏,极有颜色,因入宫朝见皇后,后留在宫中,一月方出。
——第一百十五回《诏班师后主信谗　托屯田姜维避祸》

所谓政权,无非人心;所谓治理,无非是将人心聚拢。没有了诸葛亮的监督与教导,遗传了刘备贪图享乐基因的刘禅如脱缰野马,在身边宦官的影响下,向着贪酒好色、不思进取的方向飞速发展。姜维进谏刘禅要汲取赵高、张让的教训,远离黄皓,而刘禅竟让黄皓直接给姜维磕头伏罪,并问姜维何苦和一个宦官过不去。这一系列操作的结果就是"贤人渐退,小人日进"。当魏军来袭,刘禅弃姜维不用,却向神婆寻求退敌之法,无脑至此,如何不败?

皓奏曰:"此乃姜维欲立功名,故上此表。陛下宽心,勿生疑虑。臣闻城中有一师婆,供奉一神,能知吉凶,可召来问之。"后主从其言,于后殿陈设香花纸烛、享祭礼物,令黄皓用小车请入宫中,坐于龙床之上。后主焚香祝毕，师婆忽然披发跣足，就殿上跳跃数十遍，盘旋于案上。皓曰："此神人降矣。陛下可退左右，亲祷之。"后主尽退侍臣，再拜祝之。师婆大叫曰："吾乃西川土神也。陛下欣乐太平，何为求问他事？数年之后，魏国疆土亦归陛下矣。陛下切勿忧虑。"言讫，昏倒于地，半晌方苏。后主大喜，重加赏赐。自此深信师婆之说，遂不听姜维之言，每日只在宫中饮宴欢乐。

——第一百十六回《钟会分兵汉中道　武侯显圣定军山》

后主刘禅自幼长于深宫之中、养于妇人之手。刘备连年征战，最终死于白帝城，对刘禅的教养是十分有限的；后来孙夫人又被东吴设计骗回，年幼的刘禅身边最亲近的人便只剩下宦官。宦官的生杀予夺都与君主的喜好直接挂钩，因此宦官以哄着君主开心为唯一目标，对于国家大事一点也不关心。刘禅与宦官黄皓交好，天天在宫中欢宴饮酒，而那边钟会已经进军汉中了，这边刘禅还在和黄皓请来跳大神的师婆纠缠，最终误了大事。

后主投降之后被押往洛阳，当时魏国已属司马氏，司马昭在府中设宴款待后主，宴席上奏蜀国音乐、令歌姬跳蜀国之舞，蜀国降臣知道司马昭当面羞辱之意，都落下泪来，而后主则看得十分开心。

昭设宴款待，先以魏乐舞戏于前，蜀官感伤，独后主有喜色。昭令蜀人扮蜀乐于前，蜀官尽皆堕泪，后主嬉笑自若。酒至半酣，昭谓贾充曰："人之无情，乃至于此！虽使诸葛孔明在，亦不能辅之久全，何况姜维乎？"乃问后主曰："颇思蜀否？"后主曰："此间乐，不思蜀也。"须臾，后主起身更衣，郤正跟至厢下曰："陛下如何答应不思蜀也？倘彼再问，可泣而答曰：'先人坟墓，远在蜀地，乃心西悲，无日不思。'晋公必放陛下归蜀矣。"后主牢记入席。酒将微醉，昭又问曰："颇思蜀否？"后主如郤正之言以对，欲哭无泪，遂闭其目。昭曰："何乃似郤正语耶？"后主开目惊视曰："诚如尊命。"昭及左右皆笑之。昭因此深喜后主诚实，并不疑虑。

——第一百十九回《假投降巧计成虚话　再受禅依样画葫芦》

后主刘禅乐不思蜀的故事，令人好气、好笑又好叹：好气者，国家基业断送在自己手上，后主不仅不感到悲伤，反而觉得小日子在哪里都照样过，活得开开心心；好笑者，郤正劝说后主向司马昭表达思乡之情，后主倒也十分老实，认认真真把郤正说的话背了一遍，可惜后主不是一个好演员，心里不悲伤、脸上就演不出来，倒叫司马昭君臣看了一场笑话；好叹者，人们皆希望帝王有所作为，不过这终究是一厢情愿，有人天生大志，有人天生难当大任。作为帝王刘禅不及格，但作为一个凡人，唯有如此没心没肺，才能平安活下去，任何进取心和抱负都会让他的脑袋掉得更快。人若至此，也只能徒留一声叹息！

司马氏覆魏灭蜀，还剩下一个苟延残喘的东吴。此时东吴国君是孙皓，此人简直就是曹睿和刘禅缺点的集合体，沉溺酒色、宠信宦官、残酷嗜杀，称之为人间恶魔一点也不为过——"前后十馀年，杀忠臣四十馀人"。

> 皓凶暴日甚，酷溺酒色，宠幸中常侍岑昏。濮阳兴、张布谏之，皓怒，斩二人，灭其三族。由是廷臣缄口，不敢再谏。……
>
> 此时吴国丁奉、陆抗皆死，吴主皓每宴群臣，皆令沉醉，又置黄门郎十人为纠弹官。宴罢之后，各奏过失，有犯者或剥其面，或凿其眼，由是国人大惧。
>
> ——第一百二十回《荐杜预老将献新谋　降孙皓三分归一统》

逼臣子喝醉，再暗中记录喝醉之后的言行作为惩罚的依据，这样的国君多活一天都是罪孽。因此晋国大军一到，江南军民纷纷倒戈——"千寻铁锁沉江底，一片降幡出石头"。

《三国演义》从一杯结义酒开始，中间经历无数尔虞我诈的酒局，充满了争斗、悲痛、残暴与死亡的压抑气氛。在邪恶的世界里，美善只是偶尔会惊鸿一现，但就是这稍纵即逝的温情一刻给人以信念，使人相信人性充满了光辉——此刻只是被浓郁的乌云遮蔽了。压抑久了，总需要一些光亮。不知罗贯中是否有意为之，在全书的最后一章，安排了一个善意的酒局，让这些你死我活的战争有了一丝不那么冰冷的瞬间。

　　一日，羊祜引诸将打猎，正值陆抗亦出猎。羊祜下令："我军不许过界。"众将得令，止于晋地打围，不犯吴境。陆抗望见，叹曰："羊将军有纪律，不可犯也。"日晚各退。祜归至军中，察问所得禽兽，被吴人先射伤者皆送还。吴人皆悦，来报陆抗。抗召来人入，问曰："汝主帅能饮酒否？"来人答曰："必得佳酿，则饮之。"抗笑曰："吾有斗酒，藏之久矣。今付与汝持去，拜上都督：此酒陆某亲酿自饮者，特奉一勺，以表昨日出猎之情。"来人领诺，携酒而去。左右问抗曰："将军以酒与彼，有何主意？"抗曰："彼既施德于我，我岂得无以酬之？"众皆愕然。

　　却说来人回见羊祜，以抗所问并奉酒事，一一陈告。祜笑曰："彼亦知吾能饮乎！"遂命开壶取饮。部将陈元曰："其中恐有奸诈，都督且宜慢饮。"祜笑曰："抗非毒人者也，不必疑虑。"竟倾壶饮之。自是使人通问，常相往来。

　　　　　　——第一百二十回《荐杜预老将献新谋　降孙皓三分归一统》

　　晋军的戍边将领羊祜与东吴的陆抗在计谋百出的时代，选择了另一种敌对关系，大为不易。人性本善还是人性本恶是个不会有标准答案的开放议题，所以才会有亦善亦恶、非善非恶的中立观点。具体到个体身上，就表现为形形色色、光怪陆离的人。理想的社会经济结构是橄榄型的——中等收入占多数，极富与极贫都是少数，这样的结构才能让经济的稳定性更佳。人性的结构大抵也是一个橄榄型，大善与大恶都是极少数，中性是主流。正因此，人类社会才能滚滚向前，虽有浮沉，不致崩盘。

　　当代作家吴晓波先生的《历代经济变革得失》中有一句话："每一个中国男孩，几乎都是从《三国演义》开始了解本国历史的。"这句话的严谨性暂放一边，但他确实道出了《三国演义》流传甚广的基本事实。网上有一项调研：如果穿越，你希望生活在哪个时代？答案五花八门，理由千奇百怪，但极少有愿意生活在三国时期的人，说明了网友的睿智——故事再好看也不能当饭吃。三国故事精彩，但真实的三国却令人恐惧：土地荒芜、"十室九空"，最具有直观感受的是三国人口只有东汉高峰时的 30% ～ 40%，导致人口急剧减少的第一原因就是战争。食不果腹，朝不保夕，这或许是没有人愿意选择穿越到三国时期生活的真实原因吧。

在没有科举制度的三国魏晋时期，虽然有九品中正制的选官机制，但底层的人基本没有机会当官。当然，在那个并不清明的朝政下，机会不一定意味着荣华富贵，反而极大可能带来杀身之祸。邦有道则仕，邦无道则隐，是最实用的立身原则，当隐都不能成为一种选择时，疏狂醉酒便成了逃避现实最方便的途径。在这样的背景下，戴逵写《酒赞》，孔融有《难曹公表制禁酒书》，刘伶有《酒德颂》就不难理解了。正如宋人叶梦得在《石林诗话》中所言："晋人多言饮酒有至沉醉者，此未必意真在于酒，盖时方艰难，人各惧祸，惟托于醉，可以粗远世故。"

古时的中国以中原或华北地区为中心，秦汉时的江南还不是最富庶的区域，东汉后期大量中原人口南迁，生产力逐步发展，江南才逐渐成为成熟的农业区，这是三国鼎立局面形成的物质基础。这一点，日本学者西嶋定生在《中国经济史研究》中说得明白："江淮水田农业起初远远落后于华北农业生产，从一世纪时开始逐渐发展生产力，在三世纪以后才上升为可与华北农业媲美的农业地带。其结果，在政治上表现为三国鼎立，而且还形成了从四世纪到六世纪的南北朝对峙时期。"

中国的酒一直以谷物酒为主流，虽然也有水果酒、兽乳酒，但谷物酒的主导地位一直没有动摇。汉末三国魏晋时期连年征战，农耕业遭到巨大破坏，粮食的稀缺导致酒的稀缺。然而令人难以置信的是，中国第一部系统的酿酒专著——贾思勰的《齐民要术》正是在这个时期编撰完成的。它在中国酒史中熠熠生辉：书中记载造曲的方法有十种，造酒的方法有四十余种。这一时期，广西有苍梧酒，湖州有乌程酒，还有曹丕喜爱的西域葡萄酒。九酝酒是东汉末年由曹操献给汉帝的宫廷美酒，民间亦有刘白堕酿造的鹤觞酒声名远播。

酒文化的核心由四个部分组成：酿酒文化（技术与科学），饮酒文化（礼仪与文艺），藏酒文化（文化收藏属性）和酒政文化（基于政治经济需要对酒的管理措施）。酒本无益，酒本无害。《三国演义》开篇即说："一壶浊酒喜相逢：古今多少事，都付笑谈中。"从东汉末年群雄并起，到三分天下，再到并归一晋，百年世事如同一梦。如果说中国漫长的历史中，治世常常体现出一种宏大、严整、强盛的"日神精神"，那么汉末魏晋时期则是一种典型的"酒神精神"，人们在充斥着悲剧的乱世中逆风放逐，向死而生。

跟着《西游记》去喝酒

第一集

花果山的两大名酒是什么?

猴子爱喝酒、能酿酒,这种说法并不算离谱。关于酒的起源,除了常见的杜康酿酒、仪狄造酒之外,还有一个说法就是猿猴造酒。看似荒诞,却更接近真实。西晋江统《酒诰》里说:"有饭不尽,委余空桑,郁积成味,久蓄气芳。本出于此,不由奇方。"这正说明,酒的诞生一定是人类在长期生活实践中逐渐发现的,非一人之力所能完成。

我们现在常说的"猴儿酒",其实是猴子们采集、储存水果后,因存放太久发酵后自然而然酿成的酒。这是符合科学依据的,大多水果富含糖分,表面都附着天然的酵母菌,在合适的环境条件下会自然发酵成酒。关于猿猴酿酒、饮酒的故事,从唐代张鷟的《朝野佥载》到明代李日华的《紫桃轩杂缀》再到清代李调元的《粤东笔记》都有记载。然而这种说法被广泛传播,大概得益于金庸先生在《笑傲江湖》中写的"猴儿酒",书中提及湘西山林中的猴子会用果实酿酒,因为猴子采摘的果子最鲜最甜,所以酿出的酒品质极为上乘。叫花子在山中遇上了,刚好猴群不在,便偷了三葫芦酒,而这酒又被令狐冲用一两银子骗去一壶。

《西游记》里孙悟空爱喝酒,可以追溯到他在花果山做猴王的时候。那个时候他还没有获得"孙悟空"这个名字,也没有见过菩提祖师,更未学得一身本领,只是一个天地精气孕育而成的石猴。这石猴在花果山跳过水帘洞的瀑布，发现了一片风景独好的洞天福地。众猴儿们因此尊他为王，这是石猴第一次成为花果山水帘洞的王。有了洞府可以居住，生活质量也要提上来。于是乎：

次日，众猴果去采仙桃，摘异果，刨山药，剧黄精，芝兰香蕙，瑶草奇花，般般件件，整整齐齐，摆开石凳石桌，排列仙酒仙肴。但见那：

……胡桃银杏可传茶，椰子葡萄能做酒。……

——第一回《灵根育孕源流出　心性修持大道生》

椰子、葡萄能用来酿酒，这倒是很符合传说中猴儿酒的酿造方法。明代学者李日华在《紫桃轩杂缀》里写"黄山多猿猱，春夏采杂花果于石洼中，酝酿成酒，香气溢发，闻数百步"，算是一种通过堆放果实靠天酿酒的方法。而《清稗类钞·粤西偶记》记载"山中多猿，善采百花酿酒"，则是以花酿酒。

葡萄酒的历史久远，英国作家奥兹·克拉克直接将其葡萄酒专著命名为《葡萄酒史八千年》。有人将中国葡萄的历史追溯到《诗经》中的"葛藟""薁"；也有人认为，葡萄自汉武帝时经西域传至中原地区，在当时尚属奢侈品，十分难得。《史记·大宛列传》记述："（大）宛左右以蒲陶为酒，富人藏酒至万余石，久者数十岁不败。"汉代一石等于一百二十斤，万石就是一百二十万斤，这确实是一个庞大的数目。至北魏时期，北方人们已经掌握通过埋枝帮助葡萄过冬的技术。到了唐代，葡萄酒已相对普遍，"葡萄美酒夜光杯"成为无数人向往的大唐酒风的象征。唐太宗李世民和曹丕一样，都是葡萄酒的粉丝，不仅爱喝葡萄酒，甚至还亲手酿造，并赏赐给大臣。元代官方用酒中，除了马奶酒，葡萄酒占很大比重，其产区主要在今新疆吐鲁番地区和今山西省内，并且当时已经出现了蒸馏的葡萄酒。葡萄酒的酿造相对简单，李时珍在《本草纲目》中写到葡萄只需要捣碎放置，就能自然发酵酿造出美酒，这似乎符合猴儿可以酿酒的难度。

今人对椰子酒较为陌生，然历史记载中椰子酒的酿造方法异常丰富。

古人有用椰肉、椰浆酿酒的，有用椰树的汁液酿酒的，还有用椰树的花酿酒的。

《北史》记载赤土国"以椰浆为酒"。《旧唐书》提到诃陵国"以椰树花为酒，其树生花，长三尺余，大如人髈，割之取汁以成酒，味甘，饮之亦醉"。《宋史》记三佛齐国"有花酒、椰子酒，皆非曲蘖所酝，饮之亦醉"。南宋周密在《齐东野语》中说："今人以椰子浆为椰子酒，而不知椰子花可以酿酒。"

椰子酒不仅有发酵酒，还有蒸馏酒，可称得上是"椰子白兰地"了，明代马欢《瀛涯胜览》记载暹罗"有米酒、椰子酒，皆烧酒也"。对椰子酒的信息记载最为丰富的是宋代赵汝适的《诸蕃志》，提到当时的占城国、南毗国、渤泥国等地都有椰子酒，且每个地方的酿造方法不尽相同。日本宫崎正胜在《酒杯里的世界史》里也提到过椰子酒："如今西亚、印度、东南亚各地，依旧在酿造由椰子树液发酵而成的椰子酒。"与椰子果实酿酒的复杂不同，椰子树汁反倒很容易酿造成酒，只需要静置几天就可以自然发酵而得到酒，但久放容易变酸变质。据说马可·波罗经爪哇国的时候尝到过自然酿造的椰子树汁酒，其味道像蜂蜜掺了水，冰镇饮用则风味更佳。

中国古代名士爱喝椰子酒者不在少数，宋代苏轼、李纲就是椰子酒的忠实粉丝。李纲在《椰子酒赋》中称赞椰子酒"何烦九酝，宛同五齐"。苏轼不仅爱喝椰子酒，还自己酿造，最后还能把椰子壳废物利用了，当帽子戴。他在《椰子冠》诗中写道："天教日饮欲全丝，美酒生林不待仪。自漉疏巾邀醉客，更将空壳付冠师。"明代宋讷也写过《椰子酒瓢赋》，称这种椰壳容器"不漆而玄，不老而苍"。可见椰壳不仅可以做帽子，还可以做酒杯。花果山的猴儿们保不准在花果山上蹿下跳的时候，也会装腔作势地举着椰壳杯、喝着椰子酒、戴着椰壳帽，体验一下名士风流。

在花果山的日子，猴王与猴儿们过得无忧无虑，直到有一天，居安思危的美猴王动了寻仙修道的念头。花果山里没有神仙，想要长生不老，需要漂洋过海，历经艰难险阻，穿越南赡部洲，到达西牛贺洲，才能寻得长生之法。既动了寻仙问道的念头，又不知何年何月才能够修成归来，于是猴儿们为美猴王的离去办了一场盛大的送行酒宴：

> 群猴尊美猴王上坐，各依齿肩排于下边，一个个轮流上前，奉酒，奉花，奉果，痛饮了一日。
>
> ——第一回《灵根育孕源流出　心性修持大道生》

这场酒的主题是送别，与文人的离愁情绪不同，多了几分热闹与潇洒。这里没有王维"劝君更尽一杯酒，西出阳关无故人"的伤感，也没有高适"丈夫贫贱应未足，今日相逢无酒钱"的窘迫，喝得高高兴兴、痛痛快快。由此证明，这猴子完全没有小富即安的心态，能在得意之时"忽然忧恼，堕下泪来"，想方设法跳脱阎王之管束，足见其深谋远虑与未雨绸缪。热闹归热闹，规矩还是要讲的。比如座次上仍"尊美猴王上坐"，并轮流敬酒，和今日酒局并无二致。这或许正是冯友兰先生所说的"抽象继承"。

有时掩卷，常常会想一个问题：孙悟空修得长生不老，甚至协助唐僧取经归来、修成斗战胜佛的正果之后，是否会想起自己在花果山里过的那段有花、有果、有酒，能够"痛饮一日"的岁月呢？这听上去，可是连神仙都要羡慕的日子啊！

道心坚定的美猴王，果然在菩提老祖那里学得了一身本领，也求仁得仁，获得了长生不老之法。学成归来的美猴王一回花果山，只见自己的洞府被魔王侵占、儿孙被蹂躏欺侮，显出愤怒法相，不费吹灰之力就将魔王消灭，重整了花果山的洞天福地。归来的美猴王有了名字，他姓孙，名悟空。于是花果山的猴儿们都姓起了孙，这一堆的"孙猴子们"忙前忙后，为孙悟空的归来张罗筵席，自然又少不了花果山特产的椰子酒和葡萄酒。

> 悟空道："我今姓孙，法名悟空。"众猴闻说，鼓掌忻然道："大王是老孙，我们都是二孙、三孙、细孙、小孙——一家孙、一国孙、一窝孙矣！"都来奉承老孙，大盆小碗的椰子酒、葡萄酒、仙花、仙果，真个是合家欢乐！
>
> ——第二回《悟彻菩提真妙理　断魔归本合元神》

与送别宴不同，庆祝美猴王学成归来的洗尘宴上的酒自然更加香甜可口，气氛也更加欢乐。"大盆小碗的椰子酒、葡萄酒"在水帘洞里不断地传送到高台上。什么酒对应什么杯，这是祖千秋教给令狐冲的饮酒之道。花果山的酒器虽不讲究，却也有区别：椰子酒用大盆装，葡萄酒用小碗盛，可见在花果山的酒品序列中，葡萄酒还是略高一筹的。随着孙悟空荣归故里，花果山的酒宴也空前热闹了起来。

不得不说，孙悟空是个合格的创业者，危机管理意识非常强，从不满足于现状，常常居安思危并身体力行。购买兵器，操训团队，一刻不停。当威风凛凛的美猴王孙悟空带着金箍棒从东海龙宫归来，演练猴儿军，震慑各路妖魔，一时风光无二。但见：

> 此时遂大开旗鼓，响振铜锣。广设珍羞百味，满斟椰液萄浆，与众饮宴多时。
>
> ——第三回《四海千山皆拱伏　九幽十类尽除名》

依旧是椰子酒、葡萄酒，这两种酒作为花果山特产酒的地位，可谓是实打实地确立了。放在今日，远见卓识的孙悟空必定会赶紧去注册商标，开通直播，凭着地方特产与源头供应链的概念开启多元副业，赚得盆满钵满。猴儿军制度完善、军纪严明，有了马、流二元帅，崩、芭二将军这四位老猴健将的带领，一个完善而坚固、秀美又威严的花果山集团脱颖而出。

完成了花果山猴儿王国的基础建设事业，能够驾驭筋斗云的孙悟空又怎么会止步于此？自然是"腾云驾雾，遨游四海，行乐千山"。在游山玩水中，孙悟空结交了六位兄弟，分别是牛魔王、蛟魔王、鹏魔王、狮驼王、猕猴王、禺狨王，加上自己美猴王，一共是"花果山七结义"。有了兄弟，当然要请兄弟来喝酒。且看这七位妖圣：

> 日逐讲文论武，走翠传筋，弦歌吹舞，朝去暮回，无般儿不乐。
>
> ——第三回《四海千山皆拱伏　九幽十类尽除名》

要说这七位能讲文论武、弦歌吹舞，只怕是附庸风雅的成分偏多，但若论起喝酒，这几位都是个中里手。邀请朋友来到花果山水帘洞，自然要尝一尝自家特色的椰子酒、葡萄酒。花果山盛酒的器具过去是椰子壳、小石碗，自家用没什么问题，但拿来招待客人，似乎就有点寒碜了。于是酒具升级为斝和觞。前者是三足一耳、两只小柱的圆形酒器，作为礼器的规格很高；觞则是更广泛意义上的酒器。王羲之与朋友兰亭集会的时候，曲水流觞用的就是这种酒杯，称为羽觞，也可唤作耳杯，以漆器居多。这些酒具的升级，大约不是靠猴儿们提高花果山生产力完成的，正如花果山猴儿军的武器一样，大概率是从花果山以外的人类社会中，被孙悟空一阵风儿摄回花果山的。

酒喝得太多就容易醉，人醉容易误事，就连修成神仙的孙悟空，也免不了醉酒误事的遭遇。

第二集

一场入职酒将弼马温喝成了齐天大圣

    饮酒一道，小酌怡情，多饮伤身，滥饮可就要出问题了。孙悟空自从天生地长、见风而化之后，一路顺遂：越过水帘洞的瀑布，不仅得到了一个水草丰美的洞天福地，还当上了猴王；想要寻仙问道，漂泊数年，真让他找到了菩提老祖，求得了一个长生不老之术，还学会了一身本领；回到花果山，不仅赶走了占据洞府的魔王，还厉兵秣马地在花果山称霸，结交了五湖四海的妖王兄弟，称得上要风有风、要雨有雨，于是日夜笙歌，纵酒作乐。

    常在河边走，哪有不湿鞋。天天痛饮，早晚有一天得出事儿。这一天，孙悟空又请朋友们来花果山赴宴喝酒。

    一日，在本洞分付四健将安排筵宴，请六王赴饮，杀牛宰马，祭天享地，着众怪跳舞欢歌，俱吃得酩酊大醉。送六王出去，都又赏劳大小头目，敲在铁板桥边松阴之下，霎时间睡着。四健将领众围护，不敢高声。只见那美猴王睡里见两人拿一张批文，上有"孙悟空"三字，走近身，不容分说，套上绳，就把美猴王的魂灵儿索了去，跟跟跄跄，直带到一座城边。猴王渐觉酒醒，忽抬头观看，那城上有一铁牌，牌上有三个大字，乃"幽冥界"。美猴王顿然醒悟道："幽冥界乃阎王所居，何为到此？"那两人道：

"你今阳寿该终，我两人领批，勾你来也。"

——第三回《四海千山皆拱伏　九幽十类尽除名》

花果山的酒宴，想必又是葡萄酒、椰子酒，大海小觚，孙悟空很快就喝醉了，在松树下的阴凉处睡着了。研究表明，只有人类及个别生物身体内携带乙醇脱氢酶和乙醛脱氢酶，这两种酶是分解酒精的核心物质。可以证实的是猫猫狗狗体内并没有这两种酶。孙悟空是人们眼中的"猴"，但在吴承恩笔下是一个"人"。虽然他是天地孕育的，但喝多了还是会醉。嗜睡是醉酒典型的症状之一：少量的酒精会让人兴奋，过量之后会抑制神经，造成短时间内脑供血不足，这是犯困瞌睡的主要原因。

古往今来的文人墨客，醉了以后在松荫下乘凉睡觉，似乎能展现出一种别具雅致的名士风度。文人爱松，大约是因为《礼记·礼器》中所说的"如松柏之有心也……贯四时而不改柯易叶"，或孔子所说的"岁寒然后知松柏之后凋也"，爱慕它有气节。另外松树芬芳，下无蚊虫，又有树荫，确实是酒醉乘凉的好去处。陆游有《醉卧松下短歌》，写自己"披鹿裘，枕白石，醉卧松阴当月夕"，十分潇洒。辛弃疾醉得有几分怪诞，对着松树问自己醉得如何，自己歪歪斜斜，还要逞强嗔怪松树要来扶他："昨夜松边醉倒，问松我醉何如。只疑松动要来扶，以手推松曰去。"没有醉过，没有对生活的深入观察，大约写不出这样的句子。

然而，孙悟空醉倒在松树下睡的这一觉，却没有这么风雅有趣。他刚睡着，就被批文信息没有及时更新的两个勾死人对照着名单拉去了幽冥地府。孙悟空若是没有睡着，见两个勾死人来了，多半要问一句：我都已经成仙了，怎么还来抓我？偏偏孙悟空酩酊大醉，一直走到幽冥界的界碑，才反应过来自己到了哪里。一怒之下，将两个勾死人打成肉酱，在地府中大肆吵闹，将自己和其他猴类都在生死簿上一笔勾销，才扬长而去。都说"生死有命，富贵在天"，孙悟空偏要实现"我命由我不由天"。

这猴王打出城中，忽然绊着一个草纥繨，跌了个踉跄，猛的醒来，乃是南柯一梦。才觉伸腰，只闻得四健将与众猴高叫道："大王吃了多少酒，睡这一夜，还不醒来？"

——第三回《四海千山皆拱伏　九幽十类尽除名》

按常理，醉酒之后尤其是深度醉酒应该少梦而非多梦，或许长生不老这件事确实是困扰孙悟空的头等大事，所以他在酩酊大醉的情况下仍然想的是生死簿上除名，果真应验了"日有所思，夜有所梦"。仗着自己仙路亨通、武艺高强，孙悟空一场大闹幽冥地府，倒赚了一个从生死簿上彻底勾销的实惠和大闹地府归来的名声，也算是因祸得福。孙悟空大闹地府的事情传到了玉帝的耳朵里，这强行勾销生死，到底是不合规矩的事情，好在有太白金星求情，玉帝不仅没有降罪，反而给孙悟空在天庭安排了一个"弼马温"的职位，给他一个公职，让他好好工作、收收心。

入了编制的孙悟空，刚开始志得意满、欢喜非常。先是求仙问道成功，后又在生死簿上除了名，人生的初步理想都已实现，再吃上天庭的皇粮，莫不是求仁得仁？弼马温专管天马，天马是有神性的动物，猴王也是有神性的动物，两者相处十分融洽。孙悟空的工作完成得有模有样，天马养得膘肥体壮，被管束得服服帖帖。眼看半月多过去，就要发工资奖金的时候，一场酒宴又惹出了祸事。

一朝闲暇，众监官都安排酒席，一则与他接风，一则与他贺喜。

——第四回《官封弼马心何足　名注齐天意未宁》

本来呢，这场酒宴是御马监的同事们的一番好意。孙悟空是御马监的新官，上任有半个多月，业绩也十分喜人，大伙儿们就商量着办个酒席，给新上任的领导庆贺一番——仙之常情嘛。吃饭喝酒是发生戏剧冲突最好的载体，编剧、导演懂得，史家、小说家们也懂得。这场好意办的酒席，酒席上的话头却招了麻烦。酒过半巡，孙悟空好奇起来，就随口问自己的官职算是什么品级？御马监说好听点是个后勤部门，事实上也就是养马的员工，虽然有编制，到底不入流。听说自己被封了一个替人养马的仆役工作，孙悟空哪里受得了这个气，顿时将酒桌掀了，一路打出南天门，回自己的花果山逍遥快活去了。

> 众猴道："来得好！来得好！大王在这福地洞天之处为王，多少尊重快乐，怎么肯去与他做马夫？"教："小的们，快办酒来，与大王释闷。"
>
> ——第四回《官封弼马心何足　名注齐天意未宁》

顺风顺水的孙悟空一直在喝快乐的酒：送行酒、接风酒、庆功酒、结拜酒、升职酒不一而足，这次终于要喝郁闷酒了。解忧释闷始终是酒最核心的功能，人生在世没有人不是负重前行，磕磕绊绊是生活常态，而一杯酒常常能帮助人们跨过那一道道沟沟坎坎。虽然诗人也明白"举杯消愁愁更愁"，但仍然会忍不住"呼儿将出换美酒，与尔同销万古愁"。

孙猴子这一闹，就算是在天庭挂了号了。玉皇大帝岂能容他这样胡来，于是派遣天兵天将前来花果山围剿捉拿。却不料这天兵天将一出，反倒成全了孙悟空"齐天大圣"的威名——别说巨灵神这类普通神将，就是踢天弄井的熊孩子哪吒，对上真正的猴儿孙悟空也略输一筹。打了胜仗的孙悟空摆脱了短暂的郁闷，又喝上了旗开得胜的酒：

> 你看那猴王得胜归山，那七十二洞妖王与那六弟兄，俱来贺喜，在洞天福地饮乐无比。
>
> ——第四回《官封弼马心何足　名注齐天意未宁》

孙悟空一战成名，天庭倒贴了颜面，亏得太白金星在其中说和调停，方才大事化小、小事化了。主和派的太白金星屡次帮悟空说好话，却并不拿悟空的好处，连孙悟空请他吃饭喝酒都是"恳留饮宴不肯"。玉皇大帝便准封了孙悟空一个有官无禄的空衔——"齐天大圣"，虽然没有编制，但是名头好听，既满足了孙悟空的虚荣心，又没有打破天庭封赏提拔官员的基本纪律，这个方法让双方都有台阶可下。孙悟空得了"齐天大圣"的名头，天庭得了安宁，岁月静好，诸事顺利。于是：

> 玉帝即命工干官——张、鲁二班——在蟠桃园右首，起一座齐天大圣府，府内设个二司：一名安静司，一名宁神司。司俱有仙吏，左右扶持。又差五斗星君送悟空去到任，外赐御酒二瓶，金花十朵，着他安心定志，再勿胡为。那猴王信受奉行，即日与五斗星君到府，打开酒瓶，同众尽饮。送星官回转本宫，他才遂心满意，喜地欢天，在于天宫快乐，无挂无碍。
>
> ——第四回《官封弼马心何足　名注齐天意未宁》

这一次玉帝算是给足了孙悟空面子，不仅给了荣誉封号、修了办公楼、安排了部下，还赐了仙酒，让孙悟空安安心心地在天宫做个闲散神仙，大家彼此安好。玉帝用来赏赐的仙家御酒，自然远远好过花果山的山果粗酿，也远比当初御马监的小公务员们自己凑份子办的酒要高贵得多。有好酒不能没有好酒友，孙悟空是个爽快神仙，懂得"今朝有酒今朝醉"的道理，拿到赐酒，也不藏私，到了府邸就打开御酒，同五斗星君一起分享。

此时，孙悟空如愿以偿地成为了齐天大圣，过上了梦想中逍遥天地间、交友四海处，无拘无束的日子。然而一场即将到来的酒宴，却因宴请宾客名单考虑不周的问题，又将掀起天地间一场偌大的风波。

第三集

一张酒宴请柬成了祸事的导火索

　　孙悟空自从被封了"齐天大圣"，在天庭过得乐而不思花果山旧地，天庭也得到了片刻的安宁。悟空的情商高，故而人缘儿一直不错，与一帮神仙称兄道弟，东游西逛。然总有好事者如旌阳真人，担心孙悟空结交权贵无事生非，请求玉皇大帝给老孙一个职务。耳根子软的玉皇大帝想了想，天庭诸事都已经安排满员，还有一个蟠桃园缺个管事，算是个闲职，于是就安排孙悟空去看园子。

　　若说上一次安排孙悟空做"弼马温"，算是玉帝不清楚孙悟空的性格与脾气，处理得有些不妥，那么这个蟠桃园的差事就是典型的识人不明了。安排猴子看蟠桃园，这不等于让他监守自盗吗？知人善用是领导者最基本的素质，偏偏为玉帝所欠缺。所以说孙悟空在蟠桃园偷吃桃子一案，孙悟空负小半的责任，安排这一职务的玉皇大帝应当负主要的责任。

　　孙悟空上任伊始，还是非常尽职尽责的。第一天他就清点了蟠桃树的株数，查看了房子等固定资产，且从此以后"三五日一次赏玩，也不交友，也不他游"。为了工作断绝和朋友的来往，踏踏实实守着自己的一亩三分地，对于生性好动的猴子来说，着实难能可贵。不料风平浪静中又生出事端，不过真正惹事儿的根源，不是孙悟空品性不佳监守自盗、偷吃蟠桃，而是一场叫"蟠桃会"的酒会。

蟠桃酒会的故事，最早能追溯到《汉武故事》，其中就有西王母赴宴的情节。不过，《汉武故事》中的蟠桃酒会，汉武帝是置办者，西王母是赴宴者而非举办酒宴的主理人。宴会上汉武帝向西王母求长生不老之药，西王母说汉武帝是人间帝王，欲望太多，是无法享用神仙的不死之药的，因此只送了他五颗蟠桃。汉武帝想要留着桃核种植，西王母就笑着说，这种桃子三千年才结一颗果子，人间是种不了的，于是飘然而去，没有和汉武帝再说鬼神的事情。由此可见，蟠桃酒会的前身，实际上是西王母带着蟠桃去参加汉武帝的酒会。不过到了后世如宋金杂剧院本《蟠桃会》《瑶池会》中，就已经将"蟠桃酒会"这个说法固定下来，认为是王母娘娘摘蟠桃置酒，请群仙赴会，吴承恩在《西游记》里用的也是这个说法。

但凡请客吃饭，邀请的嘉宾名单最好是"宁卯一村、不卯一户"。换句话说，既然要置办酒会，要么就是私密朋友小聚一堂，要不然就是人人有份，最糟糕的情况就是大家都通知到了，落下一位没请，就很容易挑起纷争。话说古希腊神话中长达十年的特洛伊战争，向前追溯最早的原因，实际上就是佩琉斯国王同海洋女神忒提斯结婚，婚礼的酒宴邀请了几乎所有的神参加婚礼，唯独没请纠纷与不和女神厄里斯。厄里斯发现自己没被邀请，一怒之下丢下一个金苹果，上面刻着"只有最美丽的女神才能拥有这个苹果"，然后惹起了从天上到人间长达十数年的纷乱战争。可见酒宴忘了邀请某位客人，后果非常严重。很可惜，西王母和玉皇大帝应该跟奥林匹斯山众神没啥交往，因此犯了一个与佩琉斯、忒提斯非常相似的错误：在赴宴的名单上，漏了一个能惹事儿的刺儿头——孙悟空。

> 大圣闻言，回嗔作喜道："仙娥请起。王母开阁设宴，请的是谁？"……大圣笑道："可请我么？"仙女道："不曾听得说。"大圣道："我乃齐天大圣，就请我老孙做个席尊，有何不可？"仙女道："此是上会旧规，今会不知如何。"
>
> ——第五回《乱蟠桃大圣偷丹　反天宫诸神捉怪》

按七仙女的说法，这次蟠桃会没有宴请孙悟空，并不是有意而为之，而是名单更新不及时、因循旧例的结果。虽然七仙女说不清楚赴宴名单里到底有没有孙悟空，但很明显，七仙女都来摘蟠桃了，赤脚大仙也已经在赴宴的路上了，孙悟空还没收到蟠桃酒会的请柬——可见这次确实是把他这个新晋的、挂名的齐天大圣给忘了。

对于孙悟空而言，蟠桃酒宴这种新奇事情是要一探究竟的，别人不请我便自来。于是他变作赤脚大仙模样，来到瑶池，看到蟠桃宴会上珍馐佳肴、各色仙果已铺设得整整齐齐。宴会上的龙肝凤髓、熊掌猩唇，对于孙悟空未必有太大的吸引力，至于仙果更是不觉稀奇——连蟠桃园都被孙悟空一锅端了，还在乎那些仙果仙枣吗？真正令孙悟空垂涎三尺的，实际上是蟠桃酒会的仙酿。换言之，这场祸，源头还是在酒。

> 这大圣点看不尽，忽闻得一阵酒香扑鼻。忽转头，见右壁厢长廊之下，有几个造酒的仙官，盘糟的力士，领几个运水的道人，烧火的童子，在那里洗缸刷瓮，已造成了玉液琼浆，香醪佳酿。大圣止不住口角流涎，就要去吃，奈何那些人都在这里。他就弄个神通，把毫毛拔下几根，丢入口中嚼碎，喷将出去，念声咒语，叫："变！"即变做几个瞌睡虫，奔在众人脸上。你看那伙人手软头低，闭眉合眼，丢了执事，都去盹睡。大圣却拿了些百味八珍，佳肴异品，走入长廊里面，就着缸，挨着瓮，放开量，痛饮一番。吃够了多时，酕醄醉了。自揣自摸道："不好！不好！再过会，请的客来，却不怪我？一时拿住，怎生是好？不如早回府中睡去也。"
>
> ——第五回《乱蟠桃大圣偷丹　反天宫诸神捉怪》

单看这一小段，会觉得蟠桃盛会上仙酒的酿造方法和凡间大差不离。"造酒的仙官""盘糟的力士""领几个运水的道人""烧火的童子"，这几个人承担的恰恰是造酒必不可少的工种。运水、烧火自不必说，酒是由粮食、酒曲和大量的水共同酿成，而粮食需要经过蒸煮才能用来酿酒，这些都是造酒的基本流程。

"盘糟的力士"的工作也是很特别的：搬运用粮食酿酒时剩下的渣子——酒糟，这种酿酒的下脚料在爱惜粮食的中国人手中，也能焕发出第二春。

贾思勰在《齐民要术·作酢法》中记载有酒糟醋法："春酒糟则酽，颐酒糟亦中用"是说酒糟可以酿醋。民间对酒糟更普遍的用法是直接拿来腌渍食物，《水浒传》里有卖糟货的唐牛儿，《红楼梦》里有薛姨妈家精致的糟鹅掌鸭信，美食作家袁枚的《随园食单》中各色糟味读来令人口角流涎、食指大动。早些年，酒糟主要用作家畜家禽的营养饲料。近些年来酿酒企业流行体验消费，到了酒厂，酒糟鸡蛋、酒糟冰棒、酒糟面膜几乎都成了基础体验项目。此外酒糟也具有活血止痛、温中散寒的功效。蟠桃盛会上的仙酒已经酿好，酿酒的大缸大瓮都在洗刷了，于是有力士将酒糟盘起来大批运走，可见天宫之中，也是把酒糟视作可以再利用的宝贝。

不怕不识货，就怕货比货。孙悟空之前喝的酒多以自酿为主，此时碰到如此仙酿，自然是挪不动脚步的。急着喝酒的人，也等不及什么杯盘碗盏、觥筹交错这一套繁文缛节，"就着缸，挨着瓮，放开量"九个字刻画了一个跃然纸上的酒鬼形象。

人间也有抱着酒坛子喝酒的，不仅喝，还写诗记载说："捧瓮承槽，衔杯漱醪，饮此美酒，无思无虑，其乐陶陶。"此人便是"以酒为名"的刘伶。在竹林七贤中，抱着坛子喝酒似乎是正常操作，《世说新语》中记载阮籍、阮咸这一家族"诸阮皆能饮酒，仲容至宗人间共集，不复用常杯斟酌，以大瓮盛酒，围坐相向大酌"。北京故宫博物院藏有一幅《六逸图卷》，是唐代陆曜的名作，"六逸"其中之一就是东晋毕卓，画面表现的正是"毕卓盗酒"的故事：话说毕卓好酒，有一天晚上跑到酒库中对瓮偷饮，结果生生把自己喝醉，被人趁黑捆了起来，第二天天亮发现偷酒者竟然是大名人毕卓，赶紧给他松了绑，而毕卓又拉着人家在酒瓮旁重新喝起来。齐白石也曾画过毕卓盗酒的题材，取名《盗瓮图》。如果孙悟空来到这些喜欢对瓮畅饮的名士身旁，也会被引为知己的。

蟠桃酒会一番畅饮后，孙悟空喝醉了。不过此时的孙悟空也没觉得自己惹了什么大祸，只是想到自己偷酒喝的事儿如果被抓现行，怕是有些丢面子，不如躲回府里睡大觉，只要没有人赃俱获，就没什么大事儿。孙悟空这个想法倒也没错，虽然他偷了几瓮仙酒、几盘果菜，但对于整个蟠桃盛会而言，也不过是九牛一毛而已，即使王母娘娘和玉帝知道了，恐怕也很难和一个偷酒的猴子生气，最多不过是仙界的又一笑谈罢了。

坏就坏在孙悟空是个酒品不大好的猴子。他偷饮仙酒后，如果径直走回自己的齐天大圣府喝些醒酒汤、睡上一觉也就过去了，没承想却迷迷糊糊认错路，跑到了兜率天宫。人生关键的路就那么几步，一步错便步步错，这话真被孙悟空给应验了，一场新的麻烦即将到来。

第四集

为什么同一种酒会喝出不同的滋味？

醉酒易误事，孙悟空偷喝了蟠桃大会的仙酒，连回大圣府的路都认错了，一路撞进了太上老君的兜率天宫。

> 好大圣，摇摇摆摆，仗着酒，任情乱撞，一会把路差了，不是齐天府，却是兜率天宫。
>
> ——第五回《乱蟠桃大圣偷丹　反天宫诸神捉怪》

只要喝酒便难免喝醉，或者对于真正的酒徒而言，喝酒就是为了醉。《诗经·小雅·宾之初筵》写了饮酒至醉的几个阶段。首先是大家彬彬有礼、座席有序，一面喝酒，一面听钟鼓之乐、演练射箭仪礼，这是酒宴刚开始的场景。然后随着乐器合奏，大家觥筹交错，宾客不断走进筵席，主人一面劝酒，一面以礼相待，这是酒宴气氛最好的时候。接下来，有的客人开始有几分醉意了：有些人开始举止轻浮起来，失去原来的威仪，行动开始失去秩序，即"是曰既醉，不知其秩"，这是酒宴开始滑向失控的标志。宾客喝醉了，就开始乱敲乐器、狂歌乱舞，不知道自己嘴里在说什么，也不知道自己在做什么，走起路来歪歪倒倒，完全不顾及形象。民间将喝酒的阶段总结成几个词：柔声细语、欢声笑语、甜言蜜语、豪言壮语、胡言乱语、不言不语，知者自能会心一笑。

《诗经》认为，喝醉了还不知道自己该在什么时候离席的人是缺少德行的，因为醉酒会乱了行止礼仪。孙悟空是知道要及时撤离的，因为他担心自己被"一时拿住，怎生是好"。但出了瑶池，酒劲一上来就再也控制不了自己了。醉酒即酒精中毒，程度有轻有重，症状千奇百怪，而丧失记忆俗称断片儿，恰恰是醉酒症状中最常见的一种。有研究表明，醉酒最容易损坏的是短期记忆到长期记忆中间的那一部分：比如很多人醉酒之后，记忆往往停留在酒桌上的某个瞬间，自己能回到家，但回家的过程却不记得。这是因为回家的路是长期重复记忆形成的，不容易忘，喝醉后回家的过程则属于中期记忆，容易忘记。悟空搬到大圣府不久，走错路恰恰说明新宅邸的路还没有在大圣的脑子里形成长期记忆。

> 一时间丹满酒醒，又自己揣度道："不好！不好！这场祸，比天还大，若惊动玉帝，性命难存。走！走！走！不如下界为王去也！"
>
> ——第五回《乱蟠桃大圣偷丹　反天宫诸神捉怪》

偷吃完太上老君的金丹，酒也醒了，孙悟空这才反应过来自己闯了多大的祸：偷蟠桃在先，偷御酒在后，一场蟠桃大会被他给搅和了。太上老君的金丹是无价之宝，居然被他当成酒后零食吃了个干净。现在祸已经闯了，要说后悔也晚了，孙悟空懂得三十六计走为上计，脚底抹油，溜之大吉，捏了个隐身诀，直接跑回花果山了。

孙悟空这次跑路回乡，比上次做弼马温的时候打出南天门，要低调了很多。要说原因，当然是因为这次他自己也觉得理亏，为了偷嘴吃，惹出这么大的祸事来。有趣的是，到了花果山见到猴子猴孙们，孙悟空干的第一件儿是什么呢？还是喝酒！

> 众怪闻言大喜，即安排酒果接风，将椰酒满斟一石碗奉上。大圣喝了一口，即咨牙倈嘴道："不好吃！不好吃！"崩、芭二将道："大圣在天宫，

吃了仙酒、仙肴，是以椰酒不甚美口。常言道：'美不美，乡中水。'"大圣道："你们就是'亲不亲，故乡人'。我今早在瑶池中受用时，见那长廊之下，有许多瓶罐，都是那玉液琼浆。你们都不曾尝着。待我再去偷他几瓶回来，你们各饮半杯，一个个也长生不老。"众猴欢喜不胜。大圣即出洞门，又翻一筋斗，使个隐身法，径至蟠桃会上。进瑶池宫阙，只见那几个造酒、盘糟、运水、烧火的，还鼾睡未醒。他将大的从左右胁下挟了两个，两手提了两个，即拨转云头回来，会众猴在于洞中，就做个"仙酒会"，各饮了几杯，快乐不题。

——第五回《乱蟠桃大圣偷丹　反天宫诸神捉怪》

孙悟空一回花果山，众小猴见到大王回来了，哪管什么是非曲直，先是十分欢喜，然后立刻倒上花果山的特产椰子酒给孙悟空接风。然而喝惯了仙酒的孙悟空再喝猴儿酿的椰子酒，顿时就有个高低优劣的比较了，连呼："不好吃！不好吃！"已经喝不下椰子酒的老孙，为了证明自己所言不虚，也为了给猴儿们开开眼界，索性二进宫再去偷酒，真是虱子多了不咬、债多了不愁。

所谓"曾经沧海难为水"，人的口味向上兼容易、向下兼容难，由奢入俭的难度远远大于由俭入奢。且不要说仙酒和猴儿酒的差距，就算都是人间酿造的酒，也有高低贵贱之分。在古代最简单的区分是"清酒"和"浊酒"，前者是品质较高的酒，故而被称为"圣人"，而后者通常是尚未过滤或简单过滤的粗酿，被称为"贤人"。要论口感，酒是不厌其精的，从粮食的选择，到温度的把控，再到发酵的时间、发酵缸瓮的选择、酿酒的水质、酿造的时间、过滤蒸馏的方法等，不一而足，每一个细节都会影响到酒水的口感和滋味。

对于孙悟空而言，天界虽然好，仙酿虽然美味，到底比不上花果山的逍遥自由、亲切可爱。孙悟空自己也知道，虽然和神仙们称兄道弟、交游往来，但神仙们嘴上叫着"大圣"，心里依旧将他看作一个不懂礼数、沐猴而冠的异类。躺在宽敞整齐的齐天大圣府里，还不如在蟠桃园树枝上睡得舒服。他无法改变自己的天性，更学不会那些繁文缛节的礼数，天庭不过是一趟旅游，花果山才是永远的故乡。所以，即使喝过了仙酿，和神仙拜过把子，孙悟空心里的花果山依旧是"美不美、故乡水，亲不亲、故乡人"。

偷了仙酒的孙悟空知道自己不占理，所以当天兵天将把花果山围了个水泄不通，他就躲在水帘洞里不出头，他需要思考如何应对、如何收场。平时火急火燎的孙猴子突然佛系地念起了诗句，实情是作为管理者的他在团队面前必须表现出超脱与淡定。如同听到淝水之战胜利消息仍然风轻云淡的谢安是有外人在场的谢安；客人告辞后兴奋得连木屐踩断了都未发觉的谢安才是真正的谢安。

> 那大圣正与七十二洞妖王，并四健将分饮仙酒，一闻此报，公然不理道："'今朝有酒今朝醉，莫管门前是与非。'"说不了，一起小妖又跳来道："那九个凶神，恶言泼语，在门前骂战哩！"大圣笑道："莫采他。'诗酒且图今日乐，功名休问几时成。'"
>
> ——第五回《乱蟠桃大圣偷丹　反天宫诸神捉怪》

孙悟空这两句诗，既是杜撰，又有些出处：前一句"今朝有酒今朝醉，莫管门前是与非"，源自唐代诗人罗隐的"今朝有酒今朝醉，明日愁来明日愁"，不过孙悟空这句比罗隐的更接地气。如今人们说起"今朝有酒今朝醉"，怕是只记得猴儿说的这下一句，不记得罗隐写的那一句了。后一句"诗酒且图今日乐，功名休问几时成"出自明代杨柔胜的杂剧《玉环记》中的"自古道诗酒且图今日乐，功名休问几时成"，大约是由民间近似的俗语编撰而来。不过这句话放在《玉环记》中作为书生之间的相互劝慰是合适的，放在孙悟空的嘴里便有几分滑稽的感觉。

不管外面天兵天将怎么叫阵呼唤，孙悟空都不出来应战。直到九曜星君打破了山门、要杀进水帘洞来了，这才被动应战，掣开金箍棒打得方才威风凛凛的九曜星君节节败退。面对九曜星君的质问，孙悟空也不抵赖："酒是我喝了，丹药是我偷吃了，你们想怎么办吧？"搅黄了蟠桃会、偷了金丹，天庭面子丢到四海皆知，还能怎么办？当然是掀翻花果山、踏平水帘洞，活捉这个惹祸的泼猴呀！于是双方一番斗嘴后，又是一场恶战。

既有恶战，免不了饮酒。自古以来，沙场上的将士过的是今日不知明日生死的日子，酒既是排遣忧愁、焦虑的安慰，又是壮怀英雄胆魄的激励。人间战士如此，花果山的猴兵亦如此。第一日，花果山的独角鬼王与七十二洞妖怪被众天神捉拿，而孙悟空又打退了哪吒太子、五个天王，双方兵败将胜，打了个平手，待第二日再行会战。于是晚上：

> 四将与众猴将椰酒吃了几碗，安心睡觉不题。
>
> ——第五回《乱蟠桃大圣偷丹　反天宫诸神捉怪》

这一碗酒可不简单。大敌当前没有压力是假，但越有压力越要顶住，必须保证充足的睡眠以养足精神，这一碗椰酒首先是助眠酒。孙悟空未必有绝对的胜算，嘴上只好自我安慰说"胜败乃兵家常事"，这一碗椰子酒还是克服恐惧的酒。同样一杯酒，有时强调口味，有时看重功能。闲情逸致时，色香味格缺一不可；十万火急时，只要能醉便是好酒。刚刚还说椰子酒不如仙酒好喝的孙大圣，这时候已经不去计较酒的味道了，因为第二日便是关乎生死存亡的花果山大会战。

第五集

唐僧的三个徒弟皆是因酒获罪

　　孙悟空偷了蟠桃会的仙酒回到水帘洞，惹来天兵天将围困花果山。饶是孙悟空英雄盖世，也抵不过二郎神、太上老君和天兵天将的合力捉拿，被抓上了天庭，塞进炼丹炉里受罚。孙悟空前番来到太上老君的炼丹室，是酒醉闯进去偷吃金丹，此番故地重游，却是被推入炼丹炉里受罚，可见这酒后失德，后果是非常严重的。孙悟空的罪状，明面上是偷桃、偷酒、偷仙丹，小说行文中好几处都在不断强调孙猴子的这些恶行，九曜星君挑战时是这么说的，玉皇大帝向观音菩萨诉苦时也是这么说的：

　　　　他又不遵法律，将老树大桃，尽行偷吃。乃至设会，他乃无禄人员，不曾请他，他就设计赚哄赤脚大仙，却自变他相貌入会，将仙肴仙酒尽偷吃了，又偷老君仙丹，又偷御酒若干，去与本山众猴享乐。

　　　　　　　　　　　　——第六回《观音赴会问原因　小圣施威降大圣》

　　二郎神奉旨捉拿孙悟空时，圣旨写的也是"因在宫偷桃、偷酒、偷丹，搅乱蟠桃大会"。包括二圣去请如来帮忙，说的仍然是"着他代管蟠桃园，他即偷桃；又走至瑶池，偷肴偷酒，搅乱大会；仗酒又暗入兜率宫，偷老君仙丹，反出天宫"。能说出来的原因都不是真正的原因，如果仅仅是因为盗窃罪，痛打五百大板也就差不多了，不至于被压在五行山下。这猴头或许真是喝昏了头脑，对着如来说自己要取代玉帝做天庭的老大。当他说出"皇帝轮流做，明年到我家"时，注定要万劫不复了。孙悟空之所以成为万人宠爱的形象，或许正因为他身上所秉持的"王侯将相宁有种乎"的那种反抗精神。

刺儿头被降服，天庭马上恢复了往日的秩序。没了孙猴子的捣乱，各位神仙喝起酒来舒心多了。仙情世故、礼尚往来不能少，王母、玉帝、寿星、赤脚大仙纷纷向如来赠送礼物、举杯答谢直至酩酊。

> 王母正着仙姬仙子歌舞，觥筹交错，不多时，忽又闻得：
> ……洞里乾坤任自由，壶中日月随成就。
> ……曾赴蟠桃醉几遭，醒时明月还依旧。……
> 如来忻然领谢。寿星得座，依然走斝传觞。
> 如来又称谢了，叫阿傩、迦叶，将各所献之物，一一收起，方向玉帝前谢宴。众各酩酊。
>
> ——第七回《八卦炉中逃大圣　五行山下定心猿》

猴王与天宫之间的恩怨暂时告一段落，《西游记》中的一方重要力量如来佛祖就此登场了，《西游记》的故事主线也从"孙悟空与天宫不得不说的恩怨"，转移到了"如来佛派遣观音寻找取经人"。

观世音菩萨领取了如来的旨意，来到东土大唐寻觅一个虔诚的取经人，委托他走遍千山万水前去求取真经。这一路上，观世音菩萨见到了三个从天庭被贬黜到人间的神仙，将他们收入编制，戴罪立功，陪同取经人前往西方极乐世界。而这三个戴罪的神仙所犯之事，多多少少与酒有些关系。

观世音菩萨收服的第一个戴罪神仙，是流沙河的沙悟净。在他成为流沙河作乱的一怪之前，本是天庭的卷帘大将，所犯的错误说起来并不大，但遭受的惩罚却很严重：

> 只因在蟠桃会上，失手打碎了玻璃盏，玉帝把我打了八百，贬下界

来，变得这般模样。又叫七日一次，将飞剑来穿我胸胁百馀下方回，故此这般苦恼。

——第八回《我佛造经传极乐　观音奉旨上长安》

卷帘大将犯的错，看上去不过是将一个玻璃的酒杯打碎了，就遭到了极为严重的惩罚：先是被打了八百下，然后被贬黜下凡、容貌变得丑陋，最后还要被飞剑穿胸百余下。天庭的律令如何，我等凡人自然是不清楚的。不过这珍贵的玻璃盏是什么样子，凡间似乎也有对应的存在。

需要稍作说明的是，有人将中国的琉璃和玻璃等同，那么文中的玻璃盏也可视为今天在博物馆所见的琉璃盏；也有人将琉璃与玻璃（现代属性的玻璃）视作两类物质，那么"琉璃钟，琥珀浓"中的琉璃就不能被视作"玻璃酒杯"。玻璃在现代工业的批量生产下，因为好塑形、易烧制，早已不再是价格昂贵的珍宝，但在古代一直是比肩玉石珠宝的稀有品种。古代道路崎岖、物流难行，加上玻璃易碎难保存，玻璃盏就成为了极珍贵的珍宝。如今除了出土的文物以外，在敦煌壁画上也有玻璃盏一类器具的图像，这类玻璃器具据考证大多来自中亚的伊朗，甚至来自丝绸之路最西端的古罗马地区。万里迢迢而来的玻璃盏被视为佛教仪礼中的圣物，这样的稀世珍宝在蟠桃宴会上被摔碎，也难怪王母、玉帝会勃然大怒，重罚失手的卷帘大将。

沙悟净因为失手打碎一盏珍贵的酒器而受罚，尚属无心之过，身为天蓬元帅的猪悟能受罚的原因似乎更"罪有应得"一些。猪悟能见到观世音菩萨，解释自己被贬下凡的原因时说：

只因带酒戏弄嫦娥，玉帝把我打了二千锤，贬下尘凡。一灵真性，径来夺舍投胎，不期错了道路，投在个母猪胎里，变得这般模样。

——第八回《我佛造经传极乐　观音奉旨上长安》

猪悟能身为天蓬元帅，是天庭的水军大统领，喝醉了居然毛手毛脚骚扰女仙，严格意义上来说，属于醉后失德的大过失。对于这种骚扰女性的不良行为，天庭采取了"零容忍"的态度，处罚程度比打碎玻璃盏要更加严厉，天蓬元帅被打了两千锤，远远比卷帘大将挨的八百下要多出一倍有余，相比之下纵火的小白龙所受处罚是最轻的，只有三百下。因酒而生的罪责比放火还严厉，可见天庭与人间的规则并不相同。

观世音菩萨最后收服的，自然就是被压在五行山下反省的孙悟空了。

总体而言，天庭的御酒固然是琼浆玉液，但是庙堂之高自有其森严法度，无论是打碎珍贵的酒器，还是酒后失德乱性，抑或是像孙悟空一样偷酒大闹，都会遭到严厉的惩罚。

仙界的事告一段落，人间的事扑面而来。东土大唐长安城外的泾河岸边，有两个不知神仙佛祖、妖魔鬼怪为何物的凡人，一个是渔翁，一个是樵夫。书里给这两个山野之人起了一个有趣的雅号，说他们是"不登科的进士""能识字的山人"，可见二人是胸中有文墨却宁愿隐居山野的伯夷、叔齐一类的人物。

渔樵问答是中国古代文化中的一个重要意象，绘画、音乐、诗词中经常可见。后来又补充成了农耕社会的渔、樵、耕、读四业。耕和读偏向入世的现实事业，渔和樵寓意出世的隐逸思想。渔的原型是汉代庄光（严子陵），他拒绝了光武帝刘秀的邀请，一生不仕，隐居乡间垂钓为乐，这与姜子牙的垂钓是两种完全不同的价值取向。樵的原型是汉代的朱买臣，他从落魄潦倒官拜九卿，只是不知这个逆袭的故事是如何转化成了隐逸的象征。中国古曲中有《渔樵问答》一首，在明代颇为流行。或许吴承恩喜欢这问答的结构手法，便将这一形式在小说中铺陈一番。这两个人物的出场实际是为唐太宗的故事做铺垫，顺便满足一下作者不可遏制的诗兴。

《西游记》从神仙故事到人间故事，花费了不少笔墨，夹杂了附录《陈光蕊赴任逢灾　江流僧复仇报本》，故事非常曲折，可算作背景渲染，其目的就是为了衔接第八回与第九回。从世俗的角度看，渔翁与樵夫是山野匹夫、无名无姓；龙王是一方水神，地位尊崇，并不在一个级别之上。然而两袖清风的渔樵在河边问答，位高权重的龙王龙头落地。说到底，渔樵的天地逍遥正是为了对比金銮殿上帝王的心疾。说到人间的逍遥，便少不了要提到酒，这场渔樵问答的开始，便是两人在长安城里，一个卖了柴，一个卖了鱼，将卖得的钱买了酒，不仅先在酒馆里饮酒微醺，还各自打了一瓶酒，散步回家。人间烟火气，最抚凡人心，天津博物馆藏有一幅清代黄慎的《渔妇携筐图》，画面中一女子携一竹筐，框内有一条鱼，初看此画与酒毫无关联，细看题款内容与《西游记》中的渔樵二人拥有一样的小确幸：渔翁晒网趁斜阳，渔妇携筐入市场。换得城中盐菜米，其余沽酒出横塘。

> 一日，在长安城里，卖了肩上柴，货了篮中鲤，同入酒馆之中，吃了半酣，各携一瓶，顺泾河岸边，徐步而回。
>
> ——第九回《袁守诚妙算无私曲　老龙王拙计犯天条》

这渔樵二人饮的酒，是《西游记》中最自在的一场酒。这两人不图名利，饮酒既不是庆贺猴王登基，又不是宴请五湖四海的妖王，更不是群仙聚会，只是普普通通的卖柴、卖鱼、沽酒、饮酒。这样普普通通的日子，反而喝出了饮酒的真谛，喝出了酒里的自在与逍遥。一位渔翁，一位樵夫，两人饮至半酣，安步当车，慢慢向山野走去，并相约"明日上城来，卖钱沽酒，再与老兄相叙"。这两位悠闲的酒客联起诗来，句句不离酒、篇篇有雅致。

第六集

千金难买无忧无虑的闲酒

《西游记》中的诗歌非常多，无论是人、神、妖、鬼，还是巡山的小妖、吃人的魔头，在自报家门的时候都能来上一首。虽然其中很多诗大约只是打油诗或只有说书人讲快板的水平，但无论如何，这些诗读起来增加了古代民间说唱的节奏感。

长安城郊的这两位隐士，一位在江上捕鱼，一位在山林中砍柴，两位酒友在长安城的酒馆中小酌半酣后，向山野走去。一路上自然也免不了乘着酒兴，聊几句词，联几句诗。诗的内容是什么呢？说来有意思，两人乘着酒兴在争辩谁的生活更有趣：到底是山野更为令人赏心悦目，还是江河更为令人心旷神怡？这些诗词中，为生活的有趣做注脚的，还是喝酒。首先是渔翁祭出一首《天仙子》，词句朴实可爱，说尽了渔翁家日常生活的欢乐：

> 一叶小舟随所寓，万叠烟波无恐惧。垂钩撒网捉鲜鳞，没酱腻，偏有味，老妻稚子团圆会。　　　　鱼多又货长安市，换得香醪吃个醉。蓑衣当被卧秋江，鼾鼾睡，无忧虑，不恋人间荣与贵。
>
> ——第九回《袁守诚妙算无私曲　老龙王拙计犯天条》

渔翁的生活，是向江河湖海中撒网捕鱼，然后在长安城中卖掉，换成酒喝个痛快。渔翁词里的"香醪"，早在唐朝五代的时候就已经是美酒的代称，李煜词中有"罗袖裹残殷色可，杯深旋被香醪涴"，杜甫诗里也有"清秋多宴会，终日困香醪"，都是以"香醪"代称美酒。以"醪"为名的酒，从字面意思可知是汁渣混合的酒，也就是未经过滤的浊酒。浊酒是酒的初级形态，往往与清酒相对应。古代的"白酒"指的正是浊酒，因其颜色乳白而得名，和今天的"白酒"不相干。今天的白酒是无色透明的，和"白"这个颜色已没有关系。清酒被称为"圣人"，浊酒被称为"贤人"，说明清酒的地位是高于浊酒的。宋代朱翼中《酒经》开篇就说："仪狄作酒醪，杜康秫酒，岂以善酿而得名，盖抑始于此耶？"此外，"醪"和"醴"也常并用，称为"醪醴"，醴是指度数较低的甜酒，而醪的度数要稍高于醴，甜度似乎也更高。宋代韩驹有诗云"饮惯茅柴谙苦硬，不知如蜜有香醪"，说的正是醪的甜味。

听了渔翁的词，樵夫不甘人后，也做了一首《天仙子》，来证明山野的生活更有意趣：

> 茅舍数椽山下盖，松竹梅兰真可爱。穿林越岭觅干柴，没人怪，从我卖，或少或多凭世界。　　　　将钱沽酒随心快，瓦钵磁瓯殊自在。酕醄醉了卧松阴，无挂碍，无利害，不管人间兴与败。
>
> ——第九回《袁守诚妙算无私曲　老龙王拙计犯天条》

比起渔翁的词，樵夫这首《天仙子》中用的酒典略多一些。樵夫说自己卖柴全凭心情，卖了柴换酒，即使只有"瓦钵磁瓯"这样简单贫寒的酒具，也十分得意。"瓦钵磁瓯"化用宋代张商英《南乡子》里的句子："瓦钵与磁瓯。闲伴白云醉后休。得失事常贫也乐，无忧。"酒具有金碧辉煌的金樽银爵，也有雅趣别致的鸬鹚杓、鹦鹉杯，但对于淡泊名利、不以物品贵贱来衡量其价值的隐士而言，"瓦钵磁瓯"作为酒具，可谓是安贫乐道、不慕名利的象征。

而"醉卧松荫"亦是有典故、有出处的句子。松下之醉，是宋明诗人偏爱的意象，无论是"坐醉松间石，行吟郭外村"的质朴典雅，还是"昨夜松边醉倒，以手推松曰去"的活泼怪诞，抑或是"亦知人世无穷事，一醉松根不肯醒"的哲思逍遥，松与酒的结合往往是士人情怀在酒醉时的体现。这一回合樵夫词中带典，不拘泥于死板，仿佛略胜一筹。

接下来，渔翁和樵夫又分别抛出两首《西江月》和《临江仙》。两场对决后，渔翁的词还在捕鱼、卖鱼和收网归去的闲暇中打转，而樵夫的词似乎上了一个台阶，与酒也更为扣题：砍柴的艰辛生活在他嘴里变成了"采来堆积备冬寒，换酒换钱从俺""蒸梨炊黍旋铺排，瓮中新酿熟，真个壮幽怀"。看来这位樵夫不仅卖柴换酒，在家中也有几瓮新酿，可供随时解馋。

二人聊到这里，貌似渔翁略处下风。于是渔翁准备换条赛道重新比试，说词作不过是长短句，是"散道词章，不为稀罕"，他提出既然两人既有酒兴又有诗兴，便应当联诗作章，渔翁先说道：

> 鱼多换酒同妻饮，柴剩沽壶共子丛。
> 自唱自斟随放荡，长歌长叹任颠风。
> 呼兄唤弟邀船伙，挈友携朋聚野翁。
> 行令猜拳频递盏，拆牌道字漫传钟。
> ——第九回《袁守诚妙算无私曲　老龙王拙计犯天条》

樵夫又和道：

> 名利心头无算计，干戈耳畔不闻声。
> 随时一酌香醪酒，度日三餐野菜羹。
> ——第九回《袁守诚妙算无私曲　老龙王拙计犯天条》

渔翁与樵夫都说，自己平时除了捕鱼砍柴的日常活计之外，便是沽酒饮酒，生活好不自在逍遥。渔翁与樵夫的饮酒，或者自斟自饮，或者有妻子儿女陪饮；或者呼朋引伴、盘坐聚饮，或者行令猜拳、众人欢饮；或者一日三餐、随时随性而饮。从这几句诗中，不难看出饮者对酒的爱好，不仅仅是因为酒本身的芬芳馥郁、滋味可口，也不仅仅是贪恋微醺半酣的舒适、酣醉淋漓的畅快，更是因为饮酒本身是闲散的、自在的、无拘无束的生活中的一部分：倘若峨冠博带、正襟危坐，就算是有仙酿御酒，恐怕也喝得如履薄冰、滋味寡淡；聚饮江湖、闲饮山林，则即使是瓦钵磁瓯、山村野酿，这种自由的滋味也会令人回甘无穷。饮酒重滋味，更重状态，这便是淳于髡所说的一斗也醉、一石也醉：齐威王问淳于髡能喝多少酒，淳于髡回答有时多，有时少，依据环境不同可能相差十倍。理由是，在皇宫内战战兢兢地喝，一斗便醉；如果是商务宴请，两斗可醉；如果呼朋唤友，可以喝五六斗；如果是毫无顾忌地狂欢，便能喝下一石。自古能得闲散酒趣的才是真正酒中高人，陶渊明、陆龟蒙等均深得其中三昧。

渔翁与樵夫这一组形象，可谓是中国传统文人诗酒雅趣中的理想原型。也难怪在书中这两人意趣相投、惺惺相惜，互称这场聊天是"幸有微吟可相狎，不须檀板共金樽"。不过，《西游记》中的渔翁与樵夫只是大唐长安郊外的一孔小小的透气口，在神仙鬼怪登场前做一个小小的留白。在渔樵唱和问答之中，太宗皇帝正在为噩梦所困扰，观音大士已经奉旨来到长安去寻觅取经人。几番铺垫之后，真正的主角就要隆重登场了。于是便有了唐王置酒送三藏、万里西行第一篇。

第七集

僧人不喝酒源自一位皇帝

《西游记》的饮酒场景中，有神仙饮酒，有妖魔饮酒，有村夫饮酒，有帝王饮酒。但作为第一男主角的唐三藏，被奉为圣僧、持守戒律、最终取得真经的和尚，在书中也饮过几次酒，这不免令人产生几个问题：唐僧作为和尚，饮酒不触犯戒律吗？和尚到底为什么不能饮酒呢？

> 唐王见了，先教收拾行囊、马匹俱备，然后着宫人执壶酌酒。太宗举爵，又问曰："御弟雅号甚称？"玄奘道："贫僧出家人，未敢称号。"太宗道："当时菩萨说，西天有经三藏。御弟可指经取号，号作'三藏'何如？"玄奘又谢恩，接了御酒道："陛下，酒乃僧家头一戒。贫僧自为人，不会饮酒。"
>
> ——第十二回《玄奘秉诚建大会　观音显像化金蝉》

要想回答这几个问题，首先要从佛教的戒律说起。起源于印度的佛教最早提出了一些行为准则，来防止人性中的恶念发展，这最初的准则也就是"五戒"，包含不杀生、不偷盗、不邪淫、不妄语、不饮酒这五条准则，其目的是"诸恶莫作"，也就是不做放纵自己恶念的事情。在这五戒中，饮酒能与前几位公认的"恶念"相提并论，是因为饮酒能放纵人的言行，一旦放开饮酒，就很难约束妄语、邪淫，甚至是冲动之下的伤人、杀人，也就是《法苑珠林》所说的"酒为毒气，主成诸恶"。因此在佛教的戒律中，很早就有戒酒的说法。当然，玄奘推辞唐太宗的送别之酒时说"酒乃僧家头一戒"的说法，也并不是那么准确，僧人的第一戒律很显然是戒杀生，而不是戒饮酒。

在这五戒之中，前四种不仅是在佛教中，就是在普通人的道德观里，也都是应当避免的恶行。相比而言，饮酒的"恶"就显得模糊、暧昧得多。毕竟饮酒之恶，主要体现在醉酒闹事上面，前文也已经说过，无论是孙悟空醉酒闹天宫还是天蓬元帅醉酒戏嫦娥，桩桩件件都是酒后乱性乱行、导致恶劣后果的例子。换言之，饮酒本身不是恶事，但醉酒是很多恶事的导火索。

当然也不能完全地将饮酒与醉酒等同起来。人的酒量良莠不齐，有的人如郑玄一般，千杯不醉、神色温和；有的人则酒量不佳，几杯下肚便言行乖张。因此在早期佛教戒律中，不饮酒这一行为一直没有得到很好的贯彻，重视程度不高。将戒酒推到戒律中比较重要的地位，要归功于梁武帝萧衍。梁武帝是一位虔诚的佛教信徒，他对佛教中国化的戒律重新做出了衡量和规定，其中《断酒肉文》确定了中国的佛教修行者，也就是尼姑和僧人，必须严格遵守戒酒和素食的饮食规范。

在《断酒肉文》中，梁武帝详细解释了僧人不可以饮酒的原因，以及自己重申戒律的缘故。他描述当时僧人的情况时说："今佛弟子酣酒嗜肉，不畏罪因不畏苦果。"也就是说梁武帝看到当时的僧人对佛教戒律中的"戒喝酒吃肉"执行得并不好，梁武帝觉得这是僧人的修行偏离了正道，因此写下这篇文章，以正僧尼的"佛性"。

梁武帝对酒的评价极低。他说："酒者何也，谓是臭气，水谷失其正性成此别气。众生以罪业因缘故受此恶触。此非正真道法，亦非甘露上味。"在梁武帝的眼中，酒即魔鬼，饮酒首先是违背誓约、破坏五戒的行为，因为"饮酒犯波夜提"，这是一种佛教中较为轻的罪行，犯戒者需忏悔才能得清净。其次饮酒易醉，醉则很有可能口出狂言，而佛教戒律要求"令不饮酒、令不妄语"，因此梁武帝将戒酒与禁食肉相提并论，严令禁止修佛之人饮酒吃肉，并且自己也立誓："若饮酒放逸起诸淫欲……愿一切有大力鬼神，先当苦治萧衍身，然后将付地狱阎罗王与种种苦。乃至众生皆成佛尽。"也就是说，梁武帝发愿如果自己饮酒吃肉，就情愿坠入地狱，待到众生都解脱之后自己才得宽恕，可以说这是一个非常严厉的誓言。

在这一条后面，梁武帝又增加了一句："僧尼若有饮酒、啖鱼肉者，而不悔过，一切大力鬼神亦应如此治问。"也就是说，梁武帝并不是将饮酒吃肉作为自己一人的戒律，而是作为僧尼普遍的戒律来看待的。倘若说作为出家人的萧衍劝说效果一般，那么作为皇帝的萧衍的话则很有杀伤力："若未为幽司之所治问，犹在世者，弟子萧衍当如法治问，驱令还俗，与居家衣，随时役使。"皇帝下令，自《断酒肉文》后，凡饮酒吃肉、不守戒律的和尚，都可以随时被官府勒令还俗，和普通人一样服各种劳役、兵役，这对于僧尼们的现实约束力是极大的。而这一切的根源，是梁武帝认为：既然披了如来衣，就必须遵守如来行。最终梁武帝确立的佛教僧尼戒律信条，长期以来成为中国传统佛教修行者统一认同的戒律观念。

然而这一戒律在唐代的时候执行得并不好，在敦煌的文献和壁画中就能找到敦煌僧人饮酒的记载。在敦煌文献《诸色斛斗破历》的记载中也有"酒一角，两是看食尼阇梨用""酒一角，僧正三人、法律二人就店吃用""沽酒众僧吃用"等明文，可见僧人饮酒不仅是常态，甚至可以光明正大地记载在寺院账簿上。敦煌僧人饮酒的因素很多，首先是敦煌民间饮酒的习气非常盛行，饮酒如饮水，男女老幼都善饮酒；其次是当时敦煌地区僧俗混杂而居，僧人常常需要与俗人交际，甚至还俗而居，寺庙的戒律并不明显。另外就是敦煌寺院中胡僧很多，这些胡僧有些甚至是祆教的信徒，于是虽然名为佛寺，但实际上里面的人员是祆佛并举，戒律并不整齐划一，饮酒这种相对较轻的戒律就更不在严格遵守之列了。唐五代敦煌地区每到大岁（过年），僧尼可以获得"解斋"的特许，比如可以不遵守"过午不食"，一日可吃三顿饭；也可以喝酒，因此寺庙都会自己酿酒或请人到寺庙中酿酒，比在市场上买成品酒要便宜许多（高启安《旨酒羔羊——敦煌的饮食文化》）。

敦煌僧人饮酒或许还因几分异域习俗，而唐代中原的僧人也常有饮酒者。唐代诗人皇甫松有《劝僧酒》诗云："劝僧一杯酒，共看青青山。酣然万象灭，不动心印闲。"诗人能劝僧饮酒，可见诗僧双方都没有将饮酒当成很严重的"违戒"之事，况且已将佛法融进酒中。还有写草书的僧人怀素"饮酒以养性，草书以畅志"，一日能九醉，视酒戒为无物。真正的狂僧，是后世影响甚巨的济公，一句"酒肉穿肠过，佛祖心中留"化解了饮酒与修行的森严对立。

当然，唐代有僧人饮酒，并不等同于当时僧人饮酒的戒律被废止了。相反，梁武帝所倡导的僧人不得饮酒吃肉的戒律，直至今日仍是佛教修行者的重要戒律，为持戒守律的僧尼所遵循。宋元明清时期均有僧人饮酒的故事流传，但那多是"狂僧""破戒"之举，而非普遍性的僧人日常修行戒律之道。而玄奘作为严格遵循佛教戒律的高僧、圣僧，他对唐太宗说自己持守戒律、不饮酒，倒也并不全是推托之词。僧人不饮酒，除了饮酒致乱，还因饮酒会妨碍修行智慧，如《增一阿含经》曰："人若饮酒，则纵逸狂悖，昏乱愚痴，无有智慧。"

将饮酒与修行的辩证关系阐述得最为透彻的佛教经典当属《佛说未曾有因缘经》，这部东汉时已经译出的佛经在饮酒问题上的逻辑与其他佛经颇为不同，主要表现在三个方面。其一，饮酒时只要心中持戒便没有罪恶，甚至可得福报，即经文中所言："若人饮酒，不起恶业，欢喜心故，善心因缘，受善果报，汝持五戒，何有失乎？饮酒念戒，益增其福。"其二，不要拘泥于饮酒行为本身，要看饮酒背后的动机是否源于善念，如果饮酒是为了行善，只会增长其修行与善报。所以当祇陀太子向佛询问其夫人因救人而饮酒是否犯戒时，佛说："如此犯戒，得大功德，无有罪也。何以故？为利益故。"这是典型的"论心不论迹"。其三，虽然善念很重要，但持戒的形式仍不可少。只有敬畏戒律才能增长修行智慧，只有增长智慧才能有福报，有了福报不仅可以度化自己，还可以度化他人。饮酒与持戒、饮酒与违戒、持戒与不戒，这三个方面都有矛盾冲突，但都体现了更高级的辩证思维。饮酒之人如能参悟此经可破除执着，随心所欲不逾矩，从而达到"三杯通大道，一斗合自然"的自由逍遥之境。

　　当听唐僧说出家人有戒律不能饮酒时，唐王却说这杯酒不要紧，是"素酒"。在《西游记》中，"素酒"一词反复出现，尤其在向唐僧劝酒时频繁用到。而这"素酒"究竟是什么酒？唐僧肯不肯喝这杯"素酒"呢？

第八集

素酒到底是什么酒?

面对唐太宗的赐酒,玄奘推说佛教五戒中的第一戒便是戒酒,因此自己不敢破戒。然而唐太宗的劝酒很有意思,他没有以上欺下说这是御赐之酒,不饮相当于不给朕面子云云。而是说:"此乃素酒,只饮此一杯,以尽朕奉饯之意。"并捏了一撮尘土放在酒里,寓意不要忘了故土。于是玄奘不好再推辞,也为自己饮这杯御赐的离别酒找了个台阶,接过来一饮而尽。

时至今日,常有人批评中国的酒桌文化,大有因噎废食之势,仿佛流传了几千年的"美酒"正在从我辈手中沦为"丑酒"。说穿了,从来没有丑陋的酒桌文化,关键在于参与者的言行:言行丑陋酒桌文化就丑陋;言行高雅酒桌文化就高雅。正如许慎《说文解字》所言:"酒,就也,所以就人性之善恶也。"

太宗道:"今日之行,比他事不同。此乃素酒,只饮此一杯,以尽朕奉饯之意。"三藏不敢不受。接了酒,方待要饮,只见太宗低头,将御指拾一撮尘土,弹入酒中。三藏不解其意。太宗笑道:"御弟呵,这一去,到西天,几时可回?"三藏道:"只在三年,径回上国。"太宗道:"日久年深,山遥路远,御弟可进此酒:宁恋本乡一捻土,莫爱他乡万两金。"三藏方悟捻土之意,复谢恩饮尽,辞谢出关而去。唐王驾回。

——第十二回《玄奘秉诚建大会　观音显像化金蝉》

　　一个重要的问题出现了，唐太宗赐给玄奘的"素酒"究竟是什么酒呢？

　　在我们日常的饮食概念中，素与荤相对。素者，蔬也，果蔬豆腐、木耳蘑菇一类，都可以称为素。而荤的范围更广一些，尤其是佛教中，有"五荤三厌"之说，其中的荤与厌也包含佛教信徒不许食用的葱、蒜、韭等"五辛"。在第十九回中，悟能介绍自己受了菩萨戒行，断了五荤三厌，唐僧因此给悟能起名为"八戒"。这样一来我们就会发现，"素"是僧人可以食用的范围，而"荤"则正好相反，是佛教戒律中不允许僧人食用的东西。

　　如果单从酿造原料的角度上来看，几乎绝大部分的酒都是"素"的：通常意义上的酿酒是将粮食、水果或者其他含糖物质通过发酵转化为酒精和风味物质。简单的酿酒甚至不需要酒曲，可利用自然发酵而得；复杂的则需要水、粮食和酒曲的共同作用，但说到底，仍然是淀粉转化为糖、糖转化为酒精的过程。至于有些极为特殊的小众酒类，如羊羔酒中要以肥羊羔肉与糯米、杏仁、香料同煮后再酿造，或某些药酒有动物器官浸泡其中，除此之外，就原料来说，酒本身都是用"素"的材料制作而成的。云南有名为肥酒者，一说肥是营养丰富的意思，也有说因用肥肉浸泡而得名。目前可以确定的有肉荤介入的酒有三种：一是孟诜《食疗本草》中记载的"狗肉汁酿酒"；二是朱肱《北山酒经》中记载的"白羊酒"；三是广东的豉香型白酒玉冰烧。前两种是在酿造环节有肉腥荤汤的介入，效用都是大补；后一种是在存储的时候将整块白肉浸泡于酒缸之中，以获得特殊风味。佛教戒律中禁止饮酒，和禁止食肉杀生的逻辑是不同的，因此也不能以"酒的酿造原料不是荤腥"作为僧人可以饮酒的理由。

　　在酿酒的书籍或谈酒的诗文之中，一直没有"素酒"的说法。酒的酿造随着技术的发展和酒客的需求不断精细化，产生了浊酒、清酒，小酒、大酒，生酒、熟酒，细酒、内酒等丰富的称呼。顾名思义，这些称呼都源自酿造方法不同而造成酒的品质差异，浊酒、清酒自不必说，是通过酿造后过滤、沉淀得是否清澈来区分；而小酒、大酒或曰生酒、熟酒的区分，则是根据酿造熟成时间的长短来衡量的，宋代人的说法是"自春至秋，酤成即鬻，谓之小酒"，而"腊酿蒸鬻，候夏而出，谓之大酒"，可见，小大生熟之分主要是由酿造时间决定的。

那么"素酒"这个称呼是怎么产生的呢？"素酒"在唐宋的文献中并不是一个常见的说法，倒是在元杂剧《争报恩三虎下山》里有这样一句念白："你饶了俺，我买饼好肉鲊，装了一桌素酒，请你吃。"剧里人物既然能吃"肉鲊"，自然不是僧尼，所以"素酒"的说法很显然不是为了让和尚喝酒有台阶下。仅从字面意思来看，这里的"素酒"一来是与"肉鲊"相对，有一种"荤素搭配"的内在对仗，二来也是表示自谦，指自己略备一些粗糙的薄酒来赔罪。即使在明代，"素酒"的称呼也是一种非固定的无具体意指的称呼。明代诗人陈邦彦的诗句"挟琴佐素酒"中的"素酒"也和元杂剧里差不多，大概只是一种气氛的营造，与其说是与"荤酒"相对，还不如说是"朴素简薄之酒"来得更加确切。丰子恺先生在《吃酒》一文中提到，常与朋友到一家素菜馆"吃素酒"，然联系上下文意思，酒还是那个酒，并无特指，因在素菜馆吃，便有了"素酒"之名。

解铃还须系铃人，既然"素酒"不是一个有社会共识意义的概念，那么想要弄清楚唐僧所饮的"素酒"究竟何指，还要回到《西游记》文本自身来。好在"素酒"在文中出现的频率较高，可以让我们找到破解的线索。

"素酒"第一次出现就是唐王给唐僧的送别酒。再一次喝"素酒"，就到了唐僧在高老庄收八戒为弟子后，高老宴请师徒三人。

> 高老儿摆了桌席，请三藏上坐，行者与八戒，坐于左右两旁。诸亲下坐，高老把素酒开樽，满斟一杯，奠了天地，然后奉与三藏。三藏道："不瞒太公说，贫僧是胎里素，自幼儿不吃荤。"老高道："因知老师清素，不曾敢动荤。此酒也是素的，请一杯不妨。"三藏道："也不敢用酒。酒是我僧家第一戒者。"悟能慌了道："师父，我自持斋，却不曾断酒。"悟空道："老孙虽量窄，吃不上坛把，却也不曾断酒。"三藏道："既如此，你兄弟们吃些素酒也罢，只是不许醉饮误事。"遂而他两个接了头钟。各人俱照旧坐下，摆下素斋。说不尽那杯盘之盛，品物之丰。
>
> ——第十九回《云栈洞悟空收八戒　浮屠山玄奘受心经》

唐僧一心向佛，遵守戒律，却也通人情世故。他明白唐王送行的重点不在酒，而在往酒里捻的那一撮儿尘土，那是提醒唐三藏不要贪恋他乡忘了故乡。为了不驳唐王面子，让唐王吃一颗自己"会回来"的定心丸，破例饮了一杯送行酒。然而唐僧并不会因此就开了酒戒，仍然遵循能不喝就不喝的原则。所以，在高老真诚敬酒并强调是素酒时，仍以"也不敢饮，酒是我僧家第一戒者"为由谢绝了对方。唐僧以身作则，却并未强制悟空、悟能不饮酒，同意他们吃些素酒，但强调不许饮酒误事。

第三次饮素酒，是在通天河，唐僧照例不喝。

> 陈老问："列位老爷，可饮酒么？"三藏道："贫僧不饮，小徒略饮几杯素酒。"陈老大喜，即命："取素果品，炖暖酒，与列位荡寒。"那僮仆即抬桌围炉，与两个邻叟，各饮了几杯，收了家火。
>
> ——第四十八回《魔弄寒风飘大雪　僧思拜佛履层冰》

第四次饮素酒是在女儿国的时候，这次唐僧承认自己是喝酒的。

> 女王却又笑吟吟，砍着长老的香腮道："御弟哥哥，你吃荤吃素？"三藏道："贫僧吃素，但是未曾戒酒。须得几杯素酒，与我二徒弟吃些。"
>
> ——第五十四回《法性西来逢女国　心猿定计脱烟花》

第五次再喝素酒是悟空请二郎神帮忙，天上的神仙是不戒酒甚至不戒荤的，所以悟空向二郎神声明："自做和尚，都是斋戒，恐荤素不便。"二郎神只好对悟空强调"有素果品，酒也是素的"，悟空这才放心地喝起来。

有人根据第八十二回"他知师父平日好吃葡萄做的素酒，教吃他一钟"推测素酒就是水果酿的酒，这是不成立的，因为第八十八回中还有"香糯素酒"的说法，这说明素酒一定不是以酿酒原料作为定义标准的。第八十四回中有一个信息值得玩味，师徒四人到了"灭法国"，前几日吃的都是素酒，店家嫌不赚钱，计划安排些荤酒以便多收取些银子。这透露了一个重要信息：

荤酒的售价要高于素酒。

至此，将文本中"素酒"的信息连起来看，定义就比较清晰了。首先应该排除以酿造原料作为判定是否为素酒的标准，因为素酒有水果酿的，也有谷物酿的。其次，素酒的价格低于荤酒，那么除了原料，能将酒价区分开的一般只有度数高低和陈年时间长短。还原文本语境，将陈年时间长短作为判定素酒与否的概率极低，那么最有可能作为区分素酒与荤酒的标准就是度数的高低：荤酒是指高度酒，素酒是指低度酒。

《西游记》的故事虽说是写唐朝的事，但作者却是生活在明代。有明一代，蒸馏酒已经较为稳定，百姓日常饮用既有发酵得来的低度酒也有蒸馏得来的高度酒。明代戴羲《养余月令》中有"凡黄酒、白酒，少入烧酒，则经宿不酸"的记载，明确地将黄酒、白酒、烧酒（蒸馏酒）做了区分。那时的高度酒并不特指蒸馏酒，而是泛指一些度数相对高的酒。佛家禁酒的核心是酒后不能把持自己的言行，妨碍修行。既要饮酒又要降低酒精的刺激，无非要在两件事上下功夫，一个是降低度数，一个是减少饮用量。如此一来，唐王赐酒的内涵就清晰了：唐王说"此乃素酒"是指这酒度数很低不必担心；"只饮此一杯"是指不会让唐三藏多喝，都是在打消唐僧的顾虑。而唐僧则向徒弟们强调不许醉饮误事，实则在告诫悟空他们：度数虽低，也不要贪杯！

素酒的功用在于佐餐，不是为了买醉。西天取经，路途艰险，旅途劳顿，饥寒交迫是常态，喝点酒暖暖身子也是"人"之常情。斋饭是百家饭，喝点酒预防肠道疾病也在情理之中。诚然，素酒也有可能只是主人在宴请出家人时，为了劝酒而临时起的名字，如同丰子恺在素菜馆喝酒时，酒也变"素"了一样。这样僧尼有了托词可以下台阶，可以顺理成章地接过这杯敬酒。

唐僧在高老庄收了猪八戒，又在流沙河收了沙悟净，师徒四人一路披荆斩棘、向西而行。

第九集

一顿酒的档次取决于案酒的档次

1986年版电视剧《西游记》里最令人耳熟能详的一句台词便是沙僧的:"大师兄!师父被妖怪抓走啦!"

总体而言,妖怪和妖精抓走唐僧的目的是不一样的。唐僧身为金蝉子转世,妖精多是要和唐僧行夫妻之礼,借其元阳之身以助修炼;妖怪们的目的相对就单纯多了,就是吃肉以求长生不老。但这里面也分为两种情况。

第一种是有计划性的妖怪。这种妖怪行事缜密、法力高强,听说"吃一块唐僧肉可以长生不老"后,便将唐僧视为真人版的长生不老药、行走的延年益寿丹。因此唐僧师徒四人走到哪里,什么时候走进自己的势力范围,如何抓捕,如何食用,都安排得井井有条。一般胆敢觊觎唐僧肉的妖魔通常都有自己的独门秘籍,不是拥有特别的法术,就是有些厉害的法器,以至于连齐天大圣孙悟空这样的狠角色,也常常不是误中圈套,就是措手不及,需要到处搬救兵才能闯过这一关。

第二种则是碰巧遇到的、纯属倒霉的妖怪。这里的倒霉也说不好是唐僧师徒四人太倒霉,还是这占山为王的妖魔鬼怪倒霉惹了麻烦。这类妖怪通常只是让小妖四处巡逻,顺便抓点人来吃,结果巡山的小妖有眼无珠,将唐僧一行当作了普通过路之人,拖进洞府。一番操作之后,最终不但没吃上唐僧肉,连自己的老巢都被前来营救师父的孙悟空端了个底朝天。

黄风岭的黄毛貂鼠精黄风怪，就是这两种情况里的第二种。不过此时沙僧尚未加入取经队伍，唐僧一行当时只有一人一马两个徒弟，才出了高老庄不久，就遇上了一个不长眼的虎先锋。这个巡山的小妖一见唐僧等人，也不多加盘问思忖，立刻动起手来，还放话喊道：

> 慢来！慢来！吾当不是别人，乃是黄风大王部下的前路先锋。今奉大王严命，在山巡逻，要拿几个凡夫去做案酒。你是那里来的和尚，敢擅动兵器伤我？
>
> ——第二十回《黄风岭唐僧有难　半山中八戒争先》

按照虎先锋的说法，黄风怪事先并不知道唐僧师徒来到此地，更没有专门差小妖来抓唐僧，虎先锋此行主要是为黄风怪抓几个凡人来做"案酒"的。什么是案酒？案酒，又写作"按酒"，实际上就是我们常说的"下酒菜"。饮酒需要下酒菜这件事，仿佛是三界相通的一个特征：达官贵人饮酒要按酒，布衣百姓饮酒也要按酒；妖魔鬼怪饮酒要按酒，神仙修士饮酒也要按酒。简直是流水的酒杯、铁打的按酒。

黄风怪抓人做下酒菜，如果类比到凡人的饮食之中，这类"按酒"，大概属于肉食类的按酒。中国传统文化中道家认为修行贵在清虚，因此高端的神仙，或是自诩"清贵"的妖仙一流，会倾向于以素菜下酒，即"果子按酒"。孙悟空推倒五庄观里的人参果树而闯了大祸，遍游三岛求仙方救活人参果树的时候，看到福、禄、寿几位神仙正在下棋饮酒作乐，他们的"按酒"就是清贵的果子蔬食。

> 那大圣至瀛洲，只见那丹崖珠树之下，有几个皓发蟠髯之辈，童颜鹤鬓之仙，在那里着棋饮酒，谈笑讴歌。真个是：祥云光满，瑞霭香浮。彩鸾鸣洞口，玄鹤舞山头。碧藕冰桃为按酒，交梨火枣寿千秋。
>
> ——第二十六回《孙悟空三岛求方　观世音甘泉活树》

我等凡夫俗子，既不是只唉荤腥的妖魔，又不是食花饮露的仙子，在三界的生态中属于杂食属性，因此凡人的按酒也介于妖魔与神仙之间，荤素搭配、兼收并蓄。不过在《西游记》里，凡人有时候能吃上下酒菜，有时候则只能作为下酒菜被妖魔分食，吃与被吃只在一念之间，不可谓不令人唏嘘。

在《西游记》里，高等级的神仙都是不禁酒的，否则也不会有孙悟空"盗御酒"的黑历史；最普通的老百姓也是不禁酒的，只有欲往神仙修行的出家人才把酒当作洪水猛兽。第二十三回，黎山老母、观音、普贤、文殊四位仙人化作四位妇人，试探唐僧的凡心俗欲，其中有几句对白耐人寻味。妇人说出家太可怜，没什么好处；唐僧反问在家人有什么好处？那妇人答道："秋有新篘香糯酒，冬来暖阁醉颜酡。"可见在神仙心目中，普通人最主要的乐趣之一便是饮酒。而现实生活中，能让人飘飘欲仙的也就是酒了，无怪乎那些好酒者常常自诩为"半仙"。人和仙最远的距离是天上地下的距离，最近的距离就是一杯酒的距离。

自从孙悟空跟了唐僧，从未因喝酒误事，无论什么时候都是把工作放在第一位，孙悟空的职业素养值得称赞。悟空因救人参果树去请帝君帮忙，帝君一说帮不上忙，他扭头便走，连帝君的一杯酒也没时间吃，火急火燎奔赴下一个求救对象。

行者道："既然无方，老孙告别。"帝君仍欲留奉玉液一杯，行者道："急救事紧，不敢久滞。"遂驾云复至瀛洲海岛。

——第二十六回《孙悟空三岛求方　观世音甘泉活树》

当得知九老也没有办法帮忙，悟空还是那句话："既是无方，我且奉别。"九老恳请挽留，悟空也是婉言谢绝，屁股都没沾凳子，站着喝了一杯润润嗓子便离开了，这是何等敬业啊！

九老又留他饮琼浆，食碧藕。行者定不肯坐，止立饮了他一杯浆，吃了一块藕，急急离了瀛洲，径转东洋大海。

——第二十六回《孙悟空三岛求方　观世音甘泉活树》

最后大圣在菩萨处求得救人参果树的良方，但救活神树却有酒杯的功劳。因菩萨瓶中的甘露不能犯五行之器，所以须用玉瓢舀出，但镇元子没有玉瓢，最后只好用二三十个玉茶盏、四五十个玉酒盏来盛接甘露浇树，终于把树救活了。镇元子与孙悟空不打不相识，结为好兄弟，大功告成，心中无事，大圣终于可以舒心喝一口镇元子安排的"蔬酒"了。

说回按酒。历史上最不厌其烦地描述按酒的，宋代人当排第一。北宋孟元老的《东京梦华录》写当时东京开封府的风俗人情，全书一共十卷，他就用了整整一篇的内容来"报菜名"，详细记录按酒的名字、内容和贩卖的方式。他在"酒楼"中记载开封府排得上名号的大酒楼有七十二家，其余的小店更是鳞次栉比，不能计数。这些酒店都"卖贵细下酒，迎接中贵饮食"，也就是卖酒之余，还预备有非常精致的下酒菜。这些在酒店里做下酒菜的厨子有专属的职位名称："凡店内卖下酒厨子，谓之'茶饭量酒博士'。"他们专门负责为客人提供下酒菜。如此说来，《西游记》中妖魔们派出去寻找凡人作为"按酒"的小妖们，大概也应该领一个名牌，上书"茶饭量酒妖博士"。

《东京梦华录》里卖的下酒菜种类之丰富，令人咋舌。下酒菜不仅有店家自己提供的各色热菜餐点，还有外卖送来的筋头巴脑、各色肉脯、虾蟹海鲜、时蔬果品一类；又有小孩子拿着白瓷缸子卖腌菜，或托着盘子卖各色干果、精致梅子、蜜饯香药、糖果糕饼，还有外卖的鸡鸭鱼肉之属；甚至还有汤羹，不过汤羹似乎不能算是下酒菜，应该算是醒酒汤，大约是宴饮结束的信号。吴自牧《梦粱录》追风《东京梦华录》，"分茶酒店"所记吃食比前朝有过之而无不及。可惜黄风怪错生了年代，倘若没有撞上唐僧一行人，蛰伏到两宋年间，恐怕可选的下酒菜就太丰富了，完全不需要以并不可口的人肉为按酒。黄风怪如果看到开封城里这么多种类的按酒，只怕早早把唐僧双手奉还给孙悟空，请他们自行西去，免了双方一场纷争。

　　倒霉的黄风怪最终也没吃上"按酒"，就被灵吉菩萨的定风珠破了黄风，一场修行化作泡影。不过相比于黄风怪"抠抠搜搜"地派遣小妖巡山抓人来做下酒菜，另一位也姓黄的妖怪不仅出身比黄风怪要高贵不少，而且下酒的方式也嚣张残暴许多，公然在朝堂之上饮酒作乐、吃宫女下酒。

酒是照妖镜　三杯现原形

　　唐僧师徒一路向西，遇到的妖魔鬼怪不计其数。这些占山为王、占水为府的妖魔们日常的生活乐趣主要是管理自己的山头，派小妖去抓人或者抓动物作为口粮，以及在洞府中饮酒作乐。在没有现代化娱乐设施的情况下，不管妖魔鬼怪们有多能兴风作浪，生活中的乐趣还是相对单一。在朴实而又枯燥的生活中，酒宴就成为妖魔们重要的娱乐活动。独饮无味且不免凄凉，而妖魔又是各自占山为王，"一山容不得二虎"，何况两位妖王呢？所以结伴而行、称兄道弟的妖王是少数，大多都是独自称霸的孤家寡人。在饮酒时，他们只能令手下群妖乱舞来取乐，以为宴饮之趣；又佐以各类下酒小菜，这些下酒菜基本上是靠山吃山果、靠水吃水鲜，靠着城市就吃吃人。

　　妖怪也分三六九等，出身的贵贱决定着酒宴审美品位上的差异。有些妖怪出身比较高贵，比如小鼍龙，原先是东海龙王的亲戚，见过大场面，所以自己的妖府也设美女歌舞，酒宴十分精美；有些则比较草莽，比如黄风怪，虽然有些妖术，但每天忙的还是吃喝二字，似乎也不会经营家当，就连在洞府摆个酒宴也比较寒碜。

　　在《西游记》里，妖怪去人类的城池里吃酒，黄袍怪似乎要算是独一份了。严格意义上来说，黄袍怪的出身和猪八戒、沙和尚是一样的，原是天上的神仙，是二十八宿星君之一的奎木狼。他下凡的原因又有几分浪漫，因与披香殿侍香的玉女相爱，为天条不容，因此下凡成为黄袍怪。他去宝象国抢来的百花羞公主，实际上正是前世有缘的玉女转世为人。如果黄袍怪下凡不是变成妖怪，而是托生为人，这就是一个传统的浪漫爱情故事，不亚于牛郎织女、董永七仙女的故事，可惜《西游记》是四个和尚去西天取经的故事，浪漫的爱情神话故事在吴承恩这里无处容身。

凡事有因才有果，黄袍怪前去宝象国的故事也有几分意思。黄袍怪的夫人百花羞公主因为思念家人，向黄袍怪吹枕边风，让他不要吃唐僧师徒，放他们离开，暗地里却托唐僧送信给自己的父亲宝象国国王。唐僧受了公主救命之恩，不能推托，就送信给国王，并且受国王恳求，又派猪八戒和沙和尚返回碗子山波月洞去营救公主。这一来一回，相当于唐僧师徒三人被卷进了一场牵涉到前世今生的家庭纠纷里。

黄袍怪打退了猪八戒、抓住了沙和尚，自己也觉得既然和公主做了十几年的夫妻，却从来不曾上门拜见老丈人，着实有几分说不过去。于是他将唐僧变成一只猛虎，自己变成一个俊俏郎君，取得了国王的信任，前去宝象国认亲。事情发展到这里，一切顺风顺水，黄袍怪和国王认上了亲，自己也算有名有姓的宝象国驸马了，宝象国的国王也传旨大摆筵席来宴请这位便宜女婿。然而百密难免一疏，让黄袍怪露出马脚的，正是这场酒宴。

那国王却传旨，教光禄寺大排筵宴，谢驸马救拔之恩。不然，险被那和尚害了。当晚众臣朝散，那妖魔进了银安殿。又选十八个宫娥彩女，吹弹歌舞，劝妖魔饮酒作乐。那怪物独坐上席，左右排列的，都是那艳质娇姿。你看他受用。饮酒至二更时分，醉将上来，忍不住胡为，跳起身，大笑一声，现了本相，陡发凶心，伸开簸箕大手，把一个弹琵琶的女子抓将过来，挖咋的把头咬了一口。……

却说那怪物坐在上面，自家斟酒。喝一盏，扳过人来，血淋淋的啃上两口。

——第三十回《邪魔侵正法　意马忆心猿》

酒宴上国王安排了一些宫娥劝酒，黄袍怪喝了几杯，酒兴上来了，居然露出了妖魔本色，直接把宫娥抓来大吃大嚼起来。这些宫娥本来不过是在酒宴上歌舞助兴、前来劝酒的，谁知会遭此横祸，酒宴顿时变成了血腥的屠宰场。这段情节展示了酒的一个重要功能——使人流露本性。酒后吐真言是本性流露的常态体现。人会流露本性，妖会现出原形。酒本无善恶，随人而有善恶之分，酒会让善人倍善，也能让恶人倍恶。人也好，妖也罢，伪装一时可以，想要长久却难，在酒这面"照妖镜"前，藏住本来面目更是难上加难。黄袍怪会现出原形在公主的预料之中，赴宴前公主特意交代："倘吃酒中间，千千仔细，万万个小心，却莫要现出原嘴脸来。"

但要说在酒宴上大开杀戒的只有黄袍怪这样的妖魔，还真未必如此。在中国历史上，最高危的酒宴之一就是《世说新语》里记载的西晋时期的石崇之宴。石崇在家里摆酒宴请客人，令婢女去劝酒，如果劝酒不成功，客人不肯喝酒，就要杀掉这个劝酒的婢女。客人大多怜香惜玉，因此被迫滥饮直至大醉，只有大将军王敦铁石心肠，眼看着石崇杀掉三个劝酒的婢女仍然毫不在意，只说："他杀的是自己家的婢女，跟我有什么关系。"无独有偶，传说更为残忍的是隋朝末年的诸葛昂，只因爱妾在敬酒时笑场了，便将其杀了蒸而食之。如此想来，黄袍怪身为妖魔，一场酒宴吃了一个婢女，令人心惊胆战；而石崇、诸葛昂身为人类，一场酒宴杀人更多，手段更为残忍。这人的酒宴与妖的酒宴到底谁更残忍？

黄袍怪在酒宴上胡作非为、吃人为乐，而孙悟空在此前已被唐僧赶回了花果山。沙和尚被俘，猪八戒打不过黄袍怪只想跑路，只剩下平时不参与打怪的白龙马。于是忠心耿耿的白龙马变成一个宫娥前来劝酒，想要趁着黄袍怪半醉的情况下，在酒宴上借舞刀助兴刺杀黄袍怪以救师傅。

好龙王，他就摇身一变，也变做个宫娥，真个的身体轻盈，仪容娇媚。忙移步走入里面，对妖魔道声万福："驸马啊，你莫伤我性命，我来替你把盏。"那妖道："斟酒来。"小龙接过壶来，将酒斟在他盏中，酒比钟高出三五分来，更不漫出。这是小龙使的"逼水法"。那怪见了不识，心中喜道："你有这般手段？"小龙道："还斟得有几分高哩。"那怪道："再斟上！再斟上！"他举着壶，只情斟，那酒只情高，就如十三层宝塔一般，尖尖满满，更不漫出些须。那怪物伸过嘴来，吃了一钟，扳着死人，吃了一口，道："会唱么？"小龙道："也略晓得些儿。"依腔韵唱了一个小曲，又奉了一钟。那怪道："你会舞么？"小龙道："也略晓得些儿，但只是素手，舞得不好看。"那怪揭起衣服，解下腰间所佩宝刀，掣出鞘来，递与小龙。小龙接了刀，就留心，在那酒席前，上三下四，左五右六，丢开了花刀法。

——第三十回《邪魔侵正法　意马忆心猿》

酒宴之上舞刀弄剑，岂不惹人怀疑？事实上，酒宴上舞剑舞刀是常见的助兴方式。汉代很多画像石砖上都有酒宴上舞剑助兴的，且舞剑者多为男子。著名的鸿门宴上"项庄舞剑，意在沛公"，也是借助当时军中酒宴舞剑的常态，想刺杀刘邦，不过项伯也同样采用了舞剑的方式保护了刘邦，正可谓是"用魔法打败魔法"的典型案例。

酒宴上舞剑，在春秋战国时期是一种礼乐的象征。当时，剑还不是主要的兵器，佩剑更多是一种贵族身份的象征。韩愈的《石鼓歌》中追慕西周仪礼说："大开明堂受朝贺，诸侯剑佩鸣相磨。"这正是朝堂上诸侯贵族佩剑的壮观场景。刘邦在鸿门宴上九死一生，当他称帝后，他的老朋友们还是不拘小节。《史记》中记载汉高祖的酒宴上"群臣饮酒争功，醉或妄呼，按剑击柱，高帝患之"。这说明在西汉初年，群臣见皇帝仍是携带武器。而真正让刘邦享受到天子之尊的好处，还是叔孙通规范了朝堂礼仪之后。所以之后刘邦才说出了那句著名的"我今天才知道当皇帝原来这么爽"！

历史上真有人借酒宴舞剑而刺杀成功的，这场酒宴跟前面在石崇酒宴上眼看美人被杀也无动于衷的王敦有关。王敦身为大将军，权力和野心都很大，对家族中总劝他忠君爱国的王棱十分不满。于是，他就鼓动家族里一个叫王如的人在酒宴上刺杀王棱，这场舞剑刺杀十分成功。王如本人也被王敦假装愤怒处死，正好灭了口。如此心狠手辣的王敦，却被其侄王允之假装醉酒呕吐骗过，将其篡权的图谋告诉了朝堂。最终王敦伏诛，可谓多行不义必自毙。

有人刺杀成功，有人刺杀失败。黄袍怪虽饮酒半酣，但白龙马仍然不是他的对手，酒宴上的舞刀刺杀彻底失败。

第十一集

战前动员酒与战后庆功酒不可同日而语

黄袍怪法力高强，不仅擒拿沙僧、打跑猪八戒、将唐僧变成老虎，就连变化成宫女想借劝酒舞刀行刺的白龙马也不是他的对手。黄袍怪这般厉害，是因为他是天上星宿中奎木狼下凡，是有些来头的人物，就算下凡成了妖怪，战斗力也比一般的山精水怪强得多。也因过于自大，他根本不把对手放在心上，在打退白龙马之后完全没有意识到危机，照样吃酒。

> 小龙一头钻下水去。那妖魔赶来寻他不见，执了宝刀，拿了满堂红，回上银安殿，照旧吃酒睡觉不题。
>
> ——第三十回《邪魔侵正法　意马忆心猿》

轻敌是兵家大忌。黄袍怪自恃武功高强，对于饮酒过度对体能造成的破坏程度预估不足，这位自信满满的妖怪马上就吃到了苦头。第二日对阵之时，他便因宿醉未醒，难以迎战，面对猪八戒的叫战，不得不逃之夭夭，可谓既丢了面子又丢了里子。

> 那怪还在银安殿宿酒未醒，正睡梦间，听得有人叫他名字，他就翻身，抬头观看，只见那云端里是猪八戒、沙和尚二人吆喝。妖怪心中暗想

道："猪八戒便也罢了，沙和尚是我绑在家里，他怎么得出来？我的浑家，怎么肯放他？我的孩儿，怎么得到他手？这怕是猪八戒不得我出去与他交战，故将此计来羁我。我若认了这个泛头，就与他打呵，——噫！我却还害酒哩！假若被他筑上一钯，却不灭了这个威风，识破了那个关窍，——且等我回家看看，是我的儿子不是我的儿子，再与他说话不迟。"

——第三十一回《猪八戒义识猴王　孙行者智降妖怪》

猪八戒和沙和尚本是黄袍怪的手下败将，黄袍怪的战斗力与二者相比，高的不是一星半点。然而此时双方的气势却发生了微妙的变化：一方面猪八戒已经去花果山请回了孙悟空做救兵，有了撑腰的，叫战也多了几分底气；而另一方面，黄袍怪贪杯宿醉未醒，自己心里就已经怯了几分，觉得自己万一输给猪八戒，那可是落了面子又输了士气。想到这里，原先收拾猪八戒、沙和尚易如反掌的黄袍怪给自己找了个借口，说要先回去查明真相再做决定，一溜烟儿跑回碗子山波月洞去了。

"醉卧沙场君莫笑，古来征战几人回。"对于沙场战将来说，饮酒应当是壮胆之事，为何黄袍怪醉饮害酒之后反而退缩起来？其实，两者并不矛盾，壮行之酒主要在气势，将大家的豪情与胆气引发出来即可，并不会真喝得烂醉如泥。如果那样，莫说上阵杀敌，能否自顾都是未知数。《三国演义》中因醉酒导致战力下降的名将比比皆是，吕布、张飞、典韦莫不如此。

将士饮酒的豪壮与潇洒，以唐代的边塞诗为最。"中军置酒饮归客，胡琴琵琶与羌笛"的辽远壮阔，"葡萄美酒夜光杯，欲饮琵琶马上催"的潇洒不羁，"脱鞍暂入酒家垆，送君万里西击胡"的豪迈飒爽，在诗歌铿锵韵律的加持之下，刀光剑影、金甲银盔都充满了浪漫主义的想象。同时也应看到，边疆萧条寒苦，遇上极端天气或是物资运转不灵，普通的将士可能无棉服蔽体、无粮食饱餐，而将军大帐之中竟是"战士军前半死生，美人帐下犹歌舞"。一将功成万骨枯，不知一首浪漫的诗歌背后有多少衣不蔽体、食不果腹？

如果说诗歌多有艺术加工的成分，那么史书则记载了许多真实的案例。仅《宋史》记载的将士因酗酒呼号惊动军队、醉酒驰马撞伤百姓，甚至还有醉酒违禁擅入军械库等行为便有许多例，就连著名的大将岳飞也因"饮酒大醉"，差点把同僚赵秉渊殴打致死。醉酒之后，人对自己言行的控制力会下降很多，因醉酒而造成误伤友军，或是醉倒不能应战，才是临阵饮酒豪迈表象之下的残酷真相。

在战争中，酒还有着其他特殊的作用，比如消毒、镇痛、清洗伤口。1935年，红军四渡赤水来到了茅台镇，许多战士疲劳过度、伤病加剧，有人用茅台酒擦洗伤口甚至擦脚，身体很快得到恢复。国民党借题发挥炮制舆论战，造谣称红军到茅台镇后跳到酒缸里洗澡，在酒罐里洗脚，把茅台镇的好酒都给毁坏了，这当然是不符合事实的。新中国成立之后，陈毅元帅和黄炎培先生喝酒时，写下"金陵重逢饮茅台，万里长征洗脚来"的诗句，句中的"洗脚来"用的就是国民党诬陷红军用茅台洗脚之事。很多经历过长征的领导人喜饮茅台酒，这其中除了酒本身的高品质以外，或许还有对那个艰苦岁月的怀念吧。

再看看宝象国国王请猪八戒、沙僧去降服黄袍怪的时候，这国王也是临阵劝酒：

> 国王闻得此言，十分欢喜心信，即命九嫔妃子："将朕亲用的御酒，整瓶取来，权与长老送行。"遂满斟一爵，奉与八戒道："长老，这杯酒，聊引奉劳之意。待捉得妖魔，救回小女，自有大宴相酬，千金重谢。"那呆子接杯在手，人物虽是粗鲁，行事倒有斯文，对三藏唱个大喏道："师父，这酒本该从你饮起，但君王赐我，不敢违背，让老猪先吃了，助助兴头，好捉妖怪。"那呆子一饮而干，才斟一爵，递与师父。三藏道："我不饮酒，你兄弟们吃罢。"沙僧近前接了……将酒亦一饮而干。
>
> ——第二十九回《脱难江流来国土　承恩八戒转山林》

这段话中涉及两种酒，一是上战场之前的壮行酒，二是凯旋的庆功酒。而后者才是规模更大、规格更高的酒宴，也就是国王所说的"大宴相酬"。也只有在胜利的时刻将士们才能喝得尽情尽兴、没有压力，也只有在这个时候才可以奢侈地醉一下。宝象国国王委托八戒和沙僧前去营救公主，他们就必然会与黄袍怪有一场恶战。对阵之前，国王向上阵的将士劝饮。临阵劝酒，并不是国王的突发奇想。所谓红粉赠佳人，宝剑赠英雄，美酒似乎也应当敬赠即将上阵临敌的将军。历史上最著名的临阵饮酒，莫过于关公温酒斩华雄，上阵前关羽拒绝了敬来的那杯热酒，走马提刀，取华雄首级归来时酒尚且有余温，成就一代战神。绍兴有一个地方叫"投醪河"，相传是越王勾践在攻打吴国时，将酒倒入河中，与全体将士共饮，以此增加军队凝聚力，振奋士气，最终大败吴国。这样的故事，在战争史上并不是个案。

酒能壮胆，也会误事，度量是关键。酒之于人，小酌不仅可以怡情悦性，而且还能够激起胸怀之中的浩然之气，令人忘却恐惧、忧苦、犹豫等复杂的情感，令激情暂时占据情绪的高峰。按叔本华的说法，即是短暂地将"生命意志"这一强大的力量完全调动起来。除此之外，战前赐酒往往是上级赐予下属，代表一种鼓励和期待，饮下这杯阵前酒，相当于纳下一份军令状。而醉酒甚至是酗酒，则是绝对有害的。为了避免将士酗酒贻误战机或闯出其他祸来，同时也是为了节约粮食，几乎每朝每代的军令中都会有禁酒的条文。不过从历代军令的文件上来看，这种军中的"禁酒令"似乎主要还是针对士卒的，对于将帅没有太多的约束，甚至在赏赐将帅的物资中也常会有"美酒若干"的内容，这大概也是某种意义上的"刑不上大夫"吧。

其实，黄袍怪如果能听进公主临行前的嘱托，恐怕也不至于惹出这般祸端。在妖怪变成俊俏后生后，准备认亲之前，公主是有交代的，只可惜都被当成了耳旁风。

公主道："……你这一进朝呵，我父王是亲不灭，一定着文武多官留你饮宴。倘吃酒中间，千千仔细，万万个小心，却莫要现出原嘴脸来。露出马脚，走了风汛，就不斯文了。"老怪道："不消分付，自有道理。"

——第三十回《邪魔侵正法　意马忆心猿》

为了实现"长生不老"的梦想，《西游记》中的妖怪们大多都惦记着吃一口唐僧肉，殊不知还有人看上了猪八戒这盘下酒菜。

第十二集

下酒菜是检验酒客的试金石

　　大部分妖怪骚扰唐僧一行，其最初目的基本都是冲着吃一块延年益寿、长生不老的唐僧肉去的。但想要成功抓到唐僧并享用"美味"也不是那么容易的。且不说唐僧肩负天庭使命，受佛祖点化，各路神仙时时暗中保护，就是想迈过孙悟空、猪八戒、沙和尚这三个徒弟组成的第一道防线也是有难度的。难度归难度，总有神通广大的妖怪不信这个邪。赔本的买卖没人做，杀头的生意有人干，当收益足够有吸引力时，就不缺甘愿以身犯险的主儿。

　　正因如此，唐僧每每逢灾遭难被擒的时候，三个徒弟往往已经做了败军之将，被抓的被抓、逃跑的逃跑。孙悟空本领高强、行动乖觉，就算是在妖怪手底下吃了亏，多半能溜去天庭搬救兵。就算是真的被抓了，上至天庭下至地府，恐怕都没有能真正关得住这位齐天大圣的地方。因此结果的统一模板往往是唐僧被俘，妖魔摆酒庆贺，孙悟空溜去搬救兵——或借宝物，或找妖魔的主人来降服。至于还剩下的，自然是跑不脱的猪八戒、沙和尚一起被关在妖精洞府，等待孙悟空解围。

　　唐僧、猪八戒和沙和尚都被妖精抓住了，接下来妖精就会思考如何处置他们。山精水怪，大多生活在深山老林之中，食物来源除了灵智未开的獐子、大鹿、野猪之外，就是偶尔过路的行者旅客、樵夫农人。唐僧肉由于有延年益寿的功效，因此"药用"价值大于食用价值，一般都被珍而重之地谨慎对待。有一些妖怪则是要等解决了孙悟空这个心头大患之后再放心食用。这种处理上的延迟也正是唐僧次次都能等来救兵、逃出生天的原因之一。

猪八戒和沙和尚没有特殊的营养价值，是洞府中下等小妖的目标餐食。不过沙和尚到底是个"和尚"，虽然他容貌犹如夜叉一般，但由于他性格忠厚老实、出场说话不多，无论是读者还是作者都下意识地把他当成一个"普通人"来看待。如果故事里写起妖怪们商量如何享用沙和尚，怎么分其胳膊腿儿、心肝五脏，大约会过于血腥，少了趣味。

而猪八戒则不同，尽管是天蓬元帅转世，但他偷奸耍滑，在取经四人组中主要承担丑角的功能，孙悟空调笑的总是他，在妖怪面前出丑的也总是他，被妖怪们抓进洞府后商量着做成下酒菜的，也是他。将猪八戒当成下酒菜，即使说书人说得头头是道、津津有味，听者的脑海中也绝不会觉得过于血腥暴力，反而会想起一年之中最幸福的杀年猪、做大菜的日子，甚至一边听，一边盘算着待会儿割上二两肉回去打打牙祭。

一头猪身上的肉不少。旧时农村，普通人家过年才会杀猪，倘若都吃鲜肉，不仅太过奢侈，也不太容易保存，而且接下来一年没肉的日子可不好过。因此，各种烧肉、腌肉、腊肉、腊肠等制品应运而生，它们的存在都是为了将猪肉的美味延续更长的时间。与聪明的人类一样，会过日子的妖怪看到猪八戒，也想着将其做成腌腊制品。

老魔喜道："拿来我看。"二魔道："这不是？"老魔道："兄弟，错拿了，这个和尚没用。"八戒就绰经说道："大王，没用的和尚，放他出去罢。不当人子！"二魔道："哥哥，不要放他，虽然没用，也是唐僧一起的，叫做猪八戒。把他且浸在后边净水池中，浸退了毛衣，使盐腌着，晒干了，等天阴下酒。"八戒听言道："蹭蹬啊！撞着个贩腌腊的妖怪了！"那小妖把八戒抬进去，抛在水里不题。

——第三十三回《外道迷真性　元神助本心》

平顶山的金角大王和银角大王，在天上是兜率宫太上老君烧火的童子。

作为打杂的学徒，基本生活技能不在话下：上天会烧火，下地会做饭。这两兄弟处理猪八戒的方式，可以说是有条有理、方法得当：传统给生猪燂毛的方式就是热水燂毛，虽然这里的净水池恐怕不是给生猪燂毛的热水，但浸泡其中，去除污垢泥脏，方便之后燂毛，还是可以的。腌腊的猪肉不仅可以长久储存，而且风味独特，无论是腌咸肉、腊香肠还是熏火腿，都适合制作成下酒菜。到明清时期，文人们已经不满足于毫无情调地饮酒。袁宏道的《觞政》里有"三之容、四之宜、五之遇、六之候"；郎廷极的《胜饮编》有"良时、胜地"等条目，都在强调饮酒的环境与心境。另外，二魔的"天阴"是点睛之词，说明妖怪不仅懂美食，还懂时令、懂风月，天阴小酌可媲美白居易的"小火炉""新醅酒""天欲雪"矣！

除了将大块的肉腌腊起来以外，肯定还会有些部位是鲜食的。金角大王和银角大王虽然捉住了唐僧、猪八戒、沙和尚，但孙悟空尚在逃。都是天庭当过差的人物，齐天大圣的名头就算没有亲身经历过，总也是听说过的。因此，这两兄弟一合计，不如将寄存在压龙山压龙洞老母亲那里的幌金绳拿来对付孙悟空。"螳螂捕蝉，黄雀在后"，孙悟空抢先打死了妖狐，变成她的模样，来到金角大王和银角大王的洞府，上演了一出《西游记》版的"无间道"。

孙悟空既然要卧底找机会救出师父，自然需要装装样子，先和妖怪们打成一片。平时就喜欢捉弄猪八戒的孙悟空哪会放弃这么好的机会，听说金角大王和银角大王准备摆下酒宴，便声称要拿猪八戒的耳朵来下酒：

> 魔头道："母亲啊，连日儿等少礼，不曾孝顺得。今早愚兄弟拿到东土唐僧，不敢擅吃，请母亲来献献生，好蒸与母亲吃了延寿。"行者道："我儿，唐僧的肉，我倒不吃，听见有个猪八戒的耳朵甚好，可割将下来整治整治我下酒。"那八戒听见慌了道："遭瘟的！你来为割我耳朵的！我喊出来不好听呵！"
>
> ——第三十四回《魔头巧算困心猿　大圣腾那骗宝贝》

此处且不论行者如何促狭，八戒如何"猪队友"般嚷破天机，仅从拿猪耳朵当下酒菜这一点来看，孙悟空确是一个擅长整置下酒菜的行家。下酒之菜，宜精不宜粗，宜少不宜多，宜荤素搭配。若论素的下酒菜，非花生米莫属，称"国民下酒菜"也不为过。若论肉类，最适合做下酒菜的东西绝不是大块的肉类，譬如红烧肉一类的硬菜——这类菜块儿大、分量足，两三块便餍足了食客，不宜于下酒。倘若吃的时间长了，冷油凝结，更令人倒胃口。相比而言，反倒是一些难啃的、肉少的"筋头巴脑"的部分，才适合用来咂摸味道，成为佐酒妙物。猪耳俗称"层层脆"，与猪尾"节节香"同样都是佐酒的妙品。孙悟空要吃猪八戒的耳朵，从一个酒客的角度来看，倒是妙得很。

相比而言，当红孩儿抓到了猪八戒时，就没有金角大王、银角大王这样会过日子了。因他毕竟是小孩子心性，而且是牛魔王和铁扇公主娇生惯养的"小祖宗"，所以在他的经验里，猪肉就应该大块儿地吃。

> "……如今拿你，吊得三五日，蒸熟了赏赐小妖，权为案酒！"
>
> ——第四十一回《心猿遭火败　木母被魔擒》

猪肉用料一拌，裹上米粉上蒸屉，或者裹上豆沙、芋泥之属做成粉蒸肉、洗沙肉，都是蒸肉中的精品。这样的蒸肉虽然适合红孩儿这样的小孩子食用，却并不像红孩儿说的那样，适合当作"案酒"。毕竟一面吃蒸肉一面喝酒，并非饮酒的正道。对于真正善饮的酒客来说，下酒菜是配角，酒才是主角，切不可喧宾夺主。

纵观《西游记》的妖怪们，下酒菜最豪华的，莫过于从兜率宫走失的青牛怪——这老牛从函谷关陪老君西行，上天后一直在兜率宫颐养天年，比起金角大王、银角大王这两个烧火童子而言，不仅资格老，而且辈分高，眼界和见识也高出许多。下界到了人间，这青牛怪在洞府里摆起酒宴，颇有几分人间帝王的气势。

老魔王高坐台上，面前摆着些蛇肉、鹿脯、熊掌、驼峰、山蔬果品，有一把青磁酒壶，香喷喷的羊酪椰醪，大碗家宽怀畅饮。

——第五十一回《心猿空用千般计　水火无功难炼魔》

青牛怪坐拥如此丰盛美味的下酒菜，自然也就看不上皮糙肉厚的猪八戒。这一回猪八戒虽遭擒被绑，但也只是和唐僧、沙和尚一起关押着，没有被见过大世面的妖怪当作下酒菜般琢磨，可谓不幸中的万幸。

师徒四人一路西行，除了常常被妖怪捉去做长生药和下酒菜的经历之外，竟然还在另一难中闹了大笑话。这一难只是因为喝了一口水，就闹出一场荒唐不羁的故事，而要解决这个荒诞棘手的问题，需要唐僧师徒预备红花、羊酒，去求一个妖道。

第十三集

婚礼聘酒的门道与交杯酒的形式

　　唐僧师徒一行途经西梁女国的时候，遭遇了两场无名灾祸。西梁女国并没什么要吃唐僧肉的妖魔，也没有什么心生歹意的剪径强盗，清一色的俊俏女儿，偏偏唐僧师徒四人在此处经历了男子怀胎的奇遇，唐僧又差点被女儿国女王招亲，这一场磋磨，可谓是"此时无怪胜有怪"了。

　　唐僧与猪八戒喝了子母河的水而突然怀胎的故事，在整部《西游记》中都算是另类而魔幻的。妖魔鬼怪虽然有些神秘主义色彩，但山精水怪无非是山中飞禽走兽的升级版，鬼怪要么是死者所幻化，要么是自天宫下界，凡事皆有个来由。这男子喝水怀胎之说，脑洞还是挺大的。比脑洞大开更重要的作用是，这子母国的水，实际上解开了神秘女儿国的最大疑问：只有女性如何世代繁衍？饮河水便可以怀胎，这就坐实了女儿国真的没有男人。没有男人不代表不需要男人，接下来女儿国国王看见唐僧品貌俱佳，便想强留招亲，就不显得突兀了。为了解决唐僧、八戒的"鬼孕"，孙悟空向当地人家询问破解之道，当地人告诉他们，此地有一个落胎泉水，不过被一个有些法术的道士霸占在道馆之内，不易取得。这一节的很多细节，都关涉到了传统的婚礼习俗。

　　"……但欲求水者，须要花红表礼，羊酒果盘，志诚奉献，只拜求得他一碗儿水哩。……"

那道人问曰："你的花红、酒礼，都在那里？"行者道："我是个过路的挂搭僧，不曾办得来。"道人笑道："你好痴呀！我老师父护住山泉，并不曾白送与人。你回去办将礼来，我好通报。不然请回。莫想！莫想！"……

真仙道："泉水乃吾家之井，凭是帝王宰相，也须表礼羊酒来求，方才仅与些须；况你又是我的仇人，擅敢白手来取？"

——第五十三回《禅主吞餐怀鬼孕　黄婆运水解邪胎》

这道士占住落胎泉水之后索要财帛、趁火打劫，倒也不算奇怪；但索要财帛就说索要财帛，为什么偏偏要说"花红表礼，羊酒果盘"？古代婚庆习俗中，有订婚、结婚送聘礼的习惯，也就是彩礼，又称"花红"。这一说法在元明时代较为普遍。《窦娥冤》里的"又无羊酒段匹，又无花红财礼"，是因贫穷而无力置办彩礼；《二刻拍案惊奇》卷之七《吕使者情媾宦家妻　吴大守义配儒门女》里也有"花红羊酒鼓乐送到他家"的句子，这就是求亲娶亲的聘礼了。在较早的秦汉时期，订婚的彩礼是用一对大雁为信物，以大雁的忠贞象征爱情的百年好合；到了元明时代，彩礼往往是羊和酒，酒坛上为象征喜庆往往系着大红缎子或者红布，这就是"花红表礼，羊酒果盘"了。因此，人们提到"羊酒"，想到的就是订婚的聘礼。元杂剧《救风尘》中周舍说赵盼儿是自己的老婆，赵盼儿问他以何为凭，周舍就说"你吃了我的酒来""你可受我的羊来"，可见收了羊酒这样的花红表礼，在当时社会的约定俗成中就是定亲的意思。各地风物不同，礼品清单也会略有差异，但酒和家畜基本是共通的，如《旧唐书》有载"婚姻之礼，以牛、酒为聘"，说的就是我国贵州地区的习俗，在这里，羊变成了牛。

婚礼之所以重要，因它"合二姓之好，上以事宗庙，而下以继后世"（《礼记·昏义》），是人类延续的重要保障。时至今日，订婚、结婚送聘礼仍然是常态。不收彩礼就结婚被称为"裸婚"，会被称赞有勇气，被称赞的背后正说明不收彩礼属于凤毛麟角的非主流。结婚是人们一生中的大事，以物为凭可增加庄重，但彩礼的重点应该是"礼"，而不是"财"。《周礼》中规定："凡嫁子娶妻，入币纯帛无过五两。"如今彩礼正在偏离"礼"，越来越金钱化，甚至有的地区因备不起彩礼而无法正常婚娶，不能不引起警示。

如果说向道士求落胎泉水的花红、羊酒不过是一种文字游戏的暗示，到了女儿国女王招亲时，"吃喜酒"的场面就真的是热闹非凡了。女儿国是人类的国度，不比妖怪可以棍棒伺候，唐僧一行又都是出家人，万般武艺也不好用在打杀无辜的女王身上，想要让她们在通关文牒上盖章，只能智取，不可武斗。唐僧按照孙悟空的计谋，先假意同意女王的招亲，然后借"给徒弟送行"金蝉脱壳。

女儿国的经济运行情况应该是不错的，一行人进了城池便见"市井上房屋齐整，铺面轩昂，一般有卖盐卖米、酒肆茶坊"。盐、米是居家生活必需品，还不能说明西梁国的繁华；酒肆、茶坊可是典型的休闲经济形式了。一个家庭富不富裕就看食物支出占消费总支出的比重，也就是"恩格尔系数"；一个城市繁不繁华就看它的第三产业发展情况。从这两个方面来看，西梁女儿国的经济状况确实还是不错的。有国外研究者发现了酒的消费与经济发展之间的奥秘：经济不景气时，低价酒卖得好；经济活跃时，高档酒需求旺盛。

尽管同意招亲是假，但在馋嘴的猪八戒看来，这可是个讨喜酒的好机会。在八戒心中，远大目标并不重要，眼前的欢娱与享受才是最真切的。当孙悟空佯装答应女儿国国王对唐僧的求婚请求，依计安抚老太师与驿丞回去复命时，急性子的猪八戒已经迫不及待要吃喜酒了。

> 八戒道："太师，切莫要'口里摆菜碟儿'。既然我们许诺，且教你主先安排一席，与我们吃钟肯酒，如何？"太师道："有，有，有。就教摆设筵宴来也。"……太师奏道："御弟不言，愿配我主；只是他那二徒弟，先要吃席肯酒。"
>
> 女王闻言，即传旨，叫光禄寺排宴。
>
> ——第五十四回《法性西来逢女国 心猿定计脱烟花》

《西游记》中反复出现光禄寺，用大白话来说光禄寺的主要职责就是负责皇上的吃吃喝喝。这个机构从秦朝就已设置，到隋唐时已成为九寺之一。光禄寺一出马，宴会的效率与档次自然不同凡响。且说八戒，八戒的第一梦想其实是美色，可惜样貌丑陋，"美色"梦太难实现，只好退而求其次转向美食，满足些口腹之欲，实属无奈之举。

> 猪八戒往前乱跑，先到五凤楼前，嚷道："好自在，好现成呀！这个弄不成！这个弄不成！吃了喜酒进亲才是！"唬得些执仪从引导的女官，都不敢前进，一个个回至驾边道："主公，那一个长嘴大耳的，在五凤楼前嚷道，要喜酒吃哩。"女主闻奏，与长老倚香肩，偎并桃腮，开檀口，俏声叫道："御弟哥哥，长嘴大耳的是你那个高徒？"三藏道："是我第二个徒弟。他生得食肠宽大，一生要图口肥；须是先安排些酒食与他吃了，方可行事。"女主急问："光禄寺安排筵宴，完否？"女官奏道："已完。设了荤素两样，在东阁上哩。"女王又问："怎么两样？"女官奏道："臣恐唐朝御弟与高徒等平素吃斋，故有荤素两样。"女王却又笑吟吟，偎着长老的香腮道："御弟哥哥，你吃荤吃素？"三藏道："贫僧吃素，但是徒弟未曾戒酒。须得几杯素酒，与我二徒弟吃些。"
>
> ——第五十四回《法性西来逢女国　心猿定计脱烟花》

婚庆的喜宴与酒紧密地结合在一起，"吃喜酒"是参加婚宴的另一种说法，可见酒在婚宴中的重要性。婚宴中饮酒的高潮部分当然就是交杯酒，这个礼俗可以追溯到《礼记》中的"共牢而食，合卺而醋。所以合体同尊卑，以亲之也"，即是指以交杯酒作为未来夫妻生活中同甘共苦的象征。

交杯酒出现过好几种不同的形式：最早是将瓠瓜劈成两半，夫妻二人各饮一瓢；后来出现了两个连在一起的"合卺杯"，夫妻共饮；另一种形式是夫妻各执一杯送到对方嘴边饮用，真正交杯（交换杯子而饮）。如今的交杯酒已经不限于夫妻，好朋友之间亦可交杯——最流行的是各执一杯，交叉手臂而饮，被称为小交杯；而大交杯是指手臂绕过对方的脖子，仍然是饮自己杯中的酒。小交杯与大交杯的区别在于情感的浓烈程度，相当于握手与拥抱的区别。当然，婚宴中的喜酒并非只有夫妻双方喝的酒，婚宴上客人喝的酒亦称为喜酒，为的是沾沾婚宴的喜气。在这婚宴的喜酒中，又要数嵇含在《南方草木状》里提到的"女儿酒"最为著名。所谓女儿酒，就是绍兴的黄酒，古时说生女孩的人家在女孩出生时就会埋下几坛好酒，等女儿出嫁时取出供宾客饮用。陈放可以让酒体更香醇，这个带有美好祝愿的故事也令"女儿酒"充满了浪漫主义气息。

第十四集

女儿国酒席的规矩与酒器的造型

女儿国国王招亲的酒宴，是《西游记》中除了王母娘娘的蟠桃会以外最盛大的一场酒宴。唐僧师徒答应招亲虽然只是权宜之计，但那女儿国国王却是一片痴心，因此这酒宴的规格的确是达到了国宴级别的排场。越是高级别的酒宴，仪式与规矩也越讲究，不像平时那么随意。唐僧与女王虽是假戏，但这饮酒的规矩还是要真做。

> 正中堂排设两般盛宴：左边上首是素筵，右边上首是荤筵。下两路尽是单席。那女王敛袍袖，十指尖尖，奉着玉杯，便来安席。行者近前道："我师徒都是吃素。先请师父坐了左手素席，转下三席，分左右，我兄弟们好坐。"太师喜道："正是，正是。师徒即父子也，不可并肩。"众女官连忙调了席面。女王一一传杯，安了他弟兄三位。行者又与唐僧丢个眼色，教师父回礼。三藏下来，却也擎玉杯，与女王安席。那些文武官，朝上拜谢了皇恩，各依品从，分坐两边，才住了音乐请酒。
>
> ——第五十四回《法性西来逢女国　心猿定计脱烟花》

传统的酒宴都是荤素混合，女儿国的这场酒宴因为唐僧一众出家人的原因，荤素分成了两边。任何酒宴，第一个规矩一定是座次。悟空、八戒和沙僧与唐僧是师徒关系，差着辈分，所以不可平起平坐。古代典籍中记载有完备的饮酒礼仪，颇为烦琐，今天不太可能全盘继承，但核心要义有被保留，比如长幼次序等。与古时不同的是，今日宴席多为圆桌，关于主位大致是两种思路：一种是尊者、长者坐主位，一种是主陪坐主位（尊者在主陪的右手边）。一国有一国之规矩，一村有一村之习俗，礼仪最核心的要素还是入乡随俗，切不可生搬硬套。

座次排定，便是安席。所谓安席，顾名思义，就是宾客入座时敬酒的礼节。安席传杯是一对多的方式，也就是点到为止，如杜甫诗中所言："旧日重阳日，传杯不放杯。"女王礼毕，便是唐僧回礼，所谓"来而不往非礼也"。古时敬酒，主人先敬一杯叫"献"，然后客人回敬主人一杯叫"酢"，主人再回敬客人叫"酬"，"酬酢"一词便由此而来。今天我们仍然会先碰三杯开席酒，算是简化继承。三杯之后就进入各自选择对象来敬酒的阶段了。

饮酒中，大的程序固然不可乱，有些小细节也往往受人重视，比如壶嘴不对人，比如与人碰杯时酒杯比客人略低，比如双手握杯以示尊敬等，不一而足，所有的动作皆指向一个纲领：自卑而尊人。女儿国的皇家酒局讲究，普通人的商务酒局讲究，连妖怪的酒局都是一丝不苟的。

> 那老魔拿了壶，满满的斟了一杯酒，近前双手递与二魔道："贤弟，我与你递个钟儿。"二魔道："兄长，我们已吃了这半会酒，又递甚钟？"老魔道："你拿住唐僧、八戒、沙僧犹可，又索了孙行者，装了者行孙，如此功劳，该与你多递几钟。"二魔见哥哥恭敬，怎敢不接，但一只手托着葫芦，一只手不敢去接，却把葫芦递与倚海龙，双手去接杯，不知那倚海龙是孙行者变的。你看他端葫芦，殷勤奉侍。二魔接酒吃了，也要回奉一杯，老魔道："不消回酒，我这里陪你一杯罢。"两人只管谦逊。
>
> ——第三十四回《魔头巧算困心猿　大圣腾那骗宝贝》

"递个钟"，也就是特意敬一杯酒的意思，老魔给二魔单独敬一杯是为庆祝拿住孙悟空，也算庆功酒。老魔是双手敬酒，二魔不能单手去接，也须双手捧杯，孙悟空正是借此机会拿到了妖怪的宝葫芦。二魔接了敬酒，立马想着回敬，大魔却说不必回敬，我来陪你喝一杯。大魔把自己的姿态放得够低，这既是酒桌礼仪，也是领导艺术。二魔也是行家里手，一切滴水不漏，并没有居功自傲、忘乎所以。这平顶山莲花洞的金角大王和银角大王哥俩，不愧是老君身边的人，本领大、见识广、懂规矩、善酒礼。

女儿国的喜宴规格甚高，酒具也格外精致。八戒估计早忘了大师兄"瞒天过海、金蝉脱壳"的计划，满脑子都是吃吃喝喝。

> 那八戒那管好歹，放开肚子，只情吃起。……喝了五七杯酒，口里嚷道："看添换来！拿大觥来！再吃几觥，各人干事去。"……女王闻说，即命取大杯来。近侍官连忙取几个鹦鹉杯、鸬鹚杓、金叵罗、银凿落、玻璃盏、水晶盆、蓬莱碗、琥珀钟，满斟玉液，连注琼浆。果然都各饮一巡。
>
> ——第五十四回《法性西来逢女国　心猿定计脱烟花》

西梁女儿国地处东西方交通要道，物品繁盛，拿出来的酒杯也最精致奇巧。首先是这鹦鹉杯、鸬鹚杓，常年以来似乎只存在于诗歌中，李白诗云："旁人借问笑何事，笑杀山公醉似泥。鸬鹚杓，鹦鹉杯。百年三万六千日，一日须倾三百杯。"骆宾王也有"凤凰楼上罢吹箫，鹦鹉杯中休劝酒"的诗句。

鹦鹉杯到底是什么？众说纷纭。河南郑州大象陶瓷博物馆收藏着一只唐三彩鹦鹉杯，其造型是一只仰面躺着的鹦鹉，鹦鹉尖尖的喙向杯内弯曲，杯外绿内红。不过这只唐三彩"鹦鹉"制成的酒杯，已经是对最原初的"鹦鹉杯"的一种戏仿了。早期的鹦鹉杯，应当是用近似这个杯子的形状的鹦鹉螺制成的。鹦鹉螺有一个大的主腔体，可以像杯子一样盛酒；内中又有若干按斐波那契数列排列的气室，酒液渗入其中，待到饮酒之时便慢慢再渗出，仿佛源源不断一般神奇。1965 年南京象山东晋王兴之夫妇墓里出土了一件鹦鹉螺杯，与曹昭《格古要论》中的记载比较接近："'鹦鹉杯'即海螺，出广南，土人雕磨类鹦鹉，或用银相足，作酒杯。"这样一件在海边都属于珍稀的宝物，在远离外海的女儿国，更是奇珍异宝。

鸬鹚杓往往与鹦鹉杯成对出现，大约是出于对仗和韵律上的美感需求。所谓杓，本来并不是用于饮酒的饮器，而是用来挹酒的器具：当酒在大桶、大瓮之中时，搬动酒坛倒酒，一不安全，二不美观，此时就需要像鸬鹚脖颈一样优美修长的鸬鹚杓来舀酒，然后再将酒斟注于杯中。如果这样的描述还不够形象，各位只需要想象一下吃火锅时的长柄漏勺和汤勺，大概就能想象出鸬鹚杓的模样了。目前所见最精美的鸬鹚杓来自洛阳偃师唐墓，八瓣勺腹，柄细长，弯曲如天鹅颈，柄首似鸟首，轻盈欲飞。与西安王村唐墓壁画中的鸬鹚杓如出一辙。挹酒器中比鸬鹚杓还要精巧的是山东淄博市博物馆收藏的战国时期"竹节柄铜汲酒器"，它利用大气压的原理汲酒，集巧思与艺术为一体，可夺天工。

至于金叵罗、银凿落，就不是什么罕见物品了。唐代以来，西域的金银器皿铸造技术就一直领先于中原地区，而对于女王而言，金银器皿也并非稀罕之物。这"叵罗""凿落"两个词，不是现代汉语常用词汇，听上去有些陌生。"叵罗"专指敞口的酒器，鲁迅的《从百草园到三味书屋》中说自己小时候听先生摇头晃脑地念："金叵罗，颠倒淋漓噫，千杯未醉嗬。"李白《对酒》中云："蒲萄酒，金叵罗，吴姬十五细马驮。"这里的金叵罗就是金制的酒器。高启安《旨酒羔羊——敦煌的饮食文化》中介绍，当时西域的少数民族管叵罗叫"疊子"，也写成"擦子"或"落子"。简而言之，叵罗的造型就是今天捽碗酒所用的那种敞口浅底的"撇拉碗"。"凿落"一词见于白居易"银花凿落从君劝"的诗中，另据宋人叶廷珪《海录碎事·饮食》记载"湘、楚人以盏斝中镌镂金渡者为金凿络"可知，凿络与凿落当属异字同意，是将金银镌镂在酒盏上作装饰。文中的银凿落，大概就是镌镂银丝作为装饰的酒杯。

接下来的两件酒器，沙僧看了不免心惊，这就是"玻璃盏、水晶盆"。想当年沙僧作为卷帘大将，正是因为失手摔破了王母娘娘珍爱的水晶玻璃盏，才被杖责后贬入凡尘，于是才有了随唐僧西天取经的后话。不知道粗手笨脚的八戒拿着珍稀易碎的玻璃盏、水晶盆作"猪饮"的时候，沙僧看了会不会还有几分头皮发麻？物以稀为贵，当时的玻璃制品之所以珍贵，正是因为中原缺乏制造玻璃的工艺，而此物又易碎难以搬运流通。

最后上场的两件酒器"蓬莱碗、琥珀钟"，前者的名字并不是实指，毕竟蓬莱不是景德镇，又不出产瓷器。所谓蓬莱碗，只是取个"蓬莱"的仙气儿，并无什么实际含义。在古代，蓬莱并不是实指，而是海上仙山的代称，是对长生的一种向往。琥珀钟就是用大块的松脂所化的琥珀雕刻而成的杯子，取其透明奇巧的意趣和视觉的美感以及吉祥的寓意，和后世的犀角杯、象牙杯情况类似。琥珀有药用价值，从某种意义上说，这两个杯子都有祝愿长寿的寓意。

话说女儿国国王诚意摆下盛大的喜宴，并不知唐僧只是假意敷衍，意图金蝉脱壳，一片芳心错付流水。唐僧师徒辞了女儿国国王，继续西行。

第十五集

孙悟空用酒灭火骇人听闻

　　自女儿国脱身后，又过了几多寒暑春秋，走了无数山重水复，唐僧师徒四人来到朱紫国。一进朱紫国，孙悟空就看见街市上招贴的榜文，说国王有病求医，心里就想要管这个闲事儿，又知道唐僧肯定约束着他不许胡来，于是趁着师父前去倒换关文的时候，假托拉着猪八戒上街买点好吃的，实则揭了皇榜塞在八戒的怀里，又让猪八戒当了一回惹事端的"冤大头"。

　　听说徒弟揭了国王求医问药的皇榜，唐僧吓得惊慌失措，连说自己的徒弟只会降妖除魔，根本不会行医。其实唐僧真多余操这份儿心，就算孙悟空半点医书不曾读过，以他上天入地的本事，求点灵丹妙药还不易如反掌？连人参果树都能死而复生，何况救一个生病的国王？可见千山万水行至朱紫国处，唐僧对于他的徒弟仍然没有充分地认识。

　　且说孙悟空大显身手，用一服奇怪的药方治好了朱紫国国王的心病，于是朱紫国国王大摆筵席，宴请唐僧师徒四人。这场筵席比起女儿国的酒宴又有不同：此时唐僧师徒既无受困的焦灼，也无应酬的无奈，宾主双方心情欢畅，故而这场酒宴也格外和谐。

　　君臣举盏方安席，名分品级慢传壶。

　　那国王御手擎杯，先与唐僧安坐，三藏道："贫僧不会饮酒。"国王道："素酒。法师饮此一杯，何如？"三藏道："酒乃僧家第一戒。"国王甚不过意，道："法师戒饮，却以何物为敬？"三藏道："顽徒三众代饮罢。"国王却才欢喜，转金卮，递与行者。行者接了酒，对众礼毕，吃了一杯。国王见他吃得爽利，又奉一杯。行者不辞，又吃了。国王笑道："吃个三宝钟儿。"行者不辞，又吃了。国王又叫斟上："吃个四季杯儿。"

国王笑道："用得当！用得当！猪长老再饮一杯。"呆子亦不言语，却也吃了个三宝钟。国王又递了沙僧酒，也吃了三杯，却俱叙坐。

——第六十九回《心主夜间修药物　君王筵上论妖邪》

朱紫国国王首先向唐僧劝酒，唐僧推说"酒乃僧家第一戒"，不肯饮酒。僧人到底能不能饮酒，这件事我们前文已经说过，总体上是有戒律不宜饮酒的；但在某些重要场合或者必要的场合饮酒，只要称酒为"素酒"，也可以有个台阶下。此时唐僧以戒律为理由不饮酒，朱紫国国王不好强求，就向孙悟空劝酒。这劝酒的说法也非常有趣：孙悟空吃完两杯酒后，国王继续劝酒，就说"吃个三宝钟儿"，等到孙悟空吃完这第三杯酒的时候，朱紫国国王又让斟酒，说"吃个四季杯儿"。这些劝酒词的说法，既雅俗共赏，又将"三、四"等数字暗合其内。这种不单说数字的传统绵延至今，在中原地区，如果有人要和你"碰个半年、一年"，便是指双方一起喝六杯酒或十二杯酒。

朱紫国的酒器虽不似女儿国稀奇，种类也当真不少。依次出现的有盏、壶、杯、卮、钟、爵、觥。这些在博物馆都是比较易见的。孙机先生在《百情重觞——中国古代酒文化》中指出：汉代饮酒不用觚而用杯，汉代的杯仅指耳杯，也就是羽觞；现代的桶形杯，汉代称为卮。风俗流变，到了书中所说的唐代，或作者生活的明代，卮与杯也就并为一谈了。这些酒器在作者笔下，有时为了避免文字上的重复，也就是个代称，未必是实指。

在中国的酒宴上，劝酒是一种特殊的习俗。当主人给客人斟酒的时候，客人如果推辞，主人就要想办法给这杯酒起一个吉利的名字或者赋予一些特殊的寓意。劝酒的理由与措辞丰富异常，其中心思想离不开韦庄诗中所说的"珍重主人心，酒深情亦深"。当然，有时候客人并不推辞，主人在奉酒的时候也会说一些美好的词句以助兴，讨一个口彩。冯延巳的《长命女·春日宴》，就是将乐府民歌的唱词改编为宫廷宴饮的劝酒歌词，煞是好听："春日宴，绿酒一杯歌一遍。再拜陈三愿：一愿郎君千岁，二愿妾身常健，三愿如同梁上燕，岁岁长相见。"普通人没有冯延巳的才华，但劝酒的理由也都大致相同：首先是祝长寿，然后是祝安康，最后祝年年有今日、岁岁有今朝。

> 饮宴多时，国王又擎大爵，奉与行者。行者道："陛下请坐。老孙依巡痛饮，决不敢推辞。"国王道："神僧恩重如山，寡人酬谢不尽。好歹进此一巨觥，朕有话说。"行者道："有甚话说了，老孙好饮。"
>
> ——第六十九回《心主夜间修药物　君王筵上论妖邪》

孙悟空、猪八戒、沙僧三人均饮过酒后，朱紫国国王又换大杯来向孙悟空敬酒请求帮忙，这里显示出悟空的谨慎与老练：对于有求于自己的酒，不着急先喝，而是让对方先说所求何事。如果这事自己能办，喝了无妨；如果这事不好办，不至于没有退路。国王诉说自己生病的缘由是因三年前的端午节，他与王后在御花园宴饮游玩，不知何处来了一个妖怪，将王后掳走。朱紫国国王惊惧忧虑，因此一病不起。这事在悟空看来没有任何难度，所以才"将那巨觥之酒，两口吞之"。酒席间一人端杯向另一人说："喝了这杯酒，请你帮个忙。"是常有的情形，遇到这样的情况该如何应对呢？悟空给了很好的答案。

> 国王道："三年前，正值端阳之节，朕与嫔后都在御花园海榴亭下解粽插艾，饮菖蒲雄黄酒，看斗龙舟。忽然一阵风至，半空中出一个妖精，自称赛太岁……"
>
> ——第六十九回《心主夜间修药物　君王筵上论妖邪》

这端阳之节国王与王后饮的"菖蒲酒"和"雄黄酒"，确有几分来历。菖蒲是一种草药，古人认为它有延年益寿的功效。李白在《嵩山采菖蒲者》一诗中有云："我来采菖蒲，服食可延年。"酒仙李白服食菖蒲的方法，恐怕也是将其制成菖蒲酒饮用。菖蒲酒在中国历史上出现得很早，但它不是以菖蒲为原料酿的酒，菖蒲只是个添加物而已。《荆楚岁时记》中记载民间"以菖蒲或缕或屑，以泛酒"，就是说菖蒲酒是将菖蒲打碎混入酒中，是一种"泡制"的药酒。唐代医书《外台秘要》中记载了一种治疗"风虚"的菖蒲酒方，其中第一味便是陆地菖蒲，将其"细切一石别煮"，又"以水二斛五斗煮菖蒲根"。这种药酒的制作方法也符合《荆楚岁时记》中"或缕或屑"的描述。

相比于菖蒲酒，雄黄酒在中国传统文化中似乎更加著名一点，这应当归功于许仙、白娘子的故事。雄黄与菖蒲不同，它不是一种植物，更不是食物，而是一种矿物，含有毒性成分。雄黄酒是端午节，尤其是南方端午节必备的物品之一，汪曾祺在《端午的鸭蛋》中写道："喝雄黄酒。用酒和的雄黄在孩子的额头上画一个王字，这是很多地方都有的。"与主要用于饮用的菖蒲酒不同，雄黄酒大多数情况下并非用于内服，而是外敷在皮肤上，或者洒在墙角边、门窗边，其主要功用是防蚊虫、辟毒蛇。清代苏州人顾禄所著《清嘉录》中说苏州及附近地区每逢端午节，家家户户都会"研雄黄末，屑蒲根，和酒饮之，谓之雄黄酒"，这就是将菖蒲、雄黄、酒三合一了。

朱紫国国王同孙悟空说罢自己三年前端午节宴饮受惊之事，又说这妖魔常常来国内向他索要宫女，因恐惧妖魔，他就建了一座避妖楼借以避祸。孙悟空听说有这个稀罕事儿，就要去看，惹得酒还没吃够的猪八戒一百个不乐意。

> 猪八戒道："哥哥，你不达理！这般御酒不吃，摇席破坐的，且去看甚么哩？"国王闻说，情知八戒是为嘴，即命当驾官抬两张素桌面看酒，在避妖楼外伺候。呆子却才不嚷，同师父、沙僧笑道："翻席去也。"
>
> ——第六十九回《心主夜间修药物　君王筵上论妖邪》

今天多听说"翻台"，而很少听说"翻席"。翻台是指客人用餐完毕后重新置办一套餐具迎接新的客人，所以翻台率越高，代表店家收入就越高。这与港台地区用"坪效"来计算商业场所经营效益，道理都是一样的。所谓"翻席"，就是一场酒宴没有结束，又在别处另开一场作为延续的意思。吃席吃到抬着两张桌子跟着翻席的程度，猪八戒也算是吃货中的极品了。翻席到了避妖楼，孙悟空的乌鸦嘴展现了神威：刚刚聊到妖怪，妖怪果然就来了。孙悟空赶走妖怪，又露了一手抛洒金杯化成酒雨灭城门妖火的绝技，令人大开眼界。

> 那皇帝即至酒席前，自己拿壶把盏，满斟金杯，奉与行者道："神僧，权谢！权谢！"这行者接杯在手，还未回言，只听得朝门外有官来报："西门上火起了！"行者闻说，将金杯连酒望空一撇，当的一声响亮，那个金杯落地。君王着了忙，躬身施礼道："神僧，恕罪！恕罪！是寡人不是了！礼当请上殿拜谢，只因有这方便酒在此，故就奉耳。神僧却把杯子撇了，却不是有见怪之意？"行者笑道："不是这话，不是这话。"少顷间，又有官来报："好雨呀！才西门上起火，被一场大雨把火灭了。满街上流水，尽都是酒气。"行者又笑道："陛下，你见我撇杯，疑有见怪之意，非也。那妖败走西方，我不曾赶他，他就放起火来。这一杯酒，却是我灭了妖火，救了西城里外人家，岂有他意！"
>
> ——第七十回《妖魔宝放烟沙火 悟空计盗紫金铃》

众所周知，酒的主要成分是乙醇，乙醇是可燃物，因此以酒救火无异于火上浇油，所以孙悟空以酒灭火的法术也是让人匪夷所思。不过，那时的酒度数低，水的含量更高，不似今天的烈酒可以经过蒸馏达到70度以上。这或许就是此处酒能灭火的"科学"依据。当然，用水灭火是普通人的本事，能用油、用酒灭火才是齐天大圣的水平，违背常理处，方能彰显悟空非凡的能力。

唐僧师徒四人离开朱紫国后，孙悟空被妖魔吞入腹中，以药酒鸩杀；唐僧又被女妖掳入洞府，强拜天地。

第十六集

药酒虽好　切莫贪杯

　　《西游记》中孙悟空喝过的酒，天上地下无所不有。无论是花果山猴儿们酿的土制椰子酒、葡萄酒，还是九天之上蟠桃大会的仙酒、御酒，抑或是人间帝王、妖怪洞府、五岳三山的闲散神仙们所敬之酒，没有孙悟空不曾喝过的。倘若要以饮酒的种类来论"酒仙"的话，孙悟空可能是天上地下第一"酒仙"了。不过在孙悟空经历的这些饮酒故事（有时也是事故）中，要说最离奇的一次，还要数这次"连环套"的喝酒经历。

　　什么是"连环套"喝酒呢？这酒本不是孙悟空自己要喝的，而是妖怪喝下去想要药杀孙悟空，却被钻进妖怪肚子里的孙悟空接来喝了，看似入了妖怪的口，实际却进了悟空的胃，像是俄罗斯套娃一样，故名"连环套"酒。

　　这么离奇的事情是怎么发生的？还要回到这一故事的开头。话说唐僧师徒四人一路西行，妖魔鬼怪、魑魅魍魉也见了不少。不过相比于过往所遇的困难，这一次遇到的妖怪确实更加难缠。以什么证明这次的妖怪与以往不同呢？且看这一次唐僧师徒四人还未涉足妖怪的领地，太白金星就乔装成山野老人前来预警：说那妖怪的社会关系很是了得，与五百阿罗、十一大曜、四海龙王等皆是朋友。孙悟空又不是被吓大的，他向老儿吹嘘自己喝完酒之后的光辉事迹：

当年也曾做过妖精，干过大事。曾因会众魔，多饮了几杯酒睡着，梦中见二人将批勾我去到阴司。一时怒发，将金箍棒打伤鬼判，唬倒阎王，几乎掀翻了森罗殿。

——第七十四回《长庚传报魔头狠　行者施为变化能》

待太白金星现出真身，仍认真劝诫悟空："这魔头果是神通广大，势要峥嵘，只看你挪移变化，乖巧机谋，可便过去；如若怠慢些儿，其实难去。"这三位妖魔是何来历，竟然惊动太白金星前来报信？原来这三个妖魔是文殊、普贤二位菩萨座下的青狮、白象，以及一位连如来佛祖都不好轻易动手捉拿的大鹏金翅雕。这三个妖魔不仅本领高强，还有能杀人于无形的法宝。别的妖魔占一座小山头为王，这三个妖魔不仅占住几百里山岭，甚至还夺了整整一个国家的城池："五百年前吃了这城国王及文武官僚，满城大小男女也尽被他吃了干净，因此上夺了他的江山，如今尽是些妖怪。"整整五百年，这个国家已经全部被妖魔占领，这种嚣张气焰，连在花果山水帘洞一方小天地称霸的齐天大圣与之相比似乎也远远不及。

最糟糕的还不是妖魔有多厉害、势力有多庞大，而是这三个妖魔还具有情报优势：他们早已知道唐僧一行人西行取经，对可以延年益寿的唐僧肉垂涎欲滴，甚至还打探清楚了唐僧一行人的武功底细，所谓知己知彼、守株待兔，专等唐僧师徒四人送上门来。孙悟空第一次与这妖魔交锋便被识破变化，擒了装在瓶里，足见妖魔难缠。不过这些妖魔对悟空的能力认知也不够全面，刚一擒住便喝起了庆功酒：

（老妖）教："小的们，先安排酒来，与你三大王递个得功之杯。既拿倒了孙行者，唐僧坐定是我们口里食也。"三怪道："且不要吃酒。孙行者溜撒，他会逃遁之法，只怕走了。教小的们抬出瓶来，把孙行者装在瓶里，我们才好吃酒。"

——第七十五回《心猿钻透阴阳窍　魔王还归大道真》

基本了解了妖魔的战斗力之后，孙悟空决定不能硬攻，只可智取。于是趁着和妖魔打斗之际，化作一只小虫，假意装作被老魔头吃进去，实际上要跑进老魔头的肚子里作怪，威胁恐吓老魔王说自己要在他的肚子里过冬，支个锅把他的心肝五脏做成卤煮。这可折磨死了老魔头，应该怎么办呢？老魔头祭出了自己的杀虫法宝：药酒。

老魔听说，虽说不怕，却也心惊。只得硬着胆叫："兄弟们，莫怕；把我那药酒拿来，等我吃几钟下去，把猴儿药杀了罢！"行者暗笑道："老孙五百年前大闹天宫时，吃老君丹，玉皇酒，王母桃，及凤髓龙肝，——那样东西我不曾吃过？是甚么药酒，敢来药我？"那妖精真个将药酒筛了两壶，满满斟了一钟，递与老魔。老魔接在手中，大圣在肚里就闻得酒香，道："不要与他吃！"好大圣，把头一扭，变做个喇叭口子，张在他喉咙之下。那怪咽的咽下，被行者咽的接吃了。第二钟咽下，被行者咽的又接吃了。一连咽了七八钟，都是他接吃了。老魔放下钟道："不吃了。这酒常时吃两钟，腹中如火；却才吃了七八钟，脸上红也不红！"原来这大圣吃不多酒，接了他七八钟吃了，在肚里撒起酒风来，不住的支架子，跌四平，踢飞脚，抓住肝花打秋千，竖蜻蜓，翻跟头乱舞。那怪物疼痛难禁，倒在地下。

——第七十五回《心猿钻透阴阳窍　魔王还归大道真》

喝药酒治肚子痛或者进行体内驱虫，确实符合古代中医的思路。《史记·扁鹊仓公列传》中有一段记载，也就是以前中学课本里"扁鹊见蔡桓公"的故事。扁鹊对蔡桓公（实际上是齐桓侯）说他身体有疾，齐桓侯不听，认为自己没有病；等到他察觉自己生病了的时候，扁鹊已经无法治疗了。扁鹊说出了自己的医理："疾之居腠理也，汤熨之所及也；在血脉，针石之所及也；其在肠胃，酒醪之所及也；其在骨髓，虽司命无奈之何。"其中说到当疾病在"肠胃"的时候，用药酒来进行治疗，便能够痊愈。《史记》中还记载了西汉初年的淳于意以药酒医治济北王"风蹶胸满"的疾病，说他"即为药酒，尽三石，病已"。一则可以看出药酒的广泛应用，二则可以看出药酒可以治疗汤熨、针石所不能及的里证，是更高级别的治疗手段。如果连药酒也治不好，那就是连神仙也救不了了。

中国以药酒治病的历史，几乎和酿酒的历史一样长：无论是《黄帝内经》，还是史书记载的扁鹊的言论，张仲景的《伤寒论》《金匮要略》，古典药书《神农本草经》，一直到李时珍的《本草纲目》，都有诸多关于药酒的记录。长沙马王堆出土文物亦有药酒方。中药大部分是草药，想要将这些药材变成能令病人服用的药物，要么采用水煮的方式，要么采用酒浸的方式。从现代科学的角度来说，就是用水溶萃取和用酒精萃取，以获得不同的有效物质。陶弘景的《本草经集注》中对药酒的制作描述得比较详尽："凡渍药酒，皆须细切，生绢袋盛之，乃入酒密封，随寒暑日数，视其浓烈，便可出，不必待至酒尽也。"也就是说做药酒时，须将草木类的药材在酒中浸泡几日，根据天气的寒冷和炎热，观察酒中药物萃取的浓度，当浓度达到要求时，就可以服用了。唐代的《食疗本草》中记载的药酒种类就更加广泛了，虎骨甚至猪肉等都被视为可以浸泡药酒的材料。至于《本草纲目》中的五加皮酒、地黄酒、当归酒、人参酒、鹿茸酒等，就和现代人常喝的药酒相去不远了。药酒属于药的范畴，掌握并运用它需要专业的医药知识，切不可盲目自制，不然最后病没治好却被反噬就得不偿失了。

且说吃了孙悟空的老魔王，他命小妖筛药酒来喝，结果喝到嘴里的药酒全部进到了孙悟空的肚子里，老魔王不免觉得奇怪：这酒平时吃两钟便觉腹中如火。从这句话中可以猜到老魔王所喝的药酒，肯定是一种烈酒。药酒在明清时期更加盛行，实际上也与高度酒的普及有关：首先，药的思路是通过酒中的酒精来萃取不能简单水溶的一些有效药物成分，那么酒中的酒精浓度越高，相对萃取效果越好；其次，普通人喝药酒，在治病之外主要是用于养生防病、延年益寿。而药酒给饮用者的主观感觉最明显的是什么呢？就是"活血"。所谓活血，是指酒精进入体内后促进血液循环，使人感觉身体变得暖和起来。酒对人的神经系统又有麻痹作用，一些小的病痛在酒精的作用下似乎变得没那么难受了，这就是"药酒"让人感到见效很快的原因。

无论是萃取有效物质，还是活血、治病，甚至是要让人有"腹中如火"的感受，高度酒的优势都远远胜过低度酒。这也正是为什么孙悟空在老魔王的肚子里接住了药酒，七八钟之后就耍起了酒疯：一来孙悟空是出了名的酒量不高、酒品不佳，二来也是因为老魔王的药酒度数太高、药力太猛。待孙悟空耍够了酒疯，也制服了老魔王，西行度过狮驼国，再次踏上漫漫征程。

唐僧第三次破酒戒

　　唐僧师徒西行，一难接着一难，这是上天定下的劫数，丝毫没有办法。换个角度，也可以说是一个酒局接着一个酒局，时而送行、时而庆功、时而搏杀，每个酒局有每个酒局的难度，每个酒局有每个酒局的滋味，酸甜苦辣，尽在其中。眼前这一局，可在西游酒局中名列前茅，若问有何奇特之处？它令唐三藏这位得道高僧既破酒戒又破色戒；闹得孙悟空上天庭告御状，哪吒三太子与托塔李天王差点被连累获罪。然而如此惊天动地的事件，却因一杯小小的喜酒而起。

　　要说这个妖精，也并不是什么罪大恶极、伤天害理之辈。她本是金鼻白毛老鼠成精，曾因在佛前偷咬花烛而被擒获，幸得佛祖宽恕，于是拜当时来擒她的托塔李天王为义父、哪吒三太子为义兄。这老鼠虽然是个妖精，但也是知恩图报之辈，孙悟空进她洞府去寻师父的时候，还看见她为义父、义兄立的供奉神牌。从这一点来看，可以算得上是一个有情有义的妖精。

　　但是这个女妖精有一个致命的问题——恨嫁。

　　取经路上的雄性妖怪捉唐僧，自然是因为相信吃一块"唐僧肉"就能长生不老，甚至只是闻一闻，都能够延年益寿；而女妖精们面对唐僧，就纷纷恨嫁起来，都想抓来唐僧和自己成亲。从荆棘岭的杏仙到女儿国旁的蝎子精，再到天竺国的玉兔精，乃至这个金鼻白毛老鼠精，无不如此。然而在这所有的女妖精中，金鼻白毛老鼠精是唯一一个和唐僧喝上了喜酒的妖精。

如果做个女妖智力排行榜，这个金鼻白毛老鼠精还真的可以名列前茅。她计划周密、手段高明：首先，她假装自己是在树林中被强盗冲散的少女，哭求唐僧解救，博得一个同情分；然后，再趁孙悟空、猪八戒和沙和尚不备之际，用一只绣花鞋作替身，偷偷把唐僧弄进自己的洞府。来到洞府之中，对唐僧既不捆绑，也不为难，只是整整齐齐地整置酒席菜肴，又换了一身娇娆装束，希望用自己的风情征服唐僧，与自己成亲。从示弱到抓住时机，再到温柔贤惠、娇柔妩媚，倘若这不是个妖精，唐僧也没有取经重任在身，这还真的是"女追男"的典范模板。

唐僧被老鼠精抓进洞府之后，孙悟空变成小虫偷偷潜入，发现妖精正在筹备喜酒，打算与唐僧成亲。由于妖精洞府结构复杂，孙悟空不知道自己能不能安全地把师父带出去，因此决定将计就计：让唐僧陪妖精喝一杯喜酒。多数人都会有成功路径依赖，悟空也不例外。孙悟空的路径依赖之一就是往敌人的肚子里钻，书中第五十九回钻进了铁扇公主的肚子里，第七十五回钻进了青狮老魔的肚子里，现在他又准备故伎重施——往老鼠精的肚子里钻。具体的策略就是自己趁两人碰杯的时候，借着溅起的酒花，伺机钻进妖精的肚子里。

> 行者道："没事！没事！那妖精整治酒与你吃，没奈何，也吃他一钟；只要斟得急些儿，斟起一个喜花儿来，等我变作个蟭蟟虫儿，飞在酒泡之下。他把我一口吞下肚去，我就捻破他的心肝，扯断他的肺腑，弄死那妖精，你才得脱身出去。"
>
> ——第八十二回《姹女求阳 元神护道》

唐僧是一个和尚，还是一位高僧，怎么能与一个女妖精喝喜酒呢？这一杯喜酒，既是触及酒戒，也是触及色戒，一杯酒下肚，岂不是两戒全破、万劫不复了吗？对于唐僧的质疑，孙悟空回应说自己已经探查清楚，这个妖精心思细腻且诚意十足，为唐僧准备的是全素筵席，连酒也都是素酒，因此但喝无妨。至于色戒嘛，毕竟没有走到巫山云雨那一步，嘴上叫两句"娘子"不过是权宜之计，不必有太大的心理负担。故而吴承恩也说"虽是外有所答，其实内无所欲"，算是为唐僧开脱。

唐僧的心理建设还没有完全做好，妖精却已经迫不及待了，一声声的"长老"叫得唐僧心慌神乱。妖精倒也知趣，并没有山珍海味地置办酒席，以免给唐僧留下推辞的借口。

> 妖精挽着三藏，行近草亭道："长老，我办了一杯酒，和你酌酌。"唐僧道："娘子，贫僧自不用荤。"妖精道："我知你不吃荤，因洞中水不干净，特命山头上取阴阳交媾的净水，做些素果素菜筵席，和你耍子。"
>
> ——第八十二回《姹女求阳　元神护道》

事已至此，唐僧也是无可奈何，只得硬着头皮赶鸭子上架。于是当妖精来请唐僧赴宴的时候，唐僧不仅答了妖精的话，而且还口称"娘子"，意图笼络住妖精，让她喝下孙悟空藏身的那杯喜酒。不怕和尚会念经，就怕和尚会骗人，恨嫁的女妖精一听唐僧愿意喝喜酒，顿时喜出望外，而那一声"娘子"更是让妖精意乱神迷。

> 那妖精露尖尖之玉指，捧晃晃之金杯，满斟美酒，递与唐僧，口里叫道："长老哥哥，妙人，请一杯交欢酒儿。"三藏羞答答的接了酒，望空浇奠，心中暗祝道："护法诸天、五方揭谛、四值功曹：弟子陈玄奘，自离东土，蒙观世音菩萨差遣列位众神暗中保护，拜雷音，见佛求经。今在途中，被妖精拿住，强逼成亲，将这一杯酒递与我吃。此酒果是素酒，弟子勉强吃了，还得见佛成功；若是荤酒，破了弟子之戒，永堕轮回之苦！"孙大圣，他却变得轻巧，在耳根后，若像一个耳报；但他说话，惟三藏听见，别人不闻。他知师父平日好吃葡萄做的素酒，教吃他一钟。那师父没奈何吃了，急将酒满斟一钟，回与妖怪。果然斟起有一个喜花儿。行者变作个蟭蟟虫儿，轻轻的飞入喜花之下。那妖精接在手，且不吃，把杯儿放住，

与唐僧拜了两拜，口里娇娇怯怯，叙了几句情话。却才举杯，那花儿已散，就露出虫来。妖精也不认得是行者变的，只以为虫儿，用小指挑起，往下一弹。

——第八十二回《姹女求阳　元神护道》

有经验的人往往会因为过分依赖经验而败在经验主义上，这次悟空钻进妖精肚子的计策便没有成功。唐僧听到妖精把喜酒称为"交欢酒"，心里是又尴尬、又焦急、又害羞，然而这杯酒却非喝不可。不喝，妖精就不会中孙悟空的偷渡之计；喝了，又怕由此破了酒戒，万世不得超生，左右为难之下，只好对天默念解释之词，以表明自己的清白。孙悟空却知道唐僧喜欢喝葡萄素酒，因此让他喝一杯无妨，不过这又引出一个新问题，唐僧喜欢喝葡萄酒这件事情，孙悟空又是怎么知道的？难道说，那个平时面对各处国王亲赐御酒，都以"酒是佛家第一戒律"为理由推阻的唐僧，竟然在旅途之中常常偷喝葡萄酒吗？

《西游记》的成书融合了历代唐僧取经的故事，同时还借用了当时说书人自我发挥创作的素材，因此难免有前后不一致的地方。这里"平日好吃葡萄做的素酒"的唐僧，实际上并不是《大唐西域记》中的那位玄奘法师，而是掺杂了明代说书人根据自己对番僧的了解、想象塑造出的唐僧的形象。元代统治者征服中原之后，又势如破竹地攻克了中亚各国，一路直奔欧洲，所到之处无人能敌，最终打通了欧亚大陆之间的阻碍，形成了一条便于东西方文化交流的陆地商路。元代统治者在宗教上敬奉番僧，因此宫廷之中常有番僧出入。元代张昱《辇下曲一百二首》中有描述宫廷御宴、番僧来朝的场景："酋长巡觞宣上旨，尽教满饮大金钟。"（其九）"黄金酒海赢千石，龙杓梯声给大筵。殿上千官多取醉，君臣胥乐太平年。"（其十六）"白伞葳蕤避驰道，帝师辇下进葡萄。"（其三十七）"守内番僧日念吽，御厨酒肉按时供。"（其三十八）由此可见，番僧不仅饮酒，而且吃肉。或许说书人在塑造唐僧饮葡萄酒时借鉴了番僧的生活方式。

且说葡萄酒，葡萄自汉代便传入中国，葡萄酒几乎也是同时被引入。至唐代，葡萄酒已经成为边塞诗人笔下常见的词汇。但事实上，葡萄酒始终没有完成"本土化"，无论是酒体上，还是文化上。葡萄酒的酿造方式迥异于中国传统的酿酒方式：中国酒一直以谷物为主要原料，依赖酒曲进行发酵；而葡萄酒只需要将葡萄连皮碾碎，利用葡萄皮自身携带的微生物就可以成功发酵了。中原地区的葡萄酒一直到清代都是以舶来品为主，甚至在当今中国，只要一提到葡萄酒，人们往往会在酒质、文化上都更为推崇国外酒。近年来，国内葡萄酒的质量逐步提升，随着年轻消费者的文化自信，或许中国葡萄酒将有一番美好的未来。

金鼻白毛老鼠精虽然与唐僧喝了喜酒，却没能成功地和唐僧成亲，最终被义父托塔李天王、义兄哪吒三太子抓回天庭复命。唐僧师徒四人又得以安然西行。

第十八集

悟空为什么要中等酒菜却付上等价格？

    师徒四人风餐露宿一路向西，如果得遇村郭野店，一般都由唐僧出面交涉借宿事宜；如果遇到佛寺道观，那就更方便了，只需报上自己是东土大唐来的取经人，僧道多半都会为这几位行脚僧人安排好食宿。最优渥的待遇莫过于路过繁华的城池国度，唐僧师徒就会暂住馆驿（官方客栈）之中，等待递交和倒换通关文牒。倘若孙悟空大显神通，为当地的国王或大户人家降妖除魔、排忧解难，便会因此受到对方的盛情款待，能够居有上房、食有酒席，称得上是艰难取经路上的美好时光。

    唐僧师徒通常不住客栈酒店，这并不完全是缺少盘缠的缘故。虽然西行之路山高水长、路途崎岖，但唐僧离开大唐国境时，显然带了不少盘缠。一路上无论是行船付船资，还是借宿借灶付柴火钱，唐僧都没有自恃是出家人就拒绝付款。另外，一路上唐僧师徒因为帮助苦主扫荡妖氛而得到的报酬也不少，尽管唐僧大多极力推辞，但架不住猪八戒总是偷偷昧下一些散碎银两。孙悟空就常常以骗出猪八戒耳朵里藏着的私房钱为乐。由此可见，唐僧师徒一路上不住酒店，实际上是因为"信仰"：作为行脚僧，如果一路上贪图舒适，所到之处都住在酒店之中，就失去了"行脚"的意义。

    唐僧师徒之所以能够一路顺利地逢山住庙、遇村借宿，全靠"行脚僧"这一独特的身份。唐僧每次借宿之前，都会自报家门："贫僧从东土大唐而来，前往西天取经。"然而这一套行脚僧四处借宿的江湖规矩，到了灭法国却突然不灵了：因为这个国度的国王发誓要杀一万个和尚（已杀九千九百九十六个，就差四个），因此凡是行路的和尚到了此处，不是转道，就是遭殃。唐僧四人西行取经，转道是没办法转道的，因此孙悟空想了个办法：裹上头巾，装作商人，穿过这座城池就安全了。

既然要装作商人，就要有商人的派头，否则外形这一关就过不了。悟空准备趁夜里偷走"王小二店"里客人的衣服、头巾来乔装打扮（这时候估计早把"偷盗戒"忘得一干二净了）。无奈王小二的婆子一直不睡觉，性急的悟空只好由偷窃变成了强借，抱着人家的衣服溜了。既然装作商人，就得按照商人的规矩办事，找人家借宿肯定是不行了，商人就该住在酒店客栈之中。孙悟空找的一家客店叫"赵寡妇店"，店里招待客人，有三个等级的食宿套餐：

> 妇人笑道："孙二官人诚然是个客纲客纪……我舍下在此开店多年，也有个贱名。先夫姓赵，不幸去世久矣，我唤做赵寡妇店，我店里三样儿待客。如今先小人，后君子，先把房钱讲定，后好算帐。"行者道："说得是。你府上是那三样待客？常言道：'货有高低三等价，客无远近一般心。'你怎么说三样待客？你可试说说我听。"赵寡妇道："我这里是上、中、下三样。上样者：五果五菜的筵席，狮仙斗糖桌面，二位一张，请小娘儿来陪唱陪歇。每位该银五钱，连房钱在内。"行者笑道："相应啊！我那里五钱银子还不够请小娘儿哩。"赵寡妇又道："中样者：合盘桌儿，只是水果、热酒，筛来凭自家猜枚行令，不用小娘儿，每位只该二钱银子。"行者道："一发相应！下样儿怎么？"妇人道："不敢在尊客面前说。"行者道："也说说无妨。我们好拣相应的干。"妇人道："下样者：没人伏侍，锅里有方便的饭，凭他怎么吃；吃饱了，拿个草儿，打个地铺，方便处睡觉；天光时，凭赐几文饭钱，决不争竞。"

——第八十四回《难灭伽持圆大觉 法王成正体天然》

明码标价、一视同仁是商业运行的基本准则，这一点古今别无二致。把各项条件都讲清楚了，客人可以根据自己的实际需求选择对应的服务，如同今天我们预订房间时不同价位对应不同服务标准一样。赵寡妇店里的伙计虽与强盗勾结，但赵寡妇本人是位守法经营者，她的报价连悟空也觉得很公道。古代许多酒店的主要经营者都是女性，尤其是寡妇，这似乎与我们通常印象里的伦理纲常有所不同。事实上，古代那些极为严苛的礼教对于平民而言并不具有普遍的约束力，即所谓"礼不下庶人"。从宋代开始，才真正将严苛的礼教贯彻执行下去，且多半是书香世家，至少也是乡绅一类的人物。

酒肆以妇女为主要经营者的情况，无论汉唐明清皆有之。其中最有名的当数卓文君与尚未成名的司马相如私奔后，卓文君当垆卖酒的故事。而在当今的古装影视剧中，无论是同福客栈里的佟掌柜还是龙门客栈的金镶玉，人们似乎潜意识地认为女性，尤其是寡妇，常常是酒肆的经营者。从历史的角度来看，妇女经营酒肆确实是一种常见现象，尤其是美貌的妇女当垆卖酒，本身就是一种特殊的风情，也起到了一种广告效应。正所谓："垆边人似月，皓腕凝霜雪。"倘若当垆卖酒的是鲁智深、武大郎这样的男人，酒客的酒兴似乎都会大打折扣。

从赵寡妇周详的介绍来看，这个酒店显然是主营上等和中等两类服务。所谓下等的待客服务，实际上就是给一些做工的人或者其他穷苦人过路歇脚时提供一个方便而已，算不上是酒店的主要利润来源。而上等待客之道，据赵寡妇描述是"五果五菜的筵席，狮仙斗糖桌面，二位一张，请小娘儿来陪唱陪歇"。也就是说，这种酒席是饮酒、果盘、菜品和弹唱于一体的综合服务，这种酒楼在唐代的确普遍，被称为"酒肆"。

酒肆之中多有娇娆美丽的酒妓，她们负责倒酒、劝酒，有时也负责弹唱和其他的才艺表演。李白的《金陵酒肆留别》中"风吹柳花满店香，吴姬压酒劝客尝"描述的就是其倒酒、劝酒的场景，这大概是酒妓最基础的工作。稍微复杂一点的，例如冯衮《戏酒妓》中写的"隔坐刚抛豆蔻花"，大概是一种击鼓传花类的酒令游戏。在《红楼梦》中，薛蟠生日时请来的云儿就是位比较有才艺的酒妓，她既负责劝酒，又负责弹唱，还要行酒令，陪公子们玩一些风雅游戏，唱和其间。唐僧师徒四人此时行至灭法国界，也就是已经身处西域国度之中了，因此这里的酒肆可能更接近唐代的"胡姬酒肆"。这些酒肆中的酒妓除了劝酒、陪唱之外，如果双方愿意、价格合适，还可以"陪歇"。施肩吾的诗中就有"年少郑郎那解愁，春来闲卧酒家楼。胡姬若拟邀他宿，挂却金鞭系紫骝"的描述。宋代《东京梦华录》记载当时的大酒楼"浓妆妓女数百，聚于主廊槏面上，以待酒客呼唤，望之宛若神仙"。周密《武林旧事》中也提及南宋酒楼"每处各有私名妓数十辈"。可见在古代的酒肆之中，酒妓的服务范围是相当广泛的。这些酒妓如果容貌出众、才华横溢，常常会成就一番才子佳人的美谈。

赵寡妇描述的"中样待客"服务，则更像是普通酒家的经营模式："合盘桌儿，只是水果、热酒，筛来凭自家猜枚行令，不用小娘儿，每位只该二钱银子。"如今酒店有五星级、四星级、三星级、普通连锁的区分，而在《东京梦华录》中，酒店也被分为三六九等，其中"在京正店七十二户"，以"州东宋门外仁和店""金梁桥下刘楼""戴楼门张八家园宅正店""州北八仙楼"等为代表，是属于高级的、排得上名号的酒店；而其他比较小的酒肆则"不能遍数"，都被称为"脚店"，在这类店铺里，多半没有前面所说的那些会吹拉弹唱、能行诸般酒令的酒妓相陪，客人大多是"铺下果子按酒"，一面饮酒，一面自己猜枚行令，自娱自乐。

由于孙悟空能做到入乡随俗、灵活应变，因此被店家称赞"诚然是个客纲客纪"。一地有一地之风俗，师徒四人从中原来到了西域，自然按当地规矩行事。回想起我在宝岛旅行时，曾注意到同一事物不同名称的不同内涵：Hotel（付费住宿的场所），在大陆我们习惯叫作酒店，而台湾地区却称之为饭店，当地称为"酒店"的 Hotel 往往暗含某些特殊服务。孙悟空为了将贩马商人的角色扮演到底，索性选了最上等的酒席，但为了不破色戒、荤戒，孙悟空又特地吩咐店家不要找陪酒唱曲的女子，也不必置办荤食，只需要一桌上好的素宴即可，同时强调"照上样价钱奉上"。其实按这个标准，"中样待客"的级别也就足够了，但孙悟空为了不令人起疑，只能花上等的钱，享中等的服务。这样的顾客店家怎能不喜欢呢？

师徒四人拒绝了杀猪杀羊，拒绝了陪唱陪歇，却没有拒绝喝酒。当赵寡妇问他们要不要吃些素酒时，悟空说："止唐大官不用，我们也吃几杯。"唐僧师徒四人有惊无险地度过了灭法国后，便已近西天。

第十九集

魑魅魍魉魃魈魁魃的醉态

西行途中遭遇的妖魔形形色色，作者着墨最多的当然是那些头头脑脑。但所谓将要有兵、王要有民，即使是占山为王的妖魔鬼怪，也少不了要有群小妖做自己的手下。从花果山孙悟空的猴子猴孙们，到西行途中遇到的小钻风、奔波儿灞、精细鬼之流，都是大妖魔王属下的小妖。如果说妖王魔头令人感到胆战心惊的话，那么这些小妖有时候看上去还颇有些"可爱"；尤其是一些贪杯的小妖趁着职务之便偷偷喝几杯，那模样像极了写字楼里偷闲摸鱼的打工人。

说起爱喝酒的小妖，水族中的斑衣鳜婆可以算一个。当时灵感大王想要捉拿唐僧，苦于无计可施，便向小妖们集思广益、询问方法。这个斑衣鳜婆走出来献计献策，讨要封赏：

> 那水族中，闪上一个斑衣鳜婆，对怪物连连拜拜，笑道："大王，要捉唐僧，有何难处！但不知捉住他，可赏我些酒肉？"那怪道："你若有谋，合同用力，捉了唐僧，与你拜为兄妹，共席享之。"
>
> ——第四十八章《魔弄寒风飘大雪　僧思拜佛履层冰》

这位灵感大王的领导力值得一书。何为领导力？首先，它是一种个人魅力，必须能够团结一众兄弟姐妹齐心协力去完成使命。具体而言，最低限度也要做到职责分明、赏罚分明、言出必行，只有这样才能服众，才能让团队看到希望，让员工看到晋升的通道，从这几个指标来看，灵感大王算是个好领导。首先敢承诺，并且给出的承诺超出献计人的预期，因为他明白只要诱惑力足够，不怕没有好主意，正所谓"重赏之下，必有勇夫"。其次真履约，当妖怪依计将唐僧捉住后，他回府的第一件事就是找斑衣鳜婆结拜，绝不食言，符合其"一言既出，驷马难追"的价值观。这样的领导谁不喜欢？

说来有趣，这个斑衣鳜婆其实并没有什么特别远大的志向，献计献策只为了讨些酒肉，混个福利而已，没承想一不留神晋级成合伙人，实现了阶层逆袭。一个小小的建议怎么会有如此丰厚的回报？要知道，对于妖王而言，吃一块唐僧肉就能长生不老，这个诱惑比天还大，抓住唐僧就等于实现妖魔集团的终极梦想，堪比 IPO（企业成功上市），而能在核心战略上献策献力的人足可称为肱股之臣、辅佐之才。以此作为衡量标准，再大的奖赏也不为过。

打工人和老板一起饮酒、小妖和妖王一起饮酒，似乎总会觉得有点拘束。洞中宴饮固然快乐，但自己偷着出来饮酒作乐，似乎更自由自在一些。在祭赛国金光寺中，半夜三更，有两个小妖在塔顶上猜拳吃酒玩耍，被孙悟空捉住：

> 好猴王，轻轻的挟着筇帚，撒起衣服，钻出前门，踏着云头观看。只见第十三层塔心里坐着两个妖精，面前放一盘下饭，一只碗，一把壶，在那里猜拳吃酒哩……行者把怪物揪到面前跪下，道："他在塔顶上猜拳吃酒耍子。是老孙听得喧哗，一纵云，跳到顶上拦住，未曾着力。……"
> ——第六十二回《涤垢洗心惟扫塔 缚魔归正乃修身》

不得不说，这两个小妖精不仅偷着喝酒，还喝得挺有滋味。凡酒客都知道，饮酒当有下酒菜，干喝是最没意思的。这两个小妖精是万圣龙王差来巡逻值夜的，居然还提前备了酒壶和下酒菜，想必趁着职务之便偷偷喝酒摸鱼之事恐怕也不是一次两次了。对待工作不认真，必然会出现纰漏。万圣老龙派这两个小妖（奔波儿灞和灞波儿奔）来巡夜的目的，就是探听唐僧师徒什么时候来到此处，以期避开孙悟空。结果小妖贪杯取乐，孙悟空都走到面前了还没发现。摸鱼喝酒也得有个限度，贻误正事麻烦就大了。这奔波儿灞与灞波儿奔是鲇鱼怪和黑鱼精，贪吃却不甚讲究的八戒还想着："正要你鲇鱼、黑鱼做些鲜汤！"实则这两种鱼都是腥味比较重的淡水鱼，烹煮时必得多加料酒去其腥，并不适合做鱼鲜汤。

像奔波儿灞和灞波儿奔这样摸鱼喝酒，也不过是趁职务之便偷个空闲，最多算一个玩忽职守之罪，黄狮精手下的小妖们问题就严重得多了。黄狮精偷走了孙悟空、猪八戒和沙和尚的三件兵器，把它们当作宝物，特地开了一个"钉钯宴"。话说这妖怪的审美也是十分乡土，三件兵器中居然最喜欢钉钯。随后安排小妖去集市上买些猪羊来做下酒菜。唐僧师徒四人一路西行，所遇的山精水怪哪一个不是巧取豪夺，就连孙悟空中途回到花果山时想要给自己的小妖们置办一点防身兵器，都是去周围城池或偷或抢弄来的。而这个黄狮精的文明程度比其他妖怪高很多，不仅不让小妖巡山抓人来吃，甚至连猪牛羊都不随意偷抢，还吩咐小妖们拿二十两银子去买。单看这一面，简直是诚信守法好妖怪的典范。

> 那妖猛的叫道："二哥，我大王连日侥幸。前月里得了一个美人儿，在洞内盘桓，十分快乐。昨夜里又得了三般兵器，果然是无价之宝。明朝开宴庆'钉钯会'哩。我们都有受用。"这个道："我们也有些侥幸。拿这二十两银子买猪羊去，如今到了乾方集上，先吃几壶酒儿。把东西开个花帐儿，落他二三两银子，买件绵衣过寒，却不是好？"两个怪说说笑笑的，上大路急走如飞。
>
> ——第八十九回《黄狮精虚设钉钯宴　金木土计闹豹头山》

黄狮精不仅不仗势欺人、坚持公平买卖，连文化程度也是妖界中最高的，且看他写给九灵元圣的请柬："明辰敬治肴酌庆'钉钯嘉会'，屈尊过山一叙，幸勿外，至感！右启祖翁九灵元圣老大人尊前。门下孙黄狮顿首百拜。"言辞清雅、礼数周全，不免使人想起饥荒年代那些虽落草为寇却仍保持良善之心的侠士，称得上盗亦有道。就连悟空、八戒带了变作猪羊贩子的沙僧来讨要欠账时，他都只吩咐手下："取五两银子，打发他去。"并允许沙僧在洞府里吃些酒饭，绝对是妖界楷模。俗话说慈不掌兵、义不管财，好妖王和好的管理者之间并不能画等号，这样一个知书达理的妖王，却带出了一群圆滑世故的小妖。"刁钻古怪"与"古怪刁钻"真是妖如其名，这两个小妖不仅盘算着趁去市集上买猪羊的工夫偷闲喝酒，还打算从买猪羊的公账上"开花账"——做个假账私吞酒钱，甚至已经想好了，准备用这个钱买件棉衣。这已经不是像奔波儿灞和灞波儿奔一样上班摸鱼的问题了，而是涉嫌挪用公款、不当得利了。黄狮精规矩作妖，却疏于对下属的管理，最后只得顶上一个"教不严，师之惰"的名声。

酒的诱惑，上至天庭、下至地狱无不令人垂涎。除了小妖之外，小仙们偶尔也会在工作的时候偷酒喝。孙悟空便是其中之一，偷酒的名声一直伴随着他，只不过他对此并不在意，甚至还有些得意，常常将此作为吹牛的资本。黄狮精背后还有一个更厉害的九头狮子作为靠山，这九头狮子原名元圣儿，是一个"久修得道的真灵，喊一声，上通三圣，下彻九泉"，并不是一般的山精水怪可以与之相提并论的。它本是太乙救苦天尊座下的狮兽，只因看管它的狮奴偷了一瓶"轮回琼液"酒喝了，醉倒三日不醒，才导致无人看管的九头狮子溜到人间为祸。悟空因酒闯祸，被罚护驾唐僧取经，而在取经路上，遇到了同样因酒闯祸的狮奴，这也算一种因果。

　　狮奴道："爷爷，我前日在大千甘露殿中见一瓶酒，不知偷去吃了，不觉沉醉睡着，失于拴锁，是以走了。"天尊道："那酒是太上老君送的，唤做'轮回琼液'，你吃了该醉三日不醒。那狮兽今走几日了？"大圣道："据土地说，他前年下降，到今二三年矣。"天尊笑道："是了！是了！天宫里一日，在凡世就是一年。"叫狮奴道："你且起来，饶你死罪，跟我与大圣下方去收他来。汝众仙都回去，不用跟随。"

　　　　　　　　　　——第九十回《师狮授受同归一　盗道缠禅静九灵》

　　民间传说中，"杜康醉刘伶"的故事流传甚广，虽然明眼人都知道这是类似"关公战秦琼"的戏码——风马牛不相及。但架不住有广泛的群众基础，因此一直被人们津津乐道：话说杜康酒馆的门上有一副"猛虎一杯山中醉，蛟龙两盏海底眠"的对联，横批是"不醉三年不要钱"。海量的刘伶自然不服，决定上门挑战，结果醉得不省人事。家人误以为刘伶已死，谁知三年后刘伶方才醒来，并大呼："好酒！好酒！""一醉三年"自然也就成了好酒的代名词。刘伶醉了三年为杜康的酒做了广告，而狮奴醉了三年则是为太上老君的酒做了代言。

　　天上有贪杯的小神仙，山野有贪杯的小妖精，人间自然也有贪杯的酒客。酒本无过，贪杯也不一定都是坏事，偶尔小酌，无论是神仙妖怪还是凡人，都能体会微醺时的潇洒快乐、自由放松。就连圣哲如王阳明也会感慨："莫向人间空白首，富贵何如一杯酒。"不过酒再好，也要切记不可贪杯误事，否则悔之晚矣。"惟酒无量不及乱"是孔子他老人家对我们的谆谆教诲，如能在饮酒上做到"从心所欲不逾矩"，那便可称得上是酒仙中的酒仙！

第二十集

人类可以没有酒吗？

　　酒是什么？这问题不好回答。难度不亚于回答"人是什么？文化是什么？"这样的问题。或许本来脑海中还是清晰的，但当你试图准确定义它时，却会发现往往"越描越黑"。在现行的国家规范里，酒被洋洋洒洒地分门别类，这些分类的标准，其实就是最权威的回答，但读完仍有盲人摸象之感。这就像人体是由一堆分工明确的器官组成，但器官的组合却不能称之为人一样。

　　《周礼·天官·酒正》将酒分为三类：事酒（一说有事而饮；一说即酿即用）、昔酒（一说无事而饮；一说冬酿春熟）、清酒（一说祭祀之酒；一说冬酿夏熟）。《说文解字》里说："酒，就也，所以就人性之善恶也。从水从酉，酉亦声。一曰造也，吉凶所造也。"《汉书·食货志》又说酒是百药之长。酒的社会属性自《诗经·豳风·七月》中"跻彼公堂，称彼兕觥，万寿无疆"时，就已存在了；酒的个人意识以《楚辞·渔父》中"举世皆浊我独清，众人皆醉我独醒"为滥觞。酒的物理属性缤纷多姿，其精神属性更难以尽述。一千个读者有一千个哈姆雷特，一万个酒客自然有一万种对酒的认知。我们无法知晓所有人的答案，却可以揣测一下吴承恩的态度。这个在《淮安府志》中被记录为"博极群书，放浪诗酒"的人，对酒或许有着独特的见解。

　　《西游记》中喝酒经验最丰富的当数孙悟空，作者对酒的态度多半也投射在他身上。从在花果山和小猴儿们饮葡萄酒、椰子酒作乐的美猴王，到寻仙问道、结交三山五岳妖王的齐天大圣，再到上天入地、玉帝敕封后闯入蟠桃会偷御酒闯祸的大魔头，再到被如来收服、一路上勤谨服侍唐僧西行取经的孙行者，孙悟空喝过的酒，从村醪野酿到琼浆玉液无所不有，酒给他带来过无限的欢乐，也给他招来过无穷的祸端。在西行路过朱紫国的时候，孙悟空受国王之托，前去营救被赛太岁抓走的王后。王后问他有什么计谋能偷走赛太岁那个厉害的法宝，孙悟空便说出了两句话：

> 行者道："古人云：'断送一生惟有酒。'又云：'破除万事无过酒。'酒之为用多端，你只以饮酒为上，你将那贴身的侍婢，唤一个进来，指与我看，我就变作他的模样，在旁边伏侍，却好下手。"
>
> ——第七十一回《行者假名降怪犼　观音现像伏妖王》

"断送一生惟有酒"，这句话被唐宋诗人反复引用，却被现代人反复误解。韩愈在《遣兴》诗中说："断送一生惟有酒，寻思百计不如闲。莫忧世事兼身事，须著人间比梦间。"这种误解源于"断送"一词，很多人将其理解为被酒耽误了一生，殊不知"断送"在古代汉语中和在现代汉语中的词义截然不同，原诗中的"断送"是打发、消磨的意思，并没有贬义，而是带着一种淡淡的嘲讽：既然人生如梦，那该如何打发这闲而无趣的时间呢？不如快活饮酒，让这一生的时光在欢愉中迅速流逝。积极入世的唐代大儒怎么突然颓废了？原来这首诗写于韩愈被贬黜之时。无论是谁都不可能一生顺遂，落魄时、困顿时，正是酒陪伴了一颗颗孤独的心灵，让他们在世俗中得以解脱，实现了精神的超越。

至于"破除万事无过酒"，这句诗也出自韩愈，他在《赠郑兵曹》诗中说："杯行到君莫停手，破除万事无过酒。"在这句诗中，对酒的青睐更加明显：人世间无论贫富、欢愁，万般事都能够融化在杯酒之中，化作酒桌上相逢一笑后的释然。后来黄庭坚在《西江月》词中将这两句话巧妙地联在一起作了个哑谜"断送一生惟有，破除万事无过"，谜底就是一个"酒"字。有趣的是，黄庭坚作此词时已然是"老夫既戒酒不饮，遇宴集，独醒其旁，坐客欲得小词，援笔为赋"——黄庭坚戒酒后遇到酒宴，不能喝，只好独坐一旁，独坐实在无聊，便替朋友写词以助酒兴，否则很难融入朋友们的氛围中去，这就是坊间玩笑所说的"不喝酒没朋友"。

孙悟空自己在纵酒、偷酒上栽过大跟头，因此在取经途中，他变得擅长以酒为诱饵，来收拾那些棘手的魔头们。在朱紫国一役中，孙悟空不敌赛太岁那个会放黄沙的紫金铃铛，于是想了一个计策：先让娘娘假意请赛太岁饮酒，然后孙悟空趁机变成妖王洞府里一个名叫春娇的侍女，趁着妖王与娘娘饮酒取乐、心思分散的时候，偷偷盗走那紫金铃铛。

> 娘娘叫："安排酒来与大王解劳。"妖王笑道："正是，正是。快将酒来，我与娘娘压惊。"假春娇即同众怪铺排了果品，整顿些腥肉，调开桌椅。那娘娘擎杯，这妖王也以一杯奉上，二人穿换了酒杯。假春娇在旁，执着酒壶道："大王与娘娘今夜才递交杯盏，请各饮干，穿个双喜杯儿。"真个又各斟上，又饮干了。假春娇又道："大王娘娘喜会，众侍婢会唱的供唱，善舞的起舞来耶。"说未毕，只听得一派歌声，齐调音律，唱的唱，舞的舞。他两个又饮了许多，娘娘叫住了歌舞。众侍婢分班，出屏风外摆列，惟有假春娇执壶，上下奉酒。娘娘与那妖王专说得是夫妻之话。你看那娘娘一片云情雨意，哄得那妖王骨软筋麻，只是没福，不得沾身。可怜！真是"猫咬尿胞空欢喜"！
>
> ——第七十一回《行者假名降怪犼　观音现像伏妖王》

娘娘要用酒为妖王解乏，妖王则要用酒为娘娘压惊，酒最基本的两个功能在这一来一回中都显现了出来。无论古时还是现在，一天劳累，到家后小酌两杯，既能放松身体也可放松精神，是很多人的"小确幸"。陪妖王饮酒虽然是悟空与娘娘设下的计谋，但与娘娘饮交杯酒那一刻的幸福缠绵一定会时常浮现在妖王的记忆里。无奈使命有别、立场相悖，这场酒对于孙悟空而言是"破除万事"的妙计，对于赛太岁来说便是"断送一生"的陷阱了。

孙悟空想出这个让娘娘与妖怪陪酒、借机行事的法子，倒也不是在朱紫国面对赛太岁时的临时起意。事实上，孙悟空不止一次试图采用与妖怪奉酒周旋的方式来解决问题。在金鼻白毛老鼠精的洞府里，孙悟空就曾计划钻进妖怪肚子里逼她放走唐僧。为此，他让唐僧和妖怪虚与委蛇，以便找机会打入"敌人内部"——躲在酒中，借着酒花飞溅，进入妖怪的酒里，再被妖怪喝进肚子里。虽然最终此计未成，但唐僧按照孙悟空的方式与妖怪相互敬酒，确实令妖怪放下了戒备之心，也使得后来孙悟空化成桃子钻进妖怪肚里的计划得以实行。

实在没有其他帮手的时候，孙悟空只能亲自上阵，与妖怪把盏饮酒。在过火焰山的时候，孙悟空因前番请观音收服了红孩儿，得罪了牛魔王夫妇，掌管着芭蕉扇的罗刹女坚决不肯将芭蕉扇借给孙悟空去灭火，导致唐僧师徒四人被困于火焰山。为了骗取罗刹女的扇子，孙悟空变成了牛魔王的样子，假意与罗刹女亲近。

> 罗刹笑道："大王息怒。与他的是假扇，但哄他去了。"大圣问："真扇在于何处？"罗刹道："放心！放心！我收着哩。"叫丫鬟整酒接风贺喜，遂擎杯奉上道："大王，燕尔新婚，千万莫忘结发，且吃一杯乡中之水。"大圣不敢不接，只得笑吟吟举觞在手道："夫人先饮。我因图治外产，久别夫人，早晚蒙护守家阃，权为酬谢。"罗刹复接杯斟起，递与大圣道："自古道：'妻者，齐也。'夫乃养身之父，讲甚么谢。"两人谦谦讲讲，方才坐下巡酒。
>
> ——第六十回《牛魔王罢战赴华筵 孙行者二调芭蕉扇》

罗刹女要为"牛魔王"接风，"牛魔王"要对罗刹女表达感谢，以何接风？以何酬谢？只能是酒。接风、送别，这是饮酒中最重要的场景与仪式，表达谢意、愧疚，也是饮酒亘古不变的主题与内容。孙悟空既然变成牛魔王的样子，就不得不与罗刹女以夫妻之礼相待。那牛魔王因为置了玉面狐狸一房外室，回家后罗刹女企图笼络丈夫之心，故而奉酒相待，酒酣之时便眉目传情起来。其实倘若此时回来的是真的牛魔王，夫妻之间酒后"觉有半酣，色情微动"，倒也不失"红绡帐里卧鸳鸯"的情趣；尴尬的是此时的"牛魔王"是孙悟空变化的，面对罗刹女的温存软语、交杯饮酒，孙悟空心中的尴尬与不适，恐怕比让他和牛魔王大战五百回合还难受。

> 酒至数巡，罗刹觉有半酣，色情微动，就和孙大圣挨挨擦擦，搭搭拈拈；携着手，俏语温存；并着肩，低声俯就。将一杯酒，你喝一口，我喝一口，却又哺果。大圣假意虚情，相陪相笑；没奈何，也与他相倚相偎。果然是：
>
> 钓诗钩，扫愁帚，破除万事无过酒。男儿立节放襟怀，女子忘情开笑口。面赤似天桃，身摇如嫩柳。絮絮叨叨话语多，捻捻掐掐风情有。时见掠云鬟，又见抢尖手。几番常把脚儿跷，数次每将衣袖抖。粉项自然低，蛮腰渐觉扭。合欢言语不曾丢，酥胸半露松金钮。醉来真个玉山颓，饧眼摩娑几弄丑。
>
> 罗刹见他看着宝贝沉思，忍不住上前，将粉面揾在行者脸上，叫道："亲亲，你收了宝贝吃酒罢。只管出神想甚么哩？"大圣就趁脚儿跷，问他一句道："这般小小之物，如何撝得八百里火焰？"罗刹酒陶真性无忌惮，就说出方法……
>
> ——第六十回《牛魔王罢战赴华筵 孙行者二调芭蕉扇》

"钓诗钩"，即将诗比作鱼，酒则是鱼钩。诗人没有酒，风采就少了一半，那些伟大的诗背后多半都有酒的催发。"扫愁帚"，即酒可解忧。从东方朔到曹孟德，无一不是以酒解忧的最佳代言人。"男儿立节放襟怀，女子忘情开笑口。"饮酒能令人酣畅淋漓、胸怀大开，同时也能令人忘记忧愁、笑口常开，这是酒的好处。若饮酒不慎，或宴饮无度，甚至不分场合地滥饮沉醉，就免不了"絮絮叨叨话语多"，该说的、不该说的全都抖搂出来，是"酒后吐真言"还是"醉后说胡话"，全凭听者心领神会了。"捻捻掐掐风情有"，酒与情色的关系也是古今中外共同的热点话题，论述最为精彩的当数莎士比亚，在

《麦克白》中说："酒激发欲望，却影响表现。"酒能乱性也好，"酒是色媒人"也罢，饮酒虽然能够助风情，但这风情也要分场合、分对象，否则就流于轻浮，于他人、于自己都无益处。

让孙悟空破了"色戒"的酒局不同凡响，这是《西游记》中最香艳的一场酒局，也是作者对酒的表达最丰富的一场酒局。通篇《西游记》，写的是神魔妖鬼，说的是人间百态。这酒，天上人间均不弃，神仙鬼怪都喝得，正如孙悟空所说的"酒之为用多端"，酒本无性，亦无善恶，能分高下的，不过是饮酒者的行止与心性罢了。

人类需要酒吗？不需要。人类需要的是能暂时逃离现实、麻痹自我和激发活力的东西，以应对这个充满挑战的世界和深邃未知的宇宙。酒恰好是易得、可控、对身体伤害较小的适用饮品。饮酒健康吗？相比于蔬菜、水果它的确不健康，但人的健康不仅关乎肉体，还关乎精神。精神的健康问题蔬菜、水果解决不了，酒应运而生。酒不是人类生存的必需品，但奇妙的是，不同族群在没有相互交流的情况下，都酿造出了属于自己的酒。更耐人寻味的是各种族都没有将酒视作一种普通的饮料，很多酒在最初都被称作"生命之水"。这说明酒不是物质必需品，而是精神寄托；不为充饥解渴，直奔精神世界。换言之，当人们需要感受生活的美好，倾诉生活的烦恼，叩问生命的意义时，酒就大约需要登场了。水可载舟亦可覆舟，同理，酒能成事也能败事。酒是水的外形，却有火的性格，正如内蒙古酒歌所唱："装在瓶里的小绵羊，喝进肚里的大老虎。"其实，我们不必想着如何去控制酒，而是应该思考如何控制自己，控制自己的行为与举止，控制自己的心性和欲望，兴利除弊，喝好这一杯天人共酿的神奇液体。